DR. RAINER ZITELMANN

Setze dir größere Ziele!

Die Erfolgsgeheimnisse der Sieger

ambition

Bibliografische Information der Deutschen Nationalbibliothek

Die Deutsche Nationalbibliothek verzeichnet diese Publikation
in der Deutschen Nationalbibliografie;
detaillierte bibliografische Daten sind im Internet über
http://dnb.d-nb.de abrufbar.

ISBN 978-3-942821-00-1

Copyright © ambition verlag, Berlin 2011
www.ambition-verlag.de
Lektorat: concepts4u, München
Herstellung: Bora-dtp, München
Umschlaggestaltung: Groothuis, Lohfert und Consorten,
Hamburg / www.glcons.de
Druck und Bindung: Westermann Druck Zwickau GmbH
Printed in Germany

Inhalt

Einleitung

Howard Schultz wurde 1953 in Brooklyn in New York als Sohn eines Hilfsarbeiters geboren und wuchs in einem sozialen Problemviertel auf. In diesem Buch erfahren Sie, wie er das Unternehmen Starbucks zu einer weltweiten Marke mit 17.000 Filialen machte. Als er 1997 seine Autobiografie schrieb, stellte er dem Buch folgende Ratschläge voran: „Träume mehr, als andere für vernünftig halten. Erwarte mehr, als andere für möglich halten."[1] Larry Page, der Erfinder von Google, sagte, man dürfe sich „nie vom Unmöglichen einschüchtern lassen". „Man sollte unbedingt Dinge versuchen, vor denen die meisten zurückschrecken würden."[2] Sam Walton, der mit Wal-Mart das zeitweise größte Unternehmen der Welt gründete, erklärte sein Erfolgsgeheimnis so: „Ich habe mir meine Messlatten immer ziemlich hoch gelegt: Ich habe mir persönlich extrem hohe Ziele gesetzt."[3]

Der legendäre Unternehmer und Milliardär Richard Branson brachte es so auf den Punkt: „Die Lektion, die ich bei all dem gelernt habe, ist, dass kein Ziel außerhalb der eigenen Reichweite liegt, und selbst das Unmögliche kann möglich werden für Menschen mit Visionen und dem Glauben an sich selbst."[4]

Darum geht es in diesem Buch. Ich habe in meinem Leben selten einen Menschen getroffen, der sich zu große Ziele gesetzt hat. Die meisten Menschen setzen sich entweder gar keine richtigen Lebensziele oder sie setzen sich viel zu kleine Ziele. Aus meiner Sicht ist das der Hauptgrund dafür, warum sie letztlich nicht mehr im Leben erreichen und ihre Potenziale bei Weitem nicht ausschöpfen.

Warum sind manche Menschen überaus erfolgreich, während andere scheitern? Äußere Rahmenbedingungen können dies kaum erklären. Viele der erfolgreichen Persönlichkeiten, die Sie in diesem Buch kennenlernen werden, hatten eine schwierige Kindheit – so die Modeschöpferin Coco Chanel, der Oracle-Gründer Larry Ellison oder der Apple-Gründer Steve Jobs, die alle ihre Eltern nie kennengelernt hatten. Die Quote derjenigen, die ihr Studium oder bereits die Schule abgebrochen haben, ist unter den Selfmade-Milliardären vielleicht sogar noch höher als im Durchschnitt der Gesellschaft.

Eine verbreitete Legende, der vor allem erfolglose Menschen aus verständlichen Gründen sehr gerne Glauben schenken, lautet, die Erfolgreichen seien einfach deshalb erfolgreich, weil sie mehr „Glück" im Leben gehabt hätten als andere. Wäre dem so, dann würde bei einem großen

Unternehmen eine Lostrommel aufgestellt und über die Besetzung der Positionen entschieden. Der Glückliche, der das Gewinnerlos zieht, würde Vorstandsvorsitzender, der Pechvogel würde Pförtner oder Bote.

Natürlich kann „Glück" eine Rolle spielen, aber sie sollte nicht überschätzt werden. Kein Mensch hat immer nur Glück oder immer nur Pech. Über mehrere Jahre oder gar Jahrzehnte gleichen sich positive oder negative „Zufälle" im Allgemeinen aus. Wer beispielsweise durch reines Glück Millionär wird, verliert sein Geld in den meisten Fällen wieder. So zeigen Studien, dass 80 Prozent der Lottohauptgewinner schon nach zwei Jahren finanziell schlechter dastehen als zuvor. Warum? Weil sie nicht über die richtige mentale Einstellung verfügen, die notwendig ist, um ein Vermögen aufzubauen und zu erhalten. Umgekehrt gibt es viele Beispiele von Menschen, die ihr gesamtes – selbst erarbeitetes – Vermögen verloren haben und in der Lage waren, es nach wenigen Jahren wieder neu zu erarbeiten.

Erfolg heißt, in einem Lebensbereich weit überdurchschnittliche Ergebnisse zu erzielen und das zu erreichen, was man sich vorgenommen hat. Für dieses Buch habe ich mich mit den Lebenswegen sehr unterschiedlicher Menschen befasst, die in ganz verschiedenen Bereichen überragende Erfolge erzielten. Darunter sind so unterschiedliche Persönlichkeiten wie der Ölbaron John D. Rockefeller oder der Microsoft-Gründer Bill Gates, die Sängerin Madonna wie die Modeschöpferin Coco Chanel, der Schachweltmeister Garri Kasparow wie der Fußballer Oliver Kahn.

Was alle erfolgreichen Menschen vereint, sind ganz bestimmte Denkweisen und Lebenseinstellungen. Um diese Lebenseinstellungen geht es in diesem Buch. In unserer Kultur gilt es als unschicklich, etwas zu „imitieren", nachzumachen. Dabei lernen schon Kinder vor allem durch Nachahmung. Und sie lernen meist schneller und erfolgreicher als Erwachsene. Wal-Mart-Gründer Sam Walton bekannte in seiner Autobiografie: „Fast alles, was ich getan habe, habe ich von jemand anderem kopiert."[5]

Wenn Sie selbst große Ziele erreichen wollen, sollten Sie sich keine Ratschläge von Menschen anhören, die selbst in ihrem Leben keine überragenden Erfolge erzielt haben. Orientieren Sie sich an denjenigen, die Erfolg hatten – und analysieren Sie, welche Einstellungen und Verhaltensweisen für diese Erfolge verantwortlich waren.

Für dieses Buch habe ich die Biografien von über 50 erfolgreichen Menschen ausgewertet. Menschen, die aus eigener Kraft Dinge erreicht haben, die alle anderen zunächst für unmöglich hielten. Ich habe dafür die Autobiografien und Biografien von diesen und über diese Menschen systematisch untersucht. Und ich habe mit einigen von ihnen auch persönlich gesprochen.

Ich bringe in diesem Buch zudem hie und da auch meine eigenen Erfahrungen ein. Nicht deshalb, um mich mit den großen Persönlichkeiten auf eine Stufe zu stellen – sondern weil ich mir als Leser von „Erfolgsbüchern" stets selbst die Frage gestellt habe, ob denn diejenigen, die diese Bücher schreiben, ihre „Rezepte" auch selbst erprobt haben und ob sie selbst erfolgreich sind. Ich finde: Jemand, der selbst keinen Erfolg hat, ist weniger glaubwürdig, wenn er über diese Themen schreibt, als jemand, der auch selbst nachweisbar in verschiedenen Lebensbereichen auf Erfolge verweisen kann.

Von außen betrachtet erscheint die Karriere erfolgreicher Menschen als unaufhaltsamer Aufstieg und als Aneinanderreihung erstaunlicher Erfolge. In Wahrheit jedoch hatte jede dieser Persönlichkeiten – ob nun der Investor Warren Buffett, der legendäre Walt Disney, der Apple-Gründer Steve Jobs, der Schauspieler und Politiker Arnold Schwarzenegger oder Ingvar Kamprad, Gründer des Möbelhauses IKEA – auf diesem Weg gewaltige Probleme zu lösen und Hindernisse zu überwinden. Und viele erfolgreiche Menschen sind immer wieder mit Projekten gescheitert, aber sie haben nicht aufgegeben, sondern sich nach diesem Scheitern noch größere Ziele gesetzt.

Wenn Sie vor Problemen und Hindernissen stehen, wird Ihnen die Geschichte dieser Menschen Mut für Ihr eigenes Projekt machen. Und Sie werden das Geheimnis der mentalen Kraft dieser Menschen verstehen, mit der es ihnen gelang, scheinbar unlösbare Probleme zu lösen.

Dieses Buch handelt von erfolgreichen Unternehmern, Investoren, Sportlern und Künstlern. Fast alle von ihnen haben auch ein großes Vermögen aufgebaut. Ob Sie sich nun vorgenommen haben, reich zu werden, oder ob Sie als Musiker, als Sportler oder als Schriftsteller erfolgreich sein wollen, spielt jedoch keine Rolle. Stets beginnt Ihr Weg damit, dass Sie sich größere Ziele setzen, als Sie und Ihre Mitmenschen es für „vernünftig" halten.

Dieses Buch soll Sie ermutigen, sich größere Ziele zu setzen und damit zu beginnen, Ihre Träume Wirklichkeit werden zu lassen. „Wer ohne langfristige Ziele spielt, reagiert nur und spielt statt des eigenen Spiels das des Gegners", so Garri Kasparow. „Er springt von einer neuen Situation zur nächsten, kommt vom Kurs ab und beschäftigt sich nur mit dem, was unmittelbar vor ihm liegt, statt mit den eigenen Zielen."[6]

Wenn Sie dieses Buch lesen und die darin analysierten Gesetze des Erfolges praktisch anwenden, werden Sie mit Sicherheit erfolgreich sein. Wussten Sie, dass die meisten der sehr erfolgreichen Menschen unendlich viel lesen? Warren Buffett, der erfolgreichste Investor der Geschichte, wurde immer wieder gefragt, was man tun solle, um ein erfolgreicher Investor zu werden. Buffetts Antwort: „Lesen Sie alles, was Sie lesen können."[7] Bei den legendären Versammlungen seines Unternehmens Berkshire Hathaway in Omaha gibt er seit Jahren diesen Ratschlag immer und immer wieder. Buffett ist davon überzeugt, „dass es die Lektüre in seinen prägenden Jahren war, die seine Anlagemethode geformt und das Fundament für die darauffolgenden beispiellos erfolgreichen 50 Jahre gelegt hat".[8] Buffett selbst berichtet: „Als ich zehn Jahre alt war, hatte ich alle Bücher in der öffentlichen Bibliothek von Omaha gelesen, die das Wort ‚Finanz' im Titel trugen, und manche davon zweimal."[9] Bei einer Signierstunde bemerkte Buffett einmal beiläufig, er habe zu Hause noch 50 Bücher liegen, die darauf warteten, gelesen zu werden.[10]

Buffett las keineswegs nur Finanzpublikationen, sondern er studierte immer wieder Erfolgsbücher wie etwa Dale Carnegies Klassiker *Wie man Freunde gewinnt* – und er entwickelte ein systematisches Programm, um die Inhalte dieses Buches praktisch umzusetzen. Viele Menschen, vielleicht auch Sie, haben Bücher wie die von Dale Carnegie gelesen. Aber bloßes „Lesen" macht einen Menschen nicht erfolgreich. Nachdem Buffett Carnegies Buch studiert hatte, beschloss er, eine statistische Analyse durchzuführen, um zu prüfen, was passiert, wenn er dessen Regeln befolgte. „Die Leute um ihn herum wussten nicht, dass er in der Stille seines eigenen Kopfes ein Experiment mit ihnen durchführte, aber er beobachtete, wie sie reagierten. Die Ergebnisse notierte er. Mit wachsender Freude sah er, was die Zahlen bewiesen: Die Regeln funktionierten."[11]

Buffetts engster Partner, Charlie Munger, mit dem er seit Jahrzehnten ein Milliarden-Imperium aufgebaut hat, wurde von seinen Kindern als „Buch auf zwei Beinen" bezeichnet, weil er ständig Bücher über die Errungenschaften erfolgreicher und herausragender Persönlichkeiten las.[12] Angeblich liest Munger an jedem Tag ein Buch.

In dem Buch, das Sie in der Hand halten, finden Sie die Erfolgsgeheimnisse herausragender Persönlichkeiten. Sie werden anhand von Episoden aus deren Leben dargestellt – insbesondere von Schwierigkeiten, die sie auf ihrem Weg zu bewältigen hatten, und den Methoden, mit denen sie diese Probleme meisterten. Das Geheimnis ihres Erfolges erschließt sich in dem Moment, wenn Sie beginnen – so wie Buffett dies tat –, die in diesem Buch enthaltenen Regeln und Gesetzmäßigkeiten nicht nur zu studieren, sondern praktisch anzuwenden und zu handeln. Der richtige Zeitpunkt dafür ist – jetzt.

Dr. Rainer Zitelmann, Februar 2011

Kapitel 1

Größere Ziele setzen

Arnold Schwarzenegger – im Jahr 1966 gerade 19 Jahre alt –, hatte am Rande des „Mr. Universum"-Wettbewerbs in London eine Unterhaltung, an die sich Rick Wayne, selbst Bodybuilder und Journalist, später erinnerte. „Glauben Sie, dass ein Mann alles bekommen kann, was er will?", fragte ihn Schwarzenegger. Die Frage erstaunte Wayne, der ihm antwortete: „Ein Mann muss seine Grenzen kennen." Schwarzenegger war mit der Antwort nicht einverstanden: „Sie irren sich." Wayne, der Ältere und Erfahrenere, der viel in der Welt herumgekommen war, war zunehmend irritiert über den vermeintlich arroganten jungen Sportsfreund aus Österreich: „Was soll das heißen, ich irre mich?" Schwarzeneggers Antwort: „Ein Mann kann alles bekommen, was er will – vorausgesetzt, er ist bereit, den Preis dafür zu zahlen."[1]

Über die Episode berichtet Laurence Leamer in seiner 2005 erschienenen Biografie *Fantastic. The Life of Arnold Schwarzenegger*. Als Leamer die Biografie schrieb, war Schwarzenegger Gouverneur der achtgrößten Volkswirtschaft der Welt – des amerikanischen Bundesstaates Kalifornien. Zuvor hatte er eine Karriere in Hollywood gemacht und war einer der bestbezahlten Filmschauspieler der Welt, der für seine Filme Gagen von 20 Millionen Dollar und mehr einstrich. Durch Immobiliengeschäfte war Schwarzenegger, der mit 21 Jahren in die USA gegangen war, Multimillionär geworden, und bis heute hat er mehrere hundert Millionen Dollar verdient.

Schwarzenegger führte seinen Erfolg vor allem auf seine Zielstrebigkeit zurück: „Ich habe mir ein Ziel gesetzt, und zwar möglichst deutlich als ein Bild. Daraus habe ich den Hunger, den Antrieb geholt, es in die Wirklichkeit umzusetzen."[2] Er sagte sich nicht etwa: „Wäre schön, wenn das klappt, vielleicht sollte ich es mal ausprobieren." Mit einer solchen Einstellung erreicht man keine großen Ziele. Die meisten Menschen, so Arnold, stellten „Bedingungen" und sagten sich: „Wäre toll, *wenn* das passierte." So komme man jedoch nichts ans Ziel: „Das reicht nicht. Man muss sich gefühlsmäßig stark engagieren, sodass man es ganz stark will, den Vorgang zu lieben beginnt und alle Hürden nimmt, um das Ziel zu erreichen."[3]

Nicht jeder mag Arnold Schwarzenegger, seine Muskeln, seine Filme oder seine politischen Meinungen. Doch darum geht es hier nicht. Es geht um die Frage: Wie ist es möglich, dass der Sohn eines Polizisten aus einer kleinen Stadt in Österreich, der keine leichte Kindheit hatte, in so vielen verschiedenen Bereichen so viel erreicht – im Sport, im Geschäftsleben, im Filmbusiness und in der Politik?

Lassen Sie uns einen Moment die erstaunliche Karriere von Schwarzenegger nachvollziehen, weil Sie aus dieser Karriere einige wichtige Einsichten über das Denken und Handeln erfolgreicher Menschen ableiten können – und vor allem die Wichtigkeit klarer und großer Zielsetzung verstehen werden.

Schon als Teenager träumte er den amerikanischen Traum einer Karriere vom Tellerwäscher zum Millionär. „Meine Freunde träumten von einem Staatsposten, damit sie eine Pension bekämen. Ich war immer beeindruckt von Geschichten über Größe und Macht", so Schwarzenegger.[4] Er kaufte sich jede Illustrierte, las jeden Artikel über die USA. Er redete oft von Amerika, so berichten seine Schulfreunde. Sein Biograf Marc Hujer schreibt: „Er hat seine Karriere dauernd weitergesponnen, vom Bodybuilder zum Filmstar zum Politiker, es gab stets ein neues Ziel, eine neue Überraschung. Er strebte immer vorwärts, zurückgegangen ist er nur, um Anlauf zu nehmen für den nächsten Sprung in seiner Karriere."[5]

Schwarzenegger selbst beschrieb sein Erfolgsrezept so: „Ich setzte mir ein Ziel, visualisierte es sehr deutlich und entwickelte den Drang, den Hunger, es in die Realität umzusetzen. Diese Art von Ehrgeiz, die Tatsache, eine Vision vor Augen zu haben, erfüllt einen mit einer besonderen Begeisterung. Durch diese Begeisterung ist es nicht schwierig oder negativ oder hart, Disziplin aufzubringen."[6] Dann, so Schwarzenegger, sei es sogar einfach, Schmerzen zu akzeptieren, die dazugehörten, wenn man Erfolg haben wolle.

Mit 30 Jahren erklärte er seine Erfolge so: „Am glücklichsten bin ich darüber, dass ich mich voll auf meine Vision konzentrieren kann, wo ich in Zukunft sein will. In meinen Tagträumen sehe ich sie so klar vor mir, dass sie fast schon Wirklichkeit ist. Dann bekomme ich dieses Gefühl der Leichtigkeit und ich muss nicht krampfhaft darauf hinarbeiten, dorthin zu gelangen, weil ich das Gefühl habe, schon dort zu sein, dass es nur eine Frage der Zeit ist."[7]

Als Teenager erklärte Schwarzenegger, er wolle der beste Bodybuilder weltweit werden. Sein Jugendtrainer erinnert sich: „Am ersten Tag, an dem Arnold trainierte, sagte er: ‚Ich werde Mr. Universe.' Er trainierte sechs, manchmal sieben Tage die Woche, ungefähr drei Stunden täglich. Innerhalb von drei, vier Jahren nahm er 20 Kilo reine Muskelmasse zu."[8]

Arnold trainierte wie ein Besessener. Manchmal konnte er sich vor lauter Muskelkater nicht einmal mehr die Haare richtig kämmen. Als am Wochenende einmal sein Trainingsraum verschlossen war, schlug er wie ein Einbrecher die Scheibe ein, um an die Geräte zu kommen. Wenn seine Freunde ihn fragten, ob er nachmittags nach der Schule Fußball mit ihnen spielen wolle, lehnte er das mit der Begründung ab, schnelles Rennen würde seine Muskelentwicklung behindern.

Er bewunderte Reg Park, damals ein erfolgreicher Bodybuilder, den er später jedoch bei einem Wettkampf bezwingen sollte. Doch als Teenager war Park, der in Filmen die Rolle des Herkules spielte, sein Idol. „Wenn er es geschafft hat, konnte ich es auch schaffen. Ich würde Mr. Universum werden. Ich würde ein Filmstar werden. Ich würde reich werden. Ich hatte meine Passion gefunden. Ich hatte ein Ziel", erinnerte sich Schwarzenegger später.[9]

Damals war Bodybuilding ein Sport, den niemand ernst nahm. Es gab nicht die großen Fitnessstudios, die man heute in jeder Stadt der Welt findet. Es gab staubige Hinterzimmer, in denen zum Teil zweifelhafte Gestalten trainierten, die bei Meisterschaften ihre Körper einölten und bei den meisten Menschen nur Kopfschütteln hervorriefen. Schwarzenegger war es egal, was die anderen dachten. Er hatte sich diese Sportart ausgesucht, in der er alles erreichen wollte.

Seine Eltern waren strikt gegen Arnolds Hobby. Seine Mutter fragte: „Warum willst du dir das antun?" Der Vater hielt ihm vor: „Was willst du tun mit all diesen Muskeln, wenn du sie einmal hast?" Arnold war um eine Antwort nicht verlegen: „Ich möchte der bestgebaute Mann auf der Welt sein. Und dann möchte ich nach Amerika gehen und in Filmen spielen." Sein Vater hielt ihn schlicht für „verrückt": „Ich glaube, wir gehen besser zum Doktor mit ihm."[10]

Als Schwarzenegger im September 1968 nach Amerika ging, um dort an einem Bodybuilding-Wettkampf teilzunehmen, war er siegessicher, weil er kurz zuvor in London zum zweiten Mal den „Mr. Universum"-Titel gewonnen hatte. Doch er verlor in Amerika gegen Frank Zane, obwohl Schwarzenegger sehr viel muskulöser war und 27 Kilogramm mehr wog.

Zane wies jedoch bessere Proportionen auf und seine Muskeln erschienen definierter. Für Schwarzenegger war die Niederlage schrecklich. Er weinte die ganze Nacht, war verzweifelt. Immer wieder ging ihm durch den Kopf: „Ich bin weit weg von zu Hause, in dieser fremden Stadt, in Amerika, und ich bin ein Verlierer."[11]

So wollte er nicht zurück nach Europa. Er lernte seine Lektionen, verstand die Ursachen für seine Niederlage. Systematisch arbeitete er an seinen Schwächen. Die Wadenmuskulatur war seine besondere Schwäche, also packte er sich von oben bis unten in einen Trainingsanzug, sodass seine guten Muskelpartien nicht mehr zu sehen waren, und schnitt die Hose in Wadenhöhe ab, sodass alle im Studio seinen schwächsten Muskel sehen konnten. Die Blicke der anderen gaben ihm die Motivation, genau an diesem Muskel zu arbeiten, bis er die Schwäche beseitigt hatte.

Später sollte Schwarzenegger alle Titel gewinnen, die man im Bodybuilding gewinnen kann. Er wurde 13 Mal Weltmeister und gewann vor allem acht Mal den „Mr. Olympia", einen Wettbewerb, an dem nur Weltmeister teilnehmen dürfen und der die höchste Auszeichnung im Bodybuilding ist.

Aber Bodybuilding war für ihn dennoch nicht alles. Er wollte auch reich werden. Als er in die USA kam, sprach er kein Englisch. Er nahm Englischunterricht und studierte später Wirtschaft, weil er glaubte, Wirtschaftskenntnisse seien eine gute Basis zum Geldverdienen. Auch das Geldverdienen wird bei ihm zur Besessenheit. Selbst als er noch fast kein Geld hatte, begann er zu sparen, um zu investieren. Schwarzenegger kaufte sanierungsbedürftige Immobilien in Santa Monica, später investierte er in Bürogebäude und Shopping Malls. Mit 30 Jahren war er Millionär. Die Zeitschrift *California Business* schrieb 1986: „Schwarzenegger hat sich in den vergangenen zwei Jahrzehnten einen Ruf als scharfsichtiger Unternehmer und als einer der erfolgreichsten Immobilienentwickler Südkaliforniens erworben."[12]

Schwarzenegger gab sich damit nicht zufrieden. Er erklärte, er wolle einer der bestbezahlten Filmschauspieler von Hollywood werden. Die Menschen lachten ihn aus. Sie waren der Meinung, es würde allenfalls für die Nebenrolle in einem Muskelfilm reichen, wo er nicht viel sprechen müsse. Die ersten Filme, in denen er spielte, entsprachen auch diesem Vorurteil.

„Vergiss es", bekam Schwarzenegger immer wieder zu hören. „Du hast einen verrückten Körper und einen verrückten Akzent. Du wirst es nie schaffen."[13] In dieser Branche werde er bestimmt keine Chance haben, denn es sei noch nie einem männlichen Schauspieler aus Europa gelungen, in Hollywood den Durchbruch zu schaffen – und schon gar keinem muskelbepackten Bodybuilder.

Schwarzenegger nahm Schauspielunterricht. Aber zunächst war es für ihn nicht einfach. Der Schauspiellehrer, der in seinem Gesicht lesen konnte, wie es in ihm aussah, forderte ihn vor der Klasse auf: „Steh auf,

Arnold." Schwarzenegger stand langsam auf. „Du bist offensichtlich verärgert. Was ist los?", fragte ihn der Lehrer. „Ich bin stocksauer! Es ist alles ein verdammter Mist! Man mag meinen Namen nicht, man mag meinen Akzent nicht, man mag meinen Körper nicht, aber scheiß drauf! Ich werde ein Superstar!" Später erklärte er: „Ich weiß, wie man zum Star wird. Vielleicht habe ich kein Talent zum Schauspieler, aber ich werde ein Star sein."[14]

Sein Erfolgsrezept fasste er mit den Worten zusammen: „Du musst positiv denken und dich selbst darauf programmieren, ein Gewinner zu sein. Ich bin einfach nicht darauf programmiert, negative Gedanken zu haben. Erfolgreiche Menschen haben die Fähigkeit, Risiken einzugehen und schwierige Entscheidungen zu treffen, ganz egal, was alle anderen dazu sagen."[15]

Zunächst spielte er in Actionfilmen wie *Conan* oder *Terminator*, die zwar viel Geld einspielten, aber in denen er letztlich immer noch vor allem der Muskelmann blieb. Schwarzenegger wollte aber ein „richtiger", anerkannter Schauspieler werden, der nicht nur viele Millionen Gage verdiente, sondern auch ernst genommen – und nicht auf die Rolle als Muskelmann reduziert würde.

1988 gelang ihm der Durchbruch mit der Komödie *Zwillinge*, die ein Überraschungserfolg wurde und ihn zum Superstar machte. In den USA und Kanada spielte der Film 112 Millionen Dollar ein und noch einmal 105 Millionen Dollar im Ausland. Schwarzenegger verdiente mit dem Film weit mehr als 20 Millionen Dollar. Sein Biograf Marc Hujer resümiert: „Schwarzenegger gewinnt durch die Distanz zu seinen bisherigen, eher eindimensionalen Rollen. Man kann ihn nun auch lustig und sympathisch finden. Er hat sich von der Maschine zum Menschen gewandelt."[16] Schwarzenegger war damit, politisch gesprochen, mehrheitsfähig geworden.

Nachdem er im Film alles erreicht hatte, was er erreichen wollte, suchte er nach einem neuen Ziel, das ihn inspirieren konnte. Schon früh hatte Schwarzenegger mit dem Gedanken gespielt, vielleicht mal in die Politik zu gehen. Im Jahre 1977 sagte er in einem Interview mit der Illustrierten *Stern*: „Wenn man auch im Film der Beste ist, was kann noch interessant sein? Vielleicht Macht. Dann wechselt man in die Politik über und wird Gouverneur oder Präsident oder so was."[17]

Doch seine Popularität im Bodybuilding und im Film war keineswegs nur eine Chance, sondern auch eine Hypothek. Er hatte immer wieder mit Macho-Sprüchen provoziert und Frauen beschuldigten ihn, er habe sie sexuell belästigt. Alle großen Zeitungen in den USA berichteten darüber, als er im August 2003 ankündigte, sich für das Amt des

Gouverneurs von Kalifornien zu bewerben. Hinzu kam, dass man ihn beschuldigte, er sei in seiner Jugend ein Nazi gewesen und bewundere Hitler. Äußerungen, die er in seiner Jugend gemacht hatte, wurden aus dem Zusammenhang gerissen – und die *New York Times* berichtete über Aussagen, nach denen Schwarzenegger angeblich ein großer Hitler-Verehrer sei. Alle linksliberalen Medien wandten sich gegen den Republikaner Schwarzenegger. Er gewann jedoch trotz dieser Anfeindungen die Wahlen und wurde mit 48,6 Prozent der Stimmen gewählt – die Mitbewerber unterlagen mit nur 31,5 Prozent beziehungsweise 13,5 Prozent.

Schwarzenegger übernahm eine äußerst schwierige Aufgabe, denn Kalifornien war – und ist bis heute – extrem hoch verschuldet. Reformen, die zu einer Sanierung des Haushaltes hätten führen können, wurden durch zahlreiche Interessengruppen und die Gewerkschaften blockiert. Schwarzenegger legte sich mit diesen Interessengruppen, besonders mit den Gewerkschaften, an. Nach ersten Erfolgen drang er aber nicht durch. Im November 2005 scheiterte er mit einer Volksabstimmung. Seine Haushaltsreform wurde mit 38 zu 62 Prozent abgelehnt; der Vorschlag, die Verbeamtung von Lehrern zu erschweren, ging mit 45 zu 55 Prozent unter. Es sah aus, als sei er als Politiker gescheitert, und es schien völlig aussichtslos, dass er noch einmal wiedergewählt würde.

Schwarzenegger lernte jedoch auch in dieser Situation extrem schnell, gab sich pragmatisch und entdeckte das Thema Umwelt und Ökologie, mit dem er auch Anhänger im demokratischen Lager gewinnen konnte. Dabei half sicherlich auch seine Frau Maria, eine wichtige Persönlichkeit aus dem Kennedy-Clan, die er bereits 1986 geheiratet hatte. Heute gilt Schwarzenegger in den ganzen USA als aufgeklärter Konservativer, der auch Brücken in das demokratische Lager bauen kann und sich wie kein anderer Gouverneur für Umweltthemen engagiert.

Doch selbst für Schwarzenegger war es nicht möglich, in Kalifornien den völlig maroden Haushalt zu sanieren. Sein Freund Warren Buffett erklärte das Dilemma so: „Er hat nicht viel Spielraum. In Washington können sie Geld drucken, in Kalifornien nicht. Und dann kommt ein Haushaltsgesetz hinzu, das eine Zweidrittelmehrheit verlangt. Da hat er es dann also mit Leuten zu tun, die komplett gegen Steuern sind, mit Leuten, die gegen neue Steuern sind, und mit Leuten, die gegen Sparen sind. Da eine Zweidrittelmehrheit zu bekommen ist extrem schwierig."[18] Schwarzenegger hat Anfang 2011 das Amt nach zwei Amtszeiten (mehr sind nicht möglich) an seinen demokratischen Nachfolger übergeben.

Welches ist Schwarzeneggers nächstes Ziel? Manchmal hat man spekuliert, vielleicht wolle er Präsident der USA werden. Das ist nach der amerikanischen Verfassung allerdings nicht möglich, da man hierfür in den USA geboren sein muss. Immerhin im Film ist dies dennoch bereits Wirklichkeit geworden. In dem Film seines Konkurrenten Sylvester Stallone *Demolition Man* gerät dieser auf eine Zeitreise in das 21. Jahrhundert. Seine Taxifahrerin – gespielt von Sandra Bullock – sagt beiläufig: „Ich habe schnell die News-Datenbank aus der Schwarzenegger-Bibliothek durchgesehen." Stallone ist schockiert und unterbricht sie: „Moment, Sie sagten, die Schwarzenegger-Bibliothek?" „Ja, die Schwarzenegger-Präsidentschaftsbibliothek. War er nicht ein Schauspieler zu der Zeit, als Sie …?" „Stopp. Er war Präsident?" „Ja, obwohl er nicht einmal in dem Land geboren war. Er war so populär, dass man den 61. Verfassungszusatz beschloss, dem zufolge …" Stallone kann es nicht fassen: „Ich will es nicht wissen. Präsident!"

Welches Schwarzeneggers nächstes Ziel ist, wissen wir nicht – er selbst weiß es jedoch bestimmt. Sicher ist, dass er sich immer wieder neue, sehr große und scheinbar unerreichbare Ziele vornimmt. Eine ehemalige Freundin von ihm berichtete, wie er seine Ziele erreichte: Er schreibt sich zu Beginn eines jeden Jahres fünf neue Ziele auf. Und dann arbeitet er mit einer enormen Konsequenz daran, diese Ziele Wirklichkeit werden zu lassen. Schwarzenegger, so schreibt sein Biograf Nigel Andrews, „hasste die Idee eines normalen Lebens". „Der Sinn des Lebens", so Schwarzenegger, „ist nicht, einfach zu existieren, zu überleben, sondern sich voranzubewegen, aufzusteigen, zu leisten, zu erobern."[19]

Wie groß die Ergebnisse sind, die Sie erzielen, hängt vor allem davon ab, wie groß die Ziele sind, die Sie sich setzen. Die Karriere Arnold Schwarzeneggers ist dafür ein gutes Beispiel, aber auch in der Geschichte der größten internationalen Konzerne lassen sich viele Beispiele dafür finden.

In der Geschichte dieser Unternehmen kann man häufig beobachten, dass der Gründer und Erfinder eines Unternehmens nicht zugleich auch derjenige ist, der verantwortlich für den Erfolg und die Expansion des Unternehmens war. Häufiger war es vielmehr so, dass jemand, der in größeren Dimensionen als der Erfinder und Gründer eines Unternehmens dachte, der eigentliche Motor und Vater für dessen erstaunlichen Erfolg wurde.

Wir werden dies im dritten Kapitel am Beispiel der Starbucks-Kette sehen, deren Gründer damit zufrieden waren, fünf Geschäfte in Seattle zu besitzen. Sie dachten nicht so groß wie ein gewisser Howard

Schultz, der besser als die Erfinder von Starbucks das Potenzial dieses Unternehmens erkannte und der vor allem in der Lage war, sich dieses Unternehmen sehr viel größer vorzustellen, nämlich als landesweite Kette. Deshalb gilt er zu Recht als Erfinder von Starbucks – und nicht diejenigen, die ursprünglich ein Kaffeegeschäft unter diesem Namen gegründet haben.

Ganz genauso verhielt es sich bei McDonald's. Die Gründer des Unternehmens McDonald's waren zwei Brüder, die eine Reihe von bahnbrechenden Innovationen im Fastfood-Geschäft gemacht und 1948 ein mustergültiges, hervorragend florierendes Restaurant in San Bernardino eröffnet hatten. Aber als eigentlicher Gründervater von McDonald's gilt heute zu Recht Ray Kroc, der das Potenzial dieses neuen Restauranttypus sehr viel besser erkannte als seine Gründer – und der auch bereit war, das zu tun, was notwendig war, um aus der neuen Idee ein kraftvoll expandierendes Unternehmen zu machen.

Doch erzählen wir die Geschichte von McDonald's der Reihe nach. Die Gebrüder McDonald eröffneten 1937 ein winziges Drive-in im Osten von Pasadena und wenige Jahre später dann ein wesentlich größeres Drive-in in San Bernardino. Das Restaurant, das wie ein Achteck gebaut war, lief so gut, dass die beiden Brüder bald zu den oberen Zehntausend in San Bernardino gehörten. Sie zogen in eines der schönsten Häuser der Stadt – eine Villa mit 25 Zimmern – und waren sehr stolz, dass sie als Erste in der Stadt den neuesten Cadillac fuhren. Schon 1948 hatten sie mehr Reichtum angesammelt, als sie erwartet hatten.

Doch bald darauf bekam ihr Restaurant Probleme, so wie viele andere Drive-ins auch. Der Kundenstamm setzte sich überwiegend aus Teenagern zusammen, der Verbrauch an Geschirr und Bestecken war ebenso hoch wie die Fluktuationsrate unter den Angestellten. Den sehr sparsamen Brüdern war es zuwider, die hohen Rechnungen für das gestohlene oder zerbrochene Geschirr und Besteck zu zahlen. Und sie wollten vor allem ein anderes Publikum anziehen – bis dahin waren die Drive-ins Treffpunkt der Teenager-Szene gewesen und hatten ein sehr schlechtes Image.

Sie schlossen ihr Restaurant für drei Monate, konzipierten es völlig neu und schufen dabei den Prototyp für die McDonald's-Restaurants, wie wir sie heute überall auf der Welt kennen. Die Küche wurde konsequent auf Massenproduktion und sehr kurze Zubereitungszeiten umgestellt. Sie griffen jede technische Verbesserung und Neuerung auf, die den Arbeitsprozess verkürzen konnte. Nicht mehr Köche und ihre individuelle „Kochkunst" sollten über die Qualität der angebotenen Produkte entscheiden. Vielmehr erfanden sie einen ganz neuen

Zubereitungsprozess für eine kleine und streng limitierte Auswahl an Produkten. Ähnlich wie Henry Ford, der seinerzeit mit einer strikten Arbeitsteilung die Automobilproduktion revolutionierte, zerlegten sie den Zubereitungsprozess für ihre Speisen in eine Reihe sehr einfacher Routineaufgaben, die auch von Mitarbeitern ausgeführt werden konnten, die noch nie in ihrem Leben in einer Küche gearbeitet hatten. Dafür mussten sie eigens eine Reihe ganz neuer Küchengeräte herstellen lassen.

Um die Kunden innerhalb von 30 Sekunden oder noch schneller bedienen zu können, begannen sie, die Speisen nicht mehr – wie bis dahin üblich – erst nach der Bestellung zuzubereiten und abzupacken, sondern bereits zuvor. Mit der Selbstbedienung, dem Pappgeschirr, dem blitzschnellen Service und der „Fließbandproduktion" der Speisen war ein neuer Restauranttyp entstanden, wie es ihn bis dahin nicht gegeben hatte. Das Restaurant zog auch andere Kunden an als bisher. Statt Teenager besuchten nun vor allem Familien mit Kindern das Restaurant von McDonald's.

Doch die Umstellung vom Teenager- auf das Familienrestaurant gelang nicht von heute auf morgen. Zunächst schien es so, als gehe das neue Konzept nicht auf. Sechs lange Monate mussten die Brüder warten, bis die alten Umsätze, wie sie vor der Neukonzeption erzielt worden waren, wieder erwirtschaftet wurden. Doch die Brüder waren beharrlich – und dies sollte sich auszahlen. Der Umsatz stieg im Jahr 1951 auf 277.000 Dollar, das waren etwa 40 Prozent mehr als vor der Neueröffnung. Mitte der 50er-Jahre schnellte der Jahresumsatz durch die zunehmende Automation auf 300.000 Dollar hoch. Die Brüder konnten einen Reingewinn von 100.000 Dollar in die Tasche stecken, damals eine enorme Summe.

Der Erfolg des Restaurants sprach sich in Windeseile herum. Aus dem ganzen Land kamen neugierige Restaurantbesitzer oder solche, die es werden sollten. Sie wollten erkunden, warum das Restaurant so toll funktionierte. Die beiden Brüder waren so stolz auf ihren Erfolg, dass sie die Besucher bereitwillig in ihrem Restaurant herumführten und ihnen geduldig und detailliert ihr innovatives Konzept erklärten. Sie fanden es lustig, dass die Besucher sich Skizzen vom Aufbau des Restaurants machten und jedes Detail über den Ablauf wissen wollten. Auf diese Weise zogen sie natürlich eine Vielzahl von Nachahmern an, die ihr Konzept – oft mehr schlecht als recht – kopierten.

Sie begannen auch, vereinzelt Lizenzen zu verkaufen, und schließlich operierte etwa ein Dutzend Restaurants unter dem Namen McDonald's. Die finanzstarke Carnation Corporation bot ihnen an, das System landesweit in einem Franchise-System zu vermarkten, doch die Brüder lehnten ab. „Wir werden Tag und Nacht auf der Landstraße und in Hotels sein und geeigneten Standorten und Geschäftsführern hinterherjagen. Wir hängen uns nur einen Klotz ans Bein – darauf werden wir uns nicht einlassen."[20] John F. Love, der auf über 630 Seiten in einem beeindruckenden Buch *Die McDonald's Story* aufgeschrieben hat, resümiert, die Brüder hätten damit nur bewiesen, „dass ihr einziges ‚Problem' darin bestand, dass sie nicht über die Grenzen von San Bernardino hinaussahen und mit dem Status quo zufrieden waren". „Wir hatten mehr Geld, als wir ausgeben konnten", meinten die McDonalds, „und keine Lust, noch mehr zu arbeiten. Unsere Freizeit war uns wichtiger. Wir hatten uns immer gewünscht, einmal finanziell unabhängig zu sein, und dieses Ziel hatten wir erreicht."[21] Wenn sie noch mehr Geld verdienten, so ihr Argument, müssten sie sich nur den Kopf über die nächste Einkommensteuererklärung zerbrechen.

Mit einer derartigen Bescheidenheit und Genügsamkeit baut man natürlich kein Wirtschaftsimperium auf. Das Verdienst, ein solches Imperium aufgebaut zu haben, gebührt denn auch nicht den McDonald-Brüdern, sondern Ray Kroc, der heute als der Gründer dieses Imperiums gilt und der bis heute in dem Unternehmen verehrt wird.

Kroc, damals ein Vertreter für Milchmixgeräte, hatte unter schwindenden Umsätzen zu leiden und war deshalb neugierig, warum es einen Abnehmer gab, der mehr Milchmixgeräte bestellte als alle anderen – die McDonald-Brüder. Das ist übrigens eine von vielen interessanten Parallelen in der Geschichte von McDonald's und Starbucks. Auch Starbucks wurde von einem Verkäufer von Kaffeemaschinen, Howard Schultz, entdeckt, der sich wunderte, warum ein kleiner Einzelhändler in Seattle ungewöhnlich große Mengen einer bestimmten Art von Kaffeemaschinen bestellte. Er ging der Sache nach und entdeckte auf diese Weise das Unternehmen Starbucks, das er später zur weltweit führenden Kaffeehaus-Kette machen sollte. Doch diese Geschichte werden wir später erzählen.

Zurück zu Ray Kroc: In San Bernardino angekommen, war er – wie viele andere Besucher auch – sofort von dem neuen Restauranttyp begeistert. Viel deutlicher als die McDonalds selbst erkannte er das ungeheure Wachstumspotenzial, das dieses neue Fastfood-Format barg. Als Vertreter für Produkte im Bereich des Restaurantwesens war er überall herumgekommen und hatte ein ausgezeichnetes Gespür für Markttrends und die sich wandelnden Kundenbedürfnisse bekommen. „Kroc", so schreibt John F. Love, „erkannte auf Anhieb das ungeheure Potenzial, das McDonald's in Bezug auf eine landesweite Expansion bot. Im Gegensatz zu den mehr bodenständigen Brüdern war er an ausgedehnte Reisen gewöhnt und sah Hunderte von großen und kleinen Märkten, in denen er sich gute Absatzchancen ausrechnete. Er kannte die Branche und wusste, dass McDonald's ein ernst zu nehmender Konkurrent werden konnte."[22]

Einige Tage später griff Kroc zum Telefonhörer und fragte Dick McDonald, ob er in der Zwischenzeit einen Agenten für sein Franchise-System gefunden habe. „Bis jetzt noch nicht", antwortete McDonald. „Wie wär's denn mit mir?", fragte Kroc.[23]

Gleich am nächsten Tag fuhr Kroc nach San Bernardino und handelte mit den beiden Brüdern einen Vertrag aus, der ihm das Exklusivrecht sicherte, Franchise-Nehmer in ganz Amerika zu verpflichten. Der Vertrag sah vor, dass Kroc für die Expansion der Kette zuständig war, während die Brüder die Kontrolle über die Produktion behielten und an den Gewinnen beteiligt waren. Anfang der 60er-Jahre verkauften die beiden Brüder die Rechte an der Marke McDonald's für 2,7 Millionen Dollar an Kroc. Das Geld dafür hatte Kroc bei Investoren eingeworben.

Kroc schuf ein ausgeklügeltes System der Mitbestimmungsrechte der Franchise-Nehmer bei strategisch bedeutenden Entscheidungen, vor allem bei geplanten Aktionen auf Restaurantebene. Sein Franchise-System unterschied sich deutlich von den bisherigen Gepflogenheiten in dieser Branche. Bisher waren Franchise-Geber meist auf den raschen Profit aus und verlangten entweder horrende Lizenzgebühren oder verkauften den Franchise-Nehmern überteuerte Geräte und Produkte. Kroc dagegen dachte langfristiger, weil er sich ein größeres Ziel gesetzt hatte: Er tat alles, um den Erfolg der Franchise-Nehmer zu sichern. Er sah sie als seine Kunden – und nur wenn er diesen zum Erfolg verhalf, dann würde auch McDonald's insgesamt Erfolg haben.

Kroc verlangte größere Weisungs- und Kontrollbefugnisse als andere Lizenzgeber, weil er erkannte, wie rasch eine Marke zerstört werden kann, wenn man in den Geschäften sehr unterschiedliche Qualitätsstandards duldete. Franchise-Nehmer beispielsweise, die es mit der Sauberkeit und Hygiene in den Restaurants nicht so ernst nahmen oder die auf eigene Faust das bewährte System „verschlimmbessern" wollten, konnten dem Ruf der ganzen Marke erheblichen Schaden zufügen.

Kroc war ein genialer Verkäufer, und es gelang ihm, mehr und mehr Menschen von seinem Konzept zu überzeugen. Er gewann die Franchise-Nehmer übrigens vor allem deshalb, weil er es ganz offensichtlich mit der Wahrheit sehr genau nahm und nicht – wie damals üblich – unhaltbare Versprechungen machte. Er versorgte sie mit sachlichen und präzisen Informationen. „Wenn man etwas verkauft, was so wenig greifbar ist, wird man leicht zum Betrüger gestempelt. Aber wenn der andere merkt, dass man ehrlich ist, sieht die Sache ganz anders aus", so Kroc.[24]

Heute betreibt McDonald's etwa 32.000 Restaurants in über 117 Ländern. Im Jahr 2010 wurde ein weltweiter Umsatz von 24 Milliarden Dollar erwirtschaftet und der Jahresgewinn lag bei 4,9 Milliarden Dollar. Den riesigen weltweiten Erfolg, den das Unternehmen in den kommenden Jahren und Jahrzehnten haben würde, sah auch Kroc sicherlich nicht voraus. Aber was ihn von den McDonald-Brüdern unterschied, die ja die eigentlichen Erfinder waren, war die Tatsache, dass er sich größere Ziele setzte und ehrgeiziger war. Die Größe der Ziele, die sich ein Mensch setzt, bestimmt auch sein Handeln – das galt gleichermaßen für die vergleichsweise genügsamen McDonald-Brüder wie auch für Ray Kroc.

„Der eigentliche Zauber", schreibt Love in seiner *McDonald's Story*, „bestand in seinem unerschütterlichen Glauben an die Zukunft des Fastfood-Geschäftes, das er am Rande der Mojave-Wüste entdeckt hatte ... Was Kroc mehr als alles andere motivierte, war die feste Überzeugung, dass er schließlich doch noch die Idee gefunden hatte, mit der sich das Unternehmen größeren Stils aufbauen ließ, von dem er seit Ende der 30er-Jahre ... geträumt hatte. Mit 52 suchte er immer noch nach der Zauberformel, die es ihm ermöglichte, mithilfe seiner in drei Jahrzehnten gewonnenen Verkaufserfahrungen das Tor zum großen Erfolg zu öffnen."[25]

Ja, wenige Monate bevor Kroc das McDonald's-System gründete, war er schon 52 Jahre alt geworden. Ein Alter, in dem der eine oder andere schon beginnt, an den Ruhestand zu denken, oder sich zumindest damit herausredet, es sei jetzt doch „zu spät" oder man sei „zu alt", etwas völlig Neues zu beginnen. Kroc wusste, dass er 70 Stunden die Woche oder mehr würde arbeiten müssen, aber ihm machte das, was er tat, Freude. Ihm ging es nicht um schnellen Reichtum. Zunächst musste er von seinen Ersparnissen oder von den Einkünften aus seinem Mixer-Verkauf leben. Erst 1961, sieben Jahre nachdem er den Vertrag mit den Brüdern McDonald unterschrieben hatte, kassierte er den ersten Dollar aus dem McDonald's-Gehalt. Sie werden in Kapitel 11 dieses Buches erfahren, wie es Ray Kroc gelang, das McDonald's-System zu einem so einzigartigen Erfolg zu führen.

Während manche Menschen als Grund dafür, dass sie sich keine großen Ziele setzen, die Ausrede ins Feld führen, sie seien dafür „zu alt", gibt es andere, die meinen, sie seien „zu jung", um beispielsweise die Verantwortung als Vorstandsvorsitzender in einem Konzern zu übernehmen. Meinen Sie auch, Sie seien „zu jung", um beispielsweise die Verantwortung in einem weltweit agierenden Unternehmen zu übernehmen, das in erhebliche Schwierigkeiten geraten ist – und das Sie nun wieder zum Erfolg führen sollen? Dann sollten Sie sich die Geschichte von Jochen Zeitz anhören, der im Mai 1993 Vorstandsvorsitzender des Sportartikelherstellers Puma wurde, der sich damals in einer fast aussichtslosen Situation befand.

Doch erzählen wir die Puma-Geschichte der Reihe nach: 1924 gründeten die beiden Brüder Rudolf und Adolf Dassler eine Schuhfabrik, die auch recht erfolgreich war. Nach dem Krieg zerstritten sie sich dann. Der eine Bruder gründete die Firma Adidas, der andere die Firma Puma. Die erfolgreichere Firma war Adidas, aber auch Puma konnte einige Erfolge erringen. Im Jahr 1976 war der Weltmarkt für Sportschuhe auf 5 Milliarden Dollar gewachsen, Puma war immerhin die Nummer vier. 1978 betrug der Umsatz bereits 500 Millionen Mark und das Unternehmen beschäftigte 5000 Mitarbeiter. In Deutschland betrug der Marktanteil 45 Prozent, weltweit lag er bei 30 Prozent. Allerdings wurden dabei nur geringe Gewinne gemacht, weil man den Umsatz um jeden Preis gesteigert hatte – auch ein Ergebnis des Wettkampfes mit Adidas. In den 80er-Jahren begann der Niedergang des Unternehmens. Man hatte neue Trends, die von Wettbewerbern wie Nike gesetzt wurden, nicht erkannt. Puma war zur Looser-Marke verkommen. Kaum noch ein Jugendlicher wollte diese „uncoolen" Sportschuhe tragen. Die Schuldenlast drückte das Unternehmen und es begann Mitte der 80er-Jahre eine beispiellose Talfahrt, die sechs Jahre andauerte – bis dann ein junger Mann den Vorstandsvorsitz übernahm, der das Unternehmen komplett umkrempelte und keinen Stein auf dem anderen ließ.

Zeitz hatte bereits Anfang Januar 1990 bei Puma als Marketingexperte angeheuert. Schon sein erster Eindruck von dem Unternehmen war jedoch nicht besonders gut. Ganz offensichtlich fehlte jede Innovationskraft, und es gab keine klare Vorstellung, wie man aus der verfahrenen Situation herauskommen sollte. Die Schulden des Unternehmens stiegen immer schneller und beliefen sich schließlich auf 180 Millionen Mark.

Im gesamten Markt für Sportartikel wurden inzwischen nur noch 20 Prozent der Produkte wirklich im engeren Sinne an Sportler verkauft. Rolf Herbert Peters bringt die Sache in seinem Buch *Die Puma-Story* auf den Punkt: „Man setzte weiter auf Qualität und Funktionalität in der angestaubten Tradition der Dassler-Sportschuhfabrik und ließ lieber teure Produkte für Spezialsportarten entwickeln als hippe Sportswear für Rapper und Techno-Fans."[26]

Als 1993 der Mehrheitsgesellschafter bei Puma wechselte, erkannte man, dass Puma gegen die Wand fahren würde, wenn man so weitermachte wie bisher. Überraschend fragte man Zeitz, ob er CEO bei Puma werden wolle. Die Gläubigerbanken, die damals das Geschehen bei Puma dominierten, waren skeptisch. Man wolle sich doch nicht lächerlich machen, indem man einen 30-Jährigen, der noch nie eine Aktiengesellschaft geführt hatte, zum CEO machte. Als er sich bei der Deutschen Bank vorstellen musste, fragte einer der Herren noch einmal rhetorisch: „Wie alt sind Sie?"[27]

Zeitz hatte jedoch genug Selbstbewusstsein, für das marode Unternehmen neue und große Ziele zu formulieren. In den Jahren 1993 bis 1997, so sein Plan, wollte er zunächst die Restrukturierung abschließen und die Schulden abbauen. In der zweiten Phase, die 1998 beginnen sollte, wollte er massiv in Marketing investieren, um Puma eine neue Markenidentität zu verleihen, die Lifestyle und Mode miteinander verbinden sollte. Und in weniger als zehn Jahren, so seine Vision, sollte Puma dann die begehrteste Marke in ihrem Segment sein und kräftig wachsen.

Zunächst musste er kräftig sparen, was unter anderem hieß, dass jeder zweite Mitarbeiter entlassen wurde. Aber mit Sparen allein kann kein Unternehmen nach vorne gebracht werden. Dazu bedarf es innovativer Ideen. Und die sollten seiner Meinung nach aus Amerika kommen, wo auch die Lifestyle-Trends für Europa gesetzt wurden. In Amerika spielte die Musik – also musste er selbst auch nach Amerika umziehen und das Geschäft nicht mehr aus der Zentrale im fränkischen Herzogenaurach leiten.

Zeitz nahm Trends auf, wie etwa die „Blue Suede Shoes", die in Amerika „in" waren und von denen Puma zwei Millionen Stück absetzte. Eines Tages entdeckte Zeitz auf dem Cover einer amerikanischen Musikzeitschrift, dass sich Madonna acht Zentimeter hohe Absätze unter Puma-Suedes hatte basteln lassen. „Die bauen wir nach", entschied er und ließ die Schuhe in einer „Limited Edition" in den Szeneshops wie dem Münchener „Wood you" oder dem Hamburger „Delirium" verkaufen.

Zeitz setzte vor allem auf Trends in der Jugendszene, denn er war der Meinung: „Die Jugend ist nicht nur der Hauptverbraucher, sondern auch meinungsbildend für die ältere Generation."[28] Zeitz machte Toni Bertone, einen ausgeflippten Typ Anfang 20, zum Produktmanager für die neu gegründete Kategorie Lifestyle-Artikel im amerikanischen Team. Die alten Puma-Mitarbeiter schüttelten darüber den Kopf, denn für sie war Toni nichts weiter als ein Spinner. In den Werbevideos für

Puma dominierten nun nicht mehr Kicker und Leichtathleten, sondern Skater und Breakdancer.

Dass er auf dem richtigen Weg war, sah Zeitz an vielen Beispielen. Schon ab 1994 machte das Unternehmen wieder Gewinn. 1993 hatte der Konzern noch einen Verlust von 37 Millionen Euro gemacht, 1994 betrug das Plus 15 Millionen, 1995 waren es 24,6 Millionen, 1996 stieg der Gewinn auf 43 Millionen Euro und 2004 waren es schließlich 260 Millionen Euro. Das Unternehmen wandelte sich zunehmend vom Sportschuh-Hersteller zur Marke für Lifestyle-Produkte. 1994 wurden mit Textilien erst 50 Millionen Euro umgesetzt, im Jahr 2010 waren es 941 Millionen Euro. Mit Accessoires machte Puma 1993 einen Umsatz von 8 Millionen Euro, bis 2010 hatte sich dieser Umsatz auf 340 Millionen Euro erhöht. Gleichzeitig wuchs aber auch der Umsatz mit Schuhen von 540 Millionen Euro im Jahr 1993 auf 1,4 Milliarden Euro im Jahr 2010.

Puma erwirtschaftete gute Ergebnisse und Puma war wieder „in". An einem Nachmittag Anfang 1998 rief ein Mitarbeiter der Modewerkstatt von Jil Sander an und bestellte Puma-Fußballschuhe mit Stollen für die nächste Modenschau. Zeitz entdeckte die Chance und schlug Jil Sander vor, gleich einen speziellen Jil-Sander-Schuh mit Puma-Label zu entwerfen. Tatsächlich wurde dieser Schuh ein großer Erfolg, und schon vor dem ersten Tag des Verkaufs mussten sich viele Interessenten auf die Warteliste setzen lassen.

Im gleichen Jahr bewies Zeitz ein gutes Gespür im Sportsponsoring. Puma unterschrieb einen Fünfjahresvertrag mit dem Tennis-Star Serena Williams, der Zahlungen bis zu 12,5 Millionen Dollar garantierte, wenn sie nur einmal in die Top Ten käme. In den nächsten Jahren gewann sie sämtliche Grand-Slam-Turniere und stieg zur Nummer eins in der Weltrangliste auf.

2001 meldete sich das Management von Madonna bei Puma. Madonna hatte das neueste Schuhmodell „Mostro" von Puma so gut gefallen, dass sie es gleich mehrfach bestellte. Puma schickte ihr umgehend 19 Paar des Modells, das sie in den nächsten Monaten auf jedem ihrer Konzerte trug. Der Schuh verkaufte sich so gut, dass Puma mit der Lieferung kaum nachkam. Kreiert hatte ihn der ausgeflippte „Spinner" Toni Bertone, den Zeitz eingestellt hatte.

Auch die Börse honorierte, dass es mit Puma aufwärtsging. Puma wurde plötzlich zur erfolgreichsten Aktie. Als Zeitz den Vorstandsvorsitz 1993 übernahm, lag der Aktienkurs bei knapp 8 Euro – bis 2006 stieg er auf knapp 300 Euro. Im Jahr 2003 wurde Zeitz vom Marketingfachblatt *Horizont* zum „Unternehmer des Jahres" gekürt. Heute ist Puma der drittgrößte Sportartikelhersteller der Welt und hat in den USA, Deutschland, Frankreich und Japan bereits eine starke Marktposition. Bis zum Jahre 2015 soll der Umsatz auf 4 Milliarden Euro steigen, vor allem auch durch Expansion nach China, Indien, Brasilien, Korea und Mexiko.[29]

Zeitz hatte sich große Ziele gesetzt, über die zunächst viele Beobachter lachten. Als er sein Amt antrat, war er schließlich schon der vierte Vorstandsvorsitzende in zwei Jahren – und jeder von ihnen hatte versprochen, dass alles nun anders und besser werden sollte. Aber Zeitz hatte eine Vision, wie aus einem verstaubten und defizitären Sportartikelhersteller aus Franken eine erfolgreiche und hoch profitable Weltmarke mit Milliardenumsätzen werden sollte. Gut gepasst hätte zu ihm der Wahlspruch des Puma-Unternehmensgründers Rudolf Dassler, der in den 20er-Jahren schrieb: „Sei im Geschäft strebsam und mit nichts zufrieden. Allzu zufriedene Kaufleute kommen nicht vorwärts, denn ein Ausruhen auf Lorbeeren kennt ein Geschäftsmann nicht."[30]

Zeitz hatte eine Fähigkeit, die alle erfolgreichen Manager und Unternehmer gemein haben: Er sah nicht nur das, was Puma war, sondern er sah das, was Puma einmal sein könnte. Er wusste, dass gerade in einer schwierigen Situation nur große Ziele motivieren können. Sicherlich, wenn es einem Unternehmen schlecht geht, ist es auch wichtig, zu sparen und die Schulden zu reduzieren. Aber dies allein motiviert niemanden – im Gegenteil. Nur wenn die auf der einen Seite bitter nötigen Einsparungen mit einer großen Vision von der Zukunft verbunden werden, dann wird die Energie der Menschen freigesetzt.

Ein Ziel, von dem wohl jeder gesagt hätte, es sei völlig „unrealistisch", setzte sich im Jahr 1984 der 18-jährige Student Michael Dell. Er gründete damals seine Firma PCs Limited (das Unternehmen heißt heute Dell) mit nur 1000 Dollar und verkündete, er wolle den Wettbewerb mit dem 1924 gegründeten Computerriesen IBM aufnehmen und Marktführer für Computer in den Vereinigten Staaten werden. Im April 2001 war Dell Computer Weltmarktführer als Hersteller von PCs geworden und erreichte einen Marktanteil von 12,8 Prozent vor Compaq (12,1 Prozent). IBM war übrigens auf Platz vier zurückgefallen und hatte nur noch einen Marktanteil von 6,2 Prozent. Dell betonte immer wieder, wie wichtig es sei, sich sehr große Ziele zu setzen: „Steck dir hohe Ziele und verwirkliche deine Träume, und tu es mit Integrität, Charakterstärke und Hingabe. Und du wirst an jedem Tag *gewinnen*, an dem du deinen Träumen näher kommst."[31]

Schon als Schüler war Dell anders als alle anderen. Er sammelte Briefmarken, so wie andere Schüler auch, aber er machte gleich ein

Geschäft daraus, indem er einen Katalog für Briefmarkenauktionen herausbrachte. Schon mit zwölf Jahren verdiente er sich auf diese Art 2000 Dollar extra, und wenige Jahre später verdiente er bereits 18.000 Dollar, weil er eine neue Idee hatte, wie er zielgerichteter Zeitungsabonnements verkaufen konnte.

Mit 15 Jahren begann Dell, sich für Computer zu interessieren. Als er seinen ersten eigenen Computer, den damals populären Apple 2, kaufte, staunten seine Eltern nicht schlecht, als sie sahen, dass er den Computer komplett in Hunderte Einzelteile zerlegte. Er meinte, dann könne er besser verstehen, wie der PC funktioniert. Er experimentierte mit dem Computer und fand heraus, wie er ihn aufrüsten und verbessern konnte, und begann auch, das für seine Freunde und Nachbarn zu tun.

Zwar schrieb er sich 1983 an der Universität von Texas ein, weil seine Eltern es so wollten, aber er kümmerte sich kaum um das Studium, sondern verbrachte seine Zeit damit, IBM-Computer aufzurüsten und teurer weiterzuverkaufen. Schon als Student im ersten Semester verdiente er 50.000 bis 80.000 Dollar im Monat, sehr viel mehr als seine Professoren.

Schließlich fing er an, seinen eigenen Computer zu bauen, den er „Turbo PC" nannte. Anders als andere Computerhersteller, die ihre Produkte über Händler verkauften, vermarktete er seine PCs direkt über das Telefon, um die hohen Gebühren der Händler einzusparen. Dadurch konnte er seinen Turbo PC 40 Prozent billiger anbieten als IBM.

Das Geschäft war sofort ein Erfolg. Alle paar Monate musste er neue Geschäftsräume anmieten und neue Mitarbeiter einstellen, um die große Nachfrage zu befriedigen. Er war der Meinung, dass die Zwischenhändler für den Endkunden, der einen Computer kauft, keinen Mehrwert brächten. Sie kosteten nur viel Geld, konnten den Kunden aber nicht beraten, weil sie selbst oft viel zu wenig von Computern verstanden. Eine direkte Beratung über das Telefon, ausgeführt von kompetenten Computerexperten, sei für den Kunden viel nützlicher.

Um die Hürden zu überwinden, die es bei manchen Kunden gab, einen PC direkt über das Telefon zu bestellen, bot er an, binnen 30 Tagen den ausgelieferten Computer wieder zurückzunehmen, wenn der Kunde nicht zufrieden sei. Zudem gab er eine einjährige Garantie und installierte eine 24-Stunden-Hotline, um alle Fragen der Käufer beantworten zu können und bei Problemen zu helfen.

Seine Jugend und Unerfahrenheit waren aus Dells Sicht keineswegs ein Nachteil, sondern in vieler Hinsicht sogar ein Vorteil. „Es gab eine

Menge Dinge, die ich nicht wusste, aber das erwies sich als Stärke ...
Es kann äußerst hilfreich sein, wenn man nicht durch konventionelles
Wissen behindert wird", so Dell.[32] Für die Dinge im Geschäftsleben,
die er nicht wusste oder nicht konnte, heuerte er erfahrene Manager
von anderen großen Firmen an.

Dell verkaufte nicht nur direkt an Endkunden, sondern entdeckte schon bald das Firmenkundengeschäft. Große Unternehmen wie
Boeing, Arthur Andersen oder Dow Chemical schätzten die günstigen
Preise und den guten Kundenservice ebenso wie die privaten Kunden.
Dell entwickelte sich in wenigen Jahren zu einem der am schnellsten
wachsenden Unternehmen in der amerikanischen Geschichte – schneller als beispielsweise die berühmten Unternehmen Wal-Mart, Microsoft
oder General Electric. In den ersten Jahren betrugen die Wachstums-
raten schier unglaubliche 250 Prozent im Jahr. Im Juni 1988, vier Jahre
nach Gründung des Unternehmens in einer Studentenbude, ging Dell
an die Börse und sammelte dabei 30 Millionen Dollar für die weitere
Expansion ein. Dell selbst besaß jetzt noch 35 Prozent der Aktien.

Doch dann kamen auf einmal Probleme auf Dell zu, Probleme, mit
denen der Firmengründer nicht gerechnet hätte. Er hatte einen riesigen
Vorrat von 256-Kilobyte-Chips gekauft, nur um kurz danach mit der
Tatsache konfrontiert zu werden, dass ein sehr viel leistungsfähigerer
Chip mit einem Megabyte erfunden worden war. Die 256-Kilobyte-
Chips waren fast wertlos und Dell machte dadurch einen großen Ver-
lust. Hinzu kam, dass er eine neue Produktfamilie an den Markt ge-
bracht hatte, die sich als kompletter Flop herausstellte.

Zudem gelang es Dell zunächst nicht, in dem rasch wachsenden
Marktsegment für Laptops Fuß zu fassen. Das eigene Produkt erwies
sich als nicht wettbewerbsfähig. Durch Zufall entdeckte er jedoch, dass
Sony seine Geräte mit neuen, extrem leistungsfähigen Lithiumbatterien
ausstattete, die er auch in seine Laptops implementierte. Damit hatte
er einen großen Wettbewerbsvorteil, denn die meisten Laptop-Besitzer
benutzten ihre Computer unterwegs – und die neuen Batterien hielten
sehr viel länger als die bisherigen.

Dell erkannte zudem rasch die Chancen, die sich mit dem Siegeszug des Internets für sein Geschäftsmodell des Direktverkaufs ergaben.
„Wenn man ein T-Shirt online bestellen konnte, konnte man alles online bestellen – auch einen Computer. Und das Beste daran war, dass
man dafür einen Computer brauchte! Ich hätte mir für die Ausweitung
unseres Geschäfts nichts Wirkungsvolleres vorstellen können."[33]

Durch die Möglichkeit, Computer nicht nur wie bisher über das Telefon, sondern auch über das Internet zu verkaufen, wuchs Dell immer

schneller. Bereits 1996 wurden für eine Milliarde Dollar Computer verkauft – und zwar weltweit in mehr als 170 Länder. Ein Jahr darauf war Dells Anteil an dem Unternehmen, der jetzt 16 Prozent betrug, bereits mehr als 4,3 Milliarden Dollar wert und Dell war einer der reichsten Männer der Vereinigten Staaten.

Doch auch Dell blieb nicht von Krisen verschont. 1996 musste eine große Rückrufaktion gestartet werden, weil in Laptops von Dell durch die Batterien Brände ausgelöst worden waren. Der Imageschaden für das Unternehmen war beträchtlich. Hinzu kam, dass die amerikanische Börsenaufsicht SEC 2006 mit Ermittlungen gegen das Unternehmen wegen Bilanzmanipulationen begann. Dell, der 2004 eigentlich als CEO zurückgetreten und in den Aufsichtsrat gewechselt war, übernahm in dieser schwierigen Situation im Jahr 2007 wieder selbst die Führung.

Heute ist Dell der zweitgrößte Computerhersteller der Welt und Michael Dell mit einem Vermögen von 14 Milliarden Dollar auch einer der reichsten Menschen der Welt. Eine der wichtigsten Lehren, die Dell aus seiner Erfolgsgeschichte selbst zog, bestand darin, die negativen Kommentare anderer möglichst zu ignorieren. „Glaub an das, was du tust. Wenn du eine wirklich zündende Idee hast, musst du die Leute, die dir erzählen wollen, dass das nicht funktionieren wird, einfach ignorieren", so Dell.[34] Wer hätte einen 18-Jährigen, der erklärte, er wolle den Computer-Giganten IBM ausstechen, ernst genommen? Jeder hatte ihm erklärt, ein solches Ziel sei völlig weltfremd und er solle lieber kleinere Brötchen backen. Seine Eltern waren unglücklich, weil er die Universität verließ, denn sie hatten davon geträumt, dass er es seinem Vater gleichtun und Medizin studieren würde. Statt vernünftig zu sein und seinem Studium ordentlich nachzugehen, beschäftigte sich ihr Sohn mit Computern – so die Sichtweise seiner Eltern. Auch seine Idee, Computer unter Umgehung des etablierten Handels direkt zu verkaufen, stieß zunächst auf große Skepsis. Würden die Menschen wirklich bereit sein, am Telefon massenhaft hochwertige Geräte zu bestellen?

So wie Arnold Schwarzenegger, Ray Kroc oder Jochen Zeitz setzte sich Dell sehr viel größere und herausforderndere Ziele als andere Menschen. Der Erfolg, den er hatte, gab ihm schließlich recht. Es ist unwahrscheinlich, dass er den gleichen Erfolg gehabt hätte, wenn er sich weniger ehrgeizige Ziele gesetzt hätte.

Was heißt das für Sie? Haben Sie bisher in Ihrem Leben Ihre Ziele dem scheinbar „Möglichen", „Erreichbaren" und „Realistischen" angepasst? Haben Sie sich entmutigen lassen, wenn Ihnen andere sagten, Sie sollten lieber „auf dem Boden bleiben", denn „der Spatz in der Hand" sei doch „besser als die Taube auf dem Dach"? Hat man Ihnen vielleicht schon als Kind gesagt: „Träume sind Schäume"? Dann sollten Sie umdenken, sich neu programmieren: Wagen Sie es, so wie Schwarzenegger oder Dell, von großen Zielen zu träumen. Sie werden in diesem Buch erfahren, wie Sie solche großen Ziele verwirklichen können – aber der erste Schritt besteht eben darin, dass Sie den Mut haben zu träumen und sich nicht von vornherein selbst begrenzen, indem Sie nur die offensichtlich „realistischen" Ziele anstreben. Wollen Sie große Ziele erreichen, müssen Sie jedoch andere Menschen für sich gewinnen. Alleine können Sie kein Ziel erreichen. Um andere Menschen für sich zu gewinnen, müssen Sie vor allem eines gewinnen – deren Vertrauen.

Kapitel 2

Wie gewinne ich Vertrauen?

Wenn Sie wissen wollen, wie wichtig Vertrauen ist, um große Ziele zu erreichen, dann sollten Sie sich mit dem erstaunlichen Lebensweg von John D. Rockefeller befassen, dem reichsten Menschen in der Geschichte. Ein Schlüsselerlebnis für den jungen Rockefeller war, als er nach Gründung seiner ersten Firma bemerkte, dass auch „ältere Männer mir sofort Vertrauen entgegenbrachten".[1] Das schwierigste Problem seiner gesamten geschäftlichen Karriere bestand nach seinen eigenen Worten darin, stets „genug Kapital zur Verfügung zu haben, um die Geschäfte abwickeln zu können, die ich abwickeln wollte und – das nötige Geld vorausgesetzt – auch abwickeln konnte".[2] In diesem Zusammenhang spielte die entscheidende Rolle, dass es ihm gelang, das Vertrauen von Banken und anderen Geldgebern zu gewinnen. „Meinen Erfolg im Leben verdanke ich vor allem meinem Vertrauen in Menschen und meiner Fähigkeit, in anderen Vertrauen zu mir zu wecken", so Rockefeller.[3]

Rockefellers Biograf betont: „Im Laufe seiner geschäftlichen Karriere wurde John D. Rockefeller so manche Sünde zur Last gelegt, er war jedoch stolz darauf, dass er seine Schulden pünktlich bezahlte und sich peinlich genau an Verträge hielt."[4] Wenn Sie zu den Menschen gehören, für die ein Vertrag – ob mündlich oder schriftlich geschlossen – etwas Heiliges ist, dann werden Sie das Vertrauen Ihrer Mitmenschen gewinnen. Gehören Sie dagegen zu jenen, die den Geist und den Wortlaut von Verträgen umdeuten, dann wird sich das herumsprechen und Sie verspielen damit Ihr wichtigstes Kapital – das Vertrauen. Ohne das Vertrauen der Manager bedeutender Unternehmen hätte ich meine Firma nicht gründen können. Weil dieses Beispiel zeigt, wie viel Vertrauen bewirkt, möchte ich Ihnen die Geschichte erzählen:

Es war im Jahre 2000, ich war damals Ressortleiter für den Immobilienbereich der Tageszeitung *Die Welt*. Nach einem Besuch bei Dr. Eckart John von Freyend, damals Vorstandsvorsitzender der größten deutschen börsennotierten Immobiliengesellschaft IVG, fragte er mich, ob ich eine Stelle als Direktor für die Bereiche Strategie und Kommunikation annehmen wolle. Ich fühlte mich geehrt, sagte ihm aber: „Wenn ich von der *Welt* weggehe, dann würde ich etwas anderes machen." Ich erzählte ihm von meiner Idee, ein Kommunikationsunternehmen zu gründen, das sich ausschließlich auf die Immobilien- und Fondsbranche fokussiert. Spontan sagte er zu mir: „Dann bin ich Ihr erster Kunde!" Um ganz sicherzugehen, dass dies nicht nur höfliche Worte waren, sondern wirklich ernst gemeint, fragte ich ihn, ob er bereit sei, sich für ein Jahr festzulegen, und wie viel er bereit sei, in diesem Jahr dafür zu zahlen. Danach wusste ich: Das sollte ich machen.

Ich ging also zu einigen anderen Unternehmern und Managern und fragte sie, ob sie ebenfalls bereit seien, Kunden der neu zu gründenden Firma zu werden. All das, was unsere Firma heute vorzuweisen hat, gab es damals nicht: keine Firmenbroschüre mit Referenzen zufriedener Kunden, keine Beschreibung des Geschäftsmodells, keine Mitarbeiter, keine schönen Geschäftsräume – nichts. Es gab nur meine Idee, von der ich berichtete. Von acht Firmenchefs, mit denen ich sprach, sagten dennoch sieben Personen „Ja". Sie würden Kunde der neu zu gründenden Firma werden. Und tatsächlich unterschrieb jeder von den sieben einen Vertrag. Das achte Unternehmen, das „Nein" sagte, gewann ich übrigens auch, allerdings erst zehn Jahre später, nachdem ich mich immer wieder darum bemüht hatte.

Die Manager und Unternehmer unterschrieben den Vertrag mit mir aus einem einzigen Grund – weil sie mir vertrauten. Natürlich musste ich das Vertrauen jetzt rechtfertigen. Die ersten beiden Kunden sind heute, zehn Jahre später, immer noch Kunden. Andere Unternehmen, die damals Kunden wurden, gibt es heute nicht mehr, aber ich bin immer noch im freundschaftlichen Kontakt mit den (ehemaligen) Unternehmern und Managern; einer davon wurde später sogar Mitarbeiter in meiner Firma.

Dieses Beispiel zeigt Ihnen, wie wichtig es ist, dass Sie das Vertrauen von Menschen gewinnen. Vertrauen ist die Basis jeder Geschäftsbeziehung. Niemand wird mit Ihnen zusammenarbeiten, wenn er Ihnen nicht vertraut. Und kein Kunde wird Ihnen Ihr Geld anvertrauen, wenn er Ihnen nicht vertraut.

Wie gewinnen Sie das Vertrauen anderer Menschen? Indem Sie vertrauenswürdig handeln und vertrauenswürdig *denken*. Ja, nicht nur das Handeln ist wichtig, sondern es ist auch ganz entscheidend, wie Sie *denken* und von welchem Wertesystem Sie sich leiten lassen. Denn andere Menschen spüren in der Regel, ob Sie es ehrlich meinen oder nicht.

Natürlich gibt es geniale Betrüger, die ihre wahren Absichten so gut verbergen können, dass ihnen die Menschen dennoch ihr Vertrauen schenken. Ein Beispiel dafür ist der Jahrhundert-Betrüger Bernard Madoff, dem es über viele Jahre gelang, 65 Milliarden Dollar von vermögenden Investoren, Firmen und Stiftungen zu erschwindeln. Zum Glück sind Menschen mit dem schauspielerischen Talent eines Bernard Madoff die Ausnahme. Ihnen gelingt es, zumindest vorübergehend, das Vertrauen von Menschen zu gewinnen, obwohl sie es nicht verdienen. Diese Ausnahmen bestätigen jedoch nur die Regel – und diese lautet: Sie gewinnen am einfachsten das Vertrauen Ihrer Mitmenschen, wenn Sie eine innere Einstellung haben, die vertrauenswürdig ist. Denn andere Menschen haben meist gute „Antennen" und spüren, ob es ein Mensch ehrlich mit ihnen meint oder nicht. Wir alle senden eine Vielzahl von – vor allem nonverbalen – Signalen aus, die von unseren Mitmenschen interpretiert werden. Wir alle prüfen unsere Mitmenschen ständig unbewusst unter dem Gesichtspunkt: Kann man diesem Menschen Vertrauen schenken oder nicht? Das gilt für geschäftliche Beziehungen ebenso wie für private.

Deshalb sprechen Geschäftsleute, bevor sie einen wichtigen Deal abschließen, oftmals viele Stunden über Dinge, die überhaupt nichts mit dem Geschäft zu tun haben, auch über Privates. In diesen Gesprächen geht es darum, herauszufinden, ob man dem anderen vertrauen kann.

Eine wichtige Voraussetzung, um Vertrauen zu gewinnen, ist Ehrlichkeit. Ehrlichkeit zeigt sich stets dann, wenn es nicht einfach ist, ehrlich zu sein. Vertrauen gewinnen Sie, wenn Sie freiwillig und frühzeitig Informationen über sich oder Ihr Unternehmen preisgeben, die ungünstig sind. Stephen M.R. Covey berichtet von einem beeindruckenden Beispiel für eine solche Haltung:

Beim Masters-Turnier in Rom im Jahre 2005 trafen die beiden Tennisstars Fernando Verdasco und Andy Roddick aufeinander. Beim zweiten Aufschlag von Verdasco sah der Linienrichter den Ball im Aus. Die Zuschauer jubelten dem vermeintlichen Sieger Roddick schon zu. Dieser zeigte jedoch auf einen Abdruck im Sand, der belegte, dass der Ball genau *auf* der Linie und *nicht dahinter* gelandet war. Die Zuschauer waren überrascht, dass Roddick freiwillig auf eine Tatsache hinwies, die dazu führte, dass sein Gegner das Spiel gewann.[5] Das ist eine großartige Haltung eines Menschen, der stets Vertrauen gewinnen wird, weil er vertrauenswürdig denkt und sich vertrauenswürdig verhält.

Ein Gegenbeispiel war ein Ereignis bei dem Traumfinale in der Formel 1 in Jerez im Jahr 1997, das zum absoluten Tiefpunkt in der ansonsten einmaligen und faszinierenden Karriere von Michael Schumacher wurde. Ein Rammstoß gegen seinen kanadischen Konkurrenten Jacques Villeneuve, bei dem Schumacher selbst im Kiesbett landete,

Villeneuve aber weiterfahren konnte, kostete ihn nicht nur den Titel, sondern auch weltweit sehr viele Sympathien. Denn es dauerte mehrere Tage, bis Schumacher unter dem Druck von Ferrari seine Schuld eingestand. „Zuvor versucht er allen Ernstes, auch noch seinen Kontrahenten für den Zwischenfall verantwortlich zu machen, und viele Insider fragen sich nun, ob denn 1994 nicht auch eine vorsätzliche unfaire Attacke dahintersteckte, als Schumacher mit einem Crash gegen Damon Hill den Titel holte."[6]

Schumacher verlor das Vertrauen nicht nur durch seine unfaire Aktion, sondern vor allem deshalb, weil er versuchte, sein Fehlverhalten zu vertuschen, statt seinen Fehler offen einzugestehen. Der Vertrauensverlust selbst bei seinen ansonsten treuen deutschen Fans zeigte sich darin, dass bei den Motorshows im Winter 1997 die Schumacher-Fan-Artikel „wie Blei an den Ständen der Händler" lagen. „Dass die FIA ihm als Strafe für den Angriff von Jerez offiziell den Vize-Weltmeistertitel des Jahres und die Punkte der Saison aberkennt, ist nur noch das Tüpfelchen auf dem i."[7]

Das konträre Verhalten der beiden Sportler Andy Roddick und Michael Schumacher – der eine weist freiwillig auf einen für den Konkurrenten günstigen Umstand hin, der andere leugnet eigenes Fehlverhalten und versucht, die Schuld seinem Konkurrenten in die Schuhe zu schieben – und die konträren Reaktionen darauf zeigen nicht nur, wie gut Fairness ankommt, sondern vor allem, dass Vertrauen durch Ehrlichkeit entsteht und durch Unehrlichkeit zerstört wird. Ich wiederhole noch einmal: Vertrauen gewinnen Sie, wenn Sie freiwillig und frühzeitig Informationen über sich oder Ihr Unternehmen preisgeben, die ungünstig sind.

Auch David Ogilvy, der berühmte Werbemann, der so erfolgreich wie kaum ein anderer in der Akquisition neuer Werbekunden war, hatte die Erfahrung gemacht: „Ich verbarg vor zukünftigen Kunden keineswegs unsere verwundbaren Stellen, denn ich kam darauf, dass ein Antiquitätenhändler, der meine Aufmerksamkeit auf Risse in einem alten Möbelstück lenkte, damit auch mein Vertrauen gewann."[8]

Frank Bettger, seinerzeit der erfolgreichste Versicherungsverkäufer der Vereinigten Staaten, berichtet von einem Berufskollegen, von dem er sehr viel lernte – Karl Collings. Collings, so Bettger, hatte die außergewöhnliche Eigenschaft, rasch das Vertrauen seiner Mitmenschen zu gewinnen. „Sobald er sprach, hatte man das Gefühl, einem Mann gegenüber zu sein, dem man restlos vertrauen konnte."[9]

Bettger verstand, warum das so war, nach folgender Begebenheit: Beide zusammen besuchten einen Kunden, der einen Lebensversicherungsvertrag unterschrieb. Bettger freute sich über die hohe Provision. Wenige Tage später teilte ihm die Versicherungsgesellschaft jedoch mit, dass der Vertrag wegen der teilweise unbefriedigenden Ergebnisse einer ärztlichen Untersuchung des Versicherungsnehmers nur mit gewissen Einschränkungen genehmigt würde. „Müssen wir unserem Kunden das denn unbedingt sagen?", fragte Bettger seinen Kollegen. „Schließlich weiß er es nicht, wenn wir es ihm nicht mitteilen." Sein Kollege sah das anders und entgegnete: „Aber *du* weißt es. Und *ich* weiß es auch."

Als Bettgers Kollege mit dem Kunden sprach, erklärte er ihm: „Ich könnte Ihnen nun sagen, diese Police sei *normal*, das heißt, sie enthalte genau das, was wir das letzte Mal besprochen haben. Aber das ist nicht wahr. Dennoch bin ich überzeugt, dass diese Versicherung Ihnen den Schutz gibt, den Sie brauchen."[10] Der Kunde zögerte keinen Moment und unterschrieb den Vertrag. Bettger selbst schämte sich, dass er erwogen hatte, dem Kunden etwas Wichtiges zu verschweigen. Die einfachen Worte „Er nicht – aber ich weiß es" vergaß er nie mehr. Und er lernte dabei, dass nur derjenige das Vertrauen gewinnt, der über sein Produkt die ungeschminkte Wahrheit sagt. Und zwar auch dann, wenn diese Wahrheit unbequem sein mag.

Ist es einfach, sich so zu verhalten? Es ist dann nicht einfach, wenn man keine klaren Grundsätze hat und jedes Mal neu nachdenken muss, ob man nun lieber die ganze Wahrheit, die halbe Wahrheit oder nur ein Viertel Wahrheit sagt. Hat man jedoch klare Prinzipien, so wie der Tennisspieler und der Versicherungsverkäufer, von denen ich berichtete, dann ist es einfach. Und Sie gewinnen damit so schnell an Vertrauen, dass ich Ihnen sagen möchte: Die Wahrheit ist der beste Trick!

Ich war sehr beeindruckt, als ich den führenden Manager eines ausländischen Unternehmens begleitete, um für diesen Kontakte zu großen Banken und Vertriebsgesellschaften in Deutschland herzustellen. Die Banken kannten das Unternehmen nicht, und es ging in diesen Gesprächen darum, Vertrauen herzustellen. Das Unternehmen konnte zwar auf eine sehr gute Leistungsbilanz verweisen, aber es gab auch einige wenige Punkte, die negativ bewertet werden könnten. Ich war sehr beeindruckt, als der Manager unaufgefordert bereits im ersten Gespräch diese kritischen Punkte zur Sprache brachte. Die Gesprächspartner waren ebenso beeindruckt wie ich und ich spürte, wie sie sehr schnell Vertrauen zu ihm gewannen. Hier war offenbar jemand, dem es nicht nur darum ging, sein Unternehmen in den allerschönsten Farben darzustellen und nur die positiven Dinge herauszustreichen, wie es sonst leider oft üblich ist.

Meine Firma berät Unternehmen in der Kommunikation gegenüber den Medien. Wir stellen immer wieder fest, dass Unternehmen dazu tendieren, negative Dinge zu bagatellisieren oder Euphemismen zu verwenden. Ich hatte hierüber einmal eine erregte Auseinandersetzung mit dem Geschäftsführer eines Unternehmens. Ich kritisierte das Unternehmen, weil es bestimmte Sachverhalte stark beschönigte und manche negativen Dinge in einer Presseerklärung unerwähnt ließ. „Wenn Sie den Journalisten nicht die Wahrheit sagen und diese das herausbekommen, dann wird man Ihnen das sehr übel nehmen. Sie zerstören damit Vertrauen." Der Manager entgegnete: „Wir sagen ja nicht die Unwahrheit. Wir lassen nur diesen einen Punkt weg, er ist ja auch gar nicht so wesentlich." Ich: „Ob das wesentlich ist oder nicht, sollten Sie dem Urteilsvermögen des Journalisten überlassen. Sie wissen selbst, dass er die Sache möglicherweise anders beurteilen würde, wenn er diese zusätzliche Information gehabt hätte. Was wird der Journalist später sagen, wenn er diese Sache erfährt? Was wollen Sie ihm antworten, wenn er Sie fragt, warum Sie ihm dies verschwiegen haben?"

Ich habe erlebt, wie ein Unternehmen vollständig das Vertrauen der Medien verlor, weil der Inhaber des Unternehmens einen einzigen Journalisten zunächst in eigentlich nur kleinen, unwesentlichen Dingen angelogen hatte. Dieser nahm das übel und fing an, weiter zu recherchieren. Und er entdeckte viele weitere – wirkliche oder vielleicht auch nur vermeintliche – Unstimmigkeiten. Schließlich schoss er sich auf das Unternehmen ein und schrieb einen negativen Artikel nach dem anderen. Er berichtete seinen Journalistenkollegen bei anderen Medien, dass ihn der Geschäftsführer des Unternehmens angelogen hatte. Das sprach sich herum. Und die anderen Medien begannen, sich ebenfalls auf das Unternehmen einzuschießen. Es gab letztlich nur noch negative Artikel – das Unternehmen hatte seinen Ruf und seine Geschäftsbasis zerstört. Der Journalist hatte die Sache offenbar so gesehen wie Albert Einstein, der einmal sagte: „Menschen, die bei kleinen Dingen achtlos mit der Wahrheit umgehen, kann man bei wichtigen Dingen nicht vertrauen."[11]

Nicht nur Journalisten, sondern alle Menschen fühlen sich hintergangen, wenn man ihnen gegenüber jede positive Sache groß herausstreicht (auch wenn sie noch so unbedeutend ist) und gleichzeitig negative Dinge verschweigt. Wer so handelt, hofft, dass die Sache nicht herauskommen wird. Und natürlich kann man damit Glück haben, ebenso wie Sie Glück haben können, wenn Sie mit verbundenen Augen über die Straße gehen. Besser ist es jedoch, man rechnet damit, dass alles früher oder später herauskommt. Und besser ist es, man stellt sich gleich die Frage, wie man dann dasteht, wenn etwas früher oder später herauskommen sollte.

Wenn ich Verhandlungen mit Kunden über einen Beratungsvertrag führe, dann wird oft der Wunsch an mich herangetragen, statt unserer Verträge mit 12- beziehungsweise 15-monatiger Laufzeit nur Vereinbarungen über eine projektweise Zusammenarbeit zu schließen. Wenn ich erkläre, dass wir das generell nicht machen und ich schon allein deshalb kein Exempel statuieren möchte, dann erklären mir die (potenziellen) Kunden manchmal: „Das muss ja niemand erfahren, dass Sie das mit uns anders machen." Meine Antwort: „Erstens bin ich bisher ganz gut mit dem Grundsatz gefahren ‚Alles kommt irgendwann heraus'. Zweitens: Ich schaue Ihnen jetzt direkt in die Augen und sage Ihnen, dass wir mit keinem einzigen Kunden projektbezogen zusammenarbeiten, sondern dass wir mit allen unseren Kunden ausschließlich Dauerberatungsverträge abschließen. Ich könnte Ihnen jetzt nicht so in die Augen schauen, würde das nicht stimmen. Und ich möchte morgen auch jedem anderen so in die Augen schauen können wie Ihnen jetzt." Die meisten Unternehmen verstehen das. Und jene, die es nicht verstehen, können nicht unsere Kunden werden.

Normalerweise wird „Vertrauen" nur mit Begriffen wie „Ehrlichkeit", „Integrität", „Wahrheitsliebe" und „Aufrichtigkeit" in Verbindung gebracht. Stephen M.R. Covey, der ein bemerkenswertes Buch zum Thema *Schnelligkeit durch Vertrauen* geschrieben hat, weist jedoch darauf hin, dass Vertrauen nicht nur etwas mit dem Charakter eines Menschen zu tun hat. Vertrauen hänge vielmehr von zwei wichtigen Faktoren ab, nämlich von Charakter *und* Kompetenz. Hält man jemanden für ehrlich und aufrichtig, aber nicht für kompetent, wird man ihm auch nicht vertrauen. Ein schönes Bild, das Covey zum Beleg dieser These bringt: „Vor einiger Zeit musste Jerri, meine Frau, sich einer Operation unterziehen. Wir haben eine großartige Beziehung – sie vertraut mir, ich vertraue ihr. Doch als die Operation anstand, bat sie mich natürlich nicht, den Eingriff durchzuführen."[12] Seine Frau vertraute ihm, wusste jedoch, dass er keine Operation durchführen kann.

Um Vertrauen zu gewinnen, genügt es also nicht, dass die Menschen Sie für ehrlich und aufrichtig halten. Mathematiker würden sagen: Das ist eine notwendige, aber keine hinreichende Bedingung. Die Menschen müssen Ihnen auch zutrauen, dass Sie die Ergebnisse bringen können, die man von Ihnen erwartet.

Wie gewinnen Sie dieses Vertrauen? Durch Tatsachen und Referenzen. Das klingt banal, aber Unternehmen vergessen das oft. Statt Tatsachen und Referenzen ins Feld zu führen, mit denen sie ihr Leistungsvermögen unter Beweis stellen können, lassen sie durch ihre Marketingabteilungen Wortschaum und inhaltslose Sprechblasen produzieren. Imagebroschüren und Websites, in denen sich die Unternehmen selbst loben, ihre Qualität, Kundenorientierung, Kompetenz usw. beteuern, statt diese mit Tatsachen zu belegen. In der Unternehmensdarstellung unserer Firma habe ich vollständig darauf verzichtet, weil ich glaube, dass man durch Eigenlob, das nicht durch Fakten und Referenzen untermauert ist, keinen intelligenten Menschen überzeugen kann. Wenn Sie auf unsere Website *www.zitelmann.com* gehen, dann finden Sie stattdessen Referenzen von Unternehmern und Managern der bedeutendsten deutschen Immobilien- und Fondsgesellschaften, die mit ihren eigenen Worten begründen, warum sie seit acht, neun oder zehn Jahren kontinuierlich mit uns zusammenarbeiten.

Was würden Sie von einem Bewerber halten, der zu Ihnen kommt und sich und seine Leistungen über den grünen Klee lobt, ohne irgendwelche Fakten und Referenzen ins Feld zu führen? Was würden Sie von einem Bewerber denken, der Ihnen vollmundig erklärt, er liefere „höchste Qualität", „nachhaltige Ergebnisse" und sei „kundenorientiert"? Ich würde einen solchen Bewerber nicht einstellen. Was die Beurteilung der Integrität und Ehrlichkeit eines Menschen anlangt, so verlasse ich mich auf meine Intuition, auf mein „Bauchgefühl". Was aber die Beurteilung der Kompetenz anlangt, so verlasse ich mich auf Fakten und Referenzen. Und so denken die meisten anderen Menschen auch.

Stephen M.R. Covey hat nachgewiesen, dass Vertrauen kein „weicher" Faktor ist, wie oftmals angenommen, sondern ein sehr harter Faktor im Geschäftsleben. Vertrauen Ihnen Ihre Kunden und Geschäftspartner nicht vollständig, dann müssen Sie eine „Vertrauenssteuer" zahlen. Vertraut man Ihnen dagegen, dann erhalten Sie eine „Vertrauensdividende". Ich habe dies praktisch immer wieder in der Kommunikationsarbeit für Unternehmen bestätigt gesehen: Jene Unternehmen, die freiwillig, frühzeitig und vollständig auch und gerade über Unangenehmes berichten, haben etwas aufgebaut, das ein Journalist mir gegenüber einmal sehr treffend als „Glaubwürdigkeitskonto" bezeichnet hat. „Immer wenn mir ein Unternehmen freiwillig über negative Dinge berichtet, zahlt es damit auf sein Glaubwürdigkeitskonto ein", sagte mir der Journalist. Sie sollten sich diesen Begriff merken und regelmäßig hohe Einzahlungen auf Ihr Glaubwürdigkeitskonto leisten.

Um Vertrauen aufzubauen, ist darüber hinaus noch etwas anderes wichtig – Sie müssen aktiv Netzwerke aufbauen. Menschen vertrauen naturgemäß völlig fremden Menschen sehr viel weniger als solchen, die ihnen von anderen, ihnen bekannten Menschen vorgestellt werden und denen diese bereits Vertrauen schenken. Prüfen Sie sich selbst: Wenn sich ein völlig Fremder mit Ihnen in Verbindung setzt und Sie kennenlernen will, dann wird er es schwerer haben, als wenn der Kontakt durch einen gemeinsamen Freund vermittelt wird. Da Sie Ihrem Freund vertrauen, genießt auch dessen Freund beziehungsweise Bekannter automatisch einen gewissen Vertrauensvorschuss bei Ihnen.

Natürlich können und sollen Sie auch auf Fremde zugehen, mit denen Sie bislang keinerlei Berührungspunkte und gemeinsame Bekannte hatten. Sehr viel einfacher und schneller geht der Aufbau von Beziehungen jedoch dann, wenn man anderen „vorgestellt" oder von gemeinsamen Freunden oder Bekannten empfohlen wird. Der Freund, der Sie seinem Freund vorstellt, leiht Ihnen damit das von seinem Freund entgegengebrachte Vertrauen. Ein Teil des Vertrauens, das Ihr Freund bei seinem Freund genießt, überträgt sich damit auf Sie, bevor Sie überhaupt das erste Mal mit ihm gesprochen haben. Deshalb ist die Bildung von Netzwerken von außerordentlicher Bedeutung. Netzwerke sind auch „Vertrauens-Multiplikatoren".

Einer der besten Netzwerker, die ich in meinem Leben kennengelernt habe, ist Harald Christ. Christ kommt aus bescheidenen Verhältnissen, er wuchs in einem kleinen Dorf auf, sein Vater war Arbeiter bei Opel. Nach einer Ausbildung zum Industriekaufmann fing er bei dem Finanzdienstleister BHW an, verkaufte Bausparverträge, Finanzierungen, Lebensversicherungen und Immobilien. Er war einer der besten Verkäufer und machte schnell Karriere. Schon mit 25 Jahren war er Millionär geworden. Mit 27 Jahren warb ihn die Deutsche Bank ab und machte ihn zum Direktor für die Vertriebssteuerung, unter anderem baute er die Vertriebssteuerung der Deutschen Bank 24 AG mit auf.

2002, damals war er 30 Jahre alt, ging er als Vorstandsvorsitzender zu dem Unternehmen HCI Capital, einem Initiator geschlossener Fonds. Kurz darauf wurde er Mitgesellschafter und brachte das Unternehmen 2005 an die Börse. Christs Vermögen wird auf weit über 100 Millionen Euro geschätzt. Allein durch den Börsengang und den Verkauf seiner Anteile an HCI Capital erlöste er 80 Millionen Euro. Danach wechselte er in den Vorstand der WestLB, wo er das Privatkundengeschäft verantwortete, und war zugleich Chef der Berliner Weberbank.

Neben seinen unternehmerischen Tätigkeiten war Christ schon immer politisch aktiv. Bereits mit 16 Jahren trat er in die SPD ein, war Landesschatzmeister der Partei in Hamburg und vorübergehend auch als Spitzenkandidat für die Bürgerschaftswahl 2008 im Gespräch. 2009 stellte der Kanzlerkandidat der SPD, Frank-Walter Steinmeier, sein

Schattenkabinett für den Fall eines Wahlsieges vor. Als Bundeswirtschaftsminister war der damals 37-jährige Harald Christ vorgesehen.

Was ist das Geheimnis des Erfolges von Christ? Vor allem ist er – wie viele erfolgreiche Menschen – ein begeisterter Netzwerker. Es gibt kaum einen Unternehmer oder Vorstand einer großen Bank oder eines großen Unternehmens, den er nicht entweder selbst kennt oder zu dem er keinen Zugang hätte, wenn er wollte. Seine Großmutter sagte ihm: „Kennst du wen, bist du wer, kennst du niemand, bist du nichts." Christ nahm sich diese Devise zu Herzen.

Schon mit 23 Jahren, als einfacher Bezirksberater bei dem Finanzdienstleister BHW, schrieb er einen Brief an den Chef des Unternehmens Reinhard Wagner, weil er ihm ein neues Vertriebskonzept vorstellen wollte. Das war sehr ungewöhnlich, denn zwischen ihm und dem Vorstandsvorsitzenden lagen endlos viele Hierarchieebenen, und kaum ein „einfacher" Finanzberater hätte sich getraut, den obersten Chef um einen Gesprächstermin zu bitten. Er bekam den Termin, ging in ein sehr gutes Herrenausstattergeschäft und kaufte sich für 2000 Euro einen teuren Anzug – „Kleider machen Leute". Und er gab sich alle Mühe, eine saubere Präsentation auszuarbeiten. Dem BHW-Vorstand gefiel der mutige junge Mann – und beide blieben in regelmäßigem Kontakt.

Ähnlich ging er immer wieder selbstbewusst auf Menschen zu, die er kennenlernen wollte, so etwa auf den Altbundeskanzler Helmut Schmidt, den er – so wie viele Deutsche – bewundert. „Meist kannte ich jemanden, der mir Zugang zu den Menschen verschaffen konnte, die ich kennenlernen wollte. Bei Helmut Schmidt kannte ich sowohl einen Journalisten der Wochenzeitung *Die Zeit* als auch jemanden, der Schmidts Frau gut kannte." Schmidt nahm sich zweieinhalb Stunden Zeit für ihn, diskutierte mit ihm Fragen der Wirtschaft und Politik.

Mit 34 Jahren wollte Christ den ehemaligen Bundeskanzler Gerhard Schröder kennenlernen. Wieder suchte er den Kontakt über einen Dritten, der Schröder gut kannte. Eines Tages klingelte das Telefon in seinem Sekretariat. „Da will Sie ein Gerd sprechen", sagte die Sekretärin. „Was will der denn?", fragte Christ. Er wusste nichts mit einem „Gerd" anzufangen, erkundigte sich nach dem Nachnamen. Als seine Sekretärin sagte, es sei ein gewisser Gerhard Schröder, war Christ natürlich ganz schnell am Telefon und vereinbarte einen Gesprächstermin mit ihm.

Den Vorstandsvorsitzenden einer deutschen Großbank lernte er kennen, weil er ihm eine E-Mail schrieb. Christ war damals Vorstandsvorsitzender von HCI und bat in dieser E-Mail um einen „Erfahrungs- und Gedankenaustausch". Sicherlich wäre kaum jemand auf die Idee gekommen, einer solch international bekannten Persönlichkeit einfach eine E-Mail zu schreiben, aber der Vorstandsvorsitzende antwortete in 48 Stunden und Christ hatte seinen Termin.

Viele Menschen haben nicht den Mut, auf prominente Persönlichkeiten zuzugehen, weil sie von vornherein befürchten, sie hätten ohnehin keine Chance, diese kennenzulernen. Christ half sicherlich sein ausgeprägtes Selbstbewusstsein. „Doch einen Termin zu bekommen ist nicht das Entscheidende. Wenn man ein Netzwerk aufbauen will, muss man sehen, dass auf den ersten Termin auch ein zweiter, dritter usw. folgt. Und es entscheidet sich oft schon in den ersten zehn Minuten eines Gespräches, ob es dafür eine Chance gibt", so Christ.

Was muss man also bei diesem wichtigen ersten Gespräch beachten? Christ nennt sechs wichtige Regeln:

1. Gehen Sie nie unvorbereitet in das Gespräch. Informieren Sie sich eingehend über Ihren Gesprächspartner, über dessen Leben, seine Ansichten, seine Interessen.
2. Hören Sie gut zu. Die meisten Menschen reden zu viel und vor allem zu viel Belangloses.
3. Versuchen Sie nicht, sich selbst „gut zu verkaufen". Wenn Sie etwas sagen, dann muss es Substanz haben und für den anderen interessant sein.
4. Trauen Sie sich, zu widersprechen. Führungskräfte sind oftmals von zu vielen Ja-Sagern umgeben, sie schätzen es, wenn jemand ihnen nicht einfach nach dem Munde redet, sondern auch eine abweichende Meinung plausibel vertritt.
5. Geben Sie im Gespräch unumwunden zu, wenn Sie von etwas keine Ahnung haben – der andere merkt es sowieso.
6. Vergessen Sie nie die entscheidende Abschlussfrage zu stellen: „Wann wollen wir uns wieder treffen?"

Und wie soll man einen „Kennenlern-Brief" schreiben? „Kommen Sie nicht als Bittsteller. Und lassen Sie auf der anderen Seite kein zu großes Ego durchblicken. Seien Sie kurz, höflich und sachlich", so die Empfehlung des Netzwerkers Christ, der heute 4500 Entscheider zu seinem persönlichen Netzwerk zählt.

Die gute Nachricht: Hat man einmal eine bestimmte Bekanntheit erreicht, dann wird es immer leichter, interessante und wichtige Menschen kennenzulernen. „Irgendwann muss man nicht mehr so stark auf die Menschen zugehen, sondern interessante Persönlichkeiten suchen von sich aus den Kontakt zu Ihnen", so Christ.

Die meisten Menschen wissen um die Bedeutung von Beziehungen für den Erfolg. Bei einer repräsentativen Befragung im Rahmen des „Sozialstaatssurvey 2006" wurden 5000 Deutsche gefragt, welches nach ihrer Meinung die Ursache dafür sei, dass jemand zu Reichtum gekommen ist. Die häufigste Nennung (82 Prozent) lautete: „Die richtigen Leute kennen, Beziehungen haben."[13] Was den meisten Menschen jedoch weniger klar ist: Mit Beziehungen kommt man nicht zur Welt, man muss und man kann sie sich „erarbeiten" – wie das Beispiel von Harald Christ eindrucksvoll zeigt.

Wenn Sie also große Ziele erreichen wollen, müssen Sie Netzwerke und Beziehungen aufbauen und pflegen. Und Sie müssen sich so verhalten und *so denken*, dass die Menschen Ihnen Vertrauen schenken. Prüfen Sie sich also selbst jede Woche und jeden Monat: Was habe ich getan, um neue Beziehungen aufzubauen und mein bestehendes Netzwerk zu erweitern? Und: Habe ich mich so verhalten, dass ich das Vertrauen anderer Menschen verdiene? Damit haben Sie das entscheidende Fundament gelegt, um größere Ziele zu erreichen.

Auf dem Weg zu diesen Zielen werden sich Ihnen jedoch enorme Hindernisse in den Weg stellen. Je erfolgreicher Sie werden, desto größer werden die Probleme, die Sie lösen müssen. Und das ist gut so. Denn die Kraft, die Sie benötigen, um die gesteckten Ziele zu erreichen, können Sie nur entwickeln, indem Sie sich an Problemen „abarbeiten".

Kapitel 3

Probleme sind gut

Schaut man auf die Geschichte erfolgreicher Menschen, so sieht diese für den oberflächlichen Betrachter von außen oft so aus wie eine stetige Aneinanderreihung von Erfolgen. Was dabei häufig übersehen wird, ist die Tatsache, dass alle erfolgreichen Persönlichkeiten massive Probleme zu bewältigen hatten. Probleme, die auf den ersten Blick unlösbar erschienen und die möglicherweise sogar zum Scheitern der später als so erfolgreich bewunderten Persönlichkeit hätten führen können.

Was sagen Sie beispielsweise zur Geschichte dieses Fußballers? Mit 15 Jahren schied er aus der Kreisauswahl aus, weil er als zu klein und körperlich zu schwach befunden wurde. Ein Jahr später wurde er in die B3-Jugendmannschaft versetzt (also degradiert), weil ein „Supertalent" für die B1-Jugend angeheuert worden war. Wieder ein Jahr später befand man, für die A1-Jugend sei er nicht gut genug, also dürfe er nur in der A2-Jugend spielen. Als er dann sein erstes Bundesligaspiel als Torwart bestritt, kassierte er gleich vier Tore und seine Mannschaft verlor 0:4. Auch im zweiten Bundesligaspiel kassierte er wieder drei Tore und seine Mannschaft verlor 1:3. Später in seiner Karriere erzielte er übrigens einen bislang einmaligen Rekord, weil er nacheinander 19 Spiele ohne ein einziges Gegentor bestritt.

1994 wechselte er zu der berühmtesten deutschen Mannschaft, dem FC Bayern München. Die Transfersumme war mit 2,3 Millionen Euro so hoch wie bis dahin noch nie in der deutschen Fußballgeschichte. Er zog sich jedoch gleich im ersten Jahr eine so schwere Verletzung zu, dass er fünf Monate nicht spielen konnte. Und dann war er schließlich fünf Jahre lang die Nummer zwei als Torwart der deutschen Nationalmannschaft, obwohl er sich nichts sehnlicher wünschte, als die Nummer eins zu sein.

Die Rede ist von Oliver Kahn, dem Mann, der als erster und bislang einziger Torhüter der Welt 2002 den Goldenen Ball als bester Spieler der Weltmeisterschaft erhielt – und der neben zahllosen weiteren Titeln drei Mal zum besten Torhüter der Welt gewählt wurde. Nachdem er zum ersten Mal zum besten Torhüter der Welt gewählt worden war, hatte er übrigens eine schwere Krise durchzustehen. Die Lehren, die er aus der Bewältigung dieses „Burnout" zog, waren die Voraussetzung für all die weiteren Erfolge, die er danach noch erreichte – Sie werden in Kapitel 18 mehr dazu lesen. Kahn hatte als Fußballer viele Niederlagen erlitten und Probleme zu lösen, aber er ist heute der Überzeugung, dass er erst durch die Bewältigung dieser Probleme die Stärke gewonnen hat, die notwendig war, um die einzigartige Weltkarriere als Fußballer zu erreichen.

Manche erfolgreiche Menschen sind überhaupt erst durch Probleme groß geworden – so beispielsweise der Ölmagnat John D. Rockefeller, der durch seine Unternehmungen als der reichste Mann aller Zeiten gilt. In heutige Werte umgerechnet, wird sein Vermögen auf 200 bis 300 Milliarden Dollar geschätzt, womit er heute lebende Personen wie Bill Gates oder Warren Buffett weit hinter sich lässt. Reich geworden ist er, weil er es in geschickter Weise verstand, von den massiven Schwierigkeiten, denen sich die damals entstehende Ölindustrie gegenübersah, zu profitieren.

Rockefeller begann – sozusagen „nebenberuflich" – neben seiner Beschäftigung im Lebensmittelhandel ins Ölgeschäft einzusteigen. Im Alter von 24 Jahren gründete er eine Firma, die ihm einen Zusatzverdienst ermöglichen sollte. Damals konnte noch niemand absehen, wie wichtig Öl einmal werden würde. Handelte es sich vielleicht nur um eine vorübergehende Mode, wie dies beim Goldrausch der Fall gewesen war? Oder um einen langfristig ertragreichen neuen Industriezweig? Der Ölpreis schwankte extrem. 1861 kostete ein Barrel zwischen 10 Cent und 10 Dollar, 1864 schwankte der Preis zwischen 4 und 12 Dollar. Jedes Mal, wenn eine neue Ölquelle entdeckt wurde, sanken die Preise ins Bodenlose. Und dann wiederum stiegen sie, weil man befürchtete, dass das Öl bald zu knapp werden könnte.

Spekulanten witterten Möglichkeiten, in dieser neuen Branche schnell und ohne viel Mühe reich zu werden. Es entstanden immer neue Raffinerien und 1870 machte deren Kapazität bereits das Dreifache der zu diesem Zeitpunkt geförderten Ölmenge aus. Drei Viertel aller Raffinerien machten Verluste, und ein wichtiger Konkurrent Rockefellers bot ihm Anteile an seiner Firma für 10 Prozent ihres Buchwertes an.

In dieser Krise stand zu befürchten, dass auch Rockefeller sein ganzes Vermögen wieder verlieren könnte. „Als optimistischer Mensch, der ‚in jeder Katastrophe noch eine Chance erblickte', beklagte er sein Unglück nicht, sondern machte sich an eine gründliche Analyse der Lage. Ihm wurde klar, dass sein individueller Erfolg als Raffineriebesitzer jetzt vom kollektiven Scheitern der ganzen Branche bedroht war und dass es daher einer systematischen Lösung bedürfte", so berichtet Rockefellers Biograf.[1]

Rockefeller gründete eine Aktiengesellschaft, die Standard Oil Company, und setzte sich ein großes Ziel: „Die Standard Oil Company wird eines Tages sämtliches Öl raffinieren und sämtliche Fässer herstellen."[2] Sein Ziel war, die gesamte Ölindustrie unter seine Kontrolle zu bringen. Er stattete sein neues Unternehmen mit dem damals unerhört großen Kapitalbetrag von einer Million Dollar aus und erhöhte diesen bald auf 3,5 Millionen. Er warb hervorragende Führungskräfte an und setzte auf Expansion – und das in einer Zeit der schwersten Krise. „Es war ein Zeichen für Rockefellers Selbstvertrauen, dass er zu einer Zeit, da die Branche am Abgrund stand, Führungskräfte und Investoren dieser Güteklasse zusammenbrachte – es war, als ob die allgemeine Niedergeschlagenheit seine Entschlossenheit gerade wachsen ließ."[3]

Dies ist der entscheidende Unterschied zwischen Siegern und Verlierern: Verlierer lassen sich von der allgemeinen Stimmung anstecken. Sind alle niedergeschlagen, dann sind sie es eben auch. Gewinner sehen die Wirklichkeit anders. Sie sehen die Chancen in einer schwierigen Situation und konzentrieren sich zu 100 Prozent darauf, diese Chancen wahrzunehmen. Sie wissen, dass man gerade in verzweifelten und sehr unsicheren Situationen sehr günstig „einkaufen" kann: andere Firmen, Aktien oder auch Manager und Fachkräfte.

Rockefeller handelte in der damaligen Krise geschickte Verträge mit den für den Transport des Öls wichtigen Eisenbahngesellschaften aus, die ihm Rabatte gewährten, welche ihn gegenüber dem Wettbewerb bevorzugten. Es kam jedoch zu massiven Gegenreaktionen und Boykottaufrufen gegen sein Unternehmen, und er musste 90 Prozent seiner Arbeiter vorübergehend entlassen. Die Gerüchte über den geheimen Pakt, den er mit der Eisenbahngesellschaft geschlossen hatte, verstärkten noch die allgemeine Verunsicherung – und in dieser Situation gelang es ihm, innerhalb weniger Wochen 22 seiner 26 Konkurrenten in Cleveland zu übernehmen. Anfang März 1872 übernahm er allein innerhalb von zwei Tagen sechs Wettbewerber. Da die meisten Raffinerien rote Zahlen schrieben, konnte er sie zu Schnäppchenpreisen erwerben und zahlte oft nur den Schrottwert der Anlagen.

Im Jahr 1873 kam es in den USA zu einer schweren Krise. Mehrere Banken und Eisenbahngesellschaften gingen in Konkurs, die Börse musste vorübergehend geschlossen werden. Es sollte der Beginn einer sechs Jahre dauernden schweren Krise werden. Wer brauchte in dieser Situation noch Öl? Der Ölpreis sank bis auf 48 Cent, in manchen Städten war sogar Wasser teurer. Rockefeller sah auch in dieser Krise eine enorme Chance. Konkurrierende Unternehmen konnte er nun noch günstiger aufkaufen. Er beschloss, die Dividende zu kürzen, und füllte die Kriegskasse für weitere Übernahmen. Nicht einmal 40 Jahre alt, war Rockefeller in wenigen Jahren zum alleinigen Herrscher über die amerikanische Raffineriebranche geworden. Zudem hatte er für sich vorteilhafte Verträge mit den Eisenbahngesellschaften ausgehandelt und diese in seine Abhängigkeit gebracht, weil er auch in den Bau der Tankwaggons einstieg. Bald schon gehörte ihm die gesamte Flotte von Tankwaggons.

Doch neue Probleme warteten auf Rockefeller. Die Ölfelder von Pennsylvania waren nahezu erschöpft und niemand wusste, ob man an anderer Stelle neues Öl finden würde. Zugleich wurden in Baku am Kaspischen Meer die größten Erdölfunde der damaligen Zeit gemacht. Die dortigen Ölquellen waren mit 280 Barrel pro Tag und Quelle viel ertragreicher als die amerikanischen Quellen, die nur vier bis fünf Barrel lieferten. Der Anteil der USA – und damit von Standard Oil, die 90 Prozent des amerikanischen Marktes beherrschte – am Weltmarkt für Raffinerieprodukte ging dramatisch zurück.

Rockefeller reagierte darauf einerseits mit massiven Kostensenkungsprogrammen, andererseits investierte er erhebliche Beträge in die Forschung. Nachdem in Lima, Ohio, neue – allerdings stark schwefelhaltige – Ölquellen entdeckt worden waren, gelang es schließlich, dank einer neuen Erfindung in einem Labor von Standard Oil ein Verfahren zu entwickeln, mit dem Schwefel aus dem Erdöl entfernt werden konnte. Damit waren die neu entdeckten Quellen in Lima nutzbar geworden. Anfang der 90er-Jahre des 19. Jahrhunderts entfielen zwei Drittel des Welthandels mit Erdölprodukten auf Rockefellers Unternehmen.

Rockefeller hatte jedoch schon bald mit anderen Problemen zu kämpfen. So wie ein Jahrhundert später gegen Bill Gates und dessen Firma Microsoft Monopolvorwürfe laut wurden und sich Bill Gates mit zahlreichen Klagen in der ganzen Welt auseinandersetzen musste, ging es damals Rockefeller. Zwei Jahrzehnte währte der juristische Schlagabtausch, an dessen Ende schließlich die Zerschlagung des Unternehmens stand. Am 5. Mai 1911 erklärte der Oberste Gerichtshof der USA, dass die Standard Oil Company zerschlagen werde. Dem Konzern wurden sechs Monate Zeit gegeben, sich von seinen Tochtergesellschaften zu trennen. Ironischerweise wurde das Gesetz gegen die Monopolstellung von Standard Oil zu einem Zeitpunkt beschlossen, als es dieses Monopol schon gar nicht mehr gab.

Rockefeller geriet jedoch auch in dieser Krise, die seinem Unternehmen nach 41 Jahren Aufbauarbeit den Garaus machte, nicht in Panik. Als er die Entscheidung des Gerichtes hörte, war er gerade auf dem Golfplatz und spielte mit einem katholischen Pastor. „Haben Sie Geld?", fragte Rockefeller ihn. Der Priester schüttelte den Kopf und erkundigte sich nach dem Grund für diese Frage: „Kaufen Sie Standard Oil", riet ihm der 72-jährige Rockefeller.[4]

„Durch seine Niederlage im Anti-Trust-Prozess wurde Rockefeller vom Millionär beinahe zum ersten Milliardär der Geschichte. Im Dezember 1911 konnte er endlich sein Amt als Präsident von Standard Oil niederlegen, seinen immensen Aktienbesitz behielt er jedoch. Als Eigentümer von fast einem Viertel der Aktien am neuen Unternehmen Standard Oil of New Jersey und zusätzlich einem Anteil von einem Viertel an den 33 unabhängigen Tochtergesellschaften, die durch das Urteil ins Leben gerufen worden waren."[5]

Rockefellers Leben ist ein Beispiel dafür, dass Probleme erfolgreiche Menschen gerade erst wirklich groß machen. Jedes neue Problem stellt eine Herausforderung dar und stärkt die Kraft desjenigen, der es zu bewältigen hat. Es handelt sich um Prüfungen, die wichtig sind, um die jeweils nächsthöhere Stufe zu erreichen. Wenn Sie vor einem Problem stehen, vor einem wirklich großen Problem, dann heißen Sie es willkommen – so wie das John D. Rockefeller tat! Und suchen Sie nach der Chance, die in diesem Problem steckt.

Ein Meister hierin war der Schwede Ingvar Feodor Kamprad. Er wurde 1926 in Schweden als Sohn einer deutschstämmigen Bauernfamilie geboren. Bereits 1943 gründete er im Alter von 17 Jahren das Unternehmen IKEA. Heute besitzt er etwa 23 Milliarden Dollar und stand im März 2010 auf Platz 11 der *Forbes*-Liste der reichsten Menschen der Welt. Wahrscheinlich ist er der reichste Mann, der in der Schweiz wohnt.

Geld zu verdienen spielte in seinem Leben schon früh eine Rolle. Ging er als Kind angeln, dann nicht um des Vergnügens willen, sondern weil er den Fang zu Geld machen konnte. „Verkaufen wurde zu einer Art fixen Idee", erinnerte er sich später. Mit elf Jahren ließ er sich von einer Samenhandlung beliefern und verkaufte die Tütchen an die Kleinbauern der Umgebung. „Das war mein erstes richtiges Geschäft, damit verdiente ich tatsächlich Geld." Von dem Gewinn kaufte sich der Junge ein Fahrrad und eine Schreibmaschine. „Beide Anschaffungen", schreibt Rüdiger Jungbluth in seinem Buch *Die 11 Geheimnisse des IKEA-Erfolges*, „waren im Grunde Investitionen, Hilfsmittel für weitere Geschäfte des Heranwachsenden."[6]

Kamprad hatte eine ausgeprägte Lese- und Schreibschwäche (Dyslexie), die für andere Menschen sicherlich ein guter Vorwand gewesen wäre, ihre Erfolglosigkeit zu erklären. Kamprad verlegte sich jedoch auf das, was er gut konnte, nämlich auf den Handel. Als Schüler handelte er mit allem und jedem. Unter seinem Bett im Internat hatte er einen großen Karton, in dem sich Gürtel, Brieftaschen, Uhren und Stifte befanden. Die Geschäfte liefen so gut, dass er am Ende seiner Realschulzeit den Entschluss fasste, ein Unternehmen zu gründen. Das Unternehmen nannte er IKEA – die Abkürzung steht für die Initialen seines Namens I.K., den Anfangsbuchstaben des Namens des elterlichen Bauernhofes Elmtaryd und den Anfangsbuchstaben seines Heimatdorfes Agunnaryd in der Gemeinde Ljungby, wo er aufwuchs.

Wie auch viele andere erfolgreiche Menschen – so etwa die Aldi-Gründer oder die Unternehmer Richard Branson und Michael Dell – hatte auch Kamprad die Idee, die Menschen sehr viel billiger als die Konkurrenten mit Waren guter Qualität zu beliefern. Er entdeckte bald, dass sich Möbel mit guter Qualität sehr viel günstiger herstellen und vertreiben ließen. Damit zog er sich jedoch naturgemäß den Ärger der etablierten schwedischen Möbelhersteller zu. Ein Wettbewerber, das Möbelhaus Dux, verklagte ihn mehrmals und beschuldigte ihn des Plagiats. Die Klagen waren jedoch nicht erfolgreich. Der Verband der Möbelhändler schrieb Briefe an die IKEA-Lieferanten und drohte ihnen, sie würden keine Aufträge der etablierten Geschäfte mehr bekommen, wenn sie weiterhin IKEA belieferten.

Kamprad umging den Boykott jedoch, indem er viele Tochterfirmen unter anderem Namen gründete. Aber er bekam Ärger, weil er auf Möbelmessen auch an Endverbraucher verkaufte. Manchmal bekam er deshalb sogar Hausverbot.

IKEA traf genau den Geschmack der Kunden und war mit seinen Möbeln so erfolgreich, dass es dem Unternehmen zunehmend schwerfiel, den Warennachschub zu organisieren. Weil es sich die Hersteller nicht mit den alteingesessenen Möbelhändlern verscherzen wollten, boykottierten sie ihn. Für IKEA schien das ein fast unlösbares Problem.

In dieser Situation machte Kamprad etwas Außergewöhnliches: Er schrieb einen Brief an einen polnischen Minister, in dem er sein Unternehmen vorstellte und sein Interesse an einer Zusammenarbeit mit polnischen Möbelherstellern bekundete. Tatsächlich erhielt er eine Einladung nach Polen, aber die Gespräche scheiterten fast schon am Anfang, weil man ihm verbieten wollte, außerhalb Warschaus zu reisen und die Möbelfabriken in Augenschein zu nehmen. Kamprad wollte schon abreisen, als die Polen einlenkten.

Später sollte sich der Boykott der schwedischen Möbelindustrie als Glücksfall erweisen. Kamprad machte die Entdeckung, dass in jedem Problem auch eine Chance steckt – *wenn* man diese erkennt. Die Zusammenarbeit mit den polnischen Möbelherstellern verlief zwar zunächst nicht ohne neue Probleme, entpuppte sich dann jedoch als riesiger Erfolg. Zeitweilig stammte sogar jeder zweite Artikel im IKEA-Katalog aus der Sozialistischen Volksrepublik Polen. „Es war eine Krise, die zum Auftrieb wurde, weil wir ständig neue Lösungen fanden", so Kamprad. „Wer weiß, ob wir so erfolgreich gewesen wären, wenn sie uns einen ehrlichen Kampf geboten hätten?"[7] Hier wird Kamprads Einstellung zu Problemen und Schwierigkeiten deutlich, die auch die Einstellung aller erfolgreichen Persönlichkeiten ist. Seine erste Folgerung: In jedem Problem steckt auch eine Chance. Die zweite Folgerung lautete: „Es lohnt sich niemals, negativ zu agieren." Wer im Wirtschaftsleben seine Energie darauf verschwendet, die Konkurrenz zu behindern, statt ihr etwas Konstruktives entgegenzusetzen, wird auf Dauer damit keinen Erfolg haben.[8]

Die Konkurrenten dachten jedoch anders und taten alles, ihm immer neue Schwierigkeiten zu bereiten. Nachdem in einer renommierten Zeitschrift ein Testbericht erschienen war, der belegte, dass IKEA zu deutlich geringeren Preisen liefern konnte als andere Häuser mit vergleichbarer Qualität, versuchte die Möbelindustrie, mit einem Anzeigenboykott das Blatt mundtot zu machen. Der Chefredakteur der Zeitschrift ließ sich jedoch nicht mürbe machen, sondern ging in die Offensive und machte den Rundbrief des Möbelverbandes, in dem zum Anzeigenboykott aufgerufen wurde, in einer Fernsehsendung öffentlich. Am Ende nutzte die Sache IKEA mehr, als sie schadete, denn die Menschen identifizierten sich fortan mit dem „David", der gegen „Goliath" antrat.

Die Auseinandersetzungen mit den Möbelherstellern waren jedoch nicht die einzigen Schwierigkeiten, die er zu meistern hatte. Damals herrschte in Schweden eine besondere Spielart des Sozialismus, welche die freien Kräfte des Marktes und Unternehmer wie ihn fast erdrückte. Der Spitzensteuersatz lag bei 85 Prozent. Zudem musste er eine hohe Vermögensteuer aus seinem Privatvermögen bestreiten.

Manchmal erdrückte ihn fast die hohe Steuerlast. Kamprad wollte eines der kleineren Unternehmen, die sich in seinem Privatbesitz befanden, mit Gewinn an IKEA verkaufen, um damit die Schulden, die er als Privatperson bei IKEA hatte, zu tilgen. So handelten damals viele schwedische Unternehmer, um die erdrückende Vermögensteuerbelastung zu reduzieren. Aber als Kamprad daranging, diese Transaktion vorzubereiten, änderte Schweden die Steuergesetzgebung – und zwar rückwirkend. Er blieb auf seinen hohen Kosten sitzen und ärgerte sich darüber, dass in seinem Land Unternehmer so schlecht und unfair behandelt wurden.

Wie dumm es vom schwedischen Staat war, erfolgreiche Unternehmer so zu drangsalieren, sieht man an Kamprads Beispiel, der 1974 den Entschluss fasste, nach Dänemark auszuwandern und später dann in die Schweiz, wo er bis heute lebt.

Wer von außen den großen Erfolg der Möbelmarke IKEA sieht, vergisst vielleicht, wie viele Niederlagen und Probleme Kamprad zu meistern hatte. Er hatte sich entschlossen, einen Teil der bei IKEA verdienten Gewinne in einer anderen Branche zu investieren, und beteiligte sich an einem Hersteller von TV-Geräten. Das Unternehmen kam jedoch nicht aus der Verlustzone. Als sich die Verluste bedrohlich summierten, stieg er aus. Der Ausflug in eine andere Branche kostete ihn sehr viel. Er verlor mehr als ein Viertel des damaligen IKEA-Kapitals mit diesem Investment.

Fehler zu machen war jedoch für Kamprad nichts Schlechtes – und das predigte er auch seinen Mitarbeitern. „Fehler zu machen ist das Vorrecht des Tatkräftigen", so seine Philosophie. „Die Angst, Fehler zu machen, ist die Wiege der Bürokratie und der Feind jeglicher Entwicklung. Keine Entscheidung kann für sich in Anspruch nehmen, die einzig richtige zu sein. Es ist die Tatkraft hinter der Entscheidung, die deren Richtigkeit bestimmt."[9] Deshalb, so seine Folgerung, müsse es erlaubt sein, Fehler zu machen.

Oftmals steckt in einer vermeintlichen Niederlage die Keimzelle für einen späteren ungeahnten Erfolg. Nehmen wir die Karriere von Michael Bloomberg, dem Gründer der Finanzdatenagentur Bloomberg L.P. und des nach ihm benannten Fernsehsenders. Heute gehört Bloomberg mit einem geschätzten Vermögen von 18 Milliarden Dollar zu den reichsten Männern der Welt – und zudem gewann er 2001 die Bürgermeisterwahl in New York City und wurde 2005 mit 58 Prozent wiedergewählt.

Aber alles begann für ihn mit einem Rauswurf. Als das Wertpapierhandelshaus Salomon Brothers 1981 aufgekauft wurde, sagte man ihm, nun sei kein Platz mehr für ihn in dem Unternehmen. „Eines Sommermorgens", so erinnert er sich in seiner Autobiografie *Bloomberg über Bloomberg*, „eröffneten mir John Gutfreund, geschäftsführender Teilhaber der erfolgreichsten Firma an der Wall Street, und Henry Kaufman, der damals einflussreichste Wirtschaftswissenschaftler der Welt, dass meine Zeit bei Salomon Brothers abgelaufen war." Gutfreund erklärte ihm: „Es ist Zeit für dich, zu gehen." Für Bloomberg war das ein regelrechter Schock. Er erinnert sich: „Am Samstag, dem 1. August 1981, verlor ich meinen ersten richtigen Ganztagsjob und damit die ständige Hochspannung, die ich so genossen hatte. Und das nach 15 Jahren, in denen ich sechs Tage die Woche, zwölf Stunden am Tag gearbeitet hatte. Gefeuert!"[10] Wer weiß, wie Bloombergs weiteres Leben verlaufen wäre, hätte man ihn damals nicht entlassen …

Zehn Jahre später sollte das Unternehmen Salomon Brothers selbst jedoch an den Rand des Abgrunds geraten. Und mit ihm zusammen auch der mit Abstand erfolgreichste Investor der Weltgeschichte, Warren Buffett. Warren Buffett war einer der wichtigsten Anteilseigner des Unternehmens. Gegen Ende des Jahres 1986 war er seinem Freund John Gutfreund zu Hilfe geeilt, als das Unternehmen in Gefahr stand, von dem gefürchteten Ron Perlemann übernommen zu werden. Gutfreund wusste sich in dieser Situation nicht zu helfen, er rief bei Buffett an und bat ihn, den „weißen Ritter" zu spielen und in Salomon zu investieren, um das Unternehmen vor der Übernahme durch Perlemann zu schützen.

Buffett, der stets in einer Krise eine Chance sah, stimmte schließlich unter der Voraussetzung zu, 700 Millionen Dollar in das Unternehmen zu investieren, wenn er beziehungsweise sein Unternehmen Berkshire damit 15 Prozent verdienen könnte. Im Rahmen dieses Deals erhielten Buffett und sein Partner Charlie Munger einen Sitz im Vorstand des Unternehmens. Dies sollte ihm dann jedoch selbst fast zum Verhängnis werden und ihn in eine der größten Krisen seines Lebens stürzen.

Wie die meisten dramatischen Krisen begann auch diese ganz harmlos. Buffett war mit seiner Freundin am Nachmittag des 8. August 1991 nach Nevada gefahren und verbrachte dort das Wochenende. Am Morgen hatte er einen Anruf aus John Gutfreunds Büro erhalten, in dem ihm ein Anruf des Salomon-Chefs für den Abend angekündigt wurde. Als Buffett abends im Steak House saß, rief ihn der Leiter der Rechtsabteilung von Salomon, Don Feuerstein, an. Gutfreund selbst saß noch im Flieger und konnte nicht mit Buffett sprechen.

Feuerstein erklärte Buffett, es gebe ein Problem. Paul Mozer, ein Mitarbeiter von Salomon, dessen Namen Buffett noch nie gehört hatte, habe mehrmals versucht, die mächtige Federal Reserve hinters Licht zu führen. Zum Hintergrund: Salomon Brothers gehörte zu den wenigen sogenannten Primary Dealern, die direkt Anleihen von der Regierung kaufen konnten und damit über eine enorme Macht verfügten. Nachdem Salomon in der Vergangenheit immer wieder versucht hatte, dieses Geschäft für sich zu monopolisieren, war der Anteil der Staatsanleihen, für den ein Einzelunternehmen bieten durfte, auf 35 Prozent begrenzt worden.

Feuerstein teilte Buffett mit, Mozer habe bei zwei Auktionen nicht autorisierte Gebote abgegeben, die dieses von der Regierung vorgegebene Limit überschritten hätten. Dabei habe er Namen von Kunden verwendet, um zusätzliche Gebote abzugeben, und die so erworbenen Anleihen dann auf das Salomon-Konto geleitet.

Das klang zwar alles nicht besonders schön, aber noch keineswegs dramatisch. Später stellte sich heraus, dass die Sache in der Tat sehr viel schlimmer war. Mozer hatte mehrfach so gehandelt, seine Chefs hatten davon schon seit Monaten gewusst und versucht, dieses Verhalten zu vertuschen. Wie in vielen Krisen kam die Wahrheit nur häppchenweise ans Tageslicht – und dadurch machte es das Management von Salomon nur noch schlimmer.

Wenige Tage nachdem Buffett erstmals von der Sache erfahren hatte, drohte die Federal Reserve bereits, die weiteren Geschäftsbeziehungen mit Salomon einzustellen, was das sichere Todesurteil für das Unternehmen bedeutet hätte. Die Fed war verständlicherweise darüber verärgert, dass man zunächst versucht hatte, sie hinters Licht zu führen, und das Unternehmen dann auch noch die Verantwortlichen dafür deckte, statt diese zu entlassen. Das sah nicht gerade nach Einsicht, Lernbereitschaft und Übernahme von Verantwortung aus.

Ein Straucheln von Salomon Brothers hätte mit sehr hoher Wahrscheinlichkeit schon im Jahre 1991 zu ähnlichen Ereignissen geführt wie dann im Jahr 2008 der Zusammenbruch von Lehman Brothers. Denn Salomon hatte damals die zweitumfangreichste Bilanz aller Unternehmen der USA. Nur 4 Milliarden Dollar Eigenkapital standen 146 Milliarden Dollar Fremdkapital gegenüber – und hinzu kamen noch Derivate im Wert von mehreren hundert Milliarden Dollar. Das Unternehmen war zudem aufs Engste vernetzt mit den anderen Investmentbanken an der Wall Street.

Die amerikanische Börsenaufsicht SEC begann zu ermitteln. Immer mehr Einzelheiten über den Skandal drangen nach außen und die Medien berichteten täglich und spekulierten über das Ende von Salomon Brothers. Die Kunden begannen zu flüchten, der Aktienkurs brach massiv ein.

In dieser Situation, das war allen klar, konnte nur noch ein Mann vielleicht die Rettung bringen, der sich über die Jahre den Ruf nicht nur eines hochintelligenten Investors, sondern vor allem auch eines absolut ehrlichen und geradlinigen Menschen erarbeitet hatte: Warren Buffett. Der Plan: Er sollte Interimsvorsitzender des Unternehmens werden und mit seinem guten Namen dem Unternehmen eine neue Zukunft geben.

Für Buffett war es eine der schwersten Entscheidungen seines Lebens, ob er dies tun sollte. Seine Biografin Alice Schroeder beschreibt die Situation am Freitag, dem 16. August, so: „Buffett war mittlerweile der zweitreichste Mann der Vereinigten Staaten ... Er war einer der geachtetsten Geschäftsleute ... Irgendwann an diesem langen, schrecklichen Freitag wurde ihm plötzlich schmerzlich bewusst, dass das Investment in Salomon, ein Unternehmen mit Problemen, über die er eigentlich keinerlei Kontrolle hatte, von Anfang an all das gefährdete, was er bisher erreicht hatte."[11]

Es schien fast unmöglich, das angeschlagene Unternehmen in dieser Situation zu retten. „Buffett hatte zwei Möglichkeiten: Er konnte entweder als Held aus der Angelegenheit hervorgehen oder er konnte scheitern. Doch sich verstecken oder ausweichen konnte er nicht."[12]

Buffett hatte sich entschlossen, die Herausforderung anzunehmen. Wenige Stunden bevor dies in einer bereits vorbereiteten Presseerklärung an die Öffentlichkeit gelangte, sickerte jedoch durch, das US-Finanzministerium plane, bekannt zu geben, dass Salomon in Zukunft von der Gebotsabgabe in den Anleihe-Auktionen ausgeschlossen würde. Es war klar, dass dies definitiv das Todesurteil für das Unternehmen bedeutet hätte – ob nun mit oder ohne Buffett als Vorstand.

Buffett versuchte verzweifelt, im Ministerium anzurufen und dieses zu überzeugen, dass dies nicht nur das Ende des Unternehmens bedeuten, sondern auch eine verheerende weltweite Finanzkrise heraufbeschwören würde. Er war bereit, auch in einer fast aussichtslosen Situation die Verantwortung zu übernehmen und sogar sein wichtigstes Kapital – den guten Ruf, den er sich über Jahrzehnte erarbeitet hatte – aufs Spiel zu setzen. Er war aber nicht bereit, Selbstmord zu begehen.

Buffett setzte alles auf eine Karte – und gewann. Das Finanzministerium lenkte teilweise ein und revidierte seine Auffassung. Das Unternehmen, so die Entscheidung nach Buffetts Intervention, durfte zwar nicht für Kunden Gebote abgeben, aber im eigenen Namen. Das war für Buffett das Wichtigste.

Die Aufgabe, das Chaos bei Salomon aufzuräumen, gleichzeitig die juristischen Ermittlungen zu begleiten und vor allem eine neue Unternehmenskultur zu schaffen, brachte Buffett an den Rand der Erschöpfung. „Die Sache machte mich fertig. Und ich konnte von diesem Zug nicht einfach abspringen. Dabei wusste ich noch nicht einmal, wohin der Zug mich bringen würde."[13]

Buffetts schwierigste Aufgabe bestand darin, eine neue, ehrliche und transparente Firmenkultur zu entwickeln. In einer Ansprache an die Mitarbeiter sagte er: „Ich möchte, dass alle Mitarbeiter sich fragen, ob es ihnen recht wäre, würden ihre Handlungen am nächsten Tag auf der Titelseite ihrer Lokalzeitung diskutiert, sodass ihre Ehepartner, ihre Kinder und ihre Freunde lesen könnten, was ein sachkundiger, kritischer Journalist über das fragliche Vorgehen denkt."[14]

Die Mitarbeiter waren bereit, hier mitzugehen. Aber als Buffett dann ihre Boni massiv beschnitt, weil er meinte, es gehe nicht an, dass sie hohe Vergütungen bekämen, während die Aktionäre leer ausgingen, da wandten sich immer mehr von dem Unternehmen ab, verließen es und suchten sich woanders einen Job. Abermals schien Salomon gefährdet.

Bußgelder, Vertragsstrafen, Rechtskosten und entgangene Geschäfte in dieser Affäre hatten sich auf schätzungsweise 800 Millionen Dollar summiert. Salomon überlebte die Affäre jedoch schließlich. Buffett ging nicht nur finanziell gestärkt aus dieser Krise hervor, sondern hatte einen weiteren Baustein in die Legende vom genialsten Investor aller Zeiten eingefügt.

Von außen betrachtet scheint Buffetts Karriere eine einmalige und unaufhaltsame Erfolgsgeschichte zu sein. Ein Investor, der bei Auflage des Fonds 1000 Dollar bei ihm angelegt hatte, verfügte im Jahr 2009 über 7 Millionen Dollar. Buffett selbst rangiert seit vielen Jahren in der *Forbes*-Liste der reichsten Männer der Welt ständig unter den ersten drei. Aus dem Blick gerät dabei, dass er vor allem ein Meister des Krisenmanagements ist und deshalb so erfolgreich war, weil es ihm immer wieder gelang, ungewöhnlich schwierige Situationen brillant zu meistern. Ein Beispiel dafür ist die Geschichte des Erwerbs der Tageszeitung *Buffalo Evening News*. Buffett, der ganz generell davon überzeugt war, dass Zeitungen ein hervorragendes Investment sein können, hatte viele Jahre nach einem geeigneten Investitionsobjekt gesucht und es dann auch im Frühjahr 1977 gefunden. Für 35,5 Millionen Dollar erwarb er die *Buffalo Evening News* – dies war der teuerste Kauf, den er bis dahin in seinem Leben getätigt hatte. Doch als er die Zeitung kaufte, ahnte er nicht einmal, welche Probleme sie ihm schon kurz darauf bereiten sollte.

In Buffalo lieferten sich zwei Zeitungen, der *Courier Express* und die *Evening News*, einen erbitterten Wettbewerb. Der *Courier Express* erschien sonntags und hatte als Sonntagszeitung praktisch ein Monopol. Buffett plante nun, auch bei der *Evening News* eine Sonntagsausgabe herauszubringen, wogegen der *Courier* jedoch Klage einreichte. Buffett stand als jemand von außerhalb der Stadt da, der ein ortsansässiges Unternehmen mit langer Tradition durch unlauteren Wettbewerb ruinieren wollte.

54

Vor Gericht zitierten die Anwälte der Gegenseite eine Äußerung Buffetts, in welcher er ein Monopol oder eine den Markt dominierende Zeitung als erstrebenswert bezeichnete und mit einer mautpflichtigen Brücke verglich, die man unbedingt besitzen sollte. Das Gericht erlaubte den Vertrieb der *Evening News* als Sonntagszeitung nur unter völlig inakzeptablen Bedingungen. Buffett war es nicht gelungen, die Richter zu überzeugen.

Die Anzeigenkunden hielten dem *Courier* die Treue und der Gewinn, den die *Evening News* bislang gemacht hatten, verwandelte sich in einen saftigen Verlust von 1,4 Millionen Dollar. „Diese Nachricht erschütterte Buffett", so seine Biografin Alice Schroeder. „Er hatte noch nie eine Firma besessen, die so schnell so viel Geld verbrannte."[15] Buffett ging es sehr schlecht, denn hinzu kam, dass seine über alles geliebte Frau Susie ihm eröffnet hatte, sie wolle aus dem gemeinsamen Haus ausziehen, um sich selbst zu verwirklichen.

Die *Buffalo Evening News* waren zu diesem Zeitpunkt Buffetts größtes Einzelinvestment – und es sah alles danach aus, dass dieses Investment im Ergebnis der juristischen Auseinandersetzungen ein kompletter Fehlschlag werden würde.

Buffett wollte schon aufgeben, aber sein Partner Munger überredete ihn, dennoch weiterzumachen und das Gerichtsurteil anzufechten. Im April 1979, anderthalb Jahre nach dem ersten Gerichtsbeschluss, bekam Buffett dann doch noch recht, als der Appellationsgerichtshof das ursprüngliche Urteil aufhob.

Doch dieser Sieg kam spät, fast zu spät. Nicht nur war sehr viel Geld für Anwaltskosten verloren gegangen, sondern die Zeitung verlor auch massiv Anzeigenkunden und machte jedes Jahr mehrere Millionen Dollar Verluste. Ende 1980 waren die Verluste bereits auf 10 Millionen Dollar gestiegen.

Den Todesstoß versetzte der Zeitung ein von der Gewerkschaft organisierter Streik der Fahrer, welche die Zeitung auslieferten. Buffett stellte das Erscheinen der Zeitung daraufhin ein und erklärte den Gewerkschaften: „Die Zeitung hat nur eine bestimmte Menge Blut. Wenn sie zu viel Blut verliert, wird sie nicht überleben … Wir werden die Geschäfte nur dann wieder aufnehmen, wenn es begründete Aussichten gibt, dass das Unternehmen lebensfähig sein wird."[16]

Diese Sprache verstanden die Gewerkschaften. Die Zeitung konnte wieder erscheinen. Und die Restriktionen für die Sonntagsausgabe galten nicht mehr. Die Konkurrenzzeitung *Courier Express* verlor mehr und mehr Marktanteile und musste schließlich im September 1982 ihr Erscheinen einstellen. Die Anzeigenpreise und die Auflage der *Buffalo*

News stiegen ständig – und schon ein Jahr nach dem Streik machte die Zeitung einen Gewinn von 19 Millionen Dollar.

Buffetts Weg ist ein Beispiel dafür, dass selbst die erfolgreichsten Menschen immer wieder vor große Prüfungen gestellt werden, deren Ausgang manchmal alles gefährden kann, was sie bis dahin erreicht haben. Ein anderes Beispiel dafür ist die Geschichte von Walt Disney. Die Walt Disney Company ist heute mit rund 144.000 Mitarbeitern und einem Umsatz von etwa 36 Milliarden Dollar eines der größten Medienunternehmen der Welt. Begonnen hat alles im November 1919, als der 18-jährige Walt Disney den gleichaltrigen Ub Iwerks in einem Werbestudio kennenlernte. Schon nach kurzer Zeit wurden beide entlassen und beschlossen daraufhin, die Iwerks-Disney Commercial Artists zu gründen. Weil die Geschäfte hier jedoch schlecht liefen, musste Disney parallel zu seiner unternehmerischen Arbeit eine feste Stelle als Trickfilmzeichner annehmen, um durch sein Gehalt das Überleben des jungen Unternehmens zu sichern.

Im Mai 1922 gründete Disney die Laugh-O-Grams Inc., eine Trickfilmproduktionsgesellschaft mit 15.000 Dollar Grundkapital. Weil er in geschäftlichen Dingen unerfahren war und Verträge mit zu langen Zahlungszielen vereinbart hatte, wurde die Firma jedoch schon im Juni 1923 zahlungsunfähig und meldete Insolvenz an. Nach der Insolvenz ging Disney nach Hollywood – sein Biograf Andreas Platthaus vermutet, ein Grund dafür sei, „dass der gescheiterte Firmenchef fortan einige tausend Kilometer von den Anteilseignern der Laugh-O-Grams-Gesellschaft entfernt wirken konnte. Diese Investoren waren nunmehr seine Gläubiger geworden, und deren Geldforderungen hätten einen neuen Start in Kansas City unmöglich gemacht."[17]

Im Oktober 1923 gründete Disney zusammen mit seinem Bruder Roy das Disney Brothers Cartoon Studio und produzierte unter anderem *Alice's Wonderland*, eine Kombination von realem Film mit Schauspielern und Zeichentrickanimationen. In nicht einmal drei Jahren produzierte er 34 Filme dieser Serie. Doch schließlich konnte er die wichtigste Schauspielerin, Virginia Davis, nicht mehr bezahlen. Die Ersatzschauspielererinnen waren nicht mehr so gut, und so stellte er Anfang 1927 die Produktion der Alice-Serie ein und begann, Filme mit einer lustigen Tiergestalt als Titelheld zu produzieren.

Disney verfolgte hierbei einen neuen Ansatz. Bisher waren Tiere in Zeichentrickproduktionen nicht „menschlich" genug, damit sich die Zuschauer mit ihnen identifizieren konnten. Er wollte Tiere darstellen, die sprechen und lachen konnten, doch mit seiner Idee erntete er zunächst nur verständnisloses Kopfschütteln und Spott.

Ein erster Erfolg gelang ihm mit der Figur „Oswald", einem lachenden Hasen. „Mit Oswald schien Walt Disney zum ersten Mal in seinem Leben ausgesorgt zu haben, doch wie noch mehrmals sollte sich das neue Gefühl finanzieller Sicherheit als Trugschluss erweisen."[18] Disney hatte bei seinen Verträgen nicht beachtet, dass das Copyright für die Filme bei dem Filmverleih lag, der damit berechtigt war, jederzeit ein anderes Studio mit der Produktion der Oswald-Filme zu beauftragen. Als Disney versuchte, das bislang sehr moderate Honorar pro Film von 2250 auf 2500 Dollar nachzuverhandeln, erklärte ihm sein Verhandlungspartner, er sei nur noch bereit, 1800 Dollar zu zahlen. Und zudem schockierte er Disney mit der Drohung, er habe bereits mit einigen seiner engsten und besten Mitarbeiter gesprochen, die bereit seien, auch für ein anderes Studio als für Disney zu arbeiten und dort ihre Oswald-Animationen zu produzieren.

Diese Probleme trugen mit dazu bei, dass Walt Disney nach einer neuen Figur suchte, und die fand er in der von Ub Iwerks gezeichneten „Mickey Mouse", die ihm zum Durchbruch verhelfen und weltbekannt machen sollte. Der erste Film, in dem Mickey Mouse zu sehen war, hieß *Plane Crazy*, es folgten zahllose weitere, und 1932 wurde Disney für die Erfindung der Maus sogar mit dem Ehren-Oscar ausgezeichnet.

In den folgenden Jahren kreierte Disney weitere Figuren, so etwa Goofy (1932) oder Donald Duck (1934). Große Anerkennung gewann er für die Produktion des ersten abendfüllenden Zeichentrickfilms, *Schneewittchen und die sieben Zwerge*, für den er 1937 ebenfalls einen Oscar erhielt. Nach dem Zweiten Weltkrieg produzierte er zahlreiche Abenteuerfilme wie *Die Schatzinsel* oder *20.000 Meilen unter dem Meer*. Mehrmals jedoch stand er vor dem finanziellen Ruin – 1950 rettete nur der Erfolg des Films *Cinderella* das Unternehmen vor der Pleite.

1948 hatte Disney die Idee, einen „Mickey Mouse"-Park auf einem 45.000 Quadratmeter großen Areal gegenüber seinem Studio zu errichten, um Besuchern eine Attraktion zu bieten. Bald schon sah er jedoch, dass dieses Grundstück zu klein war, um seine Pläne zu verwirklichen, und er suchte ein neues Grundstück, das er in der damals 20.000 Einwohner zählenden Stadt Anaheim in Kalifornien entdeckte. Er fand nur sehr schwer Geldgeber für das Projekt, das er nun Disneyland nannte, und steckte sein gesamtes angespartes Geld in die Entwicklung. Sein Bruder Roy riet ihm dringend von der Realisierung des Projektes ab, da das Studio nicht genügend Gewinn abwerfe, um es zu finanzieren.

Doch Walt Disney ließ sich nicht entmutigen und ersann ganz neue Wege zur Finanzierung seines Lieblingsprojektes. Er schlug dem neu gegründeten Fernsehsender ABC vor, jede Woche eine Fernsehshow aus seinem (alten) Trickfilmmaterial zu produzieren, wenn der Sender sich dafür an der Entwicklung von Disneyland beteiligte.

Das war eine geniale Idee, denn einerseits schaffte er damit eine neue Verwertungsform für seine Kurzfilme, die im Kino kaum noch gezeigt wurden, andererseits hatte er eine Lösung für die Finanzierung von Disneyland gefunden. Tatsächlich erwarb ABC für 500.000 Dollar 34,5 Prozent Anteile an der Disneyland Inc. Zusätzlich bürgte der Sender für Kredite in einer Höhe von bis zu 4,5 Millionen Dollar. Zudem gewann Disney Firmen wie Ford oder General Electric, die in Disneyland eigene Attraktionen finanzierten – was für diese wiederum eine kostenlose Werbung bedeutete. Disney erwies sich also nicht nur als ausgesprochen ideenreich bei der Erfindung immer neuer Tierfiguren und Filmthemen, sondern auch im Bereich der Finanzierung seines Projektes.

Die Eröffnung des Parks war einerseits ein Erfolg, weil statt der erwarteten 11.000 Besucher mehr als 28.000 kamen – aber andererseits war die Eröffnung ein Fiasko, weil nichts richtig funktionierte und der Park nicht auf den Besucherstrom vorbereitet war. Zudem zeigte sich rasch, dass das Grundstück viel zu klein war, obwohl es immerhin 170.000 Quadratmeter maß. Schon bald siedelten sich links und rechts des Themenparks Hotels und Konkurrenzunternehmen an, „die Disneyland Einnahmen wegschnappten und alle Träume des Erbauers, hier ein geschlossenes Fantasiereich zu errichten, gegenstandslos werden ließen".[19]

Doch Disney ließ sich wiederum nicht entmutigen und kaufte in den 60er-Jahren Stück für Stück ein Gelände in der Nähe von Orlando in Florida zusammen, das die Grundfläche des Themenparks in Anaheim um das 650-Fache übertraf. Disney, der 1966 starb, sollte zwar die Eröffnung dieses gigantischen Parks im Jahre 1971 nicht mehr miterleben. Aber seine Idee, über die am Anfang alle lachten und die er nur mit größter Mühe finanzieren konnte, erwies sich als gigantischer Erfolg. Heute gibt es 13 Disneyparks in vier verschiedenen Ländern auf drei verschiedenen Kontinenten.

Nicht nur Disney hatte immer wieder mit erheblichen Problemen zu kämpfen, die sich jedoch später als Meilensteine für seine Erfolge erwiesen. Gleiches gilt auch für die Kaffeehauskette Starbucks, die heute jeder kennt und die weltweit über fast 17.000 Standorte verfügt und Ende 2009 fast 10 Milliarden Dollar Einnahmen (Net Revenues) verbuchte. Begonnen hat alles mit der Idee eines Mannes, Howard Schultz, der 1953 in Brooklyn in New York als Sohn eines Hilfsarbeiters in einer Sozialwohnung aufwuchs. Als Kind schämte er sich dafür, dass er in einem Bezirk mit einem ganz besonders schlechten Image wohnte. Einmal hatte er eine Verabredung mit einem Mädchen aus einem anderen Teil von New York. Als er sie abholte, unterhielt er sich kurz mit ihrem Vater, dessen Gesicht mit jeder Antwort länger wurde: „Wo wohnst du?" „Wir wohnen in Brooklyn" – „Wo?" – „Canarsie" – „Wo?" – „Bayview Projects" – „Oh". Die Reaktion des Vaters, erinnerte sich Schultz später, beinhaltete ein unausgesprochenes Urteil über ihn – „und das ärgerte und kränkte mich".[20]

Obwohl in ärmlichen Verhältnissen aufgewachsen, war Schultz ausgesprochen ehrgeizig. Er war der erste Akademiker in der Familie. Nach dem Studium arbeitete er als Verkaufstrainer bei Xerox und wechselte dann zu Hammerplast, der amerikanischen Filiale des schwedischen Konzerns Pestorp, einem Hersteller von Haushaltsgeräten. Bei seiner Verkaufstätigkeit fiel ihm ein merkwürdiges Phänomen auf: Ein kleiner Einzelhändler in Seattle bestellte ungewöhnlich große Mengen einer bestimmten Art Kaffeemaschine, die einfach aus einem Plastiktrichter und einer Thermoskanne bestand. Er ging der Sache nach und sagte sich: „Ich werde mir dieses Unternehmen einmal ansehen. Ich möchte wissen, was da vorgeht."[21]

Als er in das erste Starbucks-Geschäft ging, hatte er das Gefühl, eine „Kultstätte des Kaffees zu betreten", so erinnert er sich in seiner Autobiografie.[22] Hinter einer abgenutzten Holztheke standen Behälter mit Kaffee aus aller Welt: Sumatra, Kenia, Äthiopien, Costa Rica – und das in einer Zeit, in der die meisten Menschen glaubten, dass Kaffee aus der Dose komme und nicht aus Bohnen hergestellt werde. Und in diesem Geschäft wurde ausschließlich Bohnenkaffee verkauft. Der Kaffee schmeckte völlig anders als der normale Kaffee, den man bis dahin in Amerika trank. Schultz war davon fasziniert.

Damals gab es nur fünf Starbucks-Geschäfte. Aber Schultz sah ein Potenzial, das die damaligen Inhaber nicht erkannten. Er wollte seinen Job aufgeben, nach Seattle gehen und bei dem Unternehmen anheuern. „Ein Wechsel zu Starbucks würde bedeuten, ein Jahresgehalt von 75.000 Dollar, eine Menge Prestige, einen tollen Firmenwagen und eine wunderschöne Wohnung aufzugeben, und wofür? In eine 5000 Kilometer entfernte Stadt am anderen Ende des Landes zu ziehen, um für ein kleines Unternehmen mit fünf Kaffeegeschäften zu arbeiten, ergab für viele Freunde und meine Familie keinen Sinn. Besonders meine Mutter war besorgt."[23]

Er versuchte ein Jahr lang, in dem Unternehmen einen Job zu bekommen. Nach dem Vorstellungsgespräch bei dem Unternehmenschef und Gründer von Starbucks hatte er ein gutes Gefühl. Doch dann kam ein Anruf, der ihn schockte: „Es tut mir leid, Howard. Ich habe schlechte Nachrichten." Die drei Besitzer des Unternehmens hatten lange diskutiert und schließlich entschieden, ihn nicht einzustellen. Wie betäubt hörte er die Worte am anderen Ende des Telefons: „Ihre Pläne hören sich großartig an, doch das ist einfach nicht die Vision, die wir für Starbucks haben."[24]

Schultz wollte das nicht als das letzte Wort hinnehmen. „Ich glaubte noch immer so fest an die Zukunft von Starbucks, dass ich ein Nein nicht als endgültige Antwort akzeptieren konnte." Schließlich gelang es ihm, die Eigentümer zu überzeugen, ihn doch einzustellen. Später fragte er sich oft: „Was wäre passiert, wenn ich die erste Entscheidung einfach akzeptiert hätte? Die meisten Leute, die eine Absage bekommen, nehmen sie einfach hin." Später, so Schultz, bekam er noch viele Absagen in seinem Leben. „So oft wurde mir erklärt, dass etwas nicht möglich sei. Immer wieder musste ich meine ganze Hartnäckigkeit und Überzeugungskraft aufbieten, um es doch noch möglich zu machen."[25]

Bis dahin wurde in den Starbucks-Geschäften nicht, so wie wir das heute kennen, Kaffee ausgeschenkt, sondern es wurden nur Kaffeebohnen verkauft. Bei einer Reise nach Italien war Schultz von der Atmosphäre der dortigen Straßencafés fasziniert. Während er zusah, wie man ihm eine Tasse Kaffee zubereitete, fiel es ihm wie Schuppen von den Augen: Starbucks hatte das Wichtigste übersehen – völlig übersehen. „Das ist es!", dachte er. „Das ist der springende Punkt." Kaffee auf italienische Art zu servieren konnte den Durchbruch bringen! Was heute selbstverständlich ist, war damals eine revolutionäre Idee. „Es war wie eine Erleuchtung. Sie kam so plötzlich und war so intensiv, dass ich zitterte."[26]

Zurück in Seattle erzählte er von seiner Vision, aber die Eigentümer von Starbucks lehnten sie strikt ab. Starbucks sei ein Geschäft, kein Restaurant oder eine Bar. Kaffee zu servieren würde sie in die Getränkebranche bringen. Schließlich hatte Starbucks in der bisherigen Form doch Erfolg gehabt und warf jedes Jahr Gewinn ab. Warum also etwas verändern und damit diesen Erfolg gefährden?

Es dauerte fast ein Jahr, bis er die Firmeninhaber überreden konnte, seine Idee wenigstens mal im kleinen Stil auszuprobieren. Schließlich willigten sie ein und gaben ihm die Chance, in dem sechsten Geschäft, das im April 1984 im Zentrum von Seattle eröffnet wurde, auch eine ganz kleine Espressobar einzurichten.

Der Erfolg dieses kleinen Experiments schien ihm recht zu geben, und er bestürmte Jerry Baldwin, einen der Inhaber, jeden Tag, dies in größerem Stil umzusetzen. Die Antwort lautete jedoch Nein. „Starbucks braucht nicht größer zu werden, als es ist. Wenn zu viele Kunden ein und aus gehen, können wir keine persönliche Beziehung mehr zu ihnen aufbauen. Doch das gehört zu unserer Geschäftsphilosophie." Die Antwort war endgültig. „Wir werden es nicht tun. Du wirst damit leben müssen."[27]

Schultz war niedergeschlagen und deprimiert. Schließlich fasste er einen großen Entschluss und kündigte, um seine eigene Kaffeebar unter dem Namen *Il Giornale* zu gründen. Doch er brauchte dafür Kapital, das er nicht hatte. Das Projekt sollte groß aufgezogen werden – und dafür benötigte er 1,65 Millionen Dollar. Er sprach mit 242 Investoren und 217 sagten „Nein". Die Idee lasse sich nicht realisieren.

„Il Giornale? Man kann ja nicht einmal den Namen aussprechen."

„Wie konnten Sie nur von Starbucks weggehen? Was für eine dumme Entscheidung."

„Wie kommen Sie bloß darauf, dass das funktionieren wird? Kein Amerikaner wird 1,50 Dollar für eine Tasse Kaffee ausgeben!"

„Sie müssen den Verstand verloren haben. Das ist ja Wahnsinn. Suchen Sie sich doch eine vernünftige Arbeit."[28]

Am schwierigsten war es für ihn, in einer solchen Situation seine optimistische Einstellung beizubehalten. „Wie motiviert man sich, wenn man in einer Woche schon drei oder vier erfolglose Termine hinter sich hat? Man muss wirklich ein Stehaufmännchen sein. Da kommt man zu einem Termin, fühlt sich eigentlich wie ein Häufchen Elend, muss aber so frisch und selbstbewusst klingen wie am allerersten Tag."[29]

Mit großer Mühe gelang es ihm schließlich, doch genügend Investoren für das Projekt zu gewinnen. Im März 1987 geschah dann etwas, das die Wende bringen sollte. Jerry Baldwin und Gordon Bowker, die Inhaber von Starbucks, beschlossen, die Geschäfte in Seattle, das Röstwerk und den Namen Starbucks zu verkaufen. Dies alles sollte 4 Millionen Dollar kosten. Es schien zunächst völlig unmöglich, diesen Betrag aufzubringen, nachdem eben erst mit aller Mühe der Betrag für Il Giornale aufgetrieben worden war.

Einer der Investoren von Il Giornale erklärte schließlich, er wolle selbst Starbucks kaufen. Das traf Schultz wie ein Schlag ins Gesicht. Sein „Rivale" war einer der führenden Geschäftsleute in Seattle. Schultz war überzeugt, dass dieser sich bereits die Unterstützung der wichtigsten Geschäftsleute der Stadt gesichert hatte. Unumwunden erklärte man ihm in einem Meeting: „Wenn Sie nicht mitspielen, werden Sie in dieser Stadt nie wieder eine Arbeit finden. Sie werden keinen einzigen Dollar mehr auftreiben. Sie werden Fischfutter sein."[30]

Als er aus dem Meeting ging, konnte er sich nicht mehr beherrschen und fing an zu weinen, mitten in der Eingangshalle. Schultz gelang es schließlich doch, das Geld aufzutreiben. Er ließ sich nicht erpressen und hielt durch. In seiner Autobiografie schreibt er: „Viele von uns erleben solche kritischen Momente, in denen es aussieht, als müssten wir unsere Träume für immer aufgeben. Man kann sich auf solche Ereignisse nicht vorbereiten, doch wie man auf sie reagiert, ist von entscheidender Bedeutung ... Es sind solche Momente – wenn Sie verwundbar sind und ein unerwarteter Angriff Sie aus der Bahn wirft –, in denen Ihnen eine große Chance entgehen kann."[31]

In solchen Situationen werden wir auf die Probe gestellt. Kein erfolgreicher Unternehmer, kein Spitzensportler und auch sonst kein erfolgreicher Mensch hat nicht solche Proben zu bestehen. Hätte Schultz damals aufgegeben, dann könnten Sie heute nicht überall auf der Welt in Starbucks-Cafés diesen Kaffee genießen. Und er selbst wäre ein kleiner Angestellter geblieben und nicht einer der erfolgreichsten und vermögendsten Unternehmer der USA.

Wenn Sie künftig vor einem großen Problem stehen, dann nehmen Sie die Herausforderung an, so wie Rockefeller, Buffett oder Schultz: Suchen Sie nach der Chance, die in diesem Problem stecken könnte. Sie müssen akzeptieren, dass die Probleme umso größer werden, je mehr Erfolg Sie haben. Große Fortschritte erreichen wir nur selten, wenn alles glatt und problemlos läuft. Krisen zwingen uns, neue Wege zu beschreiten und innovative Ideen zu entwickeln.

Sie werden größere Ziele nur dann erreichen können, wenn Ihr Selbstbewusstsein größer wird. Ein starkes Selbstbewusstsein ist die wichtigste Voraussetzung, damit Sie den Mut haben, sich etwas „zuzutrauen", sich größere Ziele zu setzen. Und dieses Selbstbewusstsein wiederum stärken Sie durch die erfolgreiche Bewältigung von immer größeren Problemen.

Stellen Sie sich Ihr Selbstbewusstsein als einen Muskel vor, den Sie trainieren müssen. Ein Muskel wächst nur, wenn man ihn immer stärker belastet – mit immer größeren Gewichten. Und Ihr Selbstbewusstsein wächst nur, wenn Sie immer größere Probleme lösen. Sie können sicher sein, dass Ingvar Feodor Kamprad, Warren Buffett und Walt Disney auch nicht von Anfang an über das große Selbstbewusstsein verfügten, das später ihr Markenzeichen wurde. Dieses Selbstbewusstsein entwickelte sich in der Auseinandersetzung mit Krisen, Schwierigkeiten und immer neuen Herausforderungen.

Kapitel 4

Fokussierung

Anfang Juli 1991 gab Bill Gates senior, der Vater des Microsoft-Gründers Bill Gates, ein Abendessen, an dem unter anderem auch Warren Buffett teilnahm. Da saßen nun zwei der erfolgreichsten Persönlichkeiten am Tisch, die abwechselnd in der *Forbes*-Liste der reichsten Männer der Welt den ersten Platz einnahmen. Der Vater von Bill Gates stellte beim Abendessen eine Frage an die versammelten Gäste: „Was denkt ihr, welcher wichtige Faktor hat euch dorthin gebracht, wo ihr heute steht? Was hat beim Erreichen eurer Lebensziele die wichtigste Rolle gespielt?" Buffett antwortete spontan: „Fokus." Und Bill Gates sagte dasselbe.[1]

Gates hatte sich bereits mit 13 Jahren zu 100 Prozent dem Computer verschrieben: „Ich meine, von dem Augenblick an war ich hundertprozentig dabei. Nichts anderes existierte mehr."[2] Seine Eltern machten sich große Sorgen um ihn: „Obwohl er erst in die neunte Klasse ging, schien er schon besessen vom Computer, schlug sich seinetwegen die Nächte um die Ohren und kümmerte sich um nichts anderes mehr."[3] Schließlich verboten sie ihm sogar, überhaupt noch einen Computer anzufassen, was er immerhin neun Monate durchhielt.

Ein ehemaliger Studienkollege beschrieb Gates so: „Bill hatte was Monomanes. Wenn er sich irgendwas in den Kopf setzte, interessierte ihn nichts anderes mehr. Was immer er in die Hand nahm, war er entschlossen zu packen."[4] Und seine ehemalige Freundin berichtet, Bill Gates sei immer extrem konzentriert gewesen und habe keinerlei Ablenkungen geduldet. Deshalb habe er auch kein Fernsehgerät besessen und selbst sein Autoradio stillgelegt. Sie fügte hinzu, es sei „schwierig, eine Beziehung mit jemandem aufrechtzuerhalten, der auf einen Siebenstundenrücklauf stolz ist – er blieb nämlich nie länger als sieben Stunden von der Arbeit weg".[5]

Fokus bedeutete auch für Warren Buffett, sich über Jahre und Jahrzehnte ganz und gar auf die Erreichung eines einzigen Zieles zu konzentrieren. Bereits als Kind träumte er von Reichtum und verschlang ein Buch mit dem Titel *One Thousand Ways to Make $1000*. „Die Gelegenheit ist da", hieß es auf der ersten Textseite von Buffetts Lieblingsbuch. „Noch nie in der Geschichte der USA war die Gelegenheit für einen Menschen mit wenig Kapital so günstig wie heute, eine eigene Firma zu gründen."[6]

Buffett verkündete im Alter von elf Jahren, er werde mit 35 Jahren Millionär sein. Mit 16 Jahren besaß er bereits 5000 Dollar, die er sich durch verschiedene Geschäftsideen und Sparsamkeit verdient hatte. Heute wären das über 55.000 Dollar – nicht schlecht für einen 16-Jährigen. Sein Ziel, Millionär zu werden, hatte er übrigens bereits mit 30 Jahren erreicht. Wobei man bedenken muss, dass damals eine Million Dollar natürlich sehr viel mehr wert waren als heute.

Napoleon Hill hat in seinem Buch *Denke nach und werde reich* geschrieben: „Die meisten Menschen wünschen sich materiellen Besitz. Aber der Wunsch nach Reichtum reicht noch nicht aus. Nur ein an Besessenheit grenzendes Verlangen, sorgfältige Planung, die Wahl geeigneter Mittel und die eiserne Entschlossenheit, das einmal gewählte Ziel um jeden Preis zu erreichen, führen zum Erfolg."[7]

Wobei man einschränken muss, dass mit „um jeden Preis" bei Napoleon Hill auf keinen Fall heißt, dass man dieses Ziel auch mit unlauteren oder gar illegalen Mitteln anstreben sollte. Vermeintliche Erfolge, die dadurch erzielt werden, dass man anderen Menschen Schaden zufügt und die Gesetze verletzt, sind nur vorübergehender Natur, und letztlich wird ein Mensch damit weder dauerhaft erfolgreich noch glücklich sein.

Voraussetzung für den Erfolg ist jedoch die Fokussierung auf ein Ziel. Viele Menschen verzetteln sich – dies verraten schon ihre Lebensläufe. Sie fangen mal dies an und mal jenes, führen aber nichts davon zu Ende und verlieren meist schon den Mut, wenn die ersten Schwierigkeiten auftreten.

Sie müssen sich ganz und gar auf ein Ziel konzentrieren. Und dies über mehrere Jahre oder Jahrzehnte. In keinem Lebensbereich können Sie überdurchschnittliche Ergebnisse nach nur wenigen Wochen oder Monaten erwarten – weder im Sport noch als Musiker, als Wissenschafler, als Künstler, als Schriftsteller oder als Geschäftsmann. Der Bergsteiger Reinhold Messner berichtet, wie er sich schon frühzeitig ausschließlich auf das Bergsteigen fokussierte. „Während meine Mitschüler die ersten Annäherungsversuche an Mädchen wagen, träume ich von Himalajagipfeln. Und ganz heimlich hoffe ich, eines Tages zum Nanga Parbat zu kommen. Dieser Traum wird stärker und stärker und mehr als ein Jahrzehnt später zur Realität."[8]

Der Nanga Parbat, der 8000 Meter hoch ist, galt damals als unbezwingbar. Viele Bergsteiger, die ihn bezwingen wollten, mussten mit ihrem Leben dafür bezahlen. Auch Messners Bruder starb, als sie beide die mächtige Rupalwand, die mehr als vier Kilometer in die Tiefe fällt, im Jahr 1970 erstmals bestiegen.

Schon lange bevor er den Berg bestieg, hatte er sich ganz und gar auf dieses Ziel fokussiert: „Das Bergsteigen war zum zentralen Anliegen meines Lebens geworden. Alles andere stand im Hintergrund: Beruf, Mädchen, Karriere." Sein Lebensgefühl, so Messner, war getragen von „Einsatz, Disziplin und der Lust, über alles Bisherige hinauszugehen."[9]

Auch der Tennisspieler Boris Becker ist ein gutes Beispiel für diese Art der Fokussierung. Er war drei oder vier Jahre alt, als er sich aus dem Kofferraum des Autos einen Tennisschläger seines Vaters holte und im Tennisclub stundenlang Bälle gegen die Wand oder auch gegen die Rollläden des elterlichen Hauses schlug. Sein Vater flüsterte seiner Mutter zu: „Der ist nicht ganz sauber."[10]

Mit sechs Jahren wurde er in den Tennis-Club Blau-Weiß in seiner Heimatstadt Leimen aufgenommen, fünf Jahre später war er Mitglied der Jugend-Auswahlmannschaft des Deutschen Tennisbundes. Nach den Beurteilungen der Tennisfunktionäre wäre ihm allerdings keine große Karriere möglich gewesen. „Die sogenannten Sichtungsurteile über mich fielen eher negativ aus, weil Talente bestimmten Normen dieser Tennis-Beamten entsprechen mussten", berichtet Becker. „Aber letztlich haben die Negativ-Urteile meinen Ehrgeiz angestachelt. Ich wollte allen das Gegenteil beweisen."[11]

Im Alter von 17 Jahren erzielte er den internationalen Durchbruch, als er als erster Deutscher und als jüngster Sieger beim bedeutendsten Tennisturnier der Welt in Wimbledon mit 3:1 Sätzen im Finale gegen Kevin Curren gewann. Mit diesem Sieg war Becker auch der bis dahin jüngste Sieger bei einem Grand-Slam-Turnier überhaupt.

Becker beschreibt die extreme Fokussierung, die ein wichtiger Grund für seinen Erfolg bei diesem wie auch bei den anderen Spielen war. Im Umkleideraum vor seinem ersten Wimbledon-Spiel begrüßte er seinen Gegner Kevin Curren nur mit „Hi" – kein weiteres Wort. Er habe nie vor einem Wettkampf mit seinen Gegnern geredet – außer einmal mit Michael Stich, seinem Landsmann. „Das Ergebnis kennen wir: Ich habe geredet, er hat gesiegt."[12]

Becker sitzt im Umkleideraum und fühlt sich „wie in einem Tunnel". Er hat dann einen Blick, den er selbst als „diesen Tunnelblick" beschreibt. „Ich habe Scheuklappen auf, wie man so sagt, sitze da wie ein Zombie. Das ist meine Art, mit dem Druck fertigzuwerden, mich zu konzentrieren. Alles andere interessiert mich nicht. Ich muss mich in diesen Zustand bringen, mich total abkapseln."[13]

Dann geht er auf das Spielfeld – selbstbewusst und unerschrocken – mit „erhobenem Kopf, Brust raus". Vor dem Spiel, so Becker, war er immer hochgradig nervös, hatte Angst. Die verflog jedoch regelmäßig, sobald er den Platz betrat. „Angst spüre ich keine. Ich fühle mich eher wie ein Rennpferd in der Startmaschine. Ich bin so sehr bei dem Spiel, das noch lange nicht begonnen hat, dass ich gar nicht mehr nach hinten und vorne schauen kann."[14]

Im dritten Satz in dem heute legendären Wimbledon-Spiel von 1985 heißt es: „Matchball Becker!" 13.118 Zuschauer verbinden sich in einem kollektiven Aufschrei. „Ich höre nichts mehr, zumindest nehme ich keine Stimmen wahr. Auch nicht die Rufe von denen, die von oben herunter ‚Boris' schreien."[15] Becker gewinnt das Match. Und insgesamt sollte er 49 Turniere im Einzel gewinnen, darunter sechs Grand-Slam-Turniere, davon drei in Wimbeldon. Hinzu kommen 15 Titel im Doppel.

Becker beschreibt die Einstellung und Gefühlslage, mit der er all diese Spiele gewonnen hat. „Ich denke nicht mehr nach, lasse mich gehen, bis hin zum Hechtsprung am Netz. Den Schiedsrichter höre ich nicht, ich schaue nicht auf die Anzeigetafel – ich zähle selbst mit. Wenn ich auf dem Höhepunkt dieses tranceähnlichen Zustandes bin, den wir ‚the zone' nennen, nehme ich nur noch die Reaktionen der Zuschauer wahr."[16] Ihm sei es dann gleich, ob alle für oder gegen ihn seien. „Ich habe in jedem Match irgendwann eine Mauer erreicht und bin drübergesprungen – Konzentration, Wille hat sie mich überwinden lassen."[17]

Becker wäre nicht so erfolgreich gewesen, hätte er sich nicht von seinem vierten bis zu seinem 32. Lebensjahr – also fast drei Jahrzehnte lang – ausschließlich auf eine einzige Sache konzentriert. In seiner Jugend spielte er neben Tennis auch Fußball, und in der Rückschau glaubt er, er habe hier ein ebenso großes Talent gehabt. Aber er legte sich bald schon auf eine einzige Sache fest, die in seinem Leben zählte, und das war Tennis.

Was für Boris Becker Tennis war, war für Oliver Kahn der Fußball. Schon sehr früh hatte er sich ein klares Ziel gesetzt: „Ich wollte der beste Torhüter der Welt werden ... Eine gewaltige Vision, gewaltig weit weg damals, ein Über-Über-Ziel. Irgendwie gar nicht nebulös, sondern sehr konkret."[18]

Kahn wurde tatsächlich dreimal, nämlich 1999, 2001 und 2002, zum „Besten Torhüter der Welt" gewählt, viermal zum „Besten Torhüter Europas" und zweimal zu Deutschlands „Fußballer des Jahres". Kahn beschreibt, dass er bei einem Fußballspiel wie in Trance war. „Mein Gehirn arbeitet auf der allerhöchsten Konzentrationsstufe. Mehr Konzentration ist nicht mehr vorstellbar. Völliges Ausblenden jeglicher

Störfaktoren."[19] Für ihn existierten in einer solchen Situation weder die Zuschauer noch sonst irgendwelche äußeren Einflüsse. „Wenn ich auf dem Feld stehe, macht es ‚klack!' – und ich bin zu hundert Prozent da, ich bin zu hundert Prozent konzentriert. Jedes Spiel ist dann ein kleines Endspiel."[20]

Das Endspiel um den Gewinn der Champions League im Jahre 2001 war einer der Augenblicke, in denen es Kahn gelang, sich zu 100 Prozent zu fokussieren: „Ich nahm außer dem Ball und dem Schützen nichts mehr wahr. Ich befand mich wie in einem leeren, stillen Raum. Von den 80.000 Zuschauern im Stadion bekam ich nichts mehr mit."[21] Als Torhüter habe er eine Methode entwickelt, die Fähigkeit zur Fokussierung zu trainieren. „Ich begann, während des Spiels meine Augen ununterbrochen auf den Ball zu richten – ohne den Blick auch nur eine Sekunde von ihm abzuwenden. In jedem Augenblick des Spiels, selbst bei einem Eckball für *meine* Mannschaft, also der Spielsituation, in der der Ball am denkbar weitesten von meinem Tor entfernt ist, ließ ich meine Augen keine Sekunde irgendwo anders hin abdriften. Meine Augen, mein Fokus, meine Konzentration blieben auf dem kleinen weißen Punkt."[22] Bei einem Elfmeterschießen konzentrierte er sich als Torwart so stark, dass er nichts anderes mehr wahrnahm: „Würde die Welt in diesem Moment untergehen, ich würde es nicht mitbekommen."[23]

Schon in der Vorbereitungsphase auf ein wichtiges Spiel war Kahn absolut fokussiert. „Während dieser Phasen blendete ich nahezu alles aus, ich zog mich zurück in meinen Tunnel und es gab nichts anderes als die totale Konzentration auf dem Weg zum Ziel."[24] Geradezu pedantisch habe er darauf geachtet, dass niemand seinen „Feldzug" stören konnte, habe nicht die kleinste Kleinigkeit dem Zufall überlassen. „Es konnte mich sogar nervös machen, wenn ich feststellte oder auch nur den Eindruck hatte, dass sich meine Mitspieler mit nebensächlichen Dingen beschäftigten, von denen ich der Ansicht war, dass sie nicht förderlich für die Konzentration waren."[25]

Für erfolgreiche Menschen wie Boris Becker, Oliver Kahn oder Bill Gates hat der Begriff „Fokussierung" also eine doppelte Bedeutung: Einerseits bedeutet Fokussierung, sich über viele Jahrzehnte hinweg ausschließlich auf ein einziges Ziel zu konzentrieren, und zum zweiten bedeutet Fokussierung, sich mit völliger Hingabe und absoluter Konzentration ganz auf eine Sache zu konzentrieren – sodass man die Umwelt nicht einmal mehr wahrnimmt.

Ich möchte Ihnen von einem Mann berichten, der sich ebenfalls seit drei Jahrzehnten im beruflichen Bereich ganz und gar auf eine Sache fokussiert hat – und dies mit einem enormen Erfolg für seine Kunden, aber am Ende auch für sein Unternehmen und für sich selbst. Es ist Christoph Kahl, Gründer des deutsch-amerikanischen Unternehmens Jamestown.

Jamestown kauft Immobilien in den USA und sammelt dafür Geld bei deutschen Kapitalanlegern ein. Dies geschieht, indem geschlossene Immobilienfonds platziert werden. Seit 1984 hat Jamestown auf diese Weise Immobilien in einem Wert von über 7,5 Milliarden Dollar in den USA erworben. Die meisten der Fonds wurden schon wieder aufgelöst. Der „schlechteste" der aufgelösten Fonds brachte den Anlegern 8,5 Prozent pro Jahr, der beste der Fonds fast 47 Prozent. Im Schnitt waren es etwa 20 Prozent jährlich. Es gibt keinen einzigen Initiator geschlossener Immobilienfonds in Deutschland, der jemals so sensationell gute Ergebnisse für die Anleger erzielt hat.

Was steckt hinter diesem Erfolg? Ich kenne Christoph Kahl seit 15 Jahren und darf ihn seit mehr als einem Jahrzehnt als Berater begleiten. Deshalb glaube ich, dass ich einiges von dem Geheimnis dieses Erfolges verstanden habe. Das erste Geheimnis heißt Fokussierung. Viele andere Fondsinitiatoren haben sich breit aufgestellt und bringen viele verschiedene Fondstypen heraus. Und sicherlich gibt es auch gute Argumente, auf diese Weise zu diversifizieren. Christoph Kahl ist jedoch einen anderen Weg gegangen. Er hat sich über viele Jahrzehnte ausschließlich auf das Thema „Gewerbeimmobilien in den USA" fokussiert. Dadurch gewann er eine Expertise als Spezialist. Er konnte sich damit klarer positionieren als viele Wettbewerber, die breiter diversifiziert waren. Dem Spezialisten traut man zu Recht ein besonders großes Know-how zu.

Neben der Fokussierung spielten weitere Gründe eine große Rolle für Kahls Erfolg: Transparenz, kontrollierte Risikobereitschaft und die Fähigkeit, auch im Erfolg nicht übermütig zu werden, sind drei Dinge, die man außer der Fokussierung von ihm lernen kann.

Im Erfolg nicht übermütig zu werden ist aus seiner Sicht besonders wichtig. Als ich dieses Buch schrieb und mich mit Kahl ausführlich unterhielt, sagte er: „Sie schreiben jetzt ein Buch über die Menschen, die Erfolg gehabt haben. Man könnte auch eines über jene Menschen schreiben, die zunächst Erfolg gehabt haben und die dann doch gescheitert sind. Und wahrscheinlich würde man als einen wichtigen Grund für das Scheitern die Selbstüberschätzung feststellen."

Wer Erfolg hat, wird selbstbewusster. Und das ist auch gut so. Das Selbstbewusstsein gibt die Kraft und das Selbstvertrauen, größere Projekte zu wagen. Das war auch bei Christoph Kahl so. 1984 kaufte er ein Büro- und Lagerhaus in Nashville, Tennessee, für 3,5 Millionen Dollar. 82 Investoren beteiligten sich an dem Fonds. Auch in den folgenden Jahren erwarb er amerikanische Immobilien überwiegend im einstelligen Millionen-Dollar-Bereich. Die Immobilien wurden immer größer, und im Jahr 1999 wagte er sich an seinen bis dahin größten Deal und kaufte in Manhattan einen Büroturm, der Teil des Rockefeller-Center-Komplexes ist. Das Investitionsvolumen dieses Fonds lag jetzt schon bei 650 Millionen Dollar, was 185 Mal so viel war wie bei seinem ersten Fonds.

Er musste dafür 300 Millionen Dollar Eigenkapital bei Anlegern einwerben, die er jedoch erst einmal teilweise vorstrecken beziehungsweise durch einen Kredit besorgen musste, für den er bürgte. Damit stand er mit 300 Millionen Dollar im Risiko. „Wäre es mir nicht gelungen, diese 300 Millionen Dollar bei Anlegern einzuwerben, hätte ich das wirtschaftlich nicht überstanden", so Kahl.

Und die Sache stellte sich als schwieriger heraus, als er dachte. Denn in den Jahren 1999 und 2000, als er den Fonds vertrieb, wollten die Anleger nichts von vermeintlich „langweiligen" Immobilien wissen. Damals befand sich Deutschland im Aktientaumel. In diesen beiden Jahren investierten deutsche Anleger 100 Milliarden Euro in Aktienfonds (zum Vergleich: 1996 waren es erst 1,34 Milliarden Euro gewesen). In jeder Fernsehsendung und jeder Zeitung hieß es, Aktien seien allen anderen Anlageformen haushoch und jederzeit überlegen. 1999 verdienten Anleger mit deutschen Aktien fast 36 Prozent im Jahr, und da erschien ihnen ein Fonds mit einer Immobilie in den USA, der gerade einmal 7 Prozent Ausschüttung versprach, viel zu langweilig und unattraktiv. Hinzu kam noch, dass der Dollar immer teurer wurde und die Anleger auch deshalb mit einer Investition in Amerika sehr zurückhaltend waren.

Der Vertrieb des Fonds gestaltete sich äußerst zäh und schwierig – und Kahl stand mit 300 Millionen Dollar im Risiko. „Wenn etwas nicht funktioniert, muss man Fantasie entwickeln, dann ist es Zeit für Produktinnovationen", so Kahl. Er erfand aus der Not heraus ein sogenanntes Wiederanlagemodell, das so attraktiv war, dass er es später bei den anderen Fonds wiederholte, die sich dann wieder leichter vertreiben ließen. Schließlich gelang es auf diesem Wege doch noch, den Fonds zu platzieren, und Anleger verdienten damit übrigens bis zur Auflösung im Jahre 2006 jedes Jahr über 34 Prozent.

In den nächsten Jahren, als die Anleger aus dem Aktienrausch erwachten und wieder Immobilien zu schätzen begannen, vertrieb Kahl immer größere Fonds. So kaufte er sich 2005 zu rund der Hälfte in das bekannte General Motors Building in Manhattan ein, das damals 1,7 Milliarden Dollar wert war. Wer einen Erfolg an den anderen reiht, könnte leicht übermütig werden – und dies sieht Kahl als eine der größten Gefahren für erfolgreiche Menschen. Zwischen der gesunden Steigerung des Selbstvertrauens und einer gefährlichen Selbstüberschätzung liegt nur ein schmaler Grat – ebenso wie zwischen dem Wunsch, finanziell unabhängig zu werden, und einer grenzenlosen Gier.

Dabei hilft es, kritische Meinungen von anderen anzuhören – und ernst zu nehmen. Leider umgeben sich manche zunächst erfolgreiche Menschen mit Ja-Sagern. Ich war bei vielen Sitzungen des Jamestown-Managements dabei und weiß, dass die führenden Leute in diesem Unternehmen angstfrei ihre kritischen und von der Meinung des Chefs abweichenden Meinungen äußern können und sollen. „In meinem Unternehmen", so Kahl, „haben ausschließlich solche Menschen Karriere gemacht, die eine eigene Meinung vertreten und mir auch widersprechen." Wenn eigenständige Meinungen belohnt werden, dann entsteht eine Firmenkultur, die auch dem Unternehmer hilft, auf dem Boden zu bleiben und sich nicht selbst zu überschätzen. Vor allem, so Kahl, sei es jedoch wichtig, zunächst einmal die Gefahr der Selbstüberschätzung als eines der größten Risiken für erfolgreiche Menschen zu erkennen.

Ein anderes Erfolgsgeheimnis von Kahl heißt Transparenz. Als er im Jahr 2001 einen Büroturm in Boston für 416 Millionen Dollar kaufte, gab es schon kurz danach Probleme. Ich war mit ihm gemeinsam zwei Tage vor dem Terroranschlag des 11. September in Boston und traf ihn dann am Abend des 11. September in Berlin. Damals waren wir alle so erschüttert, dass wir über die wirtschaftlichen Auswirkungen zunächst gar nicht nachdachten.

Aber diese Auswirkungen ergaben sich gerade auch für die Finanzdienstleistungsbranche in den USA. Auch die Nachfrage nach Büroflächen im Financial District von Boston ging massiv zurück. Es war absehbar, dass die in Aussicht gestellte Ausschüttung von 8 Prozent nicht eingehalten werden konnte und Jamestown 1,5 Prozent weniger ausschütten würde als versprochen. Für andere Fondsanbieter mag dies kaum der Erwähnung wert sein, für Jamestown bedeutete dies, dass das erste Mal in der Firmengeschichte ein Fonds zunächst nicht das halten konnte, was den Anlegern in Aussicht gestellt worden war. Kahl zögerte nicht einen Moment, die Anleger zum frühestmöglichen Zeitpunkt sehr offen über die zu erwartenden Probleme zu informieren – und gewann gerade dadurch, dass er auch schlechte Nachrichten kommunizierte, das Vertrauen seiner Anleger und Vertriebspartner. Übrigens ging die Sache später doch noch gut für die Anleger aus, weil er das Bürohaus in Boston auf dem Höhepunkt des Immobilienbooms im Jahre 2006 für 100 Millionen Dollar teurer verkaufte, als er es fünf Jahre zuvor erworben hatte.

Auch bei einem zweiten Fonds gab es Probleme. Für den Fonds Co-Invest 4 hatte Kahl in wenigen Monaten im Jahr 2006 648 Millionen Dollar eingesammelt. Es war der größte geschlossene Immobilienfonds, der je in Deutschland aufgelegt worden war. Aber die Finanzkrise führte dazu, dass die Immobilien in den USA massiv an Wert verloren. Bald war klar, dass dies wohl der erste – und bis heute einzige – Fonds in der Geschichte des Unternehmens werden könnte, bei dem die Anleger wahrscheinlich einen Teil ihres Geldes verlieren würden. Kahl kommunizierte dies wiederum sehr frühzeitig und offen – und die Anleger waren über die Nachricht zwar natürlich nicht begeistert, aber sie schätzten sehr die Ehrlichkeit, mit der sie informiert wurden. Vertrauen entsteht gerade dann, wenn einmal etwas nicht so läuft, wie man es erwartet – und man darüber frühzeitig, offen und ohne Beschönigungen berichtet. Viele andere Anbieter von Finanzinstrumenten verstecken sich, wenn es Schwierigkeiten gibt, oder versuchen, diese zu beschönigen. Und verlieren damit das Vertrauen ihrer Anleger auf Dauer.

Die Basis für den Erfolg von Kahl war jedoch die Fokussierung. Fokussierung bedeutet für ihn nicht nur, dass er sich über Jahrzehnte ausschließlich einem Projekt – den USA-Immobilien – verschrieben hat, sondern auch, dass er mit einer großen Detailversessenheit in alle rechtlichen, wirtschaftlichen, technischen und steuerlichen Aspekte eines Immobilieninvestments einsteigt. Auf meine Frage, ob ihm dieser Perfektionismus nicht auch manchmal im Wege stehe, räumte er ein, dies möge vielleicht sein, aber er ziele mit diesem Perfektionismus eben lieber auf wenige, große Projekte ab, sodass sich der Aufwand und die Akribie dann auch lohnten.

Fokussierung heißt also einmal, dass man sich Lebensziele setzt – und diese Ziele über viele Jahre konsequent verfolgt. Viele erfolgreiche Menschen haben sich ihr ganzes Leben lang einem einzigen Ziel gewidmet. Andere, wie etwa Arnold Schwarzenegger, haben in ihrem Leben nacheinander mehrere Ziele verfolgt. Zu keiner Zeit, so schreibt Schwarzeneggers Biograf Marc Hujer, habe dieser mehrere Dinge gleichzeitig geplant. „In Amerika nennt man einen wie ihn einen ‚one-issue man', der sich mit aller Macht immer nur auf ein Thema stürzt und dann weitersieht."[26]

Nachdem Schwarzenegger eines seiner Ziele erreicht hatte, konzentrierte er sich auf das nächste Ziel. Fokussierung bedeutet für ihn jedoch auch, sich jeweils ganz und gar auf das zu konzentrieren, was er tut. Beim Training mit Gewichten bedeutete dies, ganz und gar mit den Gewichten eins zu werden und sich nur darauf zu konzentrieren, den Satz zu Ende zu bringen und sich selbst dabei zu übertreffen.

Warren Buffett ist bei allem fokussiert, selbst in der Freizeit. Eines seiner wenigen Hobbys ist, Bridge zu spielen. Bill Gates hatte zuvor versucht, ihm die Anschaffung eines Computers mit dem Versprechen schmackhaft zu machen, er werde das schönste Mädchen von Microsoft aussuchen, damit ihm dieses Mädchen die Arbeit am PC beibrächte. Selbst mit diesem Versprechen konnte er Buffett nicht zur Anschaffung eines PCs überreden, da er seinen Nutzen nicht sah.

Erst als ihm eine Freundin erklärte, er könne sein Lieblingsspiel Bridge auch online spielen, ließ er sich zur Anschaffung eines PCs überreden. Allerdings bestand er darauf, dass man ihm nur jene Funktionen erklärte, die für das Bridge-Spiel erforderlich seien, weil er sich ansonsten nicht für einen Computer und dessen sonstige Funktionen interessiere. Seine Einkommensteuererklärung könne er auch im Kopf machen, so Buffett, für so etwas benötigte er keinen Computer. Aber alleine Bridge spielen, das ging eben ohne Computer nicht.

Als er einmal Freude daran gewonnen hatte, spielte er so konzentriert, dass ihn nichts hätte ablenken können. Er war so vertieft in das Spiel, dass er nicht einmal merkte, als einmal eine Fledermaus durch das Haus flatterte und aufgeregt durch das Fernsehzimmer flog. Seine Freundin schrie aufgeregt: „Warren, hier drin ist eine Fledermaus." Warren blickte nicht einmal auf, so vertieft war er in das Spiel, und sagte nur beiläufig: „Mich stört sie nicht im Geringsten."[27]

Nachdem Buffett eine Zeit lang mit der zweimaligen Weltmeisterin Sharon Osberg Bridge geübt hatte, meldete er sich zusammen mit ihr zur Weltmeisterschaft an. Das war sehr ungewöhnlich für jemanden, der überhaupt noch niemals an einer Meisterschaft teilgenommen hatte. Buffett setzte sich an den Tisch und schien alles um sich herum komplett auszublenden – so als wäre sonst niemand in dem Saal. Die anderen Spieler hatten sehr viel mehr Erfahrung als er. „Doch er war in der Lage, sich auf das Spiel zu fokussieren und dabei so ruhig und gelassen zu bleiben, als spiele er bei sich daheim im Wohnzimmer. Seine Intensität glich die Schwächen in seinem Spiel aus", heißt es in seiner Biografie.[28] Es war die gleiche Intensität, mit der beispielsweise schmächtige Karatekämpfer überraschen, denen es besser gelingt, eine Reihe von Ziegelsteinen im sogenannten Bruchtest zu zerschlagen, als dies einem Gewichtheber gelingen würde. Die Fokussierung – bei Kampfsportlern durch Meditation perfektioniert – gleicht das aus, was diese Kampfsportler an reiner Muskelkraft nicht haben.

Buffett qualifizierte sich zur Überraschung aller Anwesenden bereits bei seinem ersten Wettkampf für das Finale der Bridge-Weltmeisterschaft. Doch durch die extreme Konzentration über anderthalb Tage war er so erschöpft und ausgelaugt, dass er nicht mehr antreten konnte. Die geradezu übermenschliche Fokussierung hatte ihren Preis gefordert.

Buffett geht also auch dann völlig in dem auf, was er tut, wenn es sich „nur" um sein Hobby handelt. Ingvar Kamprad, der IKEA-Gründer, war da noch strenger: Er hielt nichts davon, wenn führende Mitarbeiter überhaupt Hobbys hatten, weil er fürchtete, dies würde sie von dem eigentlichen Ziel, das Unternehmen weiterzuentwickeln, abhalten. In einem Fernsehinterview erklärte er einmal: „Ich fordere von meinen begeisterten Mitarbeitern, dass sie nicht noch ein größeres Interesse oder Hobby außerhalb des Unternehmens haben."[29]

Nun, hierüber kann man geteilter Meinung sein. Einerseits ist Fokussierung wichtig – und da ist es natürlich nicht sehr hilfreich, wenn man zu viel seiner Zeit mit Dingen verbringt, die einen nicht dem selbst gewählten Ziel näher bringen. Auf der anderen Seite kann es aber durchaus wichtig sein, ein oder zwei Hobbys oder Interessen zu entwickeln – so wie etwa das Bridge-Spiel bei Buffett –, um dabei neue Energie zu tanken und Distanz zu gewinnen.

Ein bekannter Sportpsychologe, der unter anderem die deutsche Fußballnationalmannschaft betreute, erklärte in einem Vortrag, dass es für Spitzensportler sogar wichtig sei, noch eine Parallelwelt zu entwickeln, in der sie ganz abtauchen können, um mit dem hohen psychischen Druck fertigzuwerden und abzuschalten. Abschalten könnten sie am besten dann, wenn sie in einer anderen Tätigkeit ganz und gar aufgehen.

Kennen Sie auch den Zustand – man nennt ihn Flow –, in dem Sie sich zu 100 Prozent auf etwas konzentrieren, nicht mehr merken, wie die Zeit vergeht, und alles rings um sich herum vergessen? Erfolgreiche Menschen haben die Begabung, sich intensiver und länger auf etwas zu konzentrieren als andere Menschen.

Die meisten Menschen sind nur zu 80 Prozent bei einer Sache. Sie arbeiten oder studieren, haben aber im Hinterkopf andere Gedanken – was sie später tun wollen, was sie noch nicht erledigt haben, was ihnen gestern widerfahren ist. Wer sich nur zu 80 Prozent konzentrieren kann, erreicht jedoch damit nicht 80 Prozent dessen, was ein Mensch erreicht, der sich zu 100 Prozent zu konzentrieren vermag, sondern vielleicht nur 30 oder 40 Prozent.

Deshalb ist Fokussierung eine der wichtigsten Voraussetzungen für den Erfolg.

Niemand wird beispielsweise in der Lage sein, als Schriftsteller oder Journalist gute Texte zu verfassen, wenn er sich laufend unterbrechen lässt. Wer an einem Text schreibt, muss sich ganz und gar darauf konzentrieren. Das heißt, dass er sich beispielsweise nicht durch Telefonanrufe, E-Mails oder Kollegen, die in das Zimmer platzen, ablenken lassen sollte.

Wenn ich dies in meinen Vorträgen erkläre, dann sagen mir die meisten Zuhörer, das funktioniere nicht, weil sie ständig erreichbar sein müssten – zum Beispiel für ihre Kunden. Das stimmt nur, wenn Sie bei der Feuerwehr oder beim Notarztdienst arbeiten. In der Regel brennen jedoch weder Häuser ab noch verbluten Menschen, wenn Sie einige Stunden später zurückrufen. Können Sie sich eine Fußballmannschaft vorstellen, bei der die Fußballer während des Spiels an den Spielfeldrand gehen, um mit ihrem Steuerberater oder ihrem Manager zu telefonieren? Die Spieler tun das, was alle erfolgreichen Menschen machen: Sie konzentrieren sich ganz und gar auf eine Sache, nämlich darauf, das Spiel zu gewinnen. Und nach dem Spiel erledigen sie ihre Telefonate.

Heute, in einer Zeit, in der wir durch Mobiltelefone, E-Mails usw. mit Informationen überflutet werden, ist es wichtiger denn je, Voraussetzungen zu schaffen, damit Sie Ihrer *eigenen* Agenda folgen können. Letztlich gibt es nur zwei Möglichkeiten: Entweder Sie arbeiten selbstbestimmt, setzen selbst die Prioritäten, oder Sie arbeiten fremdbestimmt und lassen es zu, dass andere Menschen über Ihre Zeit und Ihren Arbeitstakt bestimmen. Auch als Angestellter haben Sie meistens mehr Freiräume, Ihre Prioritäten und Ihren Arbeitstakt zu bestimmen, als Sie tatsächlich nutzen. Denn am Ende werden Sie von Ihrem Chef und von Ihren Kunden an den Ergebnissen gemessen, die Sie erzielen, und nicht an dem Grad Ihrer Geschäftigkeit.

Wenn Sie wissen, welches die entscheidenden Dinge sind, die Sie vorwärtsbringen, die Sie näher an Ihre Ziele bringen, dann müssen Sie alles tun, um sich genau darauf zu konzentrieren. Die Fähigkeit, sich zu fokussieren, ist nicht angeboren – man kann sie erlernen.

Jeder Mensch gerät immer wieder in die Gefahr, sich zu verzetteln, die Prioritäten aus dem Auge zu verlieren und sich mit Nebensächlichem zu beschäftigen. Deshalb sollten Sie sich immer wieder mal zurücklehnen und selbstkritisch reflektieren: „Beschäftige ich mich mit den wirklich *wichtigen* Dingen, die mich meinen Zielen näher bringen? Oder vergeude ich die Zeit mit Randaktivitäten, die keinen oder nur einen unwesentlichen Beitrag zur Erreichung meiner Ziele leisten?"

Nur wer in dem doppelten Sinne fokussiert ist, dass er einerseits seine Konzentration und Aufmerksamkeit über viele Jahre auf eines oder wenige Ziele lenkt und dass er andererseits jederzeit mit einem Höchstmaß an Konzentration daran arbeitet, diese Ziele zu erreichen, wird in der Lage sein, größere Ziele zu verwirklichen.

Kapitel 5

Mut, anders zu sein

Menschen, die einen außergewöhnlichen Erfolg haben, sind anders als solche, die weniger oder gar keinen Erfolg haben. Wer so denkt und das tut, was die meisten Menschen tun, der wird auch nur den Erfolg haben, den die meisten Menschen haben. Wer mehr Erfolg haben will, muss anders denken, anders handeln, und er muss deshalb den Mut haben, anders zu sein. Er muss den Mut haben, auch mal gegen den Strom zu schwimmen und Meinungen infrage zu stellen, die als Mehrheitsmeinung fest etabliert sind. Jede neue Idee und jede Neuerung durchläuft vier Stufen: Zuerst wird sie ignoriert, dann wird sie lächerlich gemacht, schließlich wird sie bekämpft und zuletzt wird sie als selbstverständlich angesehen und akzeptiert.

Die meisten Menschen fühlen sich verständlicherweise unwohl oder haben Angst, wenn sie mit ihren Meinungen alleine dastehen, wenn sie vielleicht sogar lächerlich gemacht oder bekämpft werden. Die Meinungsforscherin Elisabeth Noelle-Neumann hat mir die Ursachen dafür erklärt: „Menschen haben ungeheure Angst, allein dazustehen. Das ist eine Urangst, die Angst vor Isolation. Man hat fast das Gefühl zu sterben, wenn man ganz alleine dasteht – weil der Mensch allein nicht überleben kann." Sie wollte mir Mut machen, indem sie mir diese psychologischen Mechanismen erklärte, als ich selbst Meinungskämpfe auszufechten hatte, bei denen ich zwar keineswegs alleine stand, aber doch gegen Tabus der „Political Correctness" und etablierte Sichtweisen ankämpfte.

Die in diesem Buch beschriebenen Menschen hatten und haben den Mut, anders zu sein als andere. Warren Buffett, George Soros oder Prinz Alwaleed, die erfolgreichen Investoren, stellten sich immer wieder gegen die Mehrheitsmeinung. Sie agierten antizyklisch und hatten damit Erfolg. Besonderen Mut bewiesen auch einige Frauen, die ich Ihnen in diesem Kapitel vorstellen möchte. Frauen, die zu unterschiedlichen Zeiten lebten und die auch sehr unterschiedlich waren, die jedoch alle den Mut hatten, anders zu sein.

Ich möchte zuerst die Geschichte einer Frau erzählen, die mehr als 700 Prozesse ausfechten musste, die gegen sie angestrengt wurden – und die ihr ganzes Leben lang den Mut hatte, ganz anders zu sein als die anderen. Ich möchte Ihnen von dem Leben von Beate Uhse erzählen, die den seinerzeit größten Erotikkonzern der Welt aus dem Nichts heraus aufbaute. Vielleicht können Sie – so wie ich und viele andere Menschen auch – nichts mit Beate Uhse und ihren Produkten anfangen, doch ich bin sicher, Sie werden diese Frau bewundern, wenn Sie mehr über sie erfahren.

Beate Uhse war schon immer ehrgeizig. Mit 15 Jahren wurde sie hessische Meisterin im Speerwerfen. Mit 16 Jahren ging sie von der Schule ab, weil sie Fliegerin werden wollte. Für ein Mädchen in der damaligen Zeit war das sicherlich ein sehr ungewöhnlicher Wunsch. Mit 17 Jahren saß sie das erste Mal als Flugschülerin in einer Maschine. In ihrer Klasse waren 59 Männer, sie war die einzige Frau. „Nach 213 Starts und Landungen, den Zielanflügen, dem Höhenflug und dem 300-Kilometer-Überlandflug hatte ich im Oktober 1937 den A2-Schein. Er lag an meinem 18. Geburtstag als Einschreibebrief daheim in Wargenau auf dem Tisch."[1]

Im August 1938 legte sie die Kunstflugprüfung ab, schon einen Monat vorher wurde sie beim 1. Zuverlässigkeitsflug für Sportfliegerinnen Zweite. Drei Wochen später wurde sie beim Luftrennen in Belgien in ihrer Klasse Erste und in der Gesamtwertung Zweite. Als sie eine Praktikantenstelle bei den Bücker-Flugzeugwerken bekam, war ihr Vater „richtig entsetzt": „Seine Tochter unter 2000 Arbeitern und Monteuren. Außer mir kein weibliches Wesen in den Produktionshallen. Das fand er gar nicht gut."[2]

Die Filmfirma UFA fragte bei den Flugzeugwerken wegen Piloten als Doubles an, die Stunts fliegen sollten. Eines Tages durfte sie ihr Idol doubeln, den berühmten Schauspieler Hans Albers in einem seiner Hoppla-jetzt-komm-ich-Filme. Am Ende des Krieges überführte sie Flugzeuge für die Luftwaffe. Beim Einmarsch der Roten Armee konnte sie am 22. April als letzte Frau aus Berlin fliegen. „Morgens um 5 Uhr 55 versuchten wir unser Glück. Die Maschine war total überladen."[3] Ihr Flugzeug wurde beschossen, aber zum Glück nur an der Verkleidung des Fahrwerks getroffen. „Wir gewannen nur langsam Höhe, quälend langsam. Aber wir schafften es, wir entkamen aus dem eingekesselten Berlin. Wir waren die Letzten, die es noch mit einem Flugzeug schafften."[4]

Nach dem Krieg geriet sie in Kriegsgefangenschaft, zusammen mit ihrem Sohn, den sie 1943 im Alter von 24 Jahren bekommen hatte.

Ihr Mann war kurz nach der Geburt bei einem Flugzeugunglück gestorben. Sie selbst wurde bei einem Unfall in der Kriegsgefangenschaft schwer verwundet. „Keine Arbeit, kein Geld, keine Eltern, keinen Mann, keine Heimat mehr – und jetzt vielleicht für immer ein Krüppel. Den Krieg überlebt, nach drei Tagen Frieden nun dies. Meine private Bilanz: eine Katastrophe."[5] Wie, so fragte sie sich, sollte sie bloß ihr Kind durchbringen?

Kurz nacheinander kamen drei Freundinnen zu ihr, die alle kurz nach Kriegsende – ihre Männer waren zurückgekehrt – schwanger geworden waren. In den schwierigen Monaten nach dem Krieg, wo jeder ums Überleben kämpfte, wollten die meisten Paare kein Kind. Sie wollten wissen, wie sie sich besser schützen konnten. Kondome gab es damals keine und die Pille war noch lange nicht erfunden.

Beate Uhse setzte sich an die Schreibmaschine und entwarf eine Broschüre, die sie die *Schrift X* nannte, weil ihr kein anderer Name einfiel. Sie beschrieb darin die Verhütungsmethode von Knaus-Ogino, die Lehre von den empfängnisfreien Tagen der Frau. Gegen fünf Pfund Butter (Geld war damals nichts wert) erklärte sich ein Drucker bereit, 2000 Stück davon und 10.000 Postwurfsendungen zu drucken. Die Sache funktionierte. Es gab genügend Bestellungen – nach der Währungsreform kostete die Broschüre 1 Mark. Im Jahr 1947 verkaufte sie schon 37.000 Exemplare ihrer Schrift.

„Schriftlich fragten immer mehr Kunden an, ob ich ihnen nicht auch Artikel besorgen könne, die es vor dem Krieg einmal gegeben hatte, also Kondome und Aufklärungsbücher wie van de Veldes *Die vollkommene Ehe* oder *Liebe ohne Furcht* … Wie die Jungfrau zum Kinde war ich zu meinem Gewerbe gekommen."[6]

Sie nahm denn auch Aufklärungsbücher und Kondome in das Sortiment ihrer neu gegründeten Firma auf. „Ich existierte von der Hand in den Mund. Immer dann, wenn ein bisschen Geld in der Kasse war, ließ ich neues Werbematerial drucken, schrieb aus Telefonbüchern, die ich besorgte, Adressen ab und verschickte meine Werbebriefe. Bei Großhändlern bestellte ich, was die Kunden bei mir anforderten."[7]

Ihr neuer Partner half kräftig mit: „Er erzählte mir von der schrecklichen Zeit seiner russischen Gefangenschaft. Um nicht verrückt zu werden, hatte er all seine Gedanken auf ein einziges Thema konzentriert: In seinem Kopf hatte er ein Versandgeschäft gegründet und geführt."[8] Zwar hatte er keinen Erotikversand geplant, sondern einen für Haarwasser, aber die Pläne kamen jetzt der neuen Firma zugute.

Damals war alles, was mit Sexualität zu tun hatte, freilich noch hochgradig tabuisiert. Sie hatte schon bald ihre erste Vorladung bei der

Polizei: „Sie haben am 25. Mai dem Professor Sowieso unaufgefordert eine Broschüre mit schweinischem Inhalt zugeschickt. Warum?"[9] Eines Tages standen drei Polizisten vor ihrer Tür und notierten die Adressen von 72 Kunden, die Kondome bestellt hatten. Prompt erfolgte die Anklage. Die Begründung: Die 72 Kondome seien möglicherweise an Unverheiratete verschickt worden. Und da Geschlechtsverkehr zwischen unverheirateten Paaren damals nach dem Gesetz als „unzüchtig" galt, wurde die Lieferung von Kondomen an Unverheiratete als Beihilfe zur Unzucht bewertet. Zum Glück konnte sie beweisen, dass alle 72 Kondomkäufer verheiratet waren.

Die Staatsanwaltschaft überzog sie mit immer neuen Prozessen. Der Vorwurf: Das Sexualgefühl werde „künstlich überreizt". Ein Staatsanwalt, der sie besonders ins Visier genommen hatte, erklärte: „Es ist eine für die Reklamepsychologie bekannte Erscheinung, dass man Bedürfnisse, also die Empfindung eines Mangels, erzeugen kann. Der Durchschnittsamerikaner ist überzeugt davon, dass er ohne Kaugummi nicht leistungsfähig ist. Die Mode ist eine Auswirkung derselben Erscheinung. Darin besteht die größte Gefahr des erotischen Schrifttums: Das Gefühlsleben wird verzerrt und die Wertmaßstäbe verschieben sich."[10]

Damals war eine andere Zeit. Beate Uhse bekam Tausende Briefe, mit denen sich die Menschen an sie als Ratgeberin in Sachen Sex wandten. Darunter waren Fragen wie beispielsweise: „Ich möchte, dass meine Frau mal oben liegt, sie weigert sich aber, weil sie glaubt, das wäre unnatürlich. Stimmt das?"[11]

Beate Uhse hatte offenbar mit ihrer Geschäftsidee ins Schwarze getroffen. 1953 hatte die Firma schon 14 Mitarbeiter und der Umsatz belief sich auf 365.000 Mark. Im folgenden Jahr stieg er bereits auf über eine halbe Million und 1955 auf 822.000 Mark. 1956 überstieg er erstmals die Millionengrenze – sie setzte 1,3 Millionen Mark um. Ein Jahr später waren es bereits 2 Millionen Mark und wieder ein Jahr später stieg der Umsatz sogar um fast 64 Prozent. Jetzt hatte sie bereits mehr als 600.000 Kunden und 59 Mitarbeiter.

Der Staatsanwalt ließ jedoch nicht locker. Beate Uhse hatte auch Aktfotos in ihr Sortiment aufgenommen – aus heutiger Sicht ganz harmlose Aufnahmen. Minutiös nahm der Staatsanwalt die Fotos unter die Lupe und untersuchte, ob die Nackte vielleicht jenen Appeal hatte, den er als „lockendes Lächeln" entlarvte. Lockendes Lächeln war – im Unterschied zu einem eher ausdruckslosen Gesicht – strafbar, weil es den Tatbestand der „Aufforderung zur Unzucht" erfüllte. Diesmal hatte Beate Uhse jedoch Glück, denn der Richter befand, nachdem auch er die Fotos in Augenschein genommen hatte: „Beim besten Willen kann ich im Gesichtsausdruck der Damen keine Unterschiede erkennen, tut mir leid, Herr Staatsanwalt."[12]

Auch die katholische Kirche wetterte gegen Beate Uhse. Die Diözese Köln legte Formulare aus, mit denen die Kirchgänger Strafanzeige gegen sie wegen unverlangter Zusendung von unzüchtigem Material erstatten konnten. Ein Kläger führte vor Gericht aus: „Als ich nach Hause kam, lag im Flur ein Brief. Und als ich den angefasst habe, fühlte ich schon das Böse." Wie sich das denn anfühle, wollte der Richter wissen. „Ja, also, das spürt man eben … Als ich den Brief öffnete, sah ich schon den Schmutz. Ich warf alles sofort in den Abfall."[13] Der Richter argumentierte jedoch, wenn der Kläger nicht einmal in der Broschüre geblättert habe, könne er sich auch nicht durch den Inhalt beleidigt fühlen. Beate Uhse wurde in allen 82 Fällen freigesprochen.

1962 eröffnete Beate Uhse dann in Flensburg ihr „Fachgeschäft für Ehehygiene", den ersten Erotikshop der Welt. Da sie befürchtete, empörte Bürger könnten dagegen randalieren, eröffnete sie ihn kurz vor Weihnachten – da seien die Menschen friedlicher. In den folgenden Jahren machte sie Abermillionen Umsätze und expandierte in viele Länder der Welt. Im Mai 1999 ging ihr Unternehmen an die Börse. Der Ansturm der Anleger war so gewaltig, dass die federführende Commerzbank die Zeichnungsfrist um vier Tage verkürzen musste. Dennoch war die Aktie 63-fach überzeichnet und erreichte am ersten Tag ein Plus von 80 Prozent.

„Rebellion" und der Mut, anders zu sein, waren auch das Leitmotiv des Lebens einer anderen Frau, nämlich von Coco Chanel, der französischen Modeschöpferin. Gabrielle Chanel, die als erfolglose Sängerin die Lieder *Ko Ko Ri Ko* und *Qui qu'a vu Coco* sang und dafür den Spitznamen „Coco" erhielt, wurde 1883 als uneheliche Tochter eines Hausierers geboren, ihre Mutter starb schon, als sie erst zwei Jahre alt war. Sie wuchs in einem Waisenhaus auf.

1906 bis 1910 lebte sie in Royallieu in der Compiègne. Sie begann in dieser Zeit, für ihre Freundinnen Hüte zu entwerfen, und eröffnete ein eigenes Geschäft. Ihr Geliebter, der reiche britische Bergwerksbesitzer Boy Capel, gab ihr einen Kredit und eine Bürgschaft, sodass sie 1911 in Paris ihr erstes Modehaus eröffnen konnte. Bereits fünf Jahre später beschäftigte sie 300 Näherinnen und konnte Capel zu dessen Überraschung das geborgte Geld zurückzahlen. Damit war sie wirklich unabhängig – frei!

Zwanzig Jahre später hatte sie 4000 Angestellte und verkaufte Modellkleider in die ganze Welt. Und im Jahr 1955 wurde sie in Dallas als „einflussreichste Modeschöpferin des 20. Jahrhunderts" mit dem

Mode-Oscar geehrt. Von der amerikanischen Zeitschrift *Time Magazine* wurde sie als einzige Person aus der Modebranche zu den 100 einflussreichsten Menschen des 20. Jahrhunderts gezählt. Der Flacon ihres 1921 entworfenen Parfums *Chanel No 5* ist im Museum of Modern Art in New York zu besichtigen.

Die Kleider, die Chanel entwarf, waren seinerzeit eine regelrechte Revolution. Sie kreierte eine neue, funktionale Mode mit klaren Linien und ohne die bis dahin üblichen Verzierungen. „Zum ersten Mal", so heißt es in der Biografie über Chanel, „bestand eine Revolution in der Damenmode nicht etwa darin, irgendwelche Spielereien mitzumachen, sondern vielmehr in der unabänderlichen Notwendigkeit, alles Verspielte abzuschaffen."[14]

In den 1920er-Jahren kreierte sie das „Kleine Schwarze". Das berühmte Chanel-Kostüm aus Tweedstoff wurde für Geschäftsfrauen weltweit zum Standard. Mit ihren Kreationen stellte sie sich gegen alle bisherigen Konventionen – und traf doch genau damit den Zeitgeist. „Modeschöpfung ist künstlerische Begabung und Zusammenarbeit von Schneiderin und Zeitgeist", so Chanel.[15] Sie kürzte die Röcke auf eine damals skandalöse Länge, entwarf Hosen für Frauen, Schuhe mit Fersenriemen und gestrickte Badeanzüge. Neu war, dass sie Jerseystoffe verwendete, die den Körper der Frau betonten, was bis dahin ein Tabu war.

Schon bald wurde ihr neuer Stil kopiert. Andere Modeschöpfer waren extrem empfindlich, wenn ihre Mode kopiert wurde. Chanel sah das anders. Sie sah es als Bestätigung an, dass sie mit ihrer Mode den Zeitgeist getroffen hatte, wenn diese von anderen nachgeahmt und kopiert wurde. „Ist eine Erfindung erst einmal gemacht, soll sie sich ruhig in der Namenlosigkeit verlieren. Ich wüsste meine Ideen gar nicht alle auszuschöpfen, und es ist mir eine große Freude, wenn ein anderer sie in die Tat umsetzt, manchmal geschickter als ich."[16] Die Angst vor dem Plagiat verrate doch nur „Faulheit, Beamtengeist, mangelndes Vertrauen in den Einfallsreichtum", so Chanel.

Chanel war so erfolgreich, weil sie den Mut hatte, anders zu sein. „Nichts von Bildung oder Gelehrsamkeit, keinerlei historische Anklänge gibt es in dem Stil, den sie kreierte ... Ihr schöpferischer Akt war subversiv", schreibt ihr Biograf.[17] Der Mut, sich gegen allgemeingültige gesellschaftliche Normen zu stellen, zeichnete ihren privaten Lebensstil ebenso wie ihre Mode aus. Obwohl sie zahlreiche Männerbeziehungen hatte, heiratete sie nie. Sie sah sich als Rebellin gegen alle Konventionen und erfühlte doch mit ihrer Mode einfach früher den Zeitgeist als andere. Die Modeschöpferinnen vor ihr, so Chanel, „hielten sich, wie die

Schneider, im Hinterstübchen auf, während ich ein modernes Leben führte und die gleiche Lebensweise, die gleichen Vorlieben, die gleichen Bedürfnisse hatte wie diejenigen, die ich anzog".[18]

Das „moderne Leben" verkörpern und dabei den Mut haben, anders zu sein – dies war nicht nur das Motto von Coco Chanel, sondern auch von einer anderen Frau, die 75 Jahre später geboren wurde, Madonna. Mit 380 Millionen verkauften Tonträgern ist Madonna die erfolgreichste Sängerin der Welt. Sie ist jedoch mehr als nur eine Sängerin. Das Magazin *Forbes* wählte sie im Juni 2007 auf Platz drei der einflussreichsten Persönlichkeiten der Welt. Im Jahr zuvor hatte sie allein 72 Millionen Dollar verdient, so viel wie keine andere Musikerin.

Diesen Erfolg hatte sie sicherlich nicht deshalb, weil sie besser als alle anderen singen konnte. Camille Barbonne, die Managerin, die ihr den Weg zu ihren ersten Erfolgen ebnete, antwortete auf die Frage, ob Madonna begabt sei: „Sie besaß gerade die Fähigkeiten, einen Song zu schreiben oder Gitarre zu spielen. Allerdings hatte sie ein wunderbares Gespür für Lyrik … Vor allen Dingen aber lagen ihre Stärken in ihrer besonderen Persönlichkeit und ihrer Fähigkeit, eine großartige Bühnenshow abzuziehen."[19]

Anthony Jackson, ein Studiomusiker, der mit Madonna zusammenarbeitete, meinte: „Sie weiß, dass sie nicht die beste Sängerin ist, aber sie weiß auch, wie man den Kern der Musik erfasst. Sie hat Stil, ein Gespür dafür, die richtigen Songs auszusuchen und sie dann umzusetzen."[20] Als Madonna für den Film *Evita* engagiert wurde, musste sie im Herbst 1995 zunächst einmal drei Monate professionellen Gesangsunterricht nehmen, da Andrew Lloyd Webber darauf bestanden hatte, dass der Soundtrack zu seiner Musicalverfilmung live mit Orchesterbegleitung aufgenommen wurde. Madonna gewann später für die von ihr interpretierte Ballade *You must love me* den Oscar für den besten Filmsong 1997.

Als sie die drei Monate Gesangsunterricht nahm, war sie schon eine der bekanntesten und erfolgreichsten Künstlerinnen der Welt. Sie war dies geworden, weil sie die Träume und das Selbstverständnis vieler moderner Frauen artikulierte. Sie gilt zwar als radikale Feministin und bezeichnet sich auch selbst so, doch hat sie nichts gemein mit jenen Feministinnen, die eine aggressive Haltung gegen Männer einnehmen und Sexualität mit Männern ablehnen. In feministischen Zeitschriften wurde heftig darüber diskutiert, ob Madonna wirklich „eine von ihnen" oder ob sie nicht vielmehr eine „Verräterin" sei. Sie lebte vor, wie man im traditionellen Sinne weiblich und begehrenswert, zugleich aber stark, kämpferisch und selbstbewusst sein kann.

Madonna passte nicht in ein einfaches Schema, und sie wurde gerade mit ihrer Widersprüchlichkeit zur Projektionsfläche zahlreicher verschiedener Bedürfnisse und Wünsche moderner Frauen. In dem Buch *I Dream of Madonna*, in dem die texanische Folkloristin Kay Turner Träume von Frauen über Madonna zusammengestellt hat, wird dies deutlich. Frauen aus verschiedenen sozialen Schichten und Altersgruppen beschreiben in diesem Buch, welche Träume sie mit Madonna verbinden. Für die einen ist sie eine Befreierin, für andere eine Mitverschwörerin, eine erotische Verführerin oder einfach nur die Frau, die sie richtig versteht. Madonnas Biografin Lucy O'Brien schreibt in ihrem fast 600 Seiten starken Werk über Madonna: „Sie besitzt so etwas wie eine Jedefrau-Eigenschaft, und das Bemerkenswerteste zu jener Zeit war das Ausmaß, den ihr Einfluss auf die Frauen erreicht hatte."[21]

Madonna wurde 1958 geboren. Als sie erst fünf Jahre alt war, starb ihre Mutter. An der Highschool interessierte sie sich für Theater und beschloss, nach der Schule Tänzerin zu werden. Die Tanzausbildung an der University of Michigan brach sie jedoch ab. Ihr Vater war darüber entsetzt und wollte sie dazu überreden, die Entscheidung zurückzunehmen. „Hör damit auf, mein Leben für mich zu führen!", schrie sie ihn an und warf wütend einen Teller Spaghetti gegen die Wand.[22]

Madonna zog nach New York – mit nur 30 Dollar in der Tasche. Hier schlug sie sich als Kellnerin durch oder verdiente auch Geld mit Nacktaufnahmen. „Sie war", so ihre Managerin Camille Barbonne, „ein Mädchen von der Straße, das sich von irgendwem aufgabeln und mit nach Hause nehmen ließ, wenn sie hungrig war und etwas zu essen brauchte." Madonna sagte, sie fühlte sich aber dennoch nicht ausgenutzt, denn „ich habe ihnen *erlaubt*, mich auszunutzen".[23]

Sie wollte vor allem eines – berühmt werden. „Sie hätte alles getan, um ein Star zu werden … Sie befand sich auf einer Mission und hielt nicht einen Moment lang inne", berichtet ihr ehemaliger Freund, der DJ Mark Kamins.[24] Dick Matts, Musiker einer Punkband, erinnert sich über diese Zeit, Madonna sei „maßlos in ihrer Gier nach Ruhm" gewesen.[25]

Auf welchem Wege sie berühmt werden wollte, war ihr selbst zunächst nicht klar. Mit 19 Jahren nahm sie sich vor, eine der führenden Tänzerinnen zu werden, später sah sie sich als erfolgreiche Schauspielerin – und schließlich entdeckte sie, dass sie am ehesten mit der Musik berühmt werden würde. Musik, sagte Madonna selbst einmal, sei „der Hauptvektor der Berühmtheit … Im Erfolgsfall ist die Wirkung mit dem Einschlag einer Kugel vergleichbar, die ihr Ziel trifft."[26]

Ein Journalist, der sie in den frühen Jahren interviewte, beschrieb Madonna so: „Sie hatte Weitblick, ihr war völlig klar, wohin ihr Weg führte ... Sie kam mir unglaublich entschlossen vor, und zwar auf die typische Art der Yuppies der 80er, deren Credo lautete: Gier ist gut." Madonna sprach in dem Interview über Produzenten, über Märkte, mit wem sie später arbeiten wollte. „Sie dachte ständig einen Schritt weiter."[27] In einer Radiosendung im Januar 1984 verkündete sie: „Ich werde die Welt beherrschen."[28]

Ein Mittel, um berühmt zu werden, war für Madonna die gezielte Provokation. Mit Szenen über Sex und Religion bei ihren Konzertauftritten provozierte sie die katholische Kirche. Immer wieder wurde zu einem Boykott ihrer Konzerte aufgerufen. In Kanada drohte die Polizei, sie wegen obszöner Darbietungen auf der Bühne zu verhaften. 1992 veröffentlichte sie einen erotischen Bildband mit dem Titel *SEX*, der zu massiven öffentlichen Kontroversen führte. Das Buch wurde in einer limitierten Auflage von einer Million Exemplaren aufgelegt und am 22. Oktober 1992 auf den Markt gebracht. Alle Exemplare waren sofort ausverkauft. Sie hatte mit dem provozierenden Bildband zwar einen Verkaufserfolg und eine sehr große mediale Aufmerksamkeit erzielt, aber das Publikum nahm ihr das Buch übel, blieb ihren Konzerten fern, und ihre Popularität erreichte einen „beispiellosen Tiefpunkt".[29] In den Medien wurde sie als Skandalsüchtige kritisiert, und es hieß, das Buch sei ganz offensichtlich Ausdruck einer gestörten Psyche.

Madonnas Erfolg lag jedoch darin, dass sie – anders als andere Künstler, die provozierten – bereit war, wieder ein Stück zurückzugehen, statt sich in Kämpfen aufzureiben, die sie nicht gewinnen konnte. Sie provozierte, aber wenn sie das Gefühl hatte, dass sie es überzogen hatte, ging sie mit harmlosen Musikstücken und Shows – so wie mit der *Girlie Show* 1993 – wieder ein Stück auf die Menschen und den Mainstream zu.

Und sie verstand immer, wie wichtig es ist, sich ständig neu zu erfinden und nicht auf einen bestimmten Stil festgelegt zu werden. Nachdem Madonna erfolgreich ihr Debüt-Album produziert hatte, versuchte sie mit ihrem zweiten Album etwas ganz Neues und machte damit ihre Plattenfirma Warner Brothers nervös. Der Produzent Nile Rodgers, der unter anderem mit David Bowie zusammengearbeitet hatte, berichtet, wie man auf Madonna reagierte: „Wenn man drei Hits auf eine bestimmte Art gelandet hat, macht man genauso weiter, frei nach dem Motto: Ist etwas nicht kaputt, repariert man es auch nicht. Madonna sperrte sich gegen normale Trends, sie *bekämpfte* sie regelrecht."[30]

Ihr erstes Album war vom schwarzen Funk beeinflusst, danach verlegte sie sich jedoch auf eingängige, kommerzielle Pop-Songs wie *Like a Virgin*, in späteren Jahren verwendete sie verstärkt Elemente aus dem Jazz oder produzierte Black/Soul-Musik mit typischen Hip-Hop-Elementen. Ähnlich wie die Rolling Stones adaptierte sie zu jeder Zeit neue Musikströmungen, statt einfach bei dem zu bleiben, was sie ursprünglich erfolgreich gemacht hatte.

Hierzu gehört eine gehörige Portion Mut. Das Publikum verlangte bei Konzerten immer wieder, dass sie ihre eingängigen Hits spielte, aber Madonna kam dem nur in einem begrenzten Umfang nach. Ihre Karriere ist eine schmale Gratwanderung zwischen Provokation und Mainstream, zwischen dem Aufgreifen populärer Trends und der avantgardistischen Verachtung für das allzu Gefällige. Immer wieder beschuldigte man sie des „musikalischen Diebstahls" und sie hatte deshalb viele Prozesse zu führen. Sie adaptierte fremde Einflüsse und hatte auch keine Scheu, Dinge von anderen abzuschauen.

Vor allem lernte sie ständig dazu und wollte nie stehen bleiben. Pat Leonard, der unter anderem für Pink Floyd und für Michael Jackson gearbeitet hatte, berichtet: „Irgendwann bat sie mich, Analysen ihrer Stimme mit mir und ihrem Gesangstrainer zu machen. Manche Sängerinnen sind der Meinung, nicht viel tun zu müssen, aber zu denen gehört sie nicht."[31]

Der Hunger, zu lernen, sich zu verändern, sich fortzuentwickeln, Neues auszuprobieren und dabei gesellschaftliche Konventionen und Tabus zu brechen, ist charakteristisch für Madonnas Weg. Wovon sie träumte, nämlich Ruhm und weltweite Bekanntheit, erreichte sie wie keine andere Frau ihrer Zeit.

Ein Musiker, Entertainer und Produzent, der in Deutschland so stark polarisiert wie kaum ein anderer, ist Dieter Bohlen. Entweder man mag ihn und seine Musik oder man hasst ihn. Gleichgültig ist er kaum einem.

Bohlen focht in seiner Jugend Konflikte mit den Eltern aus – Sie werden im Kapitel sieben sehen, dass er dies mit sehr vielen später erfolgreichen Persönlichkeiten gemeinsam hatte. Der Vater war Unternehmer, der Sohn hisste auf dem Dach eine rote Fahne mit Hammer und Sichel und trat der Jugendorganisation der kommunistischen Partei, der SDAJ, bei. Seine Eltern wollten, dass er BWL studierte, um später den Betrieb des Vaters zu übernehmen, er wollte Musiker werden. Tatsächlich schloss er sein Studium als Diplomkaufmann ab, verdiente sich aber nebenbei in verschiedenen Bands Geld.

Immer wieder schickte er bei Plattenfirmen Demo-Bänder ein, die jedoch stets abgelehnt wurden. Schließlich stellte er sich persönlich bei einem Musikverlag vor, der ihm fünf Jahre lang immer wieder Absagen geschrieben hatte. Der Verlag stellte ihn ein. Und hier traf er 1982 auch auf Thomas Anders, der bislang ohne großen Erfolg deutsche Schlager gesungen hatte.

Bohlen und Anders gründeten die Gruppe *Modern Talking*, die 1985 und 1986 so erfolgreich war wie bis dahin und auch seitdem keine deutsche Band. Das erste Album war gleich ein Erfolg und war mit 43 Wochen genauso lange in den Charts wie das Album *Sgt. Pepper's Lonely Hearts Club Band* von den Beatles, mit ihrem Album *Back for Good* waren sie sogar 52 Wochen lang in den Charts. Die Gruppe war die erste und bislang einzige Band, die fünfmal hintereinander die Nummer eins in den deutschen Single Charts war. Mit dem ersten Titel *You're My Heart, You're My Soul* waren sie 25 Wochen lang in den Charts, mit dem zweiten *Cheri Cheri Lady* 22 Wochen und mit dem dritten *You Can Win If You Want* 21 Wochen.

Seit 2002 ist Bohlen Juror in der RTL-Castingshow *Deutschland sucht den Superstar*, von der bislang acht Staffeln gesendet wurden. Für jede Staffel erhielt Bohlen 1,2 Millionen Euro. Diese Show polarisierte in Deutschland sehr stark. Politiker und Persönlichkeiten des Kulturbetriebes sahen sich aufgerufen, scharf gegen die Sendung zu protestieren, weil Bohlen mit seinen frechen Sprüchen die Kandidaten zuweilen arg „herunterputzte".

Bohlen sprach von einer „immer wiederkehrende(n), fast schon ritualisierte(n) Empörungswelle".[32] Mit der Sendung gebe man jungen Leuten die Chance, sich vor einem großen Publikum zu messen. „Meiner Meinung nach wird das Leiden der Kandidaten unter meinen Sprüchen völlig überbewertet. Viele Menschen, die ich kenne, sind an zu viel Lob gescheitert, aber nicht an zu viel Kritik", konterte Bohlen.[33]

Auch sein Buch *Nichts als die Wahrheit*, das 2002 ein Bestseller wurde und für das er 2003 sogar den Medienpreis *Goldene Feder* erhielt, wurde öffentlich kritisiert. Bohlen legte sich mit den „selbst ernannten Gralshütern des guten Geschmacks"[34] an. „Habt keine Angst vor Autoritäten, Geschmackspräsidenten, Durchblickern oder was auch immer", rief er den jungen Leuten zu.[35] „Wenn ihr dabei seid, eure Idee zu verwirklichen, und aus eurem Umfeld hört, dass ihr den falschen Weg einschlagt, ist das ein untrügliches Zeichen dafür, dass ihr auf dem richtigen Weg seid. Macht weiter und lasst euch nicht aus der Bahn kegeln."[36]

Bohlens Bücher lesen sich wie ein Aufruf zu einer antiautoritären Revolte, obwohl er politisch heute bestimmt nicht mehr links steht. „Riskiert auch mal etwas, worüber andere lachen. Denkt auch mal schräg, guckt über den Tellerrand. Setzt euch über Regeln hinweg."[37]

Im Showgeschäft, so Bohlen, gibt es zwei verschiedene Typen von Menschen. Einmal den „Everybody's Darling"-Typ wie den Entertainer Thomas Gottschalk. „Sie wollen einfach nett sein und sie sind es zum Teil auch. Sie schöpfen ihre Kraft daraus, dass sie gemocht werden, und vermitteln den Eindruck, dass sie mit der Welt im Einklang sind."[38] Manche davon seien allerdings nur „Meinungsreplikanten": „Um Applaus zu bekommen, sagen die genau das, was die Leute hören wollen, auch wenn das gar nicht ihre Meinung ist."[39] Dies sei der bequeme Weg. „Auf der anderen Seite steht die Minderheit, Menschen, die gegen den Strom schwimmen, die auch mal anecken und eben daraus ihre Power ziehen. Menschen wie ich."[40]

Bohlen stellt seinen Weg als „authentisch" und „ehrlich" dar, und zugleich sei es auch ein Weg, in einer modernen Mediengesellschaft Aufmerksamkeit zu erringen. „Die Menschen werden von Tag zu Tag abgestumpfter. Es gibt eine totale Reizüberflutung … Man muss schon kräftig in den Wald hineinschreien, um überhaupt eine Antwort zu bekommen."[41] Bohlen ist es wichtig, wie er bei den Menschen ankommt, für die er seine Musik und seine Shows macht – und nicht, wie er von Musikkritikern, Buchkritikern, Kulturkritikern, Politikern und dem intellektuellen Mainstream der Republik bewertet wird.

Menschen, die sich trauen, anders zu sein als andere, sehen auch Krisen und Probleme ganz anders als ihre Mitmenschen. Wo andere verzweifelt sind und sich die Haare raufen, blühen sie auf und sehen unglaubliche Chancen. Weil sie die Kraft haben, sich nicht durch allgemeine Stimmungen anstecken zu lassen, und weil sie Freude daran empfinden, Dinge genau anders zu machen, als es andere tun. Und damit werden diese Menschen erfolgreich und wohlhabend.

Arnold Schwarzeneggers Biograf resümiert am Ende seines Buches, dass Schwarzenegger ein Mann der Krise war. „… schwere Zeiten hat Schwarzenegger immer auch genutzt. Als Immobilienspekulant ist er während der Wirtschaftskrise der 70er-Jahre Millionär geworden, die Haushaltskrise Kaliforniens hat ihn zum Gouverneur gemacht, die Umweltkrise hat seine Wiederwahl gesichert … Schwarzenegger, der Krisengewinnler."[42]

Ein Beispiel für einen Investor, der in jeder Krise eine Chance sieht, ist Prinz Alwaleed. Der im März 1957 in Saudi-Arabien geborene Investor wird auch als „Warren Buffet des Nahen Ostens" bezeichnet. Zeitweise war er der viertreichste Mann der Welt – allerdings litt sein Milliardenvermögen in den letzten Jahren unter der Finanzkrise, weil die Citigroup, sein größtes Investment, erheblich an Wert verlor. Dennoch ist er nach wie vor einer der erfolgreichsten Investoren der Welt, von dem man vor allem lernen kann, dass derjenige, der reich werden will, die Bereitschaft haben muss, gegen den Strom zu schwimmen.

Alwaleed hatte den Grundstein für sein Vermögen nicht etwa durch Öl, sondern durch Immobiliengeschäfte und Bauprojekte gelegt. Ende der 80er-Jahre hatte er eine große und aus seiner Sicht aussichtsreiche unbebaute Fläche im Olaya District von Riad ausfindig gemacht. Dieser Teil der Stadt war noch kaum erschlossen, und es gab nur einige verstreute Läden, in denen Schmuck oder Elektronikartikel angeboten wurden. Der Prinz nahm Kontakt zu den Grundstückseigentümern auf, doch der Preis von umgerechnet 1600 Dollar pro Quadratmeter schien ihm zu hoch.

Als 1990 der Irak in Kuwait einfiel, war die ganze Region in Panik. Damals floss viel Kapital aus dem Land, weil Investoren befürchteten, Saudi-Arabien könne das nächste Angriffsziel werden. Auch viele Grundstückseigentümer verfielen in Panik und die Preise purzelten – auf jetzt nur noch 533 Dollar pro Quadratmeter. Alwaleed kaufte das Grundstück für ein Drittel des ursprünglich geforderten Preises. Er teilte es auf und errichtete auf einem Drittel das Kingdom Centre, das höchste Gebäude in Europa, dem Nahen Osten und Afrika. Den Rest des Grundstücks verkaufte er vier Jahre später mit einem Gewinn von 400 Prozent. Dass die Besitzer in Panik zu einem so günstigen Preis verkauft hatten, freute ihn, aber er konnte sie im Grunde nicht verstehen: „Was dachten die sich eigentlich dabei? Dass Amerika Saddam Hussein nicht besiegen könnte?"[43]

Nach diesem Muster handelte er immer wieder – er sah Krisen grundsätzlich als Chance für erfolgreiche Investitionen. Anfang der 90er-Jahre wurde in London das seinerzeit größte Immobilienprojekt Europas entwickelt – Canary Wharf. Auf über 34 Hektar sollte ein neuer Bürokomplex entstehen. Er wurde jedoch gerade zu einer Zeit fertiggestellt, als die Büromieten und die Immobilienpreise in den Keller gepurzelt waren. 160.000 Quadratmeter unvermieteter Fläche standen nun am Londoner Hafen leer. Paul Reichmann, der das Projekt entwickelt hatte, verlor es.

Alwaleed investierte in das Projekt und erwarb 6 Prozent des Unternehmens Canary Wharf; Reichmann machte er übrigens zum Vorstandsvorsitzenden. Vier Jahre später ging die Immobilienaktiengesellschaft an die Börse, die Aktie erreichte ihren Höhepunkt im Jahr 2000. Im Januar 2001 verkaufte Alwaleed zwei Drittel seiner Anfangsinvestition, die seinerzeit 66 Millionen Dollar betragen hatte, für nunmehr 204 Millionen Dollar. Er hatte damit also über fünf Jahre 47,7 Prozent pro Jahr verdient. Auch bei Investitionen in die Unternehmen Apple und Murdoch, bei denen er Ende der 90er-Jahre einstieg, als sich diese in großen Schwierigkeiten befanden, verdiente er mehrere hundert Millionen Dollar.

Seine größte Investition tätigte er 1991, nachdem der Aktienkurs der zeitweise größten amerikanischen Bank, Citigroup, 1991 auf ein Tief gesunken war. Er investierte 800 Millionen Dollar in das angeschlagene Unternehmen und wurde größter Einzelaktionär. Zeitweise stieg der Wert seiner Aktien auf 10 Milliarden Dollar, allerdings verlor er dann wieder massiv, als die Citigroup eine der von der Finanzkrise im Jahr 2008 gebeutelten Banken war.

Für Investoren wie Warren Buffett, Alwaleed oder George Soros bieten Krisen und Zusammenbrüche die beste Gelegenheit für Investitionen. Wenn andere Investoren ihre Wunden lecken und deprimiert über fallende Kurse sind, blühen sie erst richtig auf. Denn zu keiner Zeit ist es möglich, Aktien so günstig zu erwerben wie in der Panik eines Börsencrashs. Buffett beobachtet manchmal jahrelang ein Unternehmen, dessen Geschäftsstrategie ihm einleuchtet. Aber er möchte das Unternehmen auch zu einem möglichst günstigen Preis kaufen. Solange die Aktienkurse steigen und allgemeine Euphorie herrscht, ist es schwierig, Unternehmen günstig zu kaufen. Wenn jedoch die Verzweiflung steigt und Aktienbesitzer ihre Papiere zu günstigen Preisen abstoßen – dann ist die Zeit von antizyklisch agierenden Investoren gekommen, die in der Krise vor allem eine Chance sehen.

Selbst in Tragödien wie dem Terroranschlag des 11. September sah jemand wie Buffett auch eine Chance. Buffetts Manager im Versicherungsbereich, Ajit Jain, wandte sich schnell dem Thema Terrorversicherung zu. Plötzlich galt es, eine Lücke zu füllen, die durch den Anschlag auf das World Trade Center deutlich geworden war. So versicherte er das Rockefeller Center und das Chrysler Building in Manhattan, eine Ölraffinerie in Südamerika, eine Ölplattform in der Nordsee und den Sears Tower in Chicago gegen Terroranschläge. Buffetts Unternehmen Berkshire versicherte sogar das Risiko, dass die Olympischen Spiele entweder ausfallen würden oder dass die US-Athleten bis 2012 mindestens zweimal nicht daran teilnehmen würden. Die Winterspiele in Salt Lake City wurden ebenso versichert wie die Fußballweltmeisterschaft.

Buffett war ebenso bestürzt wie seine Mitmenschen über den schrecklichen Terroranschlag. Ging es jedoch um die ökonomischen Konsequenzen, dann sah er nicht vor allem die Risiken, sondern die Chancen. „Geld in Kombination mit Mut ist in Krisenzeiten unbezahlbar", so sein Credo.[44]

Erst recht sah das John Paulson so, ein Fondsmanager in den Vereinigten Staaten. Während über viele Jahre die Mehrheit der Amerikaner auf immer weiter steigende Hauspreise setzte, erkannte er frühzeitig, dass sich in den Jahren des billigen Geldes, die auf den Terroranschlag des 11. September folgten, eine riesige Blase am US-Immobilienmarkt aufgetan hatte, und wartete ungeduldig auf deren Platzen.

Dass die Hauspreisblase in den USA platzen werde, hatten außer ihm auch noch einige andere Beobachter vorausgesehen. Paulson stellte sich jedoch die Frage, wie er mit dieser richtigen Einsicht Geld verdienen könne. Mit welchen Finanzinstrumenten sollte man auf ein Platzen der Hauspreisblase wetten? Wann ist der richtige Zeitpunkt für den Einstieg? Wie soll man in einer Zeit, in der alle anderen euphorisch für den Hausmarkt gestimmt sind, genügend gleichgesinnte Investoren gewinnen?

Zunächst versuchte Paulson, die Aktien von im Wohnungsbau engagierten Unternehmen „leer zu verkaufen", also mit fallenden Aktienkursen Geld zu verdienen. Diese Strategie ging jedoch nicht auf. Er und andere Investoren suchten nach einer anderen, besseren Möglichkeit, wie man direkter vom zu erwartenden Verfall der Hauspreise profitieren könnte.

Schließlich fiel ihre Wahl auf sogenannte CDS-Kontrakte, mit denen Bündel von verbrieften, zweifelhaften Immobilienkrediten gegen einen Zahlungsausfall versichert wurden. Die Prämien für diese Versicherungen waren lächerlich niedrig, da die meisten Marktteilnehmer nicht an einen Ausfall glaubten.

Die Investoren, welche die verbrieften Hypothekendarlehen kauften, verließen sich blind auf die Bewertungen der Ratingagenturen, denen wiederum Berechnungen der Ausfallwahrscheinlichkeiten zugrunde lagen. Paulson ließ sich jedoch nicht täuschen: Die Daten, die für die Berechnung der Ausfallwahrscheinlichkeiten herangezogen wurden, stammten aus der Vergangenheit, als erstens die Hauspreise immer nur gestiegen waren und zweitens der Anteil von sogenannten Subprime-Darlehen (die an Immobilienbesitzer mit zweifelhafter Bonität ausgereicht wurden) wesentlich geringer war. Er zweifelte zu Recht daran, ob sich auf dieser Basis Aussagen für die Zukunft herleiten ließen.

Paulson, der auf das Platzen der Hauspreisblase wettete, fiel es zunächst sehr schwer, Geld für diese Idee einzusammeln. Die meisten Investoren denken nun mal nicht antizyklisch (das wäre ja auch ein logischer Widerspruch in sich). Nachdem dennoch Investoren gefunden worden waren, hatte er ein weiteres Problem. Er hatte gehofft, dass sich die Preise für die CDS-Kontrakte in dem Maße erhöhen würden, wie andere Marktteilnehmer ebenfalls das Risiko eines Ausfalls der verbrieften Kredite wahrnähmen. Statt zu steigen, fielen die Preise jedoch zunächst weiter. Nun fingen viele seiner Investoren an zu zweifeln und wollten ihr Geld abziehen.

Paulson ließ sich davon nicht beirren. Tag und Nacht verbrachte er damit, die verbrieften Hauspreiskredite kritisch unter die Lupe zu nehmen. Er suchte nicht nach den besten, sondern nach den schlechtesten Krediten mit den höchsten Risiken, die von der Masse der optimistischen Marktteilnehmer systematisch ignoriert wurden. Er verbrachte viel Zeit damit, jene lokalen Wohnungsmärkte der USA zu identifizieren, wo die Hauspreisspekulation die irrationalsten Blüten getrieben hatte, und jene Hypothekendarlehen ausfindig zu machen, die mit der geringsten Sorgfalt an die schlechtesten Kreditnehmer ausgereicht worden waren.

Die Banken hatten massenweise Kredite an Personen gegeben, die über keinerlei Einkommen und Vermögen verfügten. Manchmal wurden nicht einmal Einkommensnachweise verlangt – oder diese waren ganz offensichtlich gefälscht. Die Zinsen für diese Darlehen waren in den ersten zwei Jahren sehr niedrig, stiegen später dann aber stark an. Die Sache funktionierte nur, solange das Zinsniveau sehr niedrig blieb und die Hauspreise ständig weiter stiegen. Das konnte nach Paulsons Meinung nicht gut gehen. Viele dieser Kredite mussten früher oder später notleidend werden, so seine Überzeugung.

Paulsons Strategie ging am Ende auf. Was für andere eine Katastrophe war, nämlich das Platzen der Blase am US-Hausmarkt, das eine weltweite Finanzkrise auslöste, brachte den Investoren seines Fonds einen Gewinn von 20 Milliarden Dollar. Er selbst bekam 20 Prozent davon, also 4 Milliarden Dollar. Das Buch über ihn trägt den Titel *The Greatest Trade Ever* – denn es war in der Tat der größte Deal, den es je in der Geschichte gegeben hatte.

Wo andere eine Krise sahen, sah Paulson vor allem eine Chance. Dafür bedarf es jedoch einer besonderen mentalen Stärke. Man muss sich gegen die Mehrheit stellen. Selbst wenn man noch so überzeugt von seiner Strategie ist, ist es nur menschlich, dass zuweilen Zweifel aufkommen: Haben wirklich fast alle anderen unrecht oder hat man sich in eine Sache verrannt, an der doch ein „Haken" ist, den man bislang übersehen hat? Oder aber hat man wirklich etwas gesehen und erkannt, das die meisten anderen Marktteilnehmer nicht wahrnahmen?

Die Fähigkeit, gegen den Strom zu schwimmen, zeichnet alle erfolgreichen Unternehmer und Investoren aus. Als Howard Schultz einen Plan für die landesweite Expansion des Unternehmens Starbucks entwarf, hätte er viele gute Gründe dafür finden können, warum sein Ziel viel zu groß und völlig unrealistisch sei. „Vom ersten Tag an", so erinnert er sich in seiner Autobiografie, „verstieß Starbucks gegen das Gesetz der Wahrscheinlichkeit."[45] Seattle, der Sitz der ersten Starbucks-Filialen, befand sich Anfang der 70er-Jahre in einer tiefen Rezession, der man den Namen „Boeing-Pleite" gegeben hatte. Die Aufträge für Boeing, den größten Arbeitgeber der Stadt, gingen so dramatisch zurück, dass das Unternehmen in drei Jahren seine Belegschaft von 100.000 auf 38.000 reduzieren musste. Viele Menschen verließen die Stadt. Auf einem Plakat in der Nähe des Flughafens stand geschrieben: „Wird der Letzte, der Seattle verlässt, das Licht ausmachen?" Dieses Plakat tauchte im gleichen Monat auf, in dem Starbucks seinen ersten Laden eröffnete.

Und war es überhaupt wirklich eine gute Idee, eine Kaffeekette zu gründen? Der Kaffeekonsum in Amerika ging nun schon seit einem Jahrzehnt kontinuierlich zurück. Hätte man eine Marktstudie über die Chancen von Starbucks gemacht, dann wäre diese sicher vernichtend ausgefallen. Doch die Gründer von Starbucks beschäftigten sich nicht mit Marktstudien, und sie verschwendeten keine Zeit damit, Gründe zu sammeln, warum ihr Projekt scheitern sollte.

Natürlich ist es vernünftig, wenn Sie sich ein Ziel setzen, zunächst die Argumente und die Gegenargumente abzuwägen. Aber Sie werden erst wissen, ob es geht, wenn Sie es versucht haben. Scheitern Sie mit dem Projekt, dann ist das weitaus weniger schlimm, als wenn Sie es gar nicht erst versucht hätten – denn dann sind Sie schon von Anfang an gescheitert.

Anscheinend widrige äußere Bedingungen können auch als Chance verstanden werden. Nehmen wir die Geschichte von Google. Google war zweifelsohne ein Teil des Internet-Hype Ende der 90er-Jahre. Seinerzeit verkündeten viele Propheten den Beginn des Internet-Zeitalters, und jeden Tag wurden neue Unternehmen gegründet, von denen die meisten jedoch nur gigantische Verluste machten. Im Jahr 2000, etwa einenhalb Jahre nach Gründung von Google, platzte die Internet-Aktienblase. Und wie immer übertrieb der Markt: So wie man eben noch die Chancen von Internet-Unternehmen undifferenziert euphorisch gesehen hatte, so galt jetzt alles, was mit dem Internet zu tun hatte, als ökonomisch fragwürdig. Die Unternehmen im Silicon Valley entließen massenhaft Leute und die Stimmung war überall gedrückt. Nicht jedoch bei den beiden Google-Gründern Larry Page und Sergej Brin.

Beide sahen die Krise als einmalige Gelegenheit. Jetzt konnten sie für ein vernünftiges Gehalt Spitzenkräfte aus anderen Firmen anheuern.

Hervorragende Softwareingenieure und Mathematiker, die eben noch für ein junges Unternehmen wie Google unbezahlbar waren, standen plötzlich auf der Straße und klopften bei Page und Brin an. Nun konnte Google Talente gewinnen, die das Unternehmen viel schneller vorwärtsbringen würden, als es ohne die Krise möglich gewesen wäre.

Resümieren wir: Erfolgreiche Menschen haben den Mut, anders zu denken und anders zu handeln als die Mehrheit. Sie sind so selbstbewusst, dass ihnen die Meinung anderer Menschen manchmal gleichgültig ist, manchmal sehen sie sich sogar geradezu herausgefordert, gegen den Mainstream zu handeln. Und selbst in einer großen Krise – oder gerade in einer großen Krise –, wenn andere verzweifelt und ängstlich sind, werden sie mutig und konzentrieren sich auf die Chancen, die in dieser Krise stecken.

Manchen Menschen fällt es schwer, zu akzeptieren, dass sie anders sind als andere Menschen. Gehören Sie auch dazu? Dann wird Ihnen die Tatsache Mut machen, dass die meisten sehr erfolgreichen Menschen in vieler Hinsicht von gesellschaftlichen Normen abweichen. Andere Menschen wiederum behaupten, es sei ihnen grundsätzlich gleichgültig, was andere über sie denken. Ich glaube das nicht. In Wahrheit ist es keinem Menschen egal, wie er von seinen Mitmenschen gesehen wird. Es gibt jedoch einen entscheidenden Unterschied: Manche Menschen tun sich schwerer damit als andere, wenn sie gegen gesellschaftliche Konventionen verstoßen und vorübergehend auf große Ablehnung stoßen. Oft ist das ein Zeichen für ein wenig ausgeprägtes Selbstbewusstsein. Wenn Sie sich jedoch an den Maßstäben der vielen erfolglosen Menschen orientieren, dann werden Sie selbst auch keinen Erfolg haben. Wer so denkt und so handelt wie alle, bekommt auch nur das, was alle bekommen. Wer größere Ziele erreichen will, muss lernen, unabhängig zu denken, um anders zu handeln und damit dann auch andere Ergebnisse zu erzielen.

Kapitel 6

Unabhängig denken

Wer Erfolg haben möchte, muss also auch bereit sein, Risiken einzugehen, sich in Widerspruch zu vorherrschenden Meinungen zu setzen und Dinge infrage zu stellen, die allgemein als richtig anerkannt werden. „Die meisten Leute interessieren sich für Aktien, wenn es auch alle anderen tun. Sie sollten es lieber dann tun, wenn die anderen es nicht tun. Es ist nicht möglich, mit beliebten Papieren Geschäfte zu machen", fasst Buffett seine Investmentstrategie zusammen.[1]

Selbst Künstler und Modemacher, von denen man meinen sollte, ihr Erfolg liege darin begründet, sich dem Zeitgeist anzupassen, sind dann besonders erfolgreich, wenn sie auch die Bereitschaft haben, gegen Konventionen zu verstoßen und sich in Widerspruch zur Mehrheitsmeinung zu setzen. Freilich gilt für Investoren und Modemacher das Gleiche: Beide stehen zunächst mit ihren Meinungen alleine da. Im Unterschied zu dem Einzelgänger, der stets alleine bleibt, ist der Pionier den anderen aber nur einen oder zwei Schritte voraus – und früher oder später folgen sie ihm.

Der Investor, der den inneren Wert einer niedrig bewerteten Aktie erkennt und diese zu einem niedrigen Kurs kauft, muss hoffen, dass ihm früher oder später andere Investoren folgen und die Aktie ebenfalls kaufen, denn nur dann wird ihr Kurs steigen. Ein Künstler oder eine Modemacherin, die einen neuen Stil ausprobieren, müssen hoffen, dass sich früher oder später ihr Geschmack durchsetzt. Für Coco Chanel, deren Entwürfe zunächst als sehr ungewöhnlich und provokant empfunden wurden, war es eine Bestätigung und eine Freude, wenn andere Modedesigner sie kopierten, ebenso wie sich antizyklisch agierende Investoren freuen, wenn früher oder später andere ebenfalls den Wert der von ihnen bereits früh erkannten Investitionsgelegenheiten erkennen. Unabhängiges Denken ist freilich die Voraussetzung dafür, dass man so handelt.

Ohne den „inneren Kompass", der laut Warren Buffett so wichtig ist, verliert man leicht die Orientierung. Buffett galt in den 80er- und 90er-Jahren als Legende und wurde weltweit als genialer Investor bewundert. Doch dann entwickelte sich Ende der 90er-Jahre die Aktienblase, besonders die Blase der Technologie- und Internet-Aktien. Unternehmen der Technologiebranche, insbesondere Internet-Firmen, erzielten enorme Kursgewinne, teilweise von mehreren tausend Prozent. Analysten und Medien riefen das Zeitalter der „New Economy" aus. Buffett erschien als Mann der „Old Economy". Er investierte aus Sicht der Analysten in langweilige und altmodische Unternehmen wie etwa in Möbelhäuser, Hersteller von Rasierklingen, Zeitungen oder Coca-Cola. Buffett, so hieß es überall, habe das neue Zeitalter der „New Economy" komplett verschlafen.

Sein Alter und seine Prinzipientreue wurden nun nicht mehr mit Erfahrung und mit Konsequenz, sondern mit Altersstarrsinn und Sturheit assoziiert. Und die Zahlen schienen dieser Sichtweise vordergründig recht zu geben, denn während Anleger mit Fonds, die in Technologiewerte investierten, riesige Gewinne machen konnten, verlor Buffetts Aktie an Wert. Sogar Anleger, die einfach nur den Index nachgebildet hatten, fuhren besser als Buffett. Und dies, nachdem er zuvor über Jahrzehnte den allgemeinen Aktienindex stets haushoch geschlagen hatte. War die Zeit von Buffett vorbei? Viele sahen das so. Plötzlich war er ein „Ehemaliger" – die Medien sprachen von dem „ehemals erfolgreichen Investor". Die Wirtschaftszeitungen titelten „Was ist los, Warren?".

Buffett widerstand jedoch trotz des Drucks der Anleger und der öffentlichen Meinung der Versuchung, auf den Technologie- und Internet-Zug aufzuspringen. Er hatte stets gepredigt, man solle nur in Unternehmen investieren, deren Geschäftsmodell man wirklich verstehe – und er sagte, von Technologieunternehmen verstehe er einfach nichts. Dies galt, obwohl er mit dem Microsoft-Chef Bill Gates eng befreundet war, der ihn übrigens in diesen Jahren in seiner Position als reichster Mann der Welt überholte.

Buffett wurde gefragt, ob er darunter leide, dass er nun als „Mann von gestern" abgeschrieben wurde. „Niemals. So etwas stört mich überhaupt nicht. Man kann nur erfolgreich investieren, wenn man selbstständig und unabhängig denkt." Die Wahrheit, so Buffett, hänge schließlich nicht damit zusammen, ob die Leute einem zustimmen oder nicht. „Man hat recht, weil die Fakten und der Denkansatz stimmen. Darauf kommt es letzten Endes an."[2]

Dennoch kann man sich gut vorstellen, dass Buffett, der einst so bewunderte und geachtete Investment-Guru, nun sehr darunter litt, dass sich die Leute öffentlich oder hinter seinem Rücken über ihn lustig machten und erklärten, seine Zeit sei abgelaufen. Er war jedoch fest davon überzeugt, dass die Internet-Blase eines Tages platzen müsse – wenn er auch nicht voraussagen konnte, wann dies geschehen würde.

Und sein innerer Kompass war ihm wichtiger als die Zustimmung der Masse.

In einer Rede Ende der 90er-Jahre fragte er seine Zuhörer, was ihnen denn lieber wäre: „Wärst du lieber der beste Liebhaber der Welt, den aber jeder für den schlechtesten Liebhaber hält, oder wärst du lieber der schlechteste Liebhaber, den jeder für den besten hält?" Auf die Investmentwelt übertragen lautete die Frage: „Wenn die Welt deine Ergebnisse nicht sehen könnte, würdest du dann lieber als weltbester Investor gelten, in Wirklichkeit aber die schlechtesten Ergebnisse haben, oder würdest du lieber als schlechtester Investor der Welt gelten, in Wirklichkeit aber der beste sein?"[3]

Buffett hatte sich für Letzteres entschieden, aber konnte sich damit trösten, dass sich im wirklichen Leben dann mittelfristig doch herausstellen würde, dass der in Wahrheit beste Investor auch wirklich der beste ist. Und nach dem Platzen der Internet-Blase bekam Buffett recht – und die Stimmen verstummten rasch, die ihn für einen Mann von gestern hielten. Er hatte diese schwierige Zeit überstanden und an seinen Prinzipien festgehalten.

Eine der beeindruckendsten unabhängigen Denkerinnen und Unternehmerinnen, die ich in meinem Leben kennengelernt habe, ist die im März 2010 im Alter von 94 Jahren verstorbene Pionierin der Demoskopie in Deutschland, Elisabeth Noelle-Neumann. Sie begründete die wissenschaftliche Meinungsforschung in Deutschland, gründete das angesehene Institut für Demoskopie in Allensbach am Bodensee, war Journalistin und Professorin für Kommunikationswissenschaft. Bekannt wurde sie insbesondere durch die Entdeckung der sogenannten „Schweigespirale".

Ich selbst habe mit ihr in den 90er-Jahre sehr intensiv zusammengearbeitet, und sie half mir bei den Recherchen für mein Buch *Wohin treibt unsere Republik?*, das ich im Jahre 1994 schrieb. Sie stellte mir die Ergebnisse der Meinungsumfragen ihres Institutes aus mehreren Jahrzehnten zur Verfügung, und nachdem ich mein Buch veröffentlicht hatte, schrieb sie: „Soweit ich sehe, ist dies das erste Buch, das die demoskopischen Daten mit Sachkenntnis voll in die Analyse einbezieht … Zahlreiche Zusammenhänge werden hier nüchtern, ohne Polemik, mit vorzüglicher Kenntnis von Personen und Fakten übersichtlich beschrieben; damit sichert dieses Buch die Kenntnis von Vorgängen der Zeitgeschichte, die drohten, nicht mehr wahrnehmbar zu sein." Auf diese Worte war ich mindestens ebenso stolz wie auf die Empfehlung meines Buches durch Christian Wulff, den heutigen Bundespräsidenten, der mein Buch seinerzeit zur Lektüre empfahl.

Schon im Alter von zehn Jahren beschloss Noelle, Journalistin zu werden. Doch der Chef des Ullstein Verlages empfahl ihr, erst einmal ihre Doktorarbeit zu schreiben, weil sie als Frau damit viel bessere Chancen für eine journalistische Karriere hätte. Als Austauschstudentin in den Vereinigten Staaten war sie auf die neuen Methoden der wissenschaftlichen Meinungsforschung aufmerksam geworden, die sie ungeheuer faszinierten. Ihre Doktorarbeit über *Amerikanische Massenbefragungen für Politik und Presse* schrieb sie in nur drei Monaten, was ihr niemand glauben wollte. Sie berichtete später, dass sie „wie besessen" an ihrer Arbeit geschrieben habe, nicht einmal mehr zum Friseur ging und in diesen drei Monaten 14 Pfund abnahm – ihre Eltern machten sich schon große Sorgen.[4]

Nach der Promotion arbeitete sie bei der Zeitung *Das Reich*, doch den Nationalsozialisten gefiel ein Artikel, den sie über den amerikanischen Präsidenten Roosevelt geschrieben hatte, nicht. Und so wurde ihr fristlos gekündigt. Sie fing danach bei der *Frankfurter Zeitung* an, einem der wenigen Blätter in der NS-Zeit, die sich noch eine gewisse Unabhängigkeit bewahrt hatten. Doch sofort eckte sie wieder an, und zwar diesmal mit einem Artikel über Eleanor Roosevelt, der Anlass war, dass man ein sofortiges Schreibverbot gegen sie aussprach. Nur mit Mühe konnte ein Berufsgerichtsverfahren gegen sie verhindert werden. Kurz nachdem sie bei der *Frankfurter Zeitung* angefangen hatte, wurde diese auf Befehl von Hitler jedoch eingestellt.

Nach dem Krieg fiel ihre Dissertation dem Leiter der Erziehungsabteilung der französischen Militärregierung in Baden-Baden in die Hände. Er war beeindruckt und fragte sie, ob sie Umfragen unter Jugendlichen in Deutschland durchführen könne. Man wollte wissen, wie die im Dritten Reich aufgewachsenen Jugendlichen dachten und ob es möglich sei, mit ihnen eine Demokratie aufzubauen.

Am 8. Mai 1947, zwei Jahre nach dem Ende des Krieges, fanden die ersten Befragungen im Auftrag der französischen Militärregierung statt. Dies war die Geburtsstunde des renommierten Allensbacher Instituts für Demoskopie. Der erste Auftraggeber – abgesehen von der französischen Militärregierung – war Ludwig Erhard, der damals die Währungsreform plante und diese durch mehrere Umfragen begleiten wollte. „So wurde Ludwig Erhard zu einem der ‚Geburtshelfer' des Instituts für Demoskopie Allensbach. Doch er war es auch, der unbeabsichtigt das Ende des Instituts herbeigeführt hat."[5] Denn die Währungsreform Erhards brachte auch das Institut fast zum finanziellen Zusammenbruch. Noelle-Neumann und ihr Mann hatten jedoch die Idee, sich von den Bürgern der kleinen Gemeinde Allensbach Geld zu leihen, und es gelang dann, vier große Aufträge an Land zu ziehen. Damit war das Institut gerettet.

Schon kurz darauf wurde ein Vertrag mit dem damaligen Bundeskanzler Konrad Adenauer geschlossen, wonach die Bundesregierung regelmäßig über die Stimmung in der deutschen Bevölkerung informiert werden sollte. Dieser Vertrag wurde später auch von den nachfolgenden Bundesregierungen fortgesetzt – und Noelle-Neumann galt als Beraterin der Bundeskanzler, insbesondere später von Helmut Kohl. Berühmt wurde Noelle-Neumann durch ihre Wahlprognosen, mit denen sie meist besser lag als andere Institute.

Anerkennung in der Wissenschaft fand sie vor allem durch ihre Theorie der „Schweigespirale", die erklärt, warum es vielen Menschen schwerfällt, unabhängig zu denken und zu sprechen. Hier handelte es sich wohl um eine der wichtigsten Entdeckungen über die Mechanismen der öffentlichen Meinung: Ausgangspunkt der Theorie war die Beobachtung, dass die Menschen von einer tief verwurzelten Isolationsfurcht geprägt sind. Menschen beobachten ihre Mitmenschen und registrieren laufend, welche Meinungen und Verhaltensweisen von anderen gebilligt werden – und welche nicht. Da sich die meisten Menschen vor Isolation fürchten, neigen sie dazu, ihre Meinung nicht zu äußern, wenn sie befürchten müssen, damit im Widerspruch zur Mehrheit zu stehen. Und damit entsteht eine Schweigespirale: Wer sich in Übereinstimmung mit der Mehrheitsmeinung sieht, äußert seine Ansichten laut und selbstbewusst, wer dagegen befürchtet, mit seiner Meinung im Gegensatz zu jener seiner Mitmenschen zu stehen, schweigt.

Welche Ansicht die öffentliche Meinung beherrscht, sei jedoch nicht zwangsläufig von der wirklichen Stärke der Meinungslager abhängig. Die veröffentlichte Meinung in den Medien und die Meinung der Bevölkerung driften oft erheblich auseinander, so die Beobachtung der Meinungsforscherin. Schweigespiralen, so ihre Entdeckung, „entwickeln sich praktisch nie gegen den Tenor meinungsbildender Medien; auch wenn nur eine kleine Minderheit diesen Medientenor teilt, ist sie redebereit, und das Gegenlager bildet eine ‚schweigende Mehrheit'".[6]

Im Extremfall, so Noelle-Neumann, führt diese Schweigespirale dazu, dass man über ein bestimmtes Thema nur noch mit einer ganz bestimmten Wortwahl (im Sinne der sogenannten Political Correctness) oder überhaupt nicht mehr sprechen kann, ohne mit äußerst scharfen Signalen gesellschaftlicher Ausgrenzung konfrontiert zu werden.

Noelle-Neumann musste damit auch ihre eigenen Erfahrungen machen. Im Zuge der sogenannten 68er-Bewegung gewannen marxistische Theorien an den deutschen Universitäten immer mehr Einfluss, und Andersdenkende – zu denen sie gehörte – wurden schärfstens mit größter Intoleranz bekämpft und sogar terrorisiert. „Die Mittel, mit denen versucht wurde, mir das Leben als Professorin zu verleiden, waren bemerkenswert vielfältig und grenzten teilweise an Körperverletzung."[7] Es war ihr kaum noch möglich, Vorlesungen abzuhalten, weil diese systematisch gestört wurden. Jahrelang standen sie und ihr Mitarbeiter Hans Mathias Kepplinger unter Polizeischutz, ständig fuhren Wagen mit Polizeilicht an ihrem Haus in Allensbach vorbei, um zu prüfen, ob auch alles ruhig sei.

Noelle-Neumann ließ sich davon jedoch nicht unterkriegen. Mit einer ungeheuren Intensität arbeitete sie bis ins hohe Alter. Ich erinnere mich, als ich sie – damals war sie 79 Jahre alt – fragte, wann ich sie zu einem bestimmten Thema anrufen könne. „Rufen Sie mich ruhig am Sonntag an." Ich: „Ab wann darf ich Sie denn anrufen und unter welcher Nummer?" Sie: „Wenn Sie möchten, können Sie gerne ab acht Uhr bei mir im Büro anrufen." Ich erlebte sie bei Seminaren, an denen alle anwesenden jungen Studenten abends müde waren und sie noch so energiegeladen war wie am frühen Morgen.

Eine Frage, die sie immer stark interessierte, war die, wann und warum Menschen glücklich seien. Von ihr hörte ich das erste Mal das Wort „Glücksforschung". Vorher wusste ich gar nicht, dass es so etwas gab. „Wissen Sie, Herr Zitelmann", sagte sie mir, „viele Menschen glauben ja, man sei glücklich, wenn einem alles wie von selbst zufalle. Die Glücksforschung sagt genau das Gegenteil: Die Überwindung von schwierigen Situationen und das erfolgreiche Meistern besonderer Herausforderungen machen die Menschen glücklich – und machen sie selbstbewusst." Sie selbst verfügte über ein sehr hohes Maß an Selbstbewusstsein. Als ich eine neue Sekretärin hatte, bei der sie anrief und die ihren Namen nicht kannte, war sie ziemlich ungehalten und hatte sogar gleich Ergebnisse von demoskopischen Untersuchungen zur Hand, um ihre Kränkung zu begründen: „Herr Zitelmann, soundsoviel Prozent der Menschen in Deutschland (ich weiß die Prozentzahl, die sie nannte, nicht mehr, aber es war eine beeindruckend hohe) kennen meinen Namen – da könnte man von Ihrer Sekretärin auch erwarten, dass sie mich kennt." Ich konnte und wollte ihr da nicht widersprechen.

Menschen, die unabhängig denken, können dies nur deshalb, weil sie ein starkes Selbstbewusstsein entwickelt haben, das es ihnen erlaubt, sich auch in Widerspruch zu vorherrschenden Meinungen zu setzen und ihrem „inneren Kompass" statt dem allgemeinen Meinungsstrom zu folgen. Jemand, der als Unternehmer und als politischer Visionär einen starken inneren Kompass hatte, war der Verleger Axel Springer, der nach dem Zweiten Weltkrieg den größten europäischen Zeitungskonzern aufbaute. Im Januar 1977, als sich die meisten Deutschen mit der Teilung ihres Landes abgefunden hatten, prophezeite er: „Wenn wir nur wollen, wenn wir alles wagen, dann ist die Freiheit kein Märchen. In Deutschland nicht. In Polen nicht. In Ungarn, Rumänien, der Tschechoslowakei und den baltischen Staaten nicht. Und nicht in Russland." Im gleichen Jahr sagte er voraus: „Jenes von Marx entworfene Denkgebäude ist in toto … am Zusammenstürzen."[8]

Axel Springer war fest davon überzeugt, dass eines Tages der Kommunismus zusammenbrechen und Berlin und Deutschland wiedervereinigt würden. Schon im Jahr 1959, der Kalte Krieg zwischen Russland und den Westmächten spitzte sich immer mehr zu, legte er den Grundstein für eine Druckerei und ein Verlagsgebäude direkt an der Grenze zwischen dem Ost- und dem Westteil Berlins, genau an der Linie, an der zwei Jahre später die Mauer gebaut werden sollte. Im Mai jenes Jahres lief das Berlin-Ultimatum der Sowjetunion ab. Zwei Tage vor dem Ablauf dieses Ultimatums rief Springer an einem strahlenden Tag zu drei Hammerschlägen auf den Grundstein des Neubaus: „Einigkeit und Recht und Freiheit!" Auf die Frage, warum er ausgerechnet in Berlin sein Verlagsgebäude errichte, also in einer Stadt, an deren Zukunft viele Menschen nicht mehr glaubten, antwortete er: „Ich glaube an Deutschland mit der Hauptstadt Berlin. Aber ich glaube nicht nur an Deutschland, sondern ich will es eben auch. Und deshalb baue ich in Berlin."[9]

Viele Menschen lachten ihn aus, sie nannten Springer den „Brandenburger Tor". Während Ende der 60er-Jahre in der Bundesrepublik die Kapitalismuskritik populär wurde, stritt er für die Marktwirtschaft. Zu einer Zeit, als es als „reaktionär" galt, die DDR als Diktatur zu bezeichnen und von der Unterdrückung in den kommunistischen Staaten zu sprechen, als der Begriff „Antikommunist" gleichbedeutend war mit „rückschrittlich", da bezeichnete er sich stolz als Antikommunist und prangerte die Menschenrechtsverletzungen in der DDR an. Er ordnete an, dass in allen seinen Zeitungen die „DDR" nur in Anführungszeichen geschrieben werden dürfe, denn diese sei weder deutsch noch demokratisch noch eine Republik.

All dies brachte ihm den Hass der politischen Linken ein. „Es war die umfangreichste Hatz, die je gegen einen Einzelnen in Deutschland entfesselt wurde", berichtet Claus Jacobi in seiner Biografie über Springer. Nachdem ein politischer Wirrkopf am 11. April 1968 einen Anschlag auf den Führer der linken Studentenschaft, Rudi Dutschke, verübt hatte, eskalierte die Situation. Das Verlagshaus an der Kochstraße in Berlin wurde belagert und gewaltsam angegriffen. Der Hass der

Demonstranten kam in Parolen zum Ausdruck wie: „Riraro, Springer ist k.o.", „Haut dem Springer auf die Flossen, sonst wirst morgen Du erschossen", „Killt BILD", „Springer-Presse halt die Fresse".

Jahre später stand Springer auf der Todesliste linksextremer Terroristen und konnte sich nur noch unter Polizeischutz bewegen, zwei Bomben waren in seinem Verlagshaus explodiert, zwei Privathäuser des Verlegers wurden angezündet.

Wer war dieser Mann, der trotz aller Anfeindungen an seinen Grundüberzeugungen von der Überlegenheit der Markwirtschaft, an seiner scharfen Kritik des Sozialismus und des Kommunismus und am Glauben an die deutsche Wiedervereinigung festhielt? Springer wurde 1912 in Hamburg geboren. Nach dem Krieg bemühte er sich bei der britischen Besatzungsmacht um die Lizenz für eine Zeitung. In der Hoffnung, die Lizenz zu erhalten, hatte manch ein Bewerber ein wenig geflunkert und seine kritische Haltung zur Hitler-Diktatur überzeichnet. „Als eines Tages der von den Widerstandsbeteuerungen vorangegangener Lizenzbewerber schon etwas genervte Major Barnetson – später Lord Barnetson – süffisant fragte: ‚Und von wem wurden Sie verfolgt, Herr Springer?', da antwortete er: ‚Ooch, eigentlich nur von den Mädchen.'"[10] Das gefiel dem Engländer, und 1946/47 erhielt Springer die Lizenz für mehrere Zeitschriften.

Der Verlag residierte zunächst in einem ehemaligen Flakbunker auf dem Hamburger Heiligengeistfeld. Im Dezember 1946 wurde die erste Ausgabe der Fernsehzeitschrift *Hörzu* ausgeliefert, die schon bald eine Millionenauflage erzielte und zur größten Fernsehzeitschrift Europas werden sollte. Kurz darauf hatte Springer die Idee, eine Tageszeitung neuen Typs zu erfinden. Als seine Direktoren ihn fragten, ob er auch schon einen Namen für diese Zeitung habe, und er „Bild" antwortete, lachten sie ihn aus.

Bild sollte in den kommenden Jahren mit täglich vielen Millionen verkauften Exemplaren die auflagenstärkste Zeitung in Europa werden. *Bild* polarisierte die Menschen. Die Überschriften brachten manche zum Lachen, manche zur Verzweiflung, aber sie prägten sich ein und sorgten für Gesprächsstoff. Nach der ersten Mondlandung titelte *Bild*: „Der Mond ist jetzt ein Ami". Die *Bild*-Zeitung entfaltete eine enorme Macht. „Als die Post in den Parlamentsferien beschloss, die Telefongebühren um zwei Pfennige zu erhöhen, verlangte *Bild* in einer Schlagzeile: ‚Holt den Bundestag aus dem Urlaub!' Und so geschah es. Der Beschluss wurde gekippt."[11]

Die *Bild*-Zeitung, so schreibt Claus Jacobi, wurde „zu einem süchtig machenden täglichen Cocktail aus Sex, Politik und Sensationen, Facts und Fiction, Mord und Totschlag, Brutalität und Barmherzigkeit, Verbrechen und Verbrauchertipps." Eine legendäre vierspaltige Schlagzeile war ein Schrei, den die Ehefrau stets vor ihrem Höhepunkt ausstieß – bis ihr davon genervter Ehemann sich scheiden ließ: „... und jetzt gibt Mutti alles!"

Springer erwarb etwa drei Dutzend weitere Zeitungen und Zeitschriften, beteiligte sich am Fernsehsender SAT.1 und kaufte Buchverlage. „Kein einzelner Mann in Deutschland", urteilte sein Widersacher, der *Spiegel*-Herausgeber Rudolf Augstein, „hat vor Hitler und nach Hitler so viel Macht kumuliert, Bismarck und die beiden Kaiser ausgenommen."[12] Das war sicherlich übertrieben. Aber immerhin zählte ihn auch die britische *Sunday Times* Anfang der 70er-Jahre zu den 20 einflussreichsten Menschen der Welt.

Axel Springer polarisierte. Dass er Milliardär wurde, hatte er auch der Unabhängigkeit seines Denkens zu verdanken, und dass er unabhängig zu denken vermochte, verdankte er auch seiner finanziellen Freiheit. Seine Vision, dass der Kommunismus zusammenbrechen, die Marktwirtschaft weltweit über den Sozialismus triumphieren werde, Deutschland wiedervereinigt sei mit der Hauptstadt Berlin – die erlebte er allerdings nicht mehr selbst. Wenige Jahre bevor all das eintrat, was er immer wieder in Reden und Artikeln beschworen hatte, verstarb er.

Schade ist, dass auch nach dem Zusammenbruch des Kommunismus und dem Fall der Mauer viele Menschen nicht bereit waren, ihr negatives Bild von Springer zu korrigieren. In den Jahren, da ich selbst in verschiedenen Führungspositionen im Axel-Springer-Verlag arbeitete, wunderte ich mich, dass sich sogar viele Mitarbeiter schämten, in einem Verlag zu arbeiten, der den Namen Springers trug. Als ich – sozusagen als Protesthandlung – ein Bild des inzwischen toten Verlegers in meinem Büro aufhängte, lachten manche Kollegen hinter meinem Rücken.

Unabhängige Denker wie Noelle-Neumann oder Springer folgten einer inneren Mission. Sie waren nicht primär davon getrieben, viel Geld zu verdienen, sondern sie standen für bestimmte Werte, Haltungen, Meinungen oder Erkenntnisse, und was sie antrieb, war auch ein sehr ausgeprägtes Sendungsbewusstsein. Dies trifft auch auf den legendären Werbemann David Ogilvy zu, einen der beeindruckendsten Werbefachleute und Unternehmer des 20. Jahrhunderts.

Als Ogilvy im Jahr 1948 seine Agentur gründete, gab er folgenden „Tagesbefehl" heraus: „Agenturen sind so groß, wie sie es verdienen. Wir fangen klein an, aber wir werden diese Agentur noch vor 1960 zu einer großen gemacht haben."[13] Am nächsten Tag schrieb er eine Liste mit „Wunschkunden", die ambitionierter nicht hätte sein können.

Auf dieser Liste standen die damals führenden Unternehmen General Foods, Bristol Myers, Campbell Soup, Lever Brothers und Shell. Ogilvy erklärte später: „Gerade solche Kunden sich vorzunehmen war damals der reine Wahnsinn. Später waren alle fünf Kunden von Ogilvy, Benson & Mather."[14]

Der Anfang für eine neue Agentur ist schwer, weil man keine Referenzen, keine Erfolgsgeschichten und keinen Ruf hat. Anfangs, so Ogilvy, nahm er natürlich jeden Etat, der ihm angeboten wurde: eine Spielzeug-Schildkröte, eine Patent-Haarbürste, ein englisches Motorrad. „Aber dabei ließ ich meine Liste der fünf Traumkunden nie aus dem Auge und investierte den ganzen mageren Gewinn, den wir machten, in den Aufbau einer Organisation, die dann schließlich in der Lage sein musste, die Aufmerksamkeit dieser Kunden auf sich zu lenken."[15]

Ogilvy wollte jedoch mehr, als bloß eine große Agentur aufzubauen. Er hatte eine bestimmte Mission, wie gute Werbung auszusehen habe. Gute Werbung, so betonte er immer wieder, müsse vor allem eines: verkaufen. Das klingt wie eine Selbstverständlichkeit, aber Ogilvy musste immer stärker gegen ein anderes Konzept ankämpfen: Sogenannte „Kreative" sahen Werbung vor allem als Unterhaltung. Ob die Werbung wirklich dazu führte, dass mehr von einem Produkt verkauft wurde, war ihnen nicht so wichtig. Sie suchten nicht vor allem die Anerkennung der Konsumenten für ein Produkt, sondern die Anerkennung ihrer Kollegen in der Werbebranche.

In zahlreichen Vorträgen las er seinen Kollegen aus der Werbebranche die Leviten und kämpfte gegen den immer stärker werdenden Strom der „kreativen" Werbung. „Wenn Sie Ihr Werbebudget für die Unterhaltung Ihrer Kunden ausgeben, sind Sie ein großer Narr. Hausfrauen wechseln nicht ihr Waschmittel, bloß weil der Hersteller am Abend zuvor im Fernsehen einen Witz erzählt hat. Sie kaufen das Waschmittel, weil es ihnen einen Nutzen verspricht."[16]

Das vorrangige Ziel vieler Werbeschaffender, so Ogilvy, sei es, einen Preis für ihre Kreativität zu gewinnen. „Sie scheren sich keinen Deut darum, ob ihre Spots den Umsatz steigern, vorausgesetzt, sie sind unterhaltsam und werden mit einer Auszeichnung belohnt. Diese kreativen Unterhaltungskünstler haben der Werbebranche großen Schaden zugefügt."[17]

Schließlich verbot er seinen Mitarbeitern sogar, sich an Wettbewerben zu beteiligen, was in seiner Firma eine kleine Meuterei auslöste. Um ein Signal zu setzen, schrieb Ogilvy eine eigene Auszeichnung aus – für *Ergebnisse*. Der David-Ogilvy-Award wurde für diejenige Kampagne seines Unternehmens verliehen, die nachweislich entweder den Umsatz des Kunden vermehrt oder dessen Image gestärkt hatte. Schließlich konnte er jedoch das Verbot, sich an Wettbewerben zu beteiligen, nicht aufrechterhalten. Dennoch blieb er bei seiner Meinung, dass die meisten Kampagnen, die wirkliche Erfolge am Markt erzielten, nie einen Preis gewinnen würden, „ganz einfach deshalb, weil sie die Aufmerksamkeit nicht auf sich lenken".[18]

Der Leser einer Anzeige, so Ogilvys Mantra, solle nicht sagen: „Was für ein raffiniertes Inserat", sondern er sollte vielmehr sagen: „Das habe ich noch nicht gewusst. Ich sollte dieses Produkt wirklich ausprobieren."[19] Er wandte sich auch gegen die Meinung, Anzeigentexte müssten unbedingt kurz sein. Eine seiner erfolgreichsten Anzeigen, nämlich für Rolls-Royce, hatte 719 Wörter Text – „aber alles Tatsachen", wie er stolz hinzufügte. Die Überschrift lautete: „Bei 100 Stundenkilometern ist das lauteste Geräusch im neuen Rolls-Royce das Ticken der elektrischen Uhr." Bevor Ogilvy diese Anzeige entwarf, verbrachte er drei Wochen damit, sich von den Autobauern die Technik erklären zu lassen, und las alles, was jemals über Rolls-Royce geschrieben worden war. Ogilvy berichtet, dass aufgrund dieser Anzeige so viele Fahrzeuge verkauft worden seien, dass man es nicht wagte, sie nochmals zu schalten. „Die Fertigungskapazitäten unseres Kunden sind auf so einen Ansturm einfach nicht ausgelegt."[20]

Ogilvy zitierte einen Einzelhandelsexperten, der die Sache auf den Punkt brachte: „Je mehr Tatsachen Sie aufzählen, desto mehr werden Sie verkaufen. Die Erfolgschancen einer Anzeige steigen mit der Anzahl der über das Produkt aufgezählten Tatsachen."[21] Was den Konsumenten veranlasse, ein Produkt zu kaufen, sei nicht eine besonders ausgefallene oder witzige Form einer Anzeige. Es sei der Inhalt, der zähle, nicht die Form. „Ihr wichtigstes Problem besteht darin, zu entscheiden, was Sie über Ihr Produkt sagen wollen und welche Vorteile Sie versprechen wollen."[22] Beim Texten müsse man so tun, als würde man dem einzelnen Käufer von Angesicht zu Angesicht gegenüberstehen. Man solle nicht angeben oder versuchen, lustig, schlau oder verschroben zu sein. Man solle sich vor Wortspielen hüten, die nur Eingeweihte verstünden. Und man solle die Werbung an den Maßstäben eines Verkäufers messen, nicht an ihrem Unterhaltungswert.

Ogilvy vertrat seine Thesen mit dem Sendungsbewusstsein eines Missionars. Im Dezember 1996, zweieinhalb Jahre vor seinem Tod, schrieb der 85-Jährige im Vorwort zu seiner Autobiografie: „Es verblüfft mich, dass ich immer noch als Redner gefragt bin, denn ich sage nie etwas Neues. Ich rühre immer noch die Trommel für Werbung, die *verkauft*, und prangere immer noch diejenigen an, die glauben, dass

Werbung Unterhaltung ist. Ich werde die Überzeugung mit ins Grab nehmen, dass Werbekunden Ergebnisse sehen wollen und dass sich die Werbebranche sonst womöglich ihr eigenes Grab gräbt.“[23]

Ogilvy war seiner Zeit weit voraus, weil er vor allem an die Kraft des Direktmarketings glaubte, das heute in der Zeit des World Wide Web und der sozialen Netzwerke eine immer größere Rolle spielt. Die Direktwerbung war ihm deshalb so sympathisch, weil sich hier am einfachsten messen lässt, wie erfolgreich Werbung in dem von ihm definierten Sinne ist – ob sie also in der Lage ist, den Absatz eines Produktes nachweislich anzukurbeln. Ogilvy bestand deshalb darauf, dass jeder Mitarbeiter seiner Agentur ein Praktikum in Direktmarketing machte.

Ogilvy kämpfte mit seinen Überzeugungen gegen den Zeitgeist. Letztlich setzte er sich mit seinem Credo über die Werbung nicht durch, denn der Trend ging immer stärker zu genau dem, was er so entschieden bekämpft hatte. Das starke Einstehen für seine Überzeugungen, völlig unabhängig davon, ob diese nun dem „Zeitgeist“ entsprachen oder nicht, verband ihn mit vielen anderen erfolgreichen Menschen, die gerade deshalb Erfolg hatten und den Respekt ihrer Mitmenschen fanden, weil sie sich nicht opportunistisch an vorherrschende Modetrends anpassten.

Natürlich ist es andererseits auch kein gutes Rezept, einfach „aus Prinzip“ das Gegenteil dessen zu tun, was andere tun. Sonst wäre es ja beispielsweise auch sehr einfach, an der Börse sehr viel Geld zu verdienen. Neben einigen bekannten antizyklisch orientierten Investoren, die damit erfolgreich waren, gibt es viele andere, die mit einer solchen Strategie scheiterten. Ebenso, wie es dumm ist, eine Aktie nur deshalb zu kaufen, weil sie bereits erheblich gestiegen ist, so ist es auch dumm, eine Aktie allein deshalb zu kaufen, weil sie bereits erheblich gefallen ist. Der „alte“ Kurs kann kein Maßstab sein. Manche Anleger vergessen die banale Wahrheit, dass auch eine Aktie, die schon um 50 Prozent gefallen ist, von diesem Niveau aus um weitere 90 Prozent fallen kann.

Auch in anderen Bereichen des Lebens ist es kein Patentrezept, einfach „dagegenzuhalten“. Ein solches Denken und Verhalten wäre das Gegenteil vom unabhängigen Denken, von dem ich in diesem Kapitel gesprochen habe. Denn man richtet sich damit ja wiederum an der Mehrheit aus – nur eben mit umgekehrtem Vorzeichen.

Wer mit Sturheit an seinen Meinungen festhält, ohne diese immer wieder kritisch zu überprüfen, wird selten Erfolg haben. Unabhängiges Denken lebt gerade von der Fähigkeit zur Kritik, aber auch zur Selbstkritik. Wer sich in Widerspruch zu vorherrschenden Meinungen setzt, ohne dass er über diese Fähigkeit zur selbstkritischen Reflexion verfügt, kann im schlimmsten Fall ein verschrobener Außenseiter und Verlierer werden – also genau das Gegenteil von dem, worum es in diesem Buch geht. Bestimmt kennen Sie den Witz vom Geisterfahrer, der im Verkehrsfunk hört, auf der Autobahn könne einem ein Geisterfahrer entgegenkommen, und der dabei denkt: „Warum einer – es sind doch ganz viele?"

Die Kunst, die Sie beherrschen müssen, um größere Ziele zu erreichen, besteht darin, einerseits unabhängig zu denken und sich nicht von Mehrheitsmeinungen abhängig zu machen, andererseits jedoch immer wieder offen zu sein für andere, konträre Meinungen und Sichtweisen und bereit zu sein, eigene Irrtümer einzugestehen.

Kapitel 7

Konfliktfähigkeit

Außer Querulanten mag niemand Konflikte, und jeder vernünftige Mensch versucht, diese zu vermeiden. Denn Konflikte rauben Energie und Zeit – man sollte sich, bevor man sich auf einen Konflikt einlässt, genau überlegen, ob es sich lohnt. Doch diejenigen, die Konflikte um jeden Preis vermeiden, werden nichts bewegen und nichts verändern.

Insbesondere bei Managern kann man zwei Typen beobachten: den eher harmoniebedürftigen „Kuschel-Chef", dem es vor allem um Konsens geht und dessen oberstes Ziel ist, dass seine Mitarbeiter ihn lieben. Und dann den Manager, dem es vor allem um den Erfolg und um die Sache geht und der deshalb auch bereit ist, zur Not massive Konflikte in seinem Unternehmen in Kauf zu nehmen, wenn dies geboten erscheint, um notwendige Veränderungen zu bewirken und in der Sache voranzukommen.

Prototyp für den zweiten Managertyp ist Jack Welch, der in den Jahren 1981 bis 2001, als er mit General Electric (GE) eines der weltweit größten Unternehmen (Ende 2000 war GE mit einer Marktkapitalisierung von 475 Milliarden Dollar das wertvollste der Welt) führte, dessen Umsatz von 27 auf 130 Milliarden Dollar steigerte und den Jahresgewinn auf 12,7 Milliarden Dollar versiebenfachte. In der gleichen Zeit verringerte sich die Mitarbeiterzahl um 25 Prozent von 400.000 auf 300.000 Mitarbeiter. Jeder kann sich vorstellen, dass allein dies mit erheblichen Konflikten verbunden war. Welch wurde 1999 von dem Wirtschaftsmagazin *Fortune* zum „Manager des Jahrhunderts" gewählt. Und es lohnt sich, sich mit seinen Managementgrundsätzen zu befassen.

Eine der hervorstechendsten Eigenschaften von Welch war dessen ausgeprägte Konfliktfähigkeit. Dabei suchte er die Konflikte natürlich nicht um ihrer selbst willen, sondern weil er erkannt hatte, dass das gigantische, aber gänzlich verkrustete Unternehmen in seiner bisherigen Form nicht überlebensfähig sein würde. Er wusste, dass er einen entschiedenen Kampf gegen Interessengruppen, Vetternwirtschaft, Bürokratismus und Schlendrian in seinem Unternehmen aufnehmen musste, um es zukunftsfähig zu machen.

Als er CEO von GE geworden war, lud ihn ein interner Managementclub von GE ein, die Elfun Society. Als er dort seine erste Rede hielt, staunten die anwesenden Manager nicht schlecht, als er diese mit den Worten begann: „Ich danke Ihnen für die Einladung. Ich möchte ehrlich sein und Ihnen zunächst sagen, dass ich ernste Bedenken in Bezug auf Ihre Organisation hege."[1] Mit brutaler Offenheit erklärte er den anwesenden Managern, er halte ihren Verein für eine Einrichtung, die Managementmethoden von gestern anwende und mit der er sich keineswegs identifizieren könne. Als er seine Rede beendet hatte, herrschte fassungsloses Schweigen.

Noch mehr geschockt waren die Manager und Mitarbeiter, als Welch auf einem Schaubild drei Kreise malte, denen er die verschiedenen Unternehmensbereiche des internationalen Mischkonzerns zuordnete. Jeder Geschäftsbereich außerhalb dieser Kreise – und darunter waren viele mit großer Tradition und vielen Mitarbeitern – sollte restrukturiert, verkauft oder geschlossen werden. Dazu gehörten Bereiche wie kleine Haushaltsgeräte, Klimaanlagen, Fernsehgeräte, Audioprodukte und Halbleiter, bei denen Welch davon ausging, dass man auf Dauer der asiatischen Konkurrenz nicht gewachsen sein werde. Die Manager und Mitarbeiter, die zu diesen Bereichen gehörten, waren schockiert. Manch einer erklärte: „Lebe ich in einer Leprakolonie? Dafür bin ich nicht zu GE gekommen."[2] Allein in den ersten beiden Jahren verkaufte Welch 71 Unternehmensbereiche und Produktlinien, was zwar die Profitabilität des Unternehmens massiv steigerte, aber zu einer erheblichen Unruhe führte. Viele Manager hätten sich wahrscheinlich aus Angst vor dieser Unruhe gescheut, solche einschneidenden Maßnahmen durchzuführen.

Als Welch den Bereich der „kleinen Haushaltsgeräte" verkaufte, gab es zahllose Trauerbekundungen und jede Menge empörte Beschwerdebriefe erboster Mitarbeiter. „Hätte es damals schon E-Mail gegeben", so Welch, „so wären wohl sämtliche internen Server zusammengebrochen." Der Tenor der Briefe lautete: „Was für ein Mensch sind Sie? Wenn Sie das fertigbringen, sind Sie zu allem imstande!"[3]

Innerhalb von fünf Jahren entließ Welch 118.000 Mitarbeiter aus unprofitablen, nicht zukunftsfähigen Bereichen. „Aufruhr, Angst und Verwirrung hatten vom Unternehmen Besitz ergriffen", so Welch.[4] Welch versteckte sich nicht, sondern focht die Konflikte offen aus. Er begann, alle zwei Wochen Diskussionsrunden von etwa 25 Mitarbeitern abzuhalten. „Ich wollte die Regeln des Engagements ändern und von weniger Menschen mehr verlangen, und ich beharrte darauf, dass wir nur die besten Leute brauchten."[5]

Welch legte sich nicht nur mit den Managern und Mitarbeitern des eigenen Unternehmens an, sondern auch mit Gewerkschaftsführern, Bürgermeistern und Politikern, die ihn unter Druck setzen wollten. Als er den Gouverneur von Massachusetts besuchte, verlieh dieser seiner Hoffnung Ausdruck, dass GE hier mehr neue Arbeitsplätze schaffen werde. „Herr Gouverneur", entgegnete Welch, „ich muss Ihnen leider sagen, dass Lynn der letzte Ort der Erde ist, an dem ich neue Arbeitsplätze schaffen werde." Der Grund lag darin, dass die Stadt der einzige Standort des Unternehmens war, der die nationale Vereinbarung, die GE mit den Gewerkschaften geschlossen hatte, ablehnte. „Warum sollte ich an einem solchen Ort Arbeitsplätze schaffen und Geld investieren, wenn ich Fabriken an Orten bauen kann, wo die Leute sie wollen und sie verdienen?"[6]

Die Zeitschrift *Fortune* erklärte Welch schließlich zu einem der „zehn härtesten Bosse Amerikas". In dem Artikel erklärten Mitarbeiter, die nicht wollten, dass ihr Name genannt wird: „Für ihn zu arbeiten ist wie ein Krieg. Viele Leute bleiben auf der Strecke und die Überlebenden müssen in die nächste Schlacht ziehen." In dem Artikel hieß es, Welch attackiere die Menschen beinahe körperlich mit Fragen.[7] Doch ebenso sparte er nicht mit Lob für gute Leistungen, spornte hervorragende Mitarbeiter durch Anerkennung und Bonuszahlungen an.

Die Kritik, er sei „zu hart" gewesen, wies er zurück. In seiner Autobiografie erklärte er sogar: „Ich hätte nicht so viele Mitarbeiter mit mir herumschleppen müssen, die ihren Aufgaben nicht gewachsen sind. Rückblickend muss ich sagen, dass ich in all den Jahren vielfach zu vorsichtig war. Ich hätte die Strukturen früher zerschlagen und schwache Unternehmensbereiche rascher abstoßen müssen."[8]

Kompromisslos war Welch auch gegenüber Mitarbeitern, die gegen die Werte des Unternehmens verstießen, und zwar völlig gleichgültig, wie gut die Ergebnisse waren, die sie brachten. Er gab allen Managern den Ratschlag, solche Mitarbeiter nicht „heimlich" loszuwerden, etwa mit Ausflüchten wie: „Charles hat aus persönlichen Gründen gekündigt, um mehr Zeit mit seiner Familie verbringen zu können."[9] Stattdessen, so empfahl er Managern, solle man unumwunden öffentlich erklären, dass der Mitarbeiter gefeuert wurde, weil er gegen Werte des Unternehmens verstoßen habe. „Sie können sicher sein, dass sein Nachfolger sich ganz anders verhalten wird, ganz zu schweigen von all denen, die jemals an Ihrem Eintreten für die Werte gezweifelt haben sollten."[10]

Nörgelnde Mitarbeiter, die ständig darüber klagen, womit sie unzufrieden seien, was in der Firma falsch laufe und dass man sie nicht genügend anerkenne, waren Welch ebenfalls ein Gräuel. Chefs, die solche Mitarbeiter hätten, seien selbst schuld, weil sie eine falsche Anspruchshaltung geschaffen hätten. Die Mitarbeiter hätten nunmehr ein „ziemlich verqueres Bild von der Realität. Sie denken nämlich, *Sie* arbeiteten für *Ihre Mitarbeiter*". Den Soft-Managern hielt er entgegen: „Sie leiten ein Unternehmen, nicht das Sozialamt oder eine psychologische Beratungsstelle."[11] Er riet den Managern, die Unternehmenskultur rasch zu ändern, und forderte von ihnen Konfliktbereitschaft: „Zweifellos wird ein Aufschrei der Empörung durch die Flure hallen, während Sie Ihre Unternehmenskultur über Bord werfen. Es kann sogar sein, dass einige der Angestellten, die Sie persönlich mögen und deren Arbeit Sie schätzen, aus Protest das Unternehmen verlassen. Tragen Sie es mit Fassung und wünschen Sie den Leuten alles Gute für ihre weitere Zukunft."[12]

Vor allem predigte Welch immer wieder eine offene Kommunikationskultur mit einer klaren Sprache, damit jeder Mitarbeiter einschätzen könne, woran er sei und wie seine Leistungen bewertet würden. Ein Hauptfehler in vielen Unternehmen sei „die nur allzu menschliche Tendenz, brutale, dringliche Botschaften mit falscher Freundlichkeit oder vorgetäuschtem Optimismus zu verwässern".[13] Zu oft hielten sich Chefs bei ihren Beurteilungen von Mitarbeitern zurück und „informieren Minderleister nicht darüber, wie schlecht sie sind, bis sie sie dann in einem Anfall von Frustration feuern".[14] Viele Manager seien zu „lieb" oder zu „nett", um ihren Leuten, „und zwar vor allem den echten Versagern genau zu sagen, wo sie stehen".[15]

Der Grund liegt letztlich in der mangelnden Konfliktfähigkeit der Manager. Schließlich ist es einfacher, Konflikte zu vermeiden, als Konflikte auszufechten. Konflikte auszufechten kostet Nervenkraft und Zeit und birgt oft nicht unerhebliche Risiken, weil der Ausgang des Konfliktes offen ist.

Menschen spüren jedoch instinktiv, wenn ihr Gegenüber allzu harmoniebedürftig und konfliktscheu ist. Und sie bewerten dies zu Recht als Schwäche. Das Streben nach Harmonie ist gut, aber ein übertriebenes Harmoniebedürfnis resultiert meist aus Angst. Wer Angst hat, anzuecken, Widerspruch zu erfahren und sich unbeliebt zu machen, dem mangelt es häufig an Selbstvertrauen. Er traut sich nicht zu, als Gewinner aus einem Konflikt hervorzugehen. Deshalb meidet er ihn von vornherein – und hat damit bereits verloren. Menschen mit mangelndem Selbstbewusstsein, das oft mit Konfliktscheu verbunden ist, werden selten den Respekt ihrer Mitmenschen gewinnen. Wer sich selbst als schwach empfindet, wird erst recht von anderen so empfunden.

In gut funktionierenden Unternehmen werden solche Menschen keine Führungsverantwortung übertragen bekommen. Kaum jemand würde auf den Gedanken kommen, einem konfliktscheuen und allzu harmoniebedürftigen Mitarbeiter eine Führungsposition anzuvertrauen. Denn diese Führungskraft wird von ihren Mitarbeitern zwar vielleicht sehr gemocht, aber nicht respektiert. Und wie soll jemand, dessen oberstes Ziel es ist, von seinen Mitarbeitern geliebt zu werden, die Dinge durchsetzen, die getan werden müssen, und wie soll er die offenen und „unbequemen" Gespräche mit Mitarbeitern führen, deren Leistungen nicht stimmen?

Was sollen Sie tun, wenn Sie „von Natur aus" eher konfliktscheu sind? Dann müssen Sie erstens an sich arbeiten und zweitens brauchen Sie Manager, die diese Schwäche ausgleichen und die über die notwendige Konfliktbereitschaft verfügen. Bis zu einem gewissen Grade können sie Ihnen die – für Sie sehr unangenehme – Arbeit abnehmen.

Konfliktfähigkeit ist vor allem die Voraussetzung für Durchsetzungsfähigkeit. Über Arnold Schwarzenegger schreibt dessen Biograf: „Er will immer anders sein als alle anderen, will sich nie anpassen an die Welt, die ihn umgibt, und deswegen schafft er sich eine Umwelt, die sich an ihn anpasst, nicht umgekehrt."[16]

In klassischen Büchern über den Umgang mit Menschen, so wie etwa in Dale Carnegies *Wie man Freunde gewinnt*, wird ein anderer Akzent gesetzt. „Die einzige Möglichkeit, einen Streit zu gewinnen, ist, ihn zu vermeiden", heißt es im Resümee eines Kapitels, das die Überschrift trägt: „Beim Streiten kann man nur verlieren".[17] Als Resümee eines anderen Kapitels heißt es: „Machen Sie den andern nur indirekt auf seine Fehler aufmerksam."[18]

Carnegies Buch enthält viele sehr kluge Vorschläge, wie man andere Menschen kritisieren soll – und wie nicht. Viele Manager würden sehr viel bessere Ergebnisse erzielen, wenn sie Carnegies Vorschläge berücksichtigten. Warren Buffett entwickelte sogar ein individuelles Lernprogramm auf Basis der Philosophie von Carnegie – und wurde damit nicht nur einer der besten Investoren, sondern auch einer der besten Manager aller Zeiten. Aber von konfliktscheuen Menschen werden Carnegies Hinweise sehr einseitig interpretiert und als Ausrede dafür verwendet, Konflikte um jeden Preis zu meiden. Wir alle wissen, dass das in der Praxis nicht funktioniert.

Autorität genießt nur derjenige, von dem man weiß, dass er im Zweifelsfall auch bereit ist, Konflikte zu riskieren, um das durchzusetzen, was von der Sache her geboten und wichtig ist. Dies heißt nicht, dass das in einer lauten und sehr harten Art erfolgen soll oder muss, aber es heißt, dass es das oberste Ziel sein muss, legitime Ansprüche und Ziele durchzusetzen. Wenn dies auf „sanfte" Art möglich ist, umso besser. Jeder Manager weiß jedoch, dass es manchmal auch notwendig ist, Kritik deutlich zu artikulieren. Wer dazu nicht in der Lage ist, hat es schwer, sich durchzusetzen, Respekt zu erhalten und zu führen.

In der Managementliteratur wird oft ein unrealistisches Bild von Führungskräften gezeichnet. Sie halten sich stets mit Kritik zurück, werden nie laut, kritisieren die Mitarbeiter nie in Gegenwart von anderen usw. Sicherlich gibt es Unternehmer und Manager, die sich nach diesen Grundsätzen verhalten, aber es gibt sicherlich sehr viel mehr, die ganz anders sind, als es in Büchern und Seminaren gepredigt wird.

Eine Analyse erfolgreicher Unternehmer zeigt, dass die an sich positive Konfliktfähigkeit nicht selten auch eine negative Kehrseite hat, nämlich einen Umgang mit Mitarbeitern, den Sie sich nicht zum Vorbild nehmen sollten, weil er oft kontraproduktiv ist und dazu führen kann, dass Sie wertvolle Mitarbeiter demotivieren oder verlieren. Nehmen wir beispielsweise Bill Gates, einen der erfolgreichsten Unternehmer der Geschichte. Er ist in mancher Hinsicht das genaue Gegenteil dessen, was in der Managementliteratur propagiert wird. Gates war dafür bekannt, den Mitarbeitern (die oftmals bis spät in die Nacht arbeiteten) mitten in der Nacht Mails zu schicken, die beispielsweise so begannen: „Das ist aber das blödeste Stück Code, das mir je unter die Augen gekommen ist."[19] Die Mitarbeiter sprachen von „Flammenpost" – seine Botschaften waren „oft grob und sarkastisch".[20]

Schon vor der Gründung von Microsoft war er für seine Tobsuchtsanfälle bekannt, so heißt es in seiner Biografie. Als er noch mit dem Unternehmen MITS zusammenarbeitete, so erinnert sich dessen Chef, gab es ständig Szenen wie etwa diese: „Er kam in mein Büro und schrie aus Leibeskräften, dass ihm seine Software rechts und links nur geklaut und dass er selbst nie was dran verdienen würde und dass er keinen Finger mehr krumm machen würde, wenn ich ihm nicht ab sofort ein festes Gehalt zahlte."[21]

So wie viele Chefs war Gates sehr ungeduldig, und dies formulierte er oftmals so, dass es von anderen als verletzend empfunden werden musste. Ein ehemaliger Microsoft-Manager erinnert sich, dass Gates gleich während seiner ersten Woche zu ihm ins Büro gestürzt gekommen sei und ihn angeschrien habe: „Wie können Sie bloß so lange für diesen Vertrag brauchen? Machen Sie ihn endlich fertig!"[22] In Diskussionen, so berichten seine Biografen, „setzte er seine überlegene Intelligenz wie eine Schlagwaffe ein. Er konnte grob und sarkastisch, ja beleidigend sein, wenn er seine Meinung durchsetzen wollte ... Hatte er dann den Finger auf einen solchen wunden Punkt gelegt, ließ er es nicht dabei bewenden, sondern machte seinen Gesprächspartner verbal fertig."[23] Gates, so berichten sie, schaukelte oft in seinem Stuhl hin und her, starrte dabei ins Leere, als ob er mit seinen Gedanken woanders sei. „Dann plötzlich, wenn er etwas hörte, das ihm nicht passte oder das ihn ärgerte, hörte er auf zu schaukeln, setzte sich gerade hin und wurde sichtlich wütend, wobei er manchmal seinen Bleistift hinwarf. Um seinen Worten Nachdruck zu verleihen, schrie er und schlug mit der Faust auf den Tisch."[24]

Ein Produktmanager von Microsoft erinnert sich: „Er tyrannisierte die Leute. Wenn man einen Menschen mit seiner intellektuellen Überlegenheit plattmacht, hat man die Schlacht noch lange nicht gewonnen, aber das wusste er nicht."[25] Als ihm eine Führungskraft erklärte, er könne nicht gleichzeitig ein Projekt managen und den Code dafür schreiben, explodierte Gates, haute mit der Faust auf den Tisch und schrie aus Leibeskräften.[26]

Eine Mitarbeiterin berichtet, Gates habe ständig eine aggressive Grundhaltung gehabt. „Ich habe ihn immer erst mal schreien lassen, so lange er wollte, und wenn er dann aufhörte, haben wir geredet. Gelegentlich schickte er mir wütende E-Mails."[27] Schwer hatten es auch die Assistentinnen bei Bill Gates, er behandelte sie „oft mit verletzender Herablassung, wenn er sie nicht gerade anblaffte, was auf alle, die sich nicht an die bei Microsoft herrschende Streitkultur gewöhnt hatten, befremdlich wirkte". Eine Mitarbeiterin erinnert sich, alle wären „immer richtig erleichtert (gewesen), wenn Bill außerhalb zu tun hatte".[28]

Gates hatte einen eigenartigen Humor. Ein Besucher von Microsoft erinnert sich: „Wir verließen das Gebäude gegen acht Uhr abends, als auch ein Programmierer gerade ging. Er sagte: ‚Hey, Bill, ich bin zwölf Stunden hier gewesen.' Bill sah ihn an und sagte: ‚Aha, also wieder Halbtagsarbeit, was?' Es war komisch, aber man merkte, dass er es halb ernst meinte."[29]

Obwohl es also nicht immer einfach war, mit Gates auszukommen, schätzten es seine Mitarbeiter, dass man bei ihm stets wusste, woran man war. Ein Mitarbeiter berichtet: „Viele Leute sind mit ihren Jobs unzufrieden, weil sie kein Feedback kriegen. Da gab's bei Microsoft keine Probleme. Man wusste immer genau, was Bill von der Arbeit hielt, die man machte."[30]

Und selbstverständlich sind die Berichte über die cholerischen Ausbrüche von Gates nur die eine Seite der Medaille. Auf der anderen Seite verstand er es wie kaum ein anderer Unternehmer, seine Mitarbeiter für ein gemeinsames Ziel zu begeistern und zu motivieren. Kein

Mensch kann nur mit Druck Spitzenleistungen bei seinen Mitarbeitern erzeugen. Bill Gates, auch wenn er für seine oftmals aggressive Haltung bekannt war, verstand es ebenso sehr, Mitarbeiter anzuspornen, gab ihnen einen großen Freiraum zur Entwicklung ihrer Kreativität und erzeugte eine inspirierende Arbeitsatmosphäre, einen Pioniergeist und eine Aufbruchsstimmung bei Microsoft, die auf viele intelligente und ambitionierte junge Menschen äußerst anziehend wirkte.

Dieses scheinbare Paradox beobachten wir auch bei anderen Unternehmensführern. Über den 10 Milliarden Dollar schweren australischen Medienmogul Rubert Murdoch schreibt dessen Biograf, dieser sei „nicht darauf angewiesen, gemocht zu werden, ja anscheinend mag er es noch nicht einmal, wenn er gemocht wird".[31] Und dennoch gelang es ihm immer wieder, seine Mitarbeiter im Höchstmaß zu motivieren. „Gegenüber seinen Angestellten … kann er sich kalt, ungeduldig, rein geschäftsmäßig, sogar grausam verhalten. Und doch finden sie es spannend, für ihn zu arbeiten, und sie haben das Gefühl, es bei ihm zu etwas bringen zu können – und dies auch schon zu einer Zeit, in der er noch nicht viel getan hat, um ihn mit aufregenden Deals oder größeren Aufstiegsmöglichkeiten in Verbindung zu bringen."[32]

Ähnlich war es bei dem Apple-Gründer Steve Jobs, über den es in seiner Biografie heißt: „Auf der einen Seite fand man Steve nervtötend, frustrierend und unerträglich, doch auf der anderen Seite folgte man seiner Fanfare und tanzte bereitwillig, wenn nicht sogar freudig, nach seiner Pfeife."[33] Steve Jobs schätzte durchaus Menschen, die ihm widersprachen, jedoch, so betonen seine Biografen, nur „mit einer erheblichen Einschränkung: Dies traf nur auf Menschen zu, die er respektierte, die einen wirklichen Beitrag zu leisten hatten und die er in gewisser Weise als ebenbürtig betrachten konnte. Bei jedem anderen, der sich erdreistete, Steve zu widersprechen, kam mit größter Wahrscheinlichkeit die Zeit als Steves Mitarbeiter zu einem jähen Ende."[34]

Teilweise stellte Jobs ziemlich absurde Regeln auf, so durfte etwa niemand außer ihm an das Whiteboard schreiben. Als Alvy Ray Smith, einer der beiden Mitbegründer des Unternehmens Pixar, gegen diese Regel verstieß und einen Marker in die Hand nahm, um etwas an das Whiteboard zu schreiben, sei Jobs regelrecht explodiert: „Das darfst du nicht." „Sprachlos vor Verblüffung erlebte Alvy, wie Steve sich vorbeugte, bis sie fast mit den Nasen zusammenstießen, und ihn mit beleidigenden, erniedrigenden und verletzenden Worten beschimpfte." Daraufhin kündigte Smith. „Er hatte dem Unternehmen 15 Jahre seines Lebens gewidmet, aber es war ihm lieber, all das aufzugeben, als Steve Jobs noch länger in seinem Leben zu ertragen."[35] Dieses Beispiel zeigt, wie Persönlichkeiten wie Steve Jobs mit ihrem Verhalten sich selbst und ihrem Unternehmen in erheblichem Maße Schaden zufügen können.

Jobs umgab, so seine Biografen, eine „Aura der Furcht ... wie eine dunkle Wolke". „Niemand wollte aufgefordert werden, vor ihm eine Produktpräsentation durchzuführen, denn es war nur allzu gut möglich, dass er das Produkt von der Liste strich und den Zuständigen gleich mit dazu. Niemand wollte ihm auf dem Flur begegnen, denn womöglich gefiel ihm eine Antwort nicht, die man ihm gab, worauf er dann in so herablassender Weise konterte, dass man wochenlang um neues Selbstbewusstsein kämpfte. Und ganz sicher wollte niemand sich mit ihm im selben Fahrstuhl wiederfinden, denn noch ehe die Türen aufglitten, konnte man seinen Job los sein."[36] Doch um es noch einmal zu wiederholen: Das war natürlich – und glücklicherweise – nur die eine Seite der Medaille. Wer einmal die Reden und Auftritte des charismatischen Steve Jobs erlebt hat, der kann sich vorstellen, wie es ihm immer wieder gelang, eine inspirierende und herausfordernde Atmosphäre in seinem Unternehmen zu erzeugen, sodass die Mitarbeiter bereit waren, trotz der cholerischen Ausfälle ihr Bestes zu geben. Wenn Sie selbst jedoch nicht das Charisma eines Steve Jobs haben, dann sollten Sie vorsichtig sein und die Leidensfähigkeit Ihrer Mitarbeiter nicht auf die Probe stellen.

David Ogilvy, der große Werbemann, war ebenfalls nicht einfach im Umgang. Ogilvy, schreibt sein Biograf, „hatte keine Skrupel, seine Maßstäbe durchzusetzen". Einer seiner Texter berichtete: „Man brauchte schon ein dickes Fell, um aus Besprechungen mit Ogilvy lebend herauszukommen, außer man hatte seine Hausaufgaben gemacht und seine Strategie perfekt umgesetzt ... Er war sich nicht zu gut, den Schuldigen ins Visier zu nehmen und persönlich anzugreifen. Ebenso wie de Gaulle war er der Überzeugung, Lob müsse ein seltenes Gut bleiben, um diese Währung nicht zu entwerten."[37]

Wenn Ogilvy Texte seiner Mitarbeiter las, dann war das, „wie sich unter das Messer eines Chirurgen legen zu müssen, der mit schlafwandlerischer Sicherheit seine Hand auf die schmerzempfindlichste Stelle legt. Man spürte es fast körperlich, wenn Ogilvy seinen Finger auf das falsche Wort, die unpassende Wendung oder den unvollständigen Gedankengang legte."[38] Sein Bruder Francis, der die Agentur vor ihm leitete, war ähnlich wie David Ogilvy. „Wer am Montagmorgen in sein Büro kam, fand meistens eine Nachricht ‚von F.O.' auf seinem Schreibtisch vor: ‚Sie haben am ... Folgendes zugesagt. ... Nun machen Sie schon!' Oder: ‚Ich bat um ... Bitte erklären Sie mir, wo das bleibt.'"[39]

Mit dem milliardenschweren Investor George Soros zusammenzu-arbeiten, so berichten seine Mitarbeiter, war anstrengend, „weil man ständig das Gefühl hatte, hinterfragt und kritisiert zu werden". Er habe sich wie ein Oberlehrer aufgeführt, der mit einem seiner Schüler spricht und sagt: „Du hast wohl nicht verstanden, wie ich das vorhin gemeint habe." Soros' Biograf berichtet: „Er verlor schnell die Beherrschung. Er konnte einen derart durchdringend anblicken, dass man das Gefühl hatte, als schaue man direkt in einen Laserstrahl … Er wollte seine Partner immer um sich herum haben, glaubte aber stets, dass sie Fehler machen würden; er duldete sie nur, fast so, als wären sie unbedeuten-de, ihm unterlegene Wesen."[40] Da Soros von seiner außergewöhnlichen intellektuellen Kapazität überzeugt war, sei es ihm schwergefallen, „sich mit Menschen abzugeben, die er für weniger begabt hielt".[41]

Ray Kroc, der Mann, der McDonald's groß machte, wird als „wohl-wollender Diktator" beschrieben, der sich gelegentlich in der „Rolle des Autokraten" gefallen habe. Er hatte sehr genaue Vorstellungen, wie seine Mitarbeiter sich zu pflegen und auszusehen hatten. Er hasste schmutzige oder abgekaute Fingernägel, zerknitterte Anzüge, kurzär-melige Hemden oder unordentliche Haare ebenso wie Mitarbeiter, die Kaugummi kauten, Pfeife rauchten, Comics lasen oder weiße Socken trugen.[42] Kroc war der Meinung, dass ein „ansprechendes Erschei-nungsbild etwas über den Charakter eines Menschen aussagt".[43] „Er verlangte sogar von seinen Angestellten, dass sie ihre Autos regelmäßig putzten."[44] Manchmal befahl er seinen Managern, die Nasenhaare zu kürzen oder die Zähne zu putzen.

Verstieß jemand gegen diesen strengen Verhaltenskodex, wurde er gefeuert. Als ihm ein Mitarbeiter am Flughafen mit Cowboystiefeln gegenübertrat und ihn in einem schmutzigen Cabriolet abholte, wur-de er fristlos gekündigt. Manchmal hätte Kroc am liebsten allen seinen Managern gekündigt, aber sein Ärger war oft ebenso schnell wieder verflogen.

Eines Morgens kam er in das Büro eines Managers, der am Abend zuvor von ihm entlassen worden war, was er jedoch schon wieder ver-gessen hatte. Kroc sah, dass der Manager gerade seinen Schreibtisch räumte, und fragte ihn: „Was machen Sie denn da?" Als dieser ihn er-innerte, dass Kroc ihn am Vorabend gefeuert hatte, sagte er ihm, er solle seine Sachen wieder zurücklegen und mit der Arbeit beginnen.[45] „Tatsächlich traten die meisten seiner Entscheidungen nicht in Kraft, weil diejenigen, die sie in die Praxis umsetzen sollten, sich darüber im Klaren waren, dass Kroc nur ‚Dampf abgelassen' hatte."[46] Kroc sei zwar „cholerisch" gewesen und „ging leicht in die Luft", aber er war besseren Argumenten durchaus zugänglich und gab leicht zu, wenn er einen Fehler gemacht hatte.[47]

Auch Dr. August Oetker, der Gründer des Oetker-Konzerns, legte größten Wert auf Sauberkeit und Ordnung und wurde cholerisch, wenn jemand dagegen verstieß. Eine Mitarbeiterin erinnert sich: „Eines Tages hatte sich in einem Raum eine Matte verschoben und man konnte sehen, dass es nicht ganz sauber darunter war. Das entdeckte auch der Doktor – und schon brach ein fürchterliches Donnerwetter los, wobei er die stärksten Ausdrücke gebrauchte." Ein Handwerker, der sich mit Schuhen auf die Marmorbank gestellt hatte, wurde von Oetker eigenhändig hinausgeworfen.[48]

Natürlich waren all diese Unternehmer nicht erfolgreich, *weil* sie sich so verhielten, aber sie waren immerhin erfolgreich, *obwohl* sie sich so verhielten. Die grundsätzlich sehr positiv zu bewertende Konfliktfähigkeit eines Unternehmers hat eben nicht selten auch eine problematische Kehrseite. Ich möchte ausdrücklich darauf hinweisen, dass das, was genialen Unternehmerpersönlichkeiten wie Gates oder Jobs vielleicht verziehen wird, bei Managern von Unternehmen in der Regel dazu führen wird, dass sie nicht in der Unternehmenshierarchie aufsteigen werden. Die Wahrscheinlichkeit, dass ein Manager, der sich gegenüber seinen Mitarbeitern so verhält wie Gates oder Jobs, dennoch Karriere macht, ist eher gering, weil diejenigen, die über seine Beförderung zu entscheiden haben, ihn als „schwierige" Persönlichkeit sehen werden, welche nicht in der Lage ist, mit den Mitarbeitern zurechtzukommen.

Männer wie Soros, Jobs oder Gates sind nicht darauf angewiesen, wie sie von ihren Chefs gesehen werden, weil sie keinen Chef haben. Doch selbst bei Steve Jobs hat sein Führungsstil entscheidend dazu beigetragen, dass er für viele Jahre sein eigenes Unternehmen verlassen musste. Davor werden Unternehmer in der Regel nur deshalb bewahrt, weil ihnen eben das Unternehmen gehört und niemand sie entlassen kann.

Viele der hier vorgestellten Unternehmer waren schon in ihrer Kindheit und Jugend eher „schwierige" Menschen, denen es nicht gelang, sich in bestehende Strukturen einzuordnen, und die vor allem nicht bereit waren, neben sich irgendwelche anderen Autoritäten zu dulden. Das war vielleicht einer der entscheidenden Gründe, warum sie sich später entschlossen, Unternehmer zu werden.

Bevor ich mich mit dem Leben erfolgreicher Persönlichkeiten beschäftigte, wunderte ich mich manchmal, dass ich es im Leben später doch zu etwas gebracht hatte, obwohl ich der mit Abstand schwierigste Schüler an meiner Schule war. Man muss sich vorstellen, dass das die

„Nach-68er-Zeit" in Deutschland war, als aus der Studentenbewegung viele linke Gruppen hervorgegangen waren. Ich selbst hatte 1970 im Alter von 13 Jahren an meiner Schule in Frankfurt eine „Rote Zelle" gegründet.

Als meine Eltern nach Darmstadt umzogen und ich auf ein traditionelles Gymnasium wechselte, war der Schock so groß, dass ich mich nach zwei Tagen gleich wieder von dieser Schule abmeldete. Denn zuvor in Frankfurt hatte ich eine Gesamtschule mit einem überwiegend sehr „linken" Lehrerkollegium besucht, in dem beispielsweise statt Geschichte „Gesellschaftslehre" mit einem betont „kritischen" Tenor unterrichtet wurde. Ich wechselte zu einem anderen Gymnasium, doch schon nach zwei Monaten legte mir hier der Direktor nahe, die Schule zu verlassen. Wenn ich es nicht freiwillig täte, würde ich gezwungen zu gehen. Ich hatte mich in kurzer Zeit mit den Lehrern und dem Direktor angelegt, weil ich eine Schülerzeitung, die ich schon in Frankfurt herausgegeben hatte (sie hieß *Rotes Banner*), auch an dieser Schule verteilte. Die maoistische Zeitung enthielt nicht nur radikale linke Artikel, sondern vor allem auch solche, in denen namentlich Lehrer und ihre Unterrichtsmethoden scharf angegriffen wurden. An der dritten Schule, auf die ich dann wechselte, wurde ich zwar nicht gefeuert, hatte aber ständig Probleme mit den Lehrern. Damals gab es noch Noten für „Betragen". Die meisten Mädchen in unserer Klasse hatten eine Eins in „Betragen", die meisten Jungen eine Zwei. Die Jungen mit einem sehr schlechten Betragen hatten eine Drei, ich selbst hatte als einziger die Note Fünf (die Notenskala in Betragen reichte nur von eins bis fünf). An dieser Schule wurden sogar vier sogenannte Klassenkonferenzen gegen mich einberufen, bei denen in Gegenwart der Direktorin und aller Lehrer über Disziplinarmaßnahmen verhandelt wurde. Zum Glück lernte ich rasch, wie man die Lehrer gegeneinander ausspielen konnte, ich prangerte bei den Konferenzen Regelverstöße von Lehrern an und legte schwelende Konflikte zwischen den Lehrern offen, sodass diese sich künftig nicht mehr trauten, solche Klassenkonferenzen gegen mich zu beantragen. Einmal gelang es mir, eine Klassenkonferenz, die gegen mich anberaumt wurde, so „umzufunktionalisieren", dass es schon nach 20 Minuten nicht mehr gegen mich ging, sondern die Lehrer untereinander in heftigen Streit über ihre Unterrichtsmethoden gerieten.

Und zum Glück gelang es mir auch irgendwie, die Direktorin der Schule, die als besonders „fortschrittlich" galt, auf meine Seite zu ziehen. Sie setzte es später auch durch, dass ich, nachdem ich die Schule ein Jahr vor dem Abitur freiwillig für ein Jahr verlassen hatte, entgegen dem Votum des Lehrerkollegiums wieder aufgenommen wurde und so doch noch mein Abitur machen konnte. Mehrere Lehrer hatten kategorisch erklärt, sie würden sich weigern, Klassen oder Kurse zu unterrichten, die ich besuchte.

Viele später erfolgreiche Menschen, die Sie in diesem Buch kennenlernen, berichten von harten Konflikten mit ihren Vätern und mit ihren Lehrern – so etwa Warren Buffett, Steve Jobs, Ted Turner, Arnold Schwarzenegger, Prinz Alwaleed oder Boris Becker. Sie alle lernten bereits in ihrer Kindheit und Jugend, sich in harten Auseinandersetzungen mit starken Autoritätspersonen durchzusetzen – eine Fähigkeit, die ihnen in ihrem späteren Leben sehr zugute kam.

Der Tennisstar Boris Becker berichtet: „Ich habe über die Jahre oft mit meinem Vater gestritten. Häufig fiel dann monatelang kein Wort zwischen uns. Er hatte sich Rechte angemaßt, die ihm, wie ich fand, auch als Vater nicht zustanden."[49] Einmal sprach Beckers Vater mit dem Fernsehen eine Jubelfeier in seinem Heimatort Leimen ab, obwohl Boris ihm gesagt hatte, dass er das nicht wollte. Er musste dann mitmachen, damit sein Vater nicht das Gesicht verlor. Nach der ersten Feier dieser Art warnte er seinen Vater: „Papa, das war schön und gut, aber bitte nicht noch mal."[50]

Nachdem Boris 1986 das zweite Mal in Wimbledon gesiegt hatte, arrangierte sein Vater dennoch wieder eine Jubelfeier, ohne seinen Sohn vorher zu fragen. Boris forderte seinen Vater auf, die Feier abzusagen. „Zu spät", behauptete der Vater. „Wie kannst du so etwas machen? Du respektierst mich nicht!", erwiderte Boris. Er war nach Leimen zurückgekommen, um dort seine Ruhe zu haben und nicht noch mal der Presse erklären zu müssen, was dieser Sieg für ihn bedeute. „Schluss: Ich werde nach diesem Tag ein halbes Jahr nicht mehr mit dir reden."[51] Sein Vater glaubte das nicht, aber Boris hielt das Schweigen sechs Monate konsequent durch.

Die Tante des legendären arabischen Milliardärs Prinz Alwaleed erinnert sich an die Kindheit des Prinzen: „Die Scheidung zwischen seiner Mutter und seinem Vater hat ihn zum Rebellen gemacht. Er hat sich mehr als einmal auf die Seite seiner Mutter gestellt und das machte ihn gewissermaßen zum Ausgestoßenen."[52]

Alwaleed schwänzte im Alter von 13 Jahren ständig die Schule, sodass er regelmäßig zum Schulbesuch gezwungen werden musste. „Schließlich", so schreibt Riz Khan in seiner Biografie über den Prinzen, „kam es so weit, dass sein Vater intervenierte. Der junge Prinz wurde nach Saudi-Arabien geschleppt, wo er die Abdul-Aziz-Militärakademie in der Hoffnung besuchen sollte, dass man ihm dort etwas Disziplin beibringen würde ... Er wurde zur Disziplinierung dorthin geschickt, was allen seinen rebellischen Instinkten widerstrebte."[53] Es bestehe kein Zweifel, dass Alwaleed „in seinen jungen Jahren anders und gewissermaßen schwierig war".[54]

Die richtigen Probleme begannen für ihn allerdings, als er einen Lehrer schlug, bis dieser blutete. Er war dabei erwischt worden, wie er während einer Prüfung auf das Blatt eines Mitschülers schielte. Der Lehrer sagte ihm, er bekomme eine Sechs, und forderte ihn auf, den Klassenraum zu verlassen. Er erwiderte, er habe nicht geschummelt, und erinnerte den Lehrer daran, dass er der Enkel von König Abdulaziz und von Riad El Solh, dem ersten libanesischen Premierminister, sei. Der Lehrer sagte daraufhin so etwas wie: „Zur Hölle mit deinen beschissenen Großvätern." Prinz Alwaleed stand auf und sagte: „Bevor ich gehe, habe ich hier noch eine Botschaft von meinen Großvätern an Sie."[55] Darauf versetzte er dem Lehrer einen derart harten Schlag, dass dieser einen schweren Bluterguss bekam. Da Alwaleed schon zuvor sehr rebellisch gewesen war, reichte es jetzt seinen Lehrern. Der Schulleiter, obwohl ein Freund der Familie, hatte keine andere Wahl, als ihn der Schule zu verweisen.

Auch Steve Jobs war als Jugendlicher ein Rebell und suchte die Konfrontation mit Eltern und Lehrern. Wegen schlechten Benehmens und Aufsässigkeit gegen seine Lehrer wurde er wiederholt von der Schule ausgeschlossen. Er weigerte sich, Hausaufgaben zu machen – dies sei reine Zeitverschwendung. „Ich habe mich in der Schule ziemlich gelangweilt und mich daher zu einem kleinen Monster entwickelt", bekennt Steve Jobs. Er war Anführer einer Gruppe, die Bomben hochgehen ließ und Schlangen im Klassenzimmer aussetzte. „Wir haben im Grunde jeden Lehrer geschafft."[56]

Seine Eltern verzweifelten zunehmend. Er sagte schließlich, er weigere sich künftig, in die Schule zu gehen. Daraufhin zogen sie um. „Bereits im Alter von elf Jahren", so heißt es in seiner Biografie, „vermochte Steve also bereits genug Willensstärke an den Tag zu legen, um seine Eltern von einem Wohnungswechsel zu überzeugen. Die für ihn so typische Intensität, die Unbeirrbarkeit, die er aufbringen konnte, um sich jedes Hindernis aus dem Weg zu räumen, war bereits damals nicht zu übersehen."[57]

Mit 16 Jahren trug Jobs seine Haare schulterlang, nahm Drogen und ging kaum noch in die Schule. Schließlich fasste er den Entschluss, auf das Reed College in Portland, Oregon, zu wechseln, das erste liberale kunstorientierte College im nordwestlichen Pazifikraum. Seine Eltern waren geschockt – vor allem von dem hohen Preis, den sie eigentlich nicht zahlen konnten, und von der weiten Entfernung von zu Hause.

Seine Mutter berichtet: „Steve erklärte, Reed sei das einzige College, auf das er gehen wolle. Und wenn er da nicht hingehen könne, dann würde er nirgendwo hingehen."[58]

Die Eltern gingen an ihre Ersparnisse und schickten ihn auf das College. Der Dekan erinnert sich: „Mit platten Aussagen kam man bei ihm nicht davon. Von vornherein festgelegte Wahrheiten weigerte er sich zu akzeptieren."[59] Schließlich schmiss er auch auf dem Reed College das Studium, es gelang ihm jedoch, auf Kosten des Colleges weiter dort zu leben.

So wie Jobs wurde auch Larry Ellison, Begründer der Firma Oracle und heute einer der reichsten Milliardäre der Vereinigten Staaten, als Kind adoptiert. Mit seinem Vater hatte er ständig Konflikte. „Offensichtlich war das Einzige, was Ellison und seinen Vater miteinander verband, die Tatsache, dass sie immer verschiedener Meinung waren", heißt es in seiner Biografie.[60] Laut Ellison war sein Vater ein extremer Konformist. „Mein Vater war nicht sehr rational. Mein Vater glaubte, dass das, was die Regierung sagte, immer richtig sei. Und wenn die Polizei jemanden verhaftete, dann war derjenige immer schuldig."[61] Auch die Lehrer hatten nach Meinung seines Vaters immer recht.

Nicht nur Ellison hatte wenig Respekt vor seinem Vater, auch sein Vater hatte wenig Hoffnung für seinen Adoptivsohn. Immer wieder sagte er ihm, dass er es im Leben bestimmt zu nichts bringen werde. Für Ellison war das jedoch nichts anderes als eine großartige Motivation. Er wollte seinem Vater beweisen, dass dieser unrecht hatte. Auch Ellisons Freunde spürten die großen Spannungen, die er mit seinem Vater hatte. „Er hasste seinen Vater. Er hatte kein besonders schönes Familienleben", so ein Freund von Larry.[62]

Die Konflikte mit seinem Vater setzten sich in der Schule mit den Lehrern fort. Ellison war nicht bereit, Dinge zu lernen, deren Sinn ihm selbst nicht einleuchtete. Er sabotierte alles, was ihm gegen den Strich ging. Und da sich diese Einstellung auch nach dem Ende der Schule in den Firmen fortsetzte, in denen er arbeitete, sah er schließlich ein, dass der einzige Weg für ihn war, seine eigene Firma zu gründen, in der er selbst bestimmen konnte, was richtig und was falsch sei.

Bill Gates hatte in der Schule sehr gute Noten, besonders in Mathematik, aber auf der anderen Seite galt er als „provokant und streitsüchtig" gegenüber seinen Lehrern. Typisch dafür war eine Auseinandersetzung, die er in der zehnten Klasse mit seinem Physiklehrer hatte. „Die beiden standen vorne auf dem Podest, wo die Experimente vorgeführt wurden. Gates überschrie den Lehrer, fuchtelte ihm mit dem Finger vor der Nase herum und versicherte ihm, dass er ganz und gar unrecht hätte."[63] In der Biografie über Gates wird berichtet: „Mit Leuten, die nicht so schnell von Begriff waren wie er selbst, konnte Gates sehr ungeduldig sein, und das galt auch für Lehrer."[64]

Bill Gates hatte ein besseres Verhältnis zu seinen Eltern als die meisten anderen später erfolgreichen Menschen. Doch konfliktfrei war es keineswegs. Zu einem schweren Konflikt mit den Eltern kam es, als er sich entschloss, sein Studium in Harvard abzubrechen. Gates sagte, er sei nach Harvard gekommen, weil er gehofft hatte, hier Leute zu treffen, die ihm intellektuell überlegen waren, doch die fand er auch an dieser renommierten Eliteuniversität nicht. Eines Tages erklärte er seinen Eltern, dass er seine eigene Firma gründen wolle, und zwar in Albuquerque, New Mexico.

Die Eltern taten alles, um ihren Sohn von dieser aus ihrer Sicht fatalen Fehlentscheidung abzubringen. Sie baten einen guten Bekannten, der großes Ansehen als erfolgreicher Geschäftsmann genoss, sich mit ihrem Sohn zu treffen, um ihn von seiner absurden Idee abzubringen. Gates erzählte ihm von seinen Plänen und von der bevorstehenden Personalcomputer-Revolution. Eines Tages, so Gates, werde jeder Mensch seinen eigenen PC besitzen. Der Bekannte, der von den Eltern eigentlich gebeten worden war, Bill von seinem Vorhaben abzubringen, bestärkte ihn stattdessen darin.[65] Seine Eltern waren schockiert, als ihr Sohn schließlich doch die Universität verließ – um die Firma Microsoft zu gründen, mit der er schließlich der reichste Mann der Welt wurde.

Schwere Konflikte mit dem Vater und den Lehrern sowie mehrmalige Verweise von der Schule beziehungsweise der Uni zeichneten die Jugend von Ted Turner aus, dem Mann, der den Nachrichtensender CNN erfand, der heute als Medienunternehmer mehrfacher Milliardär und der größte Grundbesitzer der Vereinigten Staaten ist. Seine Eltern meldeten ihn in McCallie an, einer exklusiven Jungenschule in Chattanooga, Tennessee, eine der strengsten Internatsschulen des Südens. Turner selbst berichtet über seine Zeit an dieser Schule: „Ich tat alles, was ich konnte, um gegen das System zu rebellieren. Stets hatte ich Tiere und solche Sachen in meinem Zimmer, geriet dauernd in Schwierigkeiten und musste anschließend meine Strafe wie ein Mann hinnehmen." Er habe sogar das Internat dazu gebracht, das gesamte Disziplinarsystem zu überdenken. „Ich hatte mehr Strafpunkte als jeder andere in der Schulgeschichte. Für jeden Punkt musste man eine Viertelmeile marschieren. Man hatte am Wochenende nur eine begrenzte Zeit zum Marschieren, und was man nicht schaffte, wurde aufs nächste Wochenende übertragen." Turner hatte jedoch bereits in seinem ersten Jahr am Internat über 1000 Strafpunkte gesammelt, was mehr Meilen entsprach, als man marschieren konnte. „Folglich mussten sie ein neues System entwickeln, in dem man nicht unendlich viele Strafpunkte bekommen konnte."[66]

Später, als Turner an der Brown University in Providence studierte, setzten sich die Konflikte fort. Wegen wiederholten Randalierens, lauten Verhaltens auf dem Campus und zahlreicher Regelverletzungen wurde er zunächst suspendiert. Nachdem er sein Studium wieder aufgenommen hatte, änderte sich das Verhalten jedoch nicht. Als er mit einem Mädchen im Schlafraum erwischt wurde – ein Regelverstoß, dessentwegen zuvor schon 21 andere Studenten suspendiert worden waren –, flog er endgültig von der Uni.

Damit hatte sich dann auch ein schwerer Streit mit seinem Vater „erledigt", bei dem es um den Studienwunsch seines Sohnes gegangen war. In einem Brief an Ted schrieb dessen Vater: „Mein lieber Sohn, ich bin entgeistert, ja entsetzt, dass du Klassische Philologie als Hauptfach gewählt hast. Auf dem Heimweg hätte ich heute sogar beinahe gekotzt … Deine Fächer bringen dich in eine Interessengemeinschaft von ein paar isolierten, unpraktischen Träumern und einer kleinen Gruppe von Collegeprofessoren."[67] Sein Brief endete mit der Warnung: „Ich glaube, du wirst ganz rasch ein Esel, und ich halte es für das Beste, dass du möglichst bald aus dieser muffigen Atmosphäre rauskommst."[68] Turners Rache: Er sorgte dafür, dass der Brief seines Vaters wörtlich im redaktionellen Teil des *Daily Herald* abgedruckt wurde. Obwohl dies anonym geschah, war sein Vater außer sich und tobte regelrecht.

Auch Warren Buffett hatte in seiner Jugend erhebliche Auseinandersetzungen mit den Eltern, mit den Lehrern – und geriet sogar mit der Polizei in Konflikt. Buffett selbst bezeichnet sein Verhalten im Rückblick als „asozial": „Ich gab mich mit schlechten Menschen ab und tat Dinge, die ich nicht hätte tun sollen. Ich rebellierte einfach. Ich war unglücklich."[69]

Seine Eltern waren bestürzt über Warrens Verhalten. Ende 1944 war er, so schreibt seine Biografin, „zum schlimmsten Delinquenten seiner Schule geworden".[70] Er hatte nicht nur schlechte Noten, sondern er war so schwierig, dass sich die Lehrer nicht mehr anders zu helfen wussten, als ihn allein in ein Zimmer zu setzen und ihm den Lehrstoff unter der Tür durchzuschieben. „Ich war ein echter Rebell … Ich stellte sämtliche Rekorde in unangemessenem Verhalten auf", erinnert sich Buffett.[71]

Am Tag der Abschlussfeier mussten die Schüler mit Anzug und Krawatte erscheinen, Buffett weigerte sich. „Sie ließen mich nicht gemeinsam mit meiner Klasse an der Zeugnisverleihung teilnehmen, weil ich so ein Störenfried war und nicht die angemessene Kleidung tragen wollte."[72]

„Rebellion" und der Mut, anders zu sein, waren auch das Leitmotiv des Lebens der französischen Modeschöpferin Coco Chanel. In ihrer Autobiografie schreibt sie: „Schon als Kind war ich ein Rebell, in der Liebe ein Rebell, ein Rebell auch in der Modebranche – ein echter Luzifer."[73] Ihr Stolz sei es gewesen, der sie zum Rebell gemacht habe. Dieser Stolz, so Chanel, „erklärt mein störrisches Naturell, mein zigeunerhaftes Bedürfnis nach Unabhängigkeit ... Er ist aber auch das Geheimnis meiner Kraft und meines Erfolges."[74]

Ihre Philosophie: „Auflehnung macht aus einem Kind einen Menschen, der gegen alles gewappnet und sehr stark ist.[75] „Unterordnen kann ich mich nicht", so Chanel,[76] „ich bin eben – wie so oft behauptet – eine Anarchistin."[77] In der Tat scheint es so zu sein, dass sich die Durchsetzungskraft eines Menschen oftmals gerade in den Konflikten entwickelt, die er in seiner Kindheit und Jugend durchzumachen hat. Die Auflehnung und Rebellion gegen die Autorität stärken das Gefühl der eigenen Unabhängigkeit und das Selbstbewusstsein, das eine wichtige Voraussetzung für den späteren Erfolg ist. Das Leben von Chanel ist ein Beispiel dafür.

In dem Zeugnis von David Ogilvy stand, er habe zwar einen ausgesprochen eigenständigen Verstand und könne sich gut in seiner Muttersprache ausdrücken. „Er neigt jedoch dazu, sich mit seinen Lehrern anzulegen, und versucht, sie davon zu überzeugen, dass er recht habe und in den Büchern Falsches stehe; vermutlich nur ein weiteres Zeichen seines unabhängigen Geistes. Dennoch würden Sie als Eltern gut daran tun, ihn dabei zu unterstützen, sich diese Eigenheit abzugewöhnen."[78] Als Ogilvy berühmt war, hielt er zum Gründungsjubiläum seiner ehemaligen Schule einen Vortrag, in dem er gestand: „Ich verabscheute die Spießer, die den Ton angaben. Ich war ein unversöhnlicher Rebell – ein Außenseiter ... Es gibt keinen Zusammenhang zwischen Erfolg in der Schule und Erfolg im Leben!"[79]

Wahrscheinlich fühlten sich viele der hier vorgestellten Persönlichkeiten, Männer wie Warren Buffett, Bill Gates oder Steve Jobs, ihren Lehrern intellektuell weit überlegen – und waren dies ja auch tatsächlich. Garri Kasparow, der erfolgreichste Schachspieler aller Zeiten, erinnert sich an seine Schulzeit: Seine Lehrerin rief zu Hause bei den Eltern an und beschwerte sich, dass er ihre Aussagen im Unterricht anzweifelte, was ja im sowjetischen Schulsystem absolut unüblich war. Die Lehrerin forderte Kasparow auf, dies künftig bleiben zu lassen, weil es sonst ja so aussehe, als hielte er sich für schlauer als alle anderen. Kasparow erwiderte daraufhin nur: „Aber bin ich das denn nicht?"[80]

Auch der britische Milliardär Richard Branson hatte Schwierigkeiten in der Schule, aber das lag eher daran, dass er Legastheniker war. Anders als die meisten der später erfolgreichen Menschen hatte er in seiner Kindheit und Jugend ein gutes Verhältnis zu seinen Eltern, die ihn in jeder Weise unterstützten. Aber die Erziehung, die er genoss, unterschied sich grundlegend von den üblichen Erziehungsmethoden, weil seine Eltern alles taten, um ihn auf die Herausforderungen des Lebens vorzubereiten. Seine Mutter wiederholte ständig Dinge wie „Der Gewinner sackt alles ein" oder „Verfolge deine Träume". Und sie zwang ihn schon als Kind immer wieder, besondere Herausforderungen zu bewältigen, um damit sein Selbstvertrauen zu stärken. „Wir waren irgendwo unterwegs, und auf dem Rückweg hielt meine Mutter den Wagen einige Meilen vor unserem Haus an und sagte, dass ich den Weg nach Hause allein finden sollte ... Als ich älter wurde, wurden auch die Lektionen schwerer."[81]

Im Alter von zwölf Jahren rüttelte ihn seine Mutter früh am Morgen wach und sagte ihm, er solle sich sofort anziehen. Es war Winter, draußen war es eisig kalt und es war dunkel. Seine Mutter drückte ihm ein Lunchpaket in die Hand und schickte ihn auf eine Radtour 50 Meilen Richtung Südküste. „Es war immer noch dunkel, als ich allein losfuhr, mit einer Karte bewaffnet für den Fall, dass ich mich verirrte. Ich verbrachte die Nacht bei Verwandten und kehrte am nächsten Tag nach Hause zurück." Er war stolz auf das Erreichte und freute sich schon auf das Lob seiner Mutter. Stattdessen sagte sie nur: „Gut gemacht, Ricky. Hat das Spaß gemacht? Jetzt drauflos, der Vikar möchte, dass du Holz für ihn hackst."[82]

Branson führt seine späteren Erfolge auch auf diese „harte" Erziehung zurück. „Diese frühen Lektionen, die mit zunehmendem Alter mehr wurden, gab es, weil meine Eltern wollten, dass wir stark werden und auf uns selbst vertrauen, um freie, unabhängige Individuen zu sein."[83] Anders als andere Eltern unterstützten Bransons Eltern ihn vorbehaltlos bei seinen Vorhaben – auch als er vorzeitig die Schule verließ, um sich ganz seinem Projekt einer landesweiten Schülerzeitung und dem Aufbau eines Schallplattenversandes zu widmen.

Doch Branson und seine Eltern sind eine seltene Ausnahme. Viele der in diesem Buch vorgestellten erfolgreichen Menschen wuchsen auf, ohne ihre richtigen Eltern zu kennen. Und die meisten von ihnen – vor allem spätere Unternehmer – rebellierten in ihrer Kindheit und Jugend gegen alle Autoritätspersonen, insbesondere gegen die Eltern und die

Lehrer. Diese Konflikte gaben ihnen Kraft und Selbstvertrauen, später im Leben ihren eigenen Weg zu gehen.

Dies zeigt, dass eine „rebellische" Persönlichkeitsstruktur nicht selten dazu führt, dass Menschen später ihr eigenes Unternehmen gründen. Sie kommen in bestehenden Strukturen nicht zurecht und machen sich dann selbstständig. Wir haben hier jedoch nur von den Menschen gesprochen, die später – wegen anderer besonderer Fähigkeiten und mentaler Voraussetzungen – erfolgreich wurden. Es versteht sich sicherlich von selbst, dass nicht jeder, der über eine geringe Anpassungsfähigkeit verfügt und deshalb in schwere Konflikte mit Autoritätspersonen gerät, später Karriere machen wird. Im Gegenteil. Viele dieser Menschen werden später scheitern, denn für eine Karriere als Manager beispielsweise ist eine bestimmte Anpassungsfähigkeit eine wichtige Voraussetzung.

Was heißt all das für Sie? Wenn Sie größere Ziele erreichen wollen, müssen Sie über ein hohes Maß an Durchsetzungsfähigkeit verfügen. Wenn Sie zu harmoniebedürftig sind, müssen Sie lernen, konfliktfähiger zu werden. Durchsetzungsfähigkeit ist sicherlich keine „angeborene", sondern eine überwiegend erlernte Fähigkeit. Mit der Durchsetzungsfähigkeit ist es wie mit dem Selbstbewusstsein, über das wir in einem früheren Kapitel sprachen. Es ist wie ein Muskel, der trainiert werden muss, und trainiert wird er in Konflikten. Natürlich sollen Sie Konflikte nicht um ihrer selbst willen eingehen – sie kosten Zeit und vor allem viel Kraft und Energie. Vor allem sollten Sie lernen, sich Konflikte nicht von anderen aufzwingen zu lassen. „Meine Konflikte suche ich mir selber aus" – das war einer der Leitsätze, die ich von meinem Vater gelernt habe. Das heißt: Nur weil irgendjemand eine Auseinandersetzung mit Ihnen sucht, heißt das noch lange nicht, dass *Sie* darauf eingehen und den Konflikt annehmen müssen. Das hieße nämlich, dass Sie sich letztlich von anderen aufdrängen lassen, womit Sie Ihre Zeit verbringen und wofür Sie Ihre Energie einsetzen. In vielen Fällen kann es tatsächlich sinnvoll sein, Konflikten aus dem Weg zu gehen – und die Kraft für die wirklich wichtigen und notwendigen Auseinandersetzungen aufzusparen, die Sie in der Erreichung der von Ihnen gesetzten großen Ziele weiterbringen.

Kapitel 8

Akzeptieren Sie kein „Nein"!

Die Älteren kennen Steve Jobs als den Erfinder des Macintosh – des ersten kommerziell erfolgreichen Computers mit einer grafischen Benutzeroberfläche, der 1984 auf den Markt kam und die Menschen erstaunte. Die Jüngeren kennen ihn als den Erfinder des iPhone und des iPod, der damit einen neuen Markt für „Digital Lifestyle"-Produkte schuf.

Der 1955 geborene Steve Jobs war durch seine Firma Apple schon mit 24 Jahren Millionär, und als dem Unternehmen im Dezember 1980 der bis dahin erfolgreichste Börsengang der Geschichte gelang, betrug sein Vermögen 217,5 Millionen Dollar. Heute gehört er mit über 6 Milliarden Dollar zu den reichsten Männern der Vereinigten Staaten und gilt vielen als *das* Marketinggenie unserer Zeit. Das von ihm geschaffene Unternehmen Apple war Ende 2010 das drittwertvollste Unternehmen der Welt mit einem Börsenwert von 298 Milliarden Dollar.

Wie wir bereits im vorangegangenen Kapitel gesehen haben, zeichnete Steve Jobs von Anfang an etwas aus, das auch für viele andere erfolgreiche Persönlichkeiten gilt: Er ist eine schwierige und polarisierende Persönlichkeit, die Menschen ebenso in Begeisterung versetzen wie abstoßen kann. Und er hätte niemals diesen Erfolg gehabt, wenn er sich nicht immer wieder geweigert hätte, ein „Nein" zu akzeptieren:

Im Frühjahr 1974 bewarb sich der damals 18-Jährige bei dem Unternehmen Atari, das gerade ein erfolgreiches Videospiel herausgebracht hatte. In einer Anzeige wurde nach Leuten gesucht, die „Spaß haben und damit noch Geld verdienen" wollten. Das sprach Jobs an. Eines Tages kam der Personalchef des Unternehmens zu dem leitenden Ingenieur Al Alcorn und erklärte: „Wir haben da diesen merkwürdigen Typen. Er sagt, er geht nicht, bevor wir ihm einen Job geben. Also müssen wir entweder die Polizei rufen oder ihn wohl oder übel einstellen."[1]

Jobs, damals ein Hippie, der mit Drogen experimentierte und gerade zusammen mit einigen anderen Technik-Freaks ein illegales Gerät erfunden hatte, mit dem man die Telefongesellschaft austricksen und somit kostenlos telefonieren konnte, sah auf den ersten Blick nicht aus wie jemand, den ein Unternehmen einstellen wollte. „Er war praktisch in Lumpen gekleidet, in so Hippieklamotten. Ein achtzehnjähriger Studienabbrecher vom Reed College. Ich habe keine Ahnung mehr, warum ich ihn einstellte, ich weiß nur noch, dass er wild entschlossen war, den Job zu bekommen, und dass irgendein Funke spürbar war." Sein Kollege fragte ihn, was er mit diesem Jungen machen sollte: „Er stinkt, er ist nicht wie die anderen, er ist ein gottverdammter Hippie."[2] Man einigte sich auf die Lösung, dass Jobs nachts arbeiten sollte, sodass sich niemand an ihm störte.

Etwa zwei Jahre später, im April 1976, gründete er zusammen mit seinem Freund Steve Wozniak die Firma Apple. Ihr erstes Projekt tauften sie Apple 1. Der Besitzer eines Computerladens bestellte davon gleich 50 Stück zu je 500 Dollar. Das war ein Riesenerfolg, doch die Frage, wie die dafür notwendigen Investitionen finanziert werden sollten, war ungelöst. Denn die Firma hatten sie mit nur 1000 Dollar gegründet, die sich die beiden Freunde durch den Verkauf eines VW-Busses und eines elektronischen Taschenrechners besorgten. Jobs erhielt zahlreiche Abfuhren, als er sich nach einer Finanzierung umtat. Schließlich traf er auf Bob Newton, den Manager eines Elektronikunternehmens, der sich bereit erklärte, den Besitzer des Computerladens zu kontaktieren, um sich den 25.000-Dollar-Auftrag bestätigen zu lassen.

Was nun folgte, beschreiben Jeffrey S. Young und William L. Simon in ihrer Steve-Jobs-Biografie so: „Jeder weniger entschlossene Mensch hätte gesagt: ‚In Ordnung, ich frage dann in ein paar Tagen noch mal nach' und wäre gegangen. Steve aber weigerte sich, das Büro zu verlassen, ehe Newton den Anruf getätigt hatte."[3] Schließlich bekam er den Kredit in Höhe von 20.000 Dollar.

Kurz bevor er das Nachfolgeprodukt, den Apple II, auf den Markt brachte, sah Jobs eine tolle Werbekampagne des Unternehmens Intel und war sofort von der Idee besessen, eine ebensolche Kampagne für seinen neuen Computer zu starten. Er erkundigte sich also bei der Marketingabteilung von Intel und fand heraus, dass die Agentur Regis McKenna die erfolgreiche Werbekampagne gestartet hatte. Jobs rief beim Chef der Werbeagentur an, wurde jedoch an den für neue Kunden zuständigen Sachbearbeiter weiterverwiesen, der kategorisch erklärte, dass ein kleines und junges Unternehmen wie Apple sich die Agentur nicht werde leisten können.

Jobs ließ sich damit jedoch nicht abspeisen. Er rief bei dem für die Neukunden zuständigen Bearbeiter der Werbeagentur jeden Tag an, so lange, bis sich dieser schließlich bereit erklärte, zu der Garage zu fahren, die der „Firmensitz" von Apple war, und sich den Computer anzuschauen, von dem ihm Jobs am Telefon so enthusiastisch berichtet hatte. „Als ich hinüber zu dieser Garage fuhr, dachte ich bei mir: Heiliger Himmel, was mag das bloß für ein Typ sein? Wie stelle ich es wohl an, so wenig Zeit wie möglich mit diesem Clown zu verbringen, dabei nicht ausfallend zu werden und dann auf dem schnellsten Weg wieder zu einträglicheren Dingen zurückzukehren?"[4]

Der Mitarbeiter der Werbeagentur war zwar von Jobs Enthusiasmus beeindruckt, aber den Auftrag nahm er dennoch nicht an. Die meisten anderen Menschen hätten spätestens an diesem Punkt aufgegeben und sich gesagt, es sei vielleicht besser, sich nach einer anderen Werbeagentur umzuschauen – schließlich gab es davon ja Zehntausende in den USA. Doch Jobs hatte es sich in den Kopf gesetzt, genau diese Agentur zu gewinnen, die eine so tolle Kampagne für Intel entworfen hatte. Er ließ sich also auch von diesem „Nein" nicht beeindrucken.

Jobs rief jetzt jeden Tag drei- bis viermal bei McKenna, dem obersten Chef der Werbeagentur, persönlich an, bis die Sekretärin so entnervt war, dass sie ihren Chef überredete, mit Jobs zu telefonieren. Jobs gelang es, ihn zu überreden, einen Termin mit ihm zu vereinbaren.

Doch als er zusammen mit seinem Freund Wozniak bei dem Chef der Werbeagentur persönlich vorsprach, gelang es ihm zunächst nicht, diesen zu einer Zusage zu bewegen. Es blieb bei dem „Nein". „Als McKenna bei seiner Ablehnung blieb", so heißt es in der Jobs-Biografie, „wandte Jobs wieder einmal seine unkonventionelle Taktik an und weigerte sich, das Büro zu verlassen, ehe McKenna versprochen hatte, sich mit ihrer Sache zu befassen. Steve war derartig überzeugend, dass Regis McKenna schließlich zusagte, Apple Computer als Kunden anzunehmen."[5]

Es gab nur ein Problem zu lösen: Wie sollte Jobs die Werbeagentur bezahlen, die eine Anzeige im *Playboy* vorschlug, weil Computer-Freaks meistens männlich waren und man so die richtige Zielgruppe erreichen könne? McKenna hatte einen Tipp und schlug Jobs vor, mit Don Valentine zu sprechen, der Anfang der 70er-Jahre ein Venture-Capital-Unternehmen gegründet hatte, das sich auf die Finanzierung von vielversprechenden neuen Unternehmen in der Elektronikbranche spezialisiert hatte.

Valentine war zwar von Jobs und dessen Apple-Computer überzeugt, doch machte er eine Investition davon abhängig, dass die Apple-Leute einen Profi mit Marketingerfahrung in ihr Team aufnahmen. Das war für Jobs das Stichwort: Er forderte Valentine auf, ihm einige Leute zu empfehlen, was dieser jedoch zunächst ablehnte. Doch Jobs akzeptierte auch dieses „Nein" nicht. Er rief den Venture-Capital-Unternehmer jeden Tag drei- bis viermal an, bis dieser ihm drei Namen nannte, unter anderen Mike Markkula. Am 3. Januar 1977 trafen sich die beiden Freunde Wozniak und Jobs bei Markkula zu Hause und unterzeichneten die Dokumente, die aus Apple eine Kapitalgesellschaft machten. Jedem von ihnen gehörten nun 30 Prozent des Unternehmens und Markkula war zugleich der wichtigste Investor der Anfangsphase.

Jobs hatte wieder einmal mit seiner Hartnäckigkeit gesiegt. Für seine Mitarbeiter war es schwer, gegen ihn anzukommen. Als es darum ging, das nächste große Projekt von Apple zu entwickeln, den Macintosh, tauchte er bei einem Meeting auf und warf ein Telefonbuch mitten auf den Tisch: „So groß darf der Macintosh sein. Wenn er größer ist, wird er es nicht schaffen. Die Kunden werden ihn nicht akzeptieren, wenn er mehr Platz braucht."[6]

Die Mitarbeiter schauten entgeistert auf das Telefonbuch. Jobs verlangte etwas, das scheinbar völlig unmöglich war. Denn das Telefonbuch war nur halb so groß wie der kleinste Computer, der bis dahin gebaut worden war. Die elektronischen Teile, darüber waren sich die Techniker sofort einig, würden sich niemals in einem so kleinen Kasten unterbringen lassen. Jobs hatte ganz offensichtlich von Elektronik nicht genug Ahnung, sonst, so die Meinung der Mitarbeiter, würde er so etwas nicht verlangen. „Steve aber", so heißt es in seiner Biografie, „war keiner, der ein Nein als Antwort akzeptierte."[7] Er blieb dabei: Die Mitarbeiter mussten einen Weg finden, einen Computer in dieser Größe zu bauen.

Der Macintosh sollte am 24. Januar 1984 ausgeliefert werden. Das war in einer gigantischen Werbekampagne versprochen worden, über die alle Fernsehsender im Lande berichteten. Doch noch am 8. Januar erklärten ihm die Softwareprogrammierer, dass dies auf gar keinen Fall zu schaffen sei. Sie hatten nur noch eine Woche, dann musste technisch alles fertig sein – und dies schien schier unmöglich, wie sie ihm eindringlich erklärten. Jobs musste das begreifen, die Markteinführung musste verschoben werden!

Jobs akzeptierte das nicht. Das Wort „unmöglich" machte ihn aggressiv. Doch diesmal explodierte er nicht, wie alle erwartet hatten, sondern erklärte ruhig und gelassen: Das Team sei großartig, jeder bei Apple zähle auf sie. Sie würden es schaffen und die Software rechtzeitig fertigstellen, denn was *wirklich* unmöglich wäre, sei die Alternative, Demo-Disketten abzuliefern. Er würde sich auf das Team verlassen, er wüsste, dass sie es schaffen. Sprach es – und legte den Telefonhörer auf. Den Mitarbeitern verschlug es die Sprache. Sie hatten doch schon alles gegeben und brachen bald vor Erschöpfung zusammen. Doch was blieb ihnen übrig? Wortlos standen sie auf, kehrten an ihre Arbeitsplätze zurück – und dann, im letzten möglichen Moment, in den Stunden vor dem Morgengrauen des 16. Januar, schafften sie das „Unmögliche", das Jobs von ihnen verlangt hatte.

Wer immer wieder das „Unmögliche" schafft, auch gegen den Widerstand und die Meinungen aller anderen, wird jedoch leicht irgendwann überheblich, weil er sich für unfehlbar hält und glaubt, er sei immer im Recht. So ging es auch Steve Jobs, der immer wieder recht behalten hatte. Er hatte vorhergesagt, dass in den ersten 100 Tagen 70.000 Stück des Macintosh verkauft werden würden, was alle für vollkommen unrealistisch und völlig verrückt hielten. Doch auch diesmal behielt er recht. Dann allerdings wendete sich das Blatt. IBM kam mit einem PC heraus, der viel mehr nützliche Funktionen hatte als der Apple-Computer und zudem noch günstiger war. Die Verkaufszahlen für den Macintosh gingen rapide zurück. In dem Optimismus hatte Apple 200.000 Computer produziert, die jetzt weit unter dem ursprünglich vorgesehenen Preis verschleudert werden mussten. In dem Unternehmen brachen Machtkämpfe aus und viele sahen Jobs, der mit seinen Führungsmethoden viele Mitarbeiter vor den Kopf gestoßen hatte, als den Schuldigen an der Misere.

Die anderen Führungskräfte stellten sich gegen ihn – und er, der Firmengründer, wurde aufgefordert, aus seinem Büro auszuziehen. Man hatte für ihn ein kleines Haus gegenüber einem anderen Apple-Gebäude angemietet, dem Jobs den Beinamen „Sibirien" gab. Kurz darauf erklärte John Sculley, den das Unternehmen von Pepsi abgeworben hatte: „In diesem Unternehmen gibt es keine Rolle für Steve Jobs." Für den Unternehmensgründer war es, als hätte ihm jemand in den Magen geboxt. Jobs verkaufte alle seine Aktien, die allerdings aufgrund der Probleme des Unternehmens inzwischen viel weniger wert waren als beim Börsengang, und gründete ein neues Unternehmen mit dem Namen NeXT. Zudem kaufte er von dem bekannten Filmproduzenten George Lucas, der dringend Geld für seine Scheidung brauchte, ein Computerzeichentrickfilm-Studio mit dem Namen Pixar.

Beide Unternehmen waren zunächst kein Erfolg – ganz im Gegenteil. Monat um Monat und Jahr für Jahr verschlangen sie Jobs' Geld. Die Computer, welche die beiden Firmen produzierten, verkauften sich schlecht, die Firmen machten zunehmend höhere Verluste. Jobs entschloss sich, die Hardware-Sparte von Pixar abzustoßen und sich ganz auf die Computergrafik zu fokussieren. Es gelang ihm schließlich, eine Vereinbarung mit dem Unternehmen Walt Disney über die Produktion von mehreren Zeichentrickfilmen durch Pixar zu treffen. Der Chef von Walt Disney, Michael Eisner, hatte gesehen, dass er zunehmend ins

Hintertreffen geriet: Während Filmproduzenten wie James Cameron mit Computeranimationen in Filmen wie dem Arnold-Schwarzenegger-Film *Terminator* brillierten, drohte das Disney-Imperium den Anschluss an das neue Zeitalter zu verpassen.

Pixar bekam den Auftrag, den Zeichentrickfilm *Toy Story* zu produzieren, und Disney investierte in die Werbung dafür 100 Millionen Dollar – dreimal so viel, wie die Produktion des Films gekostet hatte. Der Film lief hervorragend an und war damit die beste Werbung für den Börsengang des Unternehmens Pixar im Dezember 1995.

Das Unternehmen hatte in den Vorjahren hohe Verluste gemacht. Damals war es noch nicht so – wie dann Ende der 90er-Jahre –, dass die Investoren bereit waren, ausschließlich eine gute „Story" von Technologieunternehmen zu kaufen, obwohl die Zahlen nicht stimmten. Doch der Erfolg von *Toy Story* war die beste denkbare Werbekampagne für das Unternehmen und weckte die Fantasie, die bekanntlich an der Börse so wichtig ist. Jobs sah dies richtig voraus.

Jobs plädierte dafür, den Eröffnungskurs der Aktie auf 22 Dollar festzusetzen, aber seine Berater und die Investmentbanker widersprachen ihm. Aus ihrer Sicht waren 12 bis 14 Dollar der angemessene und richtige Eröffnungskurs. Sie warnten ihn eindringlich, das Risiko bei 22 Dollar sei viel zu hoch, dass die Aktien nicht zu diesem Preis platziert werden könnten. Wieder einmal akzeptierte Jobs das „Nein" seiner Berater nicht. Er beharrte darauf, dass der Kurs 22 Dollar betragen sollte.

Wie gebannt schauten alle Pixar-Manager auf die Bildschirme, als der Handel begann. Nach der ersten halben Stunde wurde die Aktie bereits für 49 Dollar gehandelt, am Ende des Tages hatte der Kurs nachgegeben, betrug aber immer noch unglaubliche 39 Dollar. Steve Jobs war – zumindest in diesem Moment – Milliardär. Das Unternehmen, das so viele Jahre völlig erfolglos war, produzierte nun einen Erfolgsfilm nach dem anderen, setzte Maßstäbe auf dem Gebiet der Computeranimation und wurde bald mit Einnahmen von 2,5 Milliarden Dollar zum erfolgreichsten Hollywood-Studio der Geschichte.

Ende Januar 2006 gab Walt Disney bekannt, dass man Pixar für 7,4 Milliarden Dollar übernehmen werde. Steve Jobs wurde in den Vorstand von Disney aufgenommen und war nunmehr durch einen Pixar-Anteil von etwa 50,1 Prozent zugleich auch der größte Einzelaktionär bei Disney.

Zehn Jahre zuvor war ihm ein Comeback bei Apple geglückt. 1996 war es ihm gelungen, sein Unternehmen NeXT für 402 Millionen Dollar an Apple zu verkaufen, 1997 wurde er Mitglied des Vorstandes und kurz darauf Interims-Geschäftsführer von Apple. Es gelang ihm, mit neuen Produkten wie etwa dem iPhone oder dem iPad das Unternehmen Apple, das wenige Jahre zuvor noch kurz vor dem Konkurs gestanden hatte, zu einem der erfolgreichsten Weltkonzerne zu machen. Begonnen hatte dies alles – erinnern wir uns – mit einem Mann, der nicht bereit war, ein „Nein" als endgültig zu akzeptieren.

Sie müssen kein Steve Jobs sein, um daraus einige wichtige Lektionen zu lernen. Die meisten Menschen geben zu schnell auf, wenn sie eine Absage erhalten und sie mit einem scheinbar endgültigen „Nein" konfrontiert werden.

Wird Ihnen das nächste Mal ein „Nein" entgegengehalten, dann sagen Sie sich: „Einen Moment mal – warum soll ich das akzeptieren? Mal schauen, ob sich das ‚Nein' nicht doch in ein ‚Ja' verwandeln lässt." Das funktioniert nicht nur bei einem Steve Jobs – das funktioniert auch bei Ihnen und bei mir.

Ich erinnere mich noch, als meine Firma, die Dr. ZitelmannPB, gerade einmal zwei Jahre bestand. Ich hatte ein Jahr zuvor einen sehr wichtigen und prestigeträchtigen Kunden gewonnen, die Tochtergesellschaft eines international operierenden Unternehmens mit einem sehr hohen Renommee. Ich hatte mich zuvor ein Jahr lang bemüht, diesen Kunden zu gewinnen – und war stolz, als der Vertrag unterschrieben war. Die Verträge unseres Beratungsunternehmens können erstmals nach 15 und dann später alle 12 Monate gekündigt werden. Später lernte ich, dass der erste mögliche Kündigungstermin nach Ablauf des ersten Jahres der kritischste ist, weil sich manche Erfolge in der Public-Relations-Arbeit nicht sofort einstellen und Zeit brauchen und weil sich auch die beiden Partner – der Kunde und wir – erst aufeinander einstellen müssen.

Der Geschäftsführer des Unternehmens bat mich kurz vor dem Kündigungstermin um ein persönliches Gespräch, und ich ahnte nichts Gutes. Meine Ahnung wurde bestätigt, als er sich an meinen Tisch setzte und aus seinem Koffer ein Blatt Papier zog, das er mit der Schrift nach unten auf den Tisch legte. Obwohl das Gespräch, wie dies so üblich ist, mit nettem und freundlichem Geplänkel begann, konnte ich nur an das Blatt Papier denken, von dem ich ahnte, dass es eine Vertragskündigung war.

Der Geschäftsführer erklärte mir denn auch, er sei zwar zufrieden mit unserer Arbeit, wolle aber künftig lieber auf projektbezogener Basis mit uns zusammenarbeiten als auf Basis unseres Dauer-Beratungsvertrages. Ich stellte zunächst klar, dass wir keine Projektarbeiten durchführen, sondern mit allen Kunden ausschließlich auf der Basis von Dauer-Beratungsverträgen zusammenarbeiten. Das war ein Grundprinzip unserer Firma vom ersten Tag an und ist es bis heute geblieben. Zweitens entgegnete ich ihm, er könne aus meiner Sicht nicht mit den Ergebnissen unserer Arbeit zufrieden sein, ich sei es jedenfalls nicht. Dann stellte ich ihm eine Frage: „Wissen Sie, wie Bambus wächst?"

Er war etwas irritiert und wusste nicht, was ich mit dieser Frage sagen wollte. Ich erklärte ihm, dass man Monate und Jahre beim Bambus zunächst gar nichts sehen könne und er dann auf einmal mit unglaublicher Geschwindigkeit aus dem Boden sprieße. „Zum Glück ist es bei unserer Arbeit nicht so, dass man jahrelang zunächst nichts sieht. Aber auch bei der Pressearbeit dauert es eine Zeit lang, bis sie Ergebnisse zeigt. Wir haben jetzt eine gute Grundlage gelegt, und es wäre nicht besonders klug, den Samen wieder auszugraben, statt mit etwas Geduld darauf zu warten, dass sich die Anstrengungen auszahlen."

Ich erinnere mich noch genau, wie der Geschäftsführer des Unternehmens – eine der bekanntesten und von mir sehr respektierten Persönlichkeiten der deutschen Immobilienbranche – wieder zu seinem Koffer griff, das Blatt Papier (ohne es mir überhaupt auszuhändigen) wieder vom Tisch nahm und erklärte, er würde sich die Sache noch mal überlegen. Nach einigen Tagen rief er mich an: „Ihr Bild mit dem Bambus hat mich überzeugt. Lassen Sie es uns für ein weiteres Jahr versuchen." Das Unternehmen ist nunmehr ohne einen Tag Unterbrechung seit neun Jahren unser Kunde und der Geschäftsführer hat mir erklärt, er sei froh, dass ich damals sein „Nein" nicht akzeptiert und ihn mit meinem „Bambus-Bild" überzeugt habe.

Manchmal müssen Sie ein „Nein" zunächst hinnehmen, aber auch dann sollten Sie einen zweiten oder einen dritten Anlauf unternehmen. Vor einigen Jahren versuchte ich, ein anderes Immobilienunternehmen als Kunden zu gewinnen, ebenfalls Tochtergesellschaft eines weltweit operierenden Konzerns. Kurz nachdem ich ein erstes Gespräch mit dem Geschäftsführer geführt hatte, der der Sache positiv gegenüberstand, wechselte die Geschäftsführung und ich hatte es mit neuen Ansprechpartnern zu tun. Ich war der festen Meinung, dass das Unternehmen im Bereich von Marketing und PR nicht besonders gut aufgestellt war und es hier noch ein erhebliches Potenzial für Verbesserungen gab.

Einige Wochen nachdem ich mein Angebot unterbreitet hatte, bekam ich einen Anruf: „Tut mir leid, Dr. Zitelmann, wir hätten gerne mit Ihnen zusammengearbeitet, aber bei uns gibt es Richtlinien im Konzern, die uns vorschreiben, dass wir nicht mit Beratungsunternehmen zusammenarbeiten dürfen, die nicht auf einer Auswahlliste von Unternehmen stehen, mit denen unsere Mutter bereits heute zusammenarbeitet." Ich kannte solche Richtlinien von anderen Unternehmen und sah, dass es in diesem Moment tatsächlich keine Chance für eine Zusammenarbeit gab. Aber aufgeben wollte ich deshalb noch lange nicht.

In den folgenden Monaten beobachtete ich die Kommunikation des Unternehmens. Das Gute bei Public Relations ist, dass die Ergebnisse jeder Zeitungsleser von außen sehen und bewerten kann. Ich rief also wieder bei dem Unternehmen an und erklärte: „Ich habe mir die Ergebnisse Ihrer Pressearbeit angeschaut. Sie sind in den überregionalen Medien nicht präsent und Ihre Pressemitteilungen sind nicht professionell gemacht." Ich belegte das an einigen Beispielen – aber mein Gesprächspartner war zwar sehr höflich, blieb jedoch reserviert. Einige Tage später rief er mich an: „Herr Dr. Zitelmann, Sie haben ja nicht ganz unrecht. Wir haben mit einer anderen Agentur zusammengearbeitet, aber wir sind mit den Ergebnissen nicht zufrieden. Lassen Sie uns sehen, ob wir nicht doch einen Weg finden, wie wir zusammenkommen."

Wenn Sie schon einmal einen Vertrag mit der Rechtsabteilung eines internationalen Konzerns ausgehandelt haben, dann wissen Sie, dass Sie dafür einige Wochen Geduld brauchen und sich in die Eigenheiten der Abläufe eines solchen Unternehmens hineindenken müssen. Aber nach einigen Wochen wurden wir uns einig und fanden auch eine Möglichkeit, die für den Einkauf des Konzerns zuständigen Personen zu überzeugen, dass man in diesem Fall eine gewisse Ausnahme von den allgemeinen Richtlinien machen müsse. Ich war froh, das „Nein" nicht als endgültig akzeptiert zu haben.

Seit 13 Jahren veranstalte ich Kongresse für die Fonds- und die Immobilienbranche, die *Berliner Immobilienrunde*, die mit über 200 Veranstaltungen Marktführer bei Kongressen für die deutsche Fondsbranche ist. Als im Jahr 2010 der Bundesfinanzminister einen neuen Gesetzentwurf zur Regulierung der Fondsbranche ankündigte, plante ich eine große Veranstaltung dazu und lud den für das Thema zuständigen Referatsleiter im Bundesfinanzministerium als Referenten ein.

Zu dieser Zeit spitzte sich die Schuldenkrise Griechenlands zu. Wenige Wochen vor der Veranstaltung rief mich der Referent an: „Sie können es ja jeden Tag in der Zeitung lesen – wir haben hier Tag und Nacht zu tun, ich muss Ihnen leider für die Veranstaltung absagen, ich habe jetzt einfach keine Möglichkeit, mich mit anderen Themen zu befassen." Ich antwortete: „Ich verstehe Ihre Situation. Sie sind jetzt sozusagen im Auge des Hurrikans und werden Ihren Kindern später erzählen können, dass Sie mitten in der größten internationalen Schuldenkrise die entscheidenden Gesetze auf den Weg gebracht haben. Ich möchte Sie aber bitten, auch meine Lage zu verstehen. Es haben sich schon 160 Personen angemeldet, das ganze *Who is Who* der deutschen Fondsbranche – und die alle kommen Ihretwegen.“

Für die Veranstaltung waren zwar auch noch einige andere Referenten vorgesehen, aber ich wusste, dass sich viele Teilnehmer genau wegen diesem angemeldet hatten, der mir eben abgesagt hatte. Ich glaube, ich habe in diesen Wochen alle zwei Tage bei ihm angerufen, um ihn höflich zu bitten, seine Absage rückgängig zu machen. Ich war schon fast so weit, als – kurz vor der Veranstaltung – die Regierung beschloss, ungedeckte Leerverkäufe von Aktien zu verbieten. Und ausgerechnet unser Referent sollte den Gesetzentwurf dafür ausarbeiten. Er rief mich wieder an und verwies mich auf die Tageszeitungen: „Sie sehen, was hier los ist. Ich kann einfach nicht kommen.“ Ich: „Ja, das verstehe ich. Vielleicht können Sie Ihren Mitarbeiter schicken.“ Er: „Der hat auch keine Zeit, er ist in die Ausformulierung des Gesetzestextes involviert.“ Ich: „Die Teilnehmer haben sich angemeldet und ihre Flüge fest gebucht. Ich kann die Sache nicht mehr rückgängig machen. Wenn Ihr Mitarbeiter nicht kann, dann müssen Sie kommen.“ Der Fairness halber hätte ich ansonsten allen Teilnehmern schreiben und ihnen anbieten müssen, die Teilnahme kostenlos zu stornieren. Es zahlte sich jedoch auch in diesem Fall aus, dass ich das „Nein“ nicht akzeptierte. Bis heute bin ich dem Referenten dankbar, dass er dann doch noch gekommen ist.

Wenn Ihnen ein „Nein“ entgegengehalten wird, dann sollten Sie erstens versuchen, die Situation des anderen zu verstehen, und dabei Ihre eigenen Interessen einen Moment lang vollkommen vergessen. Ich habe damit bei Vertragsverhandlungen oft Erfolg gehabt. Ich sage dann: „Ich möchte mich einen Moment lang auf Ihren Stuhl setzen und die Sache ausschließlich von Ihrem Standpunkt aus betrachten.“ Das tue ich dann auch ganz konsequent. Und wenn es Ihnen gelingt, die Situation und die Interessen Ihres Verhandlungspartners zu verstehen, dann werden Sie vielfach auch Erfolg haben.

Ich gebe jedoch zu, dass dies allein nicht immer hilft. Sie müssen gleichzeitig und zusätzlich auch Verständnis für Ihre Situation einfordern – so wie ich das bei dem Referenten aus dem Ministerium gemacht habe. Wenn Sie sich ehrlich bemüht haben, die Situation des anderen zu verstehen, dann sollten Sie ihn bitten, die Sache ebenfalls von Ihrem Standpunkt aus zu sehen: „Ich denke, ich habe Ihre Punkte gut verstanden, und an Ihrer Stelle würde ich genauso denken. Ich möchte Sie nun herzlich bitten, die Sache einen Moment lang von meinem Standpunkt aus zu betrachten.“

Sie müssen sich selbst, Ihre Motive und auch Ihre Gefühlslage dem anderen verständlich machen. Dann werden Sie oft ein „Nein“ in ein

„Ja" verwandeln. Ich besitze mehrere Firmen und habe häufiger Mietverträge für Büroflächen ausgehandelt. Mein Ziel war immer, einerseits die Sicherheit eines zehnjährigen Mietvertrages zu haben, mit dem ich genau die Miethöhe für die nächsten zehn Jahre kalkulieren kann, andererseits jedoch auch über ein hohes Maß an Flexibilität zu verfügen, falls sich der Flächenbedarf des Unternehmens ändert. Deshalb erbitte ich ein einseitiges jährliches Sonderkündigungsrecht für meine Firma.

Darauf will zunächst verständlicherweise kein Vermieter eingehen. Denn aus seiner Sicht ist ein solcher Zehnjahresvertrag nicht viel wert, weil ich ja jedes Jahr ausziehen kann. Auch für die Bewertung seiner Immobilie ist das ausgesprochen unvorteilhaft. Zudem erwarte ich noch, dass er Umbauarbeiten bezahlt, was für ihn das finanzielle Risiko erhöht, wenn ich von dem Sonderkündigungsrecht Gebrauch mache. Die Antwort auf meinen Vorschlag lautete stets zunächst: „Nein, das geht auf gar keinen Fall. Einen solchen Vertrag können und werden wir nicht abschließen."

Ich verstehe die Situation des Vermieters, versuche jedoch ihm auch meine Situation zu verdeutlichen. Ich will gar nicht ausziehen, sondern – das erkläre ich an verschiedenen Beispielen – ich bin einfach ein verrückter Sicherheitsfanatiker, der alles mehrfach absichert. „Wissen Sie, ich habe Gold gekauft, es im Schließfach bei der Bank deponiert und zusätzlich noch das Schließfach versichert. Ein Freund von mir hat gesagt, dass ich zehn Dübel bei einem Regal anbringe, bei dem zwei vollkommen reichen würden." Ich führe weitere Beispiele aus meinem Privatleben an, die bei dem Verhandlungspartner das Bild eines übertriebenen Sicherheitsfanatikers entstehen lassen. Immer bringe ich die Verhandlungspartner zum Lachen oder zumindest zum Schmunzeln, wenn ich von meinen Marotten erzähle – und dann weiß ich, dass ich das „Nein" in ein „Ja" verwandeln kann.

Ich vermute, nach dem Gespräch halten mich die Vermieter für einen verrückten Sicherheitsfanatiker, und vielleicht haben sie damit gar nicht ganz unrecht. Aber mir ist es jedes Mal gelungen, Zehnjahresverträge mit jährlichen Sonderkündigungsrechten für meine Firmen auszuhandeln.

Viel tückischer als ein „Nein-Sager" kann ein „Ja-Sager" sein. Wie ich das meine? Eine Zeit lang in meinem Leben habe ich Lebensversicherungen verkauft, und zwar vor allem, weil ich das für ein gutes Verkaufstraining hielt. Mit einem Kollegen bin ich von Tür zu Tür gegangen, im Verkaufsjargon nennt man das „Kaltakquise". Haben die Leute auf uns gewartet? Natürlich nicht. Die Kunst bestand darin, nachdem einem die Tür vor der Nase zugeschlagen worden war, mit dem gleichen Optimismus weiterzumachen.

Und nun möchte ich Ihnen von der Begebenheit mit dem „Ja-Sager" berichten. Ich hatte dem sehr freundlichen Mann fast schon 45 Minuten lang von den Vorteilen der Lebensversicherung erzählt. Mein Gegenüber nickte stets zustimmend und unterbrach mich mit Formulierungen wie etwa: „Das hört sich gut an!" Ich war mir also meiner Sache ziemlich sicher und fing an, das Antragsformular für die Versicherung auszufüllen. Schroff unterbrach mich mein bis dahin so betont höflicher und interessiert wirkender Gesprächspartner: „Was machen Sie da?" Verunsichert erklärte ich, dass ich schon mal die Daten in dem Formular eintrüge, für den Fall, dass … Weiter ließ er mich nicht sprechen: „Das kommt für mich sowieso auf keinen Fall infrage."

Später habe ich gelernt, dass „Ja-Sager" für einen Verkäufer viel schwieriger sind als Menschen, die allerlei Einwände und Gegenargumente vortragen. Der „Ja-Sager" ist konfliktscheu und hofft, dass er den Verkäufer rasch abwimmeln kann, wenn er immer zustimmend nickt. Er denkt sich seinen Teil („Lass den nur reden, hoffentlich bin ich den bald wieder los") und gibt seinem Gegenüber keinerlei Chance, sich mit Einwänden und Gegenargumenten auseinanderzusetzen. Ich habe gelernt, dass man solche Menschen aus der Reserve locken muss, um zu erfahren, was sie wirklich über eine Sache denken und welche Vorbehalte sie haben.

Ich habe ähnliche Situationen später bei dem sogenannten „Beziehungsmanagement" erlebt, das ein wichtiger Bestandteil meiner Arbeit ist. Ich bringe Geschäftsführer oder Vorstände aus der Immobilienbranche zusammen, von denen ich glaube, dass sie gemeinsame Interessen haben. Daraus sind schon Firmenkäufe, Ideen für gemeinsame Fondsprojekte oder Vertriebsvereinbarungen entstanden. Bei dem ersten Gespräch, das ich begleite, tauschen die Manager oft vor allem Höflichkeiten aus und betonen die Übereinstimmungen und die gemeinsamen Interessen. Das ist auch in Ordnung so, aber ich habe die Erfahrung gemacht, dass man schneller weiterkommt, wenn man auch jene Dinge anspricht, die *gegen* eine Zusammenarbeit oder *gegen* ein Projekt sprechen.

Behalten die Gesprächspartner diese Vorbehalte für sich, dann hat man nicht die Chance, darauf einzugehen und sich damit auseinanderzusetzen. Deshalb übernehme ich auch in diesen Gesprächen die Rolle desjenigen, der irgendwann sagt: „Ich freue mich, dass Sie so viel Übereinstimmungen feststellen konnten. Genau das hatte ich erwartet und erhofft. Ich möchte Sie jetzt jedoch bitten, die drei wichtigsten Argumente zu nennen, die *gegen* eine Zusammenarbeit sprechen." Manchmal muss man Geduld haben und einen Moment lang schweigen, bis dann ein Gegenargument vorgetragen wird. Häufig „trauen" sich die Gesprächspartner dennoch nicht, mehr als einen Einwand zu formulieren. Und nicht selten ist der erste genannte Einwand nicht einmal der entscheidende. Also frage ich nach: „Gibt es noch einen weiteren Grund, der aus Ihrer Sicht dagegensprechen könnte?" Ich lasse erst dann locker, wenn ich das Gefühl habe, dass alle möglichen Gegenargumente ausgesprochen wurden.

Gute Verkäufer müssen lernen, sowohl mit „Ja-Sagern" als auch mit einem entschlossenen und entschiedenen „Nein" umzugehen, das anscheinend keinen Widerspruch und keine weitere Diskussion mehr zulässt. Ein Meister darin war Frank Bettger, seinerzeit der erfolgreichste Versicherungsverkäufer der Vereinigten Staaten, der in seinem Klassiker *Lebe begeistert und gewinne!* seine Verkaufsstrategien verrät. Wenn ihm ein „Nein" entgegengehalten wurde, dann gab er dem Gespräch oftmals einfach eine andere Richtung.

Doch hören Sie selbst, wie er vorging: Eines Tages sprach er bei dem Leiter einer großen Baufirma vor, der ihm von einem Bekannten empfohlen worden war. Bettger hatte es sich zur Gewohnheit gemacht, sich „Empfehlungsbriefe" für Neukunden schreiben zu lassen. Nachdem er dem Bauleiter den Brief gezeigt hatte, entgegnete dieser: „Wenn Sie mit mir über Versicherungen reden wollen, so haben Sie null Chancen. Vor einem Monat habe ich verschiedene Versicherungen abgeschlossen." Die Stimme des Bauleiters klang so entschieden, dass jeder weitere Versuch sinnlos erschien – nicht jedoch für Bettger, der ihn fragte: „Mr. Allen, wie haben Sie eigentlich angefangen, Häuser zu bauen?" Während der folgenden drei Stunden hörte er ihm zu – und einige Wochen später verkaufte er ihm und seinen Kollegen Versicherungen für 225.000 Dollar, was damals sehr, sehr viel Geld war.[8]

Die Schlüsselfrage „Wie haben Sie eigentlich angefangen?" war eine der beliebtesten Fragen von Bettger, mit der er vielen Gesprächen eine ganz andere Richtung gab. Besonders erfolgreiche Unternehmer erzählen sehr gerne von den Anfängen und den Schwierigkeiten, die sie zu überwinden hatten. Bettger gewann Sympathie, indem er ehrliches Interesse zeigte und gut zuhörte. Und er erfuhr auf diese Weise so viel von den späteren Kunden, dass er ihnen viel einfacher eine Versicherung verkaufen konnte, als es ohne diese Informationen möglich gewesen wäre. „Das Geheimnis der Verkaufskunst liegt darin, herauszufinden, was der Kunde will. Sobald man es weiß, muss man ihm den besten Weg zum Ziel zeigen", so Bettger.[9]

Jürgen Kelber, der erfolgreichste Wohnungsverkäufer Deutschlands, über den Sie im nächsten Kapitel mehr lesen werden, sagt: „Für mich fängt das Verkaufsgespräch überhaupt erst mit dem ‚Nein' an." Wichtig für ihn ist, dass er das „Nein" nicht negativ, sondern sogar positiv bewertet. „Viele Verkäufer haben Angst vor diesem ‚Nein' und zögern deshalb, ein Abschlussgespräch zu führen. Meine Erfahrung ist, dass es nie ein Fehler ist, ein Abschlussgespräch zu früh zu führen, jedoch sehr wohl ein großer Fehler sein kann, ein Abschlussgespräch zu spät zu führen."

Erklärt der potenzielle Kunde, er wolle nicht kaufen, dann räumt Kelber seine Unterlagen zusammen und nimmt sie vom Tisch. Vor allem schweigt er. Wer schon einmal verkauft hat, der weiß, dass Schweigen sehr anstrengend sein kann. Zwei Minuten werden unendlich lang für beide Seiten.

Dann erklärt Kelber dem Gesprächspartner, dass er dessen Entscheidung akzeptiere, fragt ihn aber noch nach den Gründen. „Ich habe irgendetwas falsch gemacht und bin neugierig, die Gründe zu hören, warum Sie sich dagegen entschieden haben." Mich erinnert das an den Fernsehkommissar aus der amerikanischen Krimiserie Columbo, der sich in der Tür immer noch mal umdrehte, sich an die Stirn tippte und meinte, ihm sei da noch eine kleine Frage eingefallen. Kelber versucht dann, sich ganz konsequent auf die Seite des Kunden zu stellen und die Sache ausschließlich aus dessen Perspektive zu sehen. Er drängt ihn nicht zum Kauf. Er bittet ihn, seine Fragen und Themen für das nächste Gespräch auf ein leeres Blatt Papier zu schreiben. Und diese Fragen sind dann die Basis für den Folgetermin, der natürlich sofort vereinbart wird.

Um ein „Nein" in ein „Ja" zu verwandeln, sollten Sie mehrere Regeln beachten:

1. Akzeptieren Sie das „Nein" nicht vorschnell als endgültige Antwort, sondern sehen Sie es lediglich als „Zwischenstand" in Ihren Verhandlungen.
2. Versuchen Sie, den Standpunkt des anderen zu verstehen. Setzen Sie sich auf seinen Stuhl und sehen Sie die Sache konsequent aus seinem Blickwinkel. Suchen Sie nach kreativen Lösungen, um die Interessen des anderen und Ihre eigenen in Einklang zu bringen. Entwickeln Sie Fantasie!
3. Bauen Sie dem anderen eine Brücke, um das „Nein" in ein „Ja" zu verwandeln, ohne dass er sein Gesicht verliert. Keiner will am Ende als Verlierer dastehen und Sie müssen Ihrem Verhandlungspartner helfen, sich selbst als Gewinner zu fühlen.
4. Gebrauchen Sie das Zauberwort „fair". Wenn Sie eine wirklich faire Lösung für beide Seiten anstreben, bewirkt dieses Wörtchen oft

Wunder. Schlagen Sie einen Kompromiss vor, dann erklären Sie dem anderen: „Es liegt nun mal in der Natur eines Kompromisses, dass weder Sie noch ich 100 Prozent damit zufrieden sein können. Aber ich denke, es ist eine für beide Seiten faire und angemessene Lösung."

5. Fordern Sie den anderen auf, auch Ihre Situation und Ihre Befindlichkeit zu verstehen. Sie haben sich auf seinen Stuhl gesetzt und nun müssen Sie ihn auffordern, sich auf Ihren Stuhl zu setzen und die Sache einen Moment aus Ihrer Perspektive zu sehen. Helfen Sie Ihrem Verhandlungspartner dabei, indem Sie nicht nur die rationalen, sondern auch die emotionalen Hintergründe für Ihr Anliegen und Ihre Sichtweise verstehbar machen.

6. Viele Menschen machen den Fehler, zu „offen" in ein Gespräch zu gehen, ohne dass sie vorher ein klares Ziel fixiert haben. Sie müssen vor einem Gespräch ganz genau wissen, was Sie wollen, und Sie müssen wissen, welche Kompromisse Sie eingehen wollen und welche nicht. Der Gesprächspartner muss merken, dass Sie das, was Sie sagen, auch wirklich ganz genau so meinen.

Kapitel 9

Das Ziel-Navigationssystem

Die Menschen wunderten sich oft, warum der Oracle-Gründer Larry Ellison Zahlen nannte und Dinge behauptete, die in dieser Form offenbar nicht zutreffend waren. Seine Mitarbeiter kamen schließlich zu der Überzeugung, dass Ellison in der Zukunft lebe – nicht in der Gegenwart und schon gar nicht in der Vergangenheit. „Er hatte ein Problem mit den Zeitformen", so ein Mitarbeiter. „Wenn es zum Beispiel hieß, dass wir 50 Mitarbeiter haben werden, konnte man genauso gut sagen, dass wir sie jetzt schon haben." Seine langjährige Assistentin berichtete: „Er lebt nicht im Heute, weil es im Heute Probleme gibt und im Morgen Lösungen."[1]

Erfolgreiche Menschen sind konsequent zukunftsorientiert. Sie verschwenden keine Zeit damit, Dinge zu bereuen, die sie in der Vergangenheit getan haben. Sie lernen aus ihren Fehlern und vergessen dann die Vergangenheit. „Es gibt so viel, was man voraussehen muss, dass es keinen Sinn hat, lange darüber nachzudenken, was man hätte tun können", so Warren Buffett. „Es ist egal. Wir leben für die Zukunft."[2] Buffett, so seine Biografin, machte sich nie lange Gedanken über unangenehme Sachen. Er verglich sein Gedächtnis mit einer Badewanne: „Die Wanne füllte sich mit Ideen und Erfahrungen und mit Angelegenheiten, die ihn interessierten. Wenn er für die Informationen keine Verwendung mehr hatte … zog er den Stöpsel und seine Erinnerungen flossen den Abfluss hinunter … Bestimmte Geschehnisse, Fakten, Erinnerungen und selbst Menschen schienen so zu verschwinden."[3]

Auch Arnold Schwarzenegger, so schreibt sein Biograf, verschwendete niemals Zeit damit, sich Gedanken über vergangene Dinge zu machen, die ohnehin nicht mehr zu ändern waren. „Schon als Teenager beschloss er, unangenehme Dinge hinter sich zu lassen und nicht zurückzuschauen, egal, ob es sich um bestimmte Ereignisse seiner Vergangenheit oder um die psychischen Gegebenheiten seines eigenen Lebens handelte."[4] Statt sich mit der Vergangenheit zu befassen, visualisierte er seine Zukunftsziele. So begann er beispielsweise, sich seinen Bizeps als Berglandschaft vorzustellen, nicht als Fleisch und Blut. „Indem ich meinen Bizeps als Berglandschaft sah, wuchs er schneller und größer, als er das getan hätte, wenn ich ihn nur als Muskel gesehen hätte."[5] Auch bei seinen finanziellen Zielen ging er ähnlich vor. „Vor meinem inneren Auge sehe ich mich bereits als erfolgreichen Millionär. Jetzt geht es nur noch darum, die entsprechenden äußeren Schritte zu unternehmen", so Schwarzenegger.[6]

Erfolgreiche Menschen haben eine ausgeprägte Fantasie, die es ihnen ermöglicht, sich heute schon genau so zu sehen, wie sie morgen sein möchten. Oliver Kahn, der dreimal zum besten Torhüter der Welt gewählt wurde, berichtet, wie er sich Ziele gesetzt hat: „Ich versuchte, mir vorzustellen, wie es sein würde, wenn ich das, was ich als Nächstes erreichen wollte, bereits erreicht hätte. Es war meine Ambition, ein möglichst realistisches Bild davon zu malen, mit so vielen Details, in so kräftigen Farben, mit so konkreten Geräuschen und sogar Gerüchen wie möglich." So entstand in seinem Kopf „ein exaktes Abbild der Realität – bevor sie überhaupt eingetreten war".[7] Kahn berichtet: „Ich habe eine konkrete Vorstellung entwickelt, wie etwas sein soll. Und ich habe diese Vorstellung vollständig aufgesaugt, absorbiert. Ich habe mich immer und immer wieder hineinversetzt in das, was ich sein wollte, bis ich es schließlich vollständig verkörperte."[8]

In diesem Kapitel erfahren Sie, wie Sie die Ziele, die Sie sich gesetzt haben, in Ihr Unterbewusstsein „einprogrammieren" können. Dabei möchte ich Ihnen besonders eine Technik vorstellen, die es Ihnen ungemein erleichtern wird, sich Ihre Ziele „einzuprogrammieren", nämlich das autogene Training. Ich selbst habe erfahren, dass diese Technik funktioniert, ich hätte viele meiner Ziele ohne die Anwendung des autogenen Trainings niemals erreicht. Wenn Ihnen das unwahrscheinlich klingt, dann hören Sie sich die Geschichte von dem Arzt Dr. Hannes Lindemann an, der in den 50er-Jahren als erster Mensch alleine in einem kleinen Serienfaltboot über den Atlantik segelte. Bis zum Jahr 2002 war dies das kleinste Boot, mit dem ein Mensch je den Atlantik überquert hatte. Geschafft hat er es nur durch die Anwendung des autogenen Trainings, einer Technik, die Anfang der 30er-Jahre von dem deutschen Arzt Prof. Dr. Dr. h.c. Schultz erfunden worden war und die es ermöglicht, wie bei einer Selbsthypnose im Zustand tiefster Entspannung bestimmte Ziele in das Unterbewusstsein einzuprogrammieren.

Sechs Monate vor dem geplanten Abfahrtstermin begann Lindemann, täglich mit dem autogenen Training zu üben und sich Formeln einzuprogrammieren. „Ich schaffe es", war eine der Formeln. Morgens früh begann er den Tag bereits damit, dass er sich diese Formel einprägte. Auch während des Tages und noch einmal am frühen Nachmittag wiederholte er dies.

„Nach etwa dreiwöchigem Leben mit dem Vorsatz ‚Ich schaffe es‘ ‚wusste‘ ich, dass ich die Fahrt heil überstehen würde."[9] Während der Überquerung des Atlantiks kam dieser Vorsatz „Ich schaffe es" immer wieder automatisch zum Vorschein. Als er am 57. Tag kenterte und eine lange Sturmnacht auf dem glitschigen Bootskiel liegen musste, ehe er es im Morgengrauen wieder aufrichten konnte, drangen die im autogenen Training einprogrammierten formelhaften Vorsätze aus dem Unterbewusstsein hervor.

Ähnliches hat übrigens der Bergsteiger Reinhold Messner berichtet. In einem Vortrag, den ich vor einigen Jahren hörte, erzählte er, wie er in eine Gletscherspalte stürzte und fast sicher war, dass er dort nie mehr herauskommen würde und sterben müsste. Er nahm sich fest vor, dass er, sollte er das Unwahrscheinliche doch schaffen und aus der Spalte hochkommen, sofort umkehren würde. Als er es geschafft hatte, *musste* er jedoch seine Tour bis zur Bergspitze fortsetzen. „Ich konnte gar nicht anders, denn ich war jeden Morgen mit dem Ziel aufgewacht und jede Nacht damit eingeschlafen und hatte es mir jeden Tag immer wieder einprogrammiert", so Messner in seinem Vortrag. Sein Unterbewusstsein zwang ihn dann, weiterzumachen und den Aufstieg zum Gipfel fortzusetzen.

Zurück zu Hannes Lindemann und seiner Atlantiküberquerung: Sein entscheidender Vorsatz lautete „Kurs West". Bei dem leisesten Ausscheren aus dem Westkurs sollte automatisch in ihm „Kurs West" erklingen. Das Schlafdefizit wurde unerträglich und es stellten sich Halluzinationen ein. Das Wort „West" machte ihn jedoch sofort wieder wach und er korrigierte den Kurs, sobald er davon abgekommen war. „Dieses Beispiel zeigt, wie formelhafte Vorsätze selbst Halluzinationen durchbrechen können. Ein Novum in der Medizin. Es zeigt aber auch, dass formelhafte Vorsätze so stark wie posthypnotische Suggestionen wirken können."[10]

Die Hypnose ist in der Tat auch der Ursprung des autogenen Trainings. Der bereits erwähnte Erfinder dieser Technik, Professor Schultz, arbeitete Anfang des 20. Jahrhunderts in einem Hypnoselaboratorium. Bereits in seiner 1920 erschienenen Arbeit *Schichtenbildung im hypnotischen Seelenleben* wurde die Grundkonzeption des autogenen Trainings sichtbar. 1932 schrieb er dann seine große und heute weltberühmte Monografie *Das Autogene Training – konzentrative Selbstentspannung*.

Beim autogenen Training handelt es sich im Grunde genommen um eine Form der Selbsthypnose. Schultz hatte nämlich entdeckt, dass die Formeln, die ein Hypnotiseur gebraucht, auch von jedem selbst verwendet werden können, um in einen Zustand tiefster Entspannung zu gelangen, der es einem ermöglicht, die Tiefen des Unterbewusstseins zu erreichen.

Wer das autogene Training beherrscht, verfügt nicht nur über eine hoch wirksame Entspannungstechnik, sondern er kann auch bestimmte Ziele tief in sein Unterbewusstsein einprogrammieren – ähnlich wie man ein Ziel in das Navigationssystem eines Autos eingibt. So, wie das Navigationssystem dann den Weg berechnet und anzeigt, wie man fahren muss, so weist auch das Unterbewusstsein den Weg zu einem Ziel, das beim autogenen Training suggeriert wurde.

Ich selbst betreibe das autogene Training seit mehr als drei Jahrzehnten, und zwar täglich. Ich habe jedoch nur wenige Menschen kennengelernt, die es wirklich beherrschen. Der Grund liegt nicht darin, dass es schwierig zu erlernen sei. Im Gegenteil. Es ist sogar sehr einfach, diese Technik zu erlernen. Allerdings muss man hierzu die ersten neun Monate mindestens zweimal am Tag konsequent üben – und hierzu fehlt den meisten Menschen leider die Disziplin. Wie lange es dauert, bis man es erlernt hat, das ist von Mensch zu Mensch verschieden. Bei manchen stellen sich schon nach wenigen Wochen deutliche Wirkungen ein, bei anderen dauert es viele Monate. Der Begründer des autogenen Trainings, Schultz, meinte: „Nach 600-maligem Üben hat es noch *jeder* gelernt."[11] Beherrscht man die Technik einmal, dann verlernt man sie – ähnlich wie die Fähigkeit, zu lesen oder zu schreiben oder Fahrrad zu fahren – niemals mehr im Leben.

Sie können diese Technik in einem Kurs erlernen oder auch aus einem Buch, ich selbst habe schon häufiger Kurse dazu gegeben oder es anderen im Einzelunterricht beigebracht. Sie müssen sich beim autogenen Training in einer bestimmten entspannten Haltung hinlegen oder auch hinsetzen und sich dann innerlich mehrmals bestimmte Formeln aufsagen. „Bin ganz ruhig" – mit dieser Formel fängt das autogene Training an. Dann folgt die sogenannte Schwereübung „Rechter Arm ganz schwer, beide Arme ganz schwer, beide Beine ganz schwer". Wer das autogene Training beherrscht, fühlt jetzt eine angenehme Schwere. Die Muskeln sind völlig entspannt.

Darauf folgt die Wärmeübung: „Rechter Arm strömend warm, beide Arme strömend warm, beide Beine strömend warm." Haben Sie dies häufig genug geübt, dann empfinden Sie eine angenehme Wärme, die dadurch zustande kommt, dass das Blut in Ihre Gliedmaßen fließt. Es folgen weitere Formeln: „Herz schlägt ganz ruhig", „Atmung ganz ruhig", „Solarplexus strömend warm", „Stirn angenehm kühl".

Die Wirkungen des autogenen Trainings sind messbar. Weltweit wurden mehr als 60 verschiedene Mess- und Testmethoden verwendet, um die körperlichen und psychischen Veränderungen beim autogenen Training zu messen. So wurden beispielsweise mithilfe der Thermografie die Wärmeeffekte nachgewiesen, ebenso wie die veränderte Herz- und Atemfrequenz vielfach durch Messungen im Rahmen wissenschaftlicher Experimente bestätigt wurden.

Beherrscht man diese Grundformeln und befindet sich dann in einem Zustand tiefster Entspannung, dann ist das Unterbewusstsein – ähnlich wie in der Hypnose – sehr aufnahmebereit für suggestive Formeln. Diese Formeln wirken besonders stark, wenn sie im Zustand absoluter Entspannung immer wieder in das Unterbewusstsein einprogrammiert werden. Es handelt sich hier um die wirksamste Form der Autosuggestion.

Ich selbst habe allein dadurch ein Vermögen aufgebaut, dass ich mir jedes Jahr neue finanzielle Ziele einprogrammiert habe. Die Formel, die ich mir dafür ausgedacht habe, lautet: „Ich verdiene x Euro im Jahr, mein Unterbewusstsein zeigt mir, wie." Oder: „Ich besitze am 31.12. dieses Jahres x Euro, mein Unterbewusstsein zeigt mir, wie." Ich habe über zehn Jahre Buch geführt und die Ziele, die ich mir einprogrammiert habe, mit den tatsächlichen Ergebnissen verglichen. Die Zielerreichungsquote lag bei 85 Prozent – und dies, obwohl ich meine Ziele sehr ehrgeizig setzte und Jahr für Jahr deutlich anhob.

Warum funktioniert diese Methode? Joseph Murphy hat in seinem 1962 erschienenen Klassiker *The Power of your Subconscious Mind (Die Macht Ihres Unterbewusstseins)* erklärt, wie man durch Autosuggestion seine Ziele erreichen kann. „Entspannung ist der Schlüssel zum Erfolg", schrieb er. „Verschwenden Sie keine Gedanken daran, auf welche Art und Weise wohl Ihr Wunsch in Erfüllung gehen wird, sondern betrachten Sie ihn – gleichgültig, ob es sich um Gesundheit, Finanzen oder Anstellung handelt – als bereits an der Schwelle zu seiner Verwirklichung."[12]

Das mag Ihnen ungewöhnlich erscheinen. Die meisten Menschen fangen sofort an, mit ihrem Bewusstsein kritisch zu überprüfen, ob und auf welchem Wege ein Ziel denn zu erreichen sei. Sie malen sich dann alle möglichen Hindernisse aus und suchen nach Gründen, warum sie scheitern könnten. Die Erfahrung zeigt jedoch, dass der Weg zu einem Ziel, das in das Unterbewusstsein „einprogrammiert" ist, zunächst nicht bekannt sein muss. Wichtig ist, dass sich das Ziel durch ständige Wiederholung autosuggestiv in Ihr Unterbewusstsein einprägt. Das Unterbewusstsein ist klüger als unser Bewusstsein und findet Wege, ein Ziel zu erreichen.

In seinem Klassiker *Denke nach und werde reich* hat Napoleon Hill im dritten Kapitel die „Autosuggestion" als Schlüssel zum Erfolg bezeichnet. Er empfahl, sich zu entspannen und sich bestimmte Ziele bildhaft und sehr konkret vorzustellen – so als seien sie bereits verwirklicht. Aus seiner Sicht ist dies der einzige Weg, um finanzielle oder sonstige Ziele zu erreichen.

Viele Menschen sind skeptisch, wenn sie von solchen Techniken erfahren. Dabei erleben sie jeden Tag, wie wirksam ständig wiederholte Formeln sind und wie diese unser Handeln zu beeinflussen vermögen. Die Werbung ist nur eines von vielen Beispielen dafür.

Autoren wie Murphy oder Hill haben wichtige Hinweise gegeben, wie Menschen Ziele erreichen können. Sie haben allerdings keine wirksame Technik benannt, auf welchem Weg man sich seine Ziele in das Unterbewusstsein einprogrammieren kann.

Diese Technik ist das autogene Training, weil sie es ermöglicht, durch eine besonders tiefe Entspannung den Zugang zu den tiefsten Schichten des Unterbewusstseins zu erlangen und diesem dann durch ständige Wiederholung von bestimmten Formeln Ziele einzuprogrammieren. Man kann sich natürlich bestimmte Ziele, Bilder und Vorsätze auch „innerlich aufsagen", ohne vorher autogen zu trainieren. Die Methode der Autosuggestion wurde schon im 19. Jahrhundert von Émile Coué entwickelt. Schultz, der Begründer des autogenen Trainings, würdigte einerseits diese Methode, wies jedoch andererseits darauf hin, Coué streue den „Samen" seiner positiven Gedanken sozusagen in den Wind. Seine Saat ginge nur unvollständig auf, weil ihm Kenntnisse zur notwendigen „Bodenkultivierung" fehlten. „Anders als bei den formelhaften Vorsätzen und Leitsprüchen des autogenen Trainings handelt es sich bei der ‚Methode Coué‘ um ein Überreden und Einreden von angestrebten Zuständen ohne vorherige ‚Feldbestellung‘. Es fehlt jene stufenweise Vorbereitung durch Selbsteinübung, die kennzeichnend für das autogene Training ist."[13]

Das autogene Training ist eine Methode, ähnlich wie bei der Hypnose, das kritisch-wertende Denken für eine gewisse Zeit zurückzudrängen oder sogar auszuschalten, um dadurch einen unmittelbaren Zugang zum Unterbewusstsein zu bekommen. So wichtig unser analytisches Denken ist, so hat es doch seine sehr engen Grenzen. Das menschliche Verhalten wird oftmals eher von unterbewussten Impulsen geleitet als von bewussten Entscheidungen. Nicht selten sind bewusste Entscheidungen nur noch Rationalisierungen von unterbewussten Impulsen. Zudem liegen im Unterbewusstsein viele Informationen verborgen, die wir nicht bewusst abrufen können. Gelingt es, dem Unterbewusstsein unsere Ziele einzuprogrammieren, dann sucht es sich die Informationen, die notwendig sind, um diese Ziele zu erreichen, selbst. Und Sie werden merken, dass Sie selbst beginnen, Menschen und Situationen wie ein Magnet anzuziehen, die hilfreich sind, um Ihrem Ziel näher zu kommen.

Kann man sich mit dem autogenen Training „alle" Ziele einprogrammieren und diese dann erreichen? Voraussetzung dafür ist, dass Sie an diese Ziele selbst glauben können. Würden Sie sich einprogrammieren, dass Sie nächstes Jahr Präsident der Vereinigten Staaten werden oder übernächstes Jahr zum Mars fliegen, dann könnten Sie dies selbst nicht glauben – und würden diese Ziele dann auch nicht erreichen.

Doch es ist sehr selten der Fall, dass sich Menschen „unrealistisch" hohe Ziele setzen. Die meisten Menschen setzen ihre Ziele viel zu niedrig an. Sie werden jedoch im Leben selten mehr erreichen, als Sie sich vornehmen. Muss es nicht deprimierend sein, wenn man sich am Ende seines Lebens sagen muss, dass man vielleicht nur deshalb nicht mehr von seinen Träumen verwirklicht hat, weil man sich zu kleine Ziele gesetzt hat?

Sie haben stets die Wahl, wie hoch Sie Ihre Ziele setzen. Wenn Sie übergewichtig sind, können Sie sich zum Ziel setzen, fünf oder zehn Kilo von Ihrem Übergewicht zu reduzieren. Sie können sich aber auch das Ziel setzen, eine ideale Figur zu erreichen. Ich bin der Meinung, dass es in gewisser Hinsicht sogar einfacher ist, größere Ziele zu erreichen, weil die Motivation und die Begeisterung für ein großes Ziel ungleich höher sind als für eine bescheidene Zielsetzung. Ich glaube auch, dass es letztlich nicht anstrengender ist, sich sehr ehrgeizige Ziele zu setzen und nach deren Verwirklichung zu streben, als ein mittelmäßiges und langweiliges Leben zu ertragen. Vor allem: Sie werden niemals erfahren, ob verborgene Talente in Ihnen schlummern und ob Sie vielleicht nicht doch Höheres in Ihrem Leben zu erreichen imstande wären, wenn Sie es nicht versuchen.

Die Ziele, die Sie sich einprogrammieren, müssen spezifisch, am besten quantifizierbar und zeitlich limitiert sein. Wenn Sie einem Versandhaus eine Postkarte schreiben, man solle Ihnen „etwas Schönes zuschicken", dann wird das Versandhaus damit nichts anfangen können. Ebenso wenig kann Ihr Unterbewusstsein etwas mit so unspezifischen Zielen anfangen wie etwa: „Ich möchte reich werden", „Ich möchte eine bessere Figur haben" oder „Ich möchte erfolgreich sein". Wenn Sie hingegen genau festlegen, welche Geldsumme Sie bis zu welchem Zeitpunkt besitzen möchten, dann versteht Ihr Unterbewusstsein dieses Ziel. Und Sie selbst können auch eindeutig überprüfen und messen, ob Sie das Ziel erreicht oder verfehlt haben.

Wichtig ist zudem, dass Sie die Ziele, die Sie sich setzen, schriftlich niederlegen. Erstmals wurde dies durch eine Studie belegt, die mit Harvard-Absolventen durchgeführt wurde. Die Studienabgänger wurden gefragt, ob sie sich ein schriftliches Ziel für ihre Zukunft gesetzt hätten. 84 Prozent hatten gar keine spezifischen Ziele, 13 Prozent hatten zwar Ziele formuliert, jedoch nur „im Kopf". Lediglich 3 Prozent hatten ihre Ziele aufgeschrieben. Zehn Jahre später interviewte man die gleichen Personen. Die 13 Prozent, die sich Ziele gesetzt hatten (wenn auch nicht schriftlich), verdienten doppelt so viel wie die 84 Prozent, welche gar keine spezifischen Ziele formuliert hatten. Aber die 3 Prozent, die ihre Ziele aufgeschrieben hatten, verdienten im Durchschnitt zehnmal so viel wie die anderen 97 Prozent.[14]

Dabei brauchen Sie überhaupt kein Studium und nicht einmal Abitur, um überragende Ziele zu erreichen – wenn Sie sich diese Ziele konsequent aufschreiben: Nehmen wir Jürgen F. Kelber, den erfolgreichsten Wohnungsverkäufer Deutschlands. Nach dem Realschulabschluss und einer Ausbildung als Apothekenhelfer mit dem Ziel „Pharmareferent" gründete er 1984 ein Maklerunternehmen in einem Raum mit 14 Quadratmetern. Heute ist er Marktführer in der Wohnungsprivatisierung in Deutschland und hat 43.000 Wohnungen verkauft. Zudem ist er mit fast 50.000 Wohnungen in der Verwaltung auch einer der Großen im Bereich des Asset Managements. Das 1-Mann-Unternehmen ist inzwischen auf 360 Mitarbeiter in 50 Büros gewachsen. Kelber hat dies erreicht, weil er sich schon frühzeitig und vor allem schriftlich das Ziel setzte, Marktführer für die Wohnungsprivatisierung in Deutschland zu werden.

„Wenn ich etwas mache", so Kelber, „dann will ich in diesem Bereich zu den ersten drei in Deutschland gehören. Das ist das Minimalziel. Und um das zu erreichen, muss ich mindestens drei Alleinstellungsmerkmale definieren, bei denen ich mich aus Sicht der Kunden von meinen Wettbewerbern unterscheide. Warum sollte ein Kunde ausgerechnet uns beauftragen, jemand seine Wohnung ausgerechnet bei uns kaufen?"

Hören Sie seine erstaunliche Geschichte von Anfang an: Das erste Mal kam er mit Immobilien in Berührung, weil man ihm seine Wohnung wegnehmen wollte. Er war damals 27 Jahre alt und wohnte mit seiner Freundin in einem Mehrfamilienhaus mit sechs Wohneinheiten. Er hatte sich besondere Mühe gegeben, seine Wohnung zu renovieren und schön zu machen. Der Bauträger, dem das Mietshaus gehörte, ging jedoch in die Insolvenz und sogenannte „Aufteiler" wollten es kaufen. Kelber hatte Angst, dass sie das Haus „entmieten" würden, um dann die Wohnungen an Kapitalanleger zu verkaufen.

„Meine Freundin und ich diskutierten viele Stunden, was wir machen könnten, um unsere Wohnung zu behalten. Schließlich hatte ich die verrückte Idee, das ganze Haus zu kaufen. Verrückt deshalb, weil ich natürlich damals überhaupt kein Eigenkapital hatte", so Kelber. Seine Hausbank lehnte deshalb eine Finanzierung ab, aber Kelber ließ nicht locker und fragte bei mehreren anderen Banken nach, bis ihm eine schließlich 125.000 Euro lieh, um das Haus zu kaufen.

Kelber gewann durch diesen erfolgreichen Kauf Spaß am Immobilienthema. Er entschloss sich, selbst Makler zu werden. Zunächst einmal besuchte er über mehrere Monate sämtliche Makler in seiner Heimatstadt, gab sich als Kaufinteressent aus und ließ sich beraten. „Ich wollte sehen, was die Makler gut und was sie schlecht machen. Und systematisch stellte ich mir aus diesen vielen Gesprächen ein Idealbild eines Maklers zusammen." Er las nichts anderes mehr als nur noch Bücher und Artikel über Immobilienmarketing und -vertrieb, besuchte Schulungen und war für kein anderes Thema mehr ansprechbar.

Die ersten Jahre verliefen erfolgreich und vielversprechend, aber so wie andere Wohnungsmakler blieb er auf seine Heimatstadt beschränkt. „Mir war klar, dass ich nur wachsen konnte, wenn ich nach Problemen suchte, die andere nicht lösen konnten", so sein Gedanke. Es werde ihm nur gelingen, auf sich aufmerksam zu machen, wenn er sich besonders schwieriger Themen annähme, die von anderen gemieden würden.

„Ich habe viel nachgedacht, was ich anders machen könnte als andere. Aber ich denke immer nur schriftlich nach. Wie man nachdenken kann, ohne die Gedanken zu Papier zu bringen, weiß ich gar nicht. Ich habe ein eigenes Ideen-Buch, in dem ich Ideen aufschreibe. Und dann entwickle ich aus den Ideen Konzepte und Ziele, die ich schriftlich fixiere. Und dann setze ich diese Ziele um."

Kelber glaubt fest daran, dass man nur schriftlich nachdenken kann. Deshalb verpflichtet er auch alle seine Mitarbeiter, wöchentliche und monatliche Berichte zu schreiben. „Diese Berichte dienen weniger dazu, dass ich die Mitarbeiter kontrolliere, sondern sie sollen dem Mitarbeiter helfen, seine Gedanken zu ordnen und sich Rechenschaft über seine Ergebnisse und Erfahrungen abzulegen", so Kelber.

Viele Wohnungsunternehmen, die Wohnungen an Mieter, Eigennutzer und Kapitalanleger verkauften, hatten damals ein sogenanntes „Restanten-Problem". Es blieben stets Wohnungen übrig, die als unverkäuflich galten. Kelber bot selbstbewusst der damals zweitgrößten deutschen Wohnungsgesellschaft, der GSG (Gemeinnützige Siedlungsgesellschaft des Evangelischen Siedlungswerks in Deutschland und der Leonberger Bausparkasse) an, für sie das Restanten-Problem zu lösen. Vorwiegend in ländlichen Gebieten fing er an, jene Wohnungen zu verkaufen, die bis dahin als unverkäuflich galten. Neben einzelnen Wohnungen begann er auch, ganze Mietshäuser an kleine Unternehmer und Handwerker zu verkaufen.

Er dehnte seine Verkaufstätigkeit auf immer mehr Städte aus. Freie Handelsvertreter in anderen Städten brachten ihm Interessenten, und Kelber führte die Abschlussgespräche, die schließlich zur Vereinbarung eines Notartermins führten. Auf diese Weise verkaufte er 2000 Wohnungen für die GSG.

Dann fiel die Mauer. Viele Immobilienleute begannen nun, Steuersparmodelle zu verkaufen. „Die ließen sich besser verkaufen, aber ich hielt nichts davon, weil mir klar war, dass die Wohnungen stark überteuert waren. Ich fand auch den Verkauf mit 20 Prozent oder mehr Provision unanständig", so Kelber. Stattdessen schloss er eine Vereinbarung mit Volks- und Raiffeisenbanken in Brandenburg und fing an, Wohnungen an Selbstnutzer, Mieter und Kapitalanleger zu verkaufen. Nachdem der frühere Chef der GSG zur TLG, der Treuhand Liegenschaftsgesellschaft, gewechselt war, begann Kelber, auch in anderen ostdeutschen Bundesländern Wohnungen zu verkaufen.

Kelber verkaufte inzwischen natürlich längst nicht mehr alleine, sondern stellte immer mehr Mitarbeiter ein. Wie konnte jedoch gewährleistet werden, dass alle Mitarbeiter nach dem gleichen Konzept beraten und nicht der eine so und der andere wieder anders vorging? Kelber entwickelte Beratungsbögen, die heute im Wertpapierbereich Pflicht sind, um die Qualität des Beratungsprozesses zu dokumentieren. „Bei 43.000 verkauften Wohnungen haben wir keinen einzigen Haftungsprozess geführt. Das ist sicher auch ein Ergebnis der durch die Beratungsbögen sichergestellten einheitlichen Beratungsstandards, aber das war nicht der Grund, warum wir diese Bögen entwickelt haben." Vielmehr ging es darum, einheitliche Beratungsgespräche zu gewährleisten, die durch die Unterschrift des Beratenen protokolliert wurden.

Kelber hatte auch die Idee, ein deutschlandweites Franchise-System zu entwickeln, aber er gab das Projekt auf, als er merkte, dass er die einheitliche Beratungsqualität nicht gewährleisten konnte. „Jeder Franchise-Nehmer trat anders auf und hatte seine eigenen Methoden, die manchmal konträr zu dem waren, was ich für richtig hielt. Ich merkte, dass der Markenname meiner Firma darunter zu leiden begann, und beendete das Experiment, obwohl ich 2,5 Millionen Mark investiert hatte."

Im Jahr 2007 erkannte Kelber, dass er mit seinem Unternehmen an eine Wachstumsgrenze gestoßen war. Als Dienstleister im Bereich des Endverkaufs von Wohnungen war er Marktführer geworden, die alt+kelber Immobilienverwaltung ist eine der größten. Jetzt nahm er sich vor, andere Bereiche, beispielsweise den Bereich der Wohnungs-fonds, neu zu erschließen. Kelber sah, dass er nur weiter wachsen und neue Ziele erreichen könnte, wenn er sein Unternehmen in einen Kon-zern eingliederte. Es gab viele Interessenten dafür, drei kamen in die engere Wahl. Entgegen dem Ratschlag aller Berater und einiger Freunde und Mitarbeiter entschied er sich, an das österreichische Unternehmen conwert zu verkaufen. Dass er den anderen internationalen Interessen-ten, die seinerzeit wirtschaftlich sehr stark waren, aber bald in eine Kri-se gerieten, entgegen dem Ratschlag seiner Berater absagte, stellte sich erst später als richtig heraus.

Kelber schrieb sich wieder neue Ziele auf, beispielsweise wollte er der führende Anbieter im Bereich von Wohnungsfonds werden. Als er dieses Ziel aufschrieb, hatte er noch keine Vorstellung davon, wie er es erreichen könnte, und verstand auch sehr wenig von Wohnungsfonds. Ich selbst habe dann für ihn den Kontakt zur größten Investmentfonds-gesellschaft Deutschlands, der Deutsche-Bank-Tochter DWS, herge-stellt und Kelber hat inzwischen zusammen mit diesem Unternehmen mehrere Fonds aufgelegt.

Die Entwicklung seines Unternehmens verlief nicht ohne Krisen. „Kein Auftrag eines großen Kunden währt ewig, irgendwann ist die Arbeit in der Wohnungsprivatisierung erledigt und dann hat man sich selbst überflüssig gemacht." Zweimal stand sein Unternehmen kurz vor dem Aus und er musste über die Hälfte der Mitarbeiter entlassen. „Solche Dellen gehören zum Geschäftsleben dazu. Im Nachhinein hat sich herausgestellt, dass wir aus jeder Krise gestärkt hervorgegangen sind. Die Probleme haben mich gezwungen, neue Kunden zu gewin-nen und neue Geschäftsmodelle zu entwickeln, welche die Basis für weiteres Wachstum waren", berichtet Kelber. Und das nächste Ziel kennt er auch schon: der größte und erfolgreichste Asset Manager für Dritte zu werden.

Wir haben am Beispiel von Jürgen Kelber gesehen, wie entschei-dend es ist, Ziele nicht nur „im Kopf" zu formulieren, sondern diese Ziele auch schriftlich niederzulegen. August Oetker, der Begründer der nun schon über 100-jährigen Familiendynastie – Sie werden in Kapitel 13 mehr über ihn erfahren –, war ebenfalls davon überzeugt, wie wichtig es sei, seine Ziele immer wieder schriftlich zu formulie-ren: „Schreibe deinen Lebensplan nieder! Du musst wissen, was du willst, und dies in großen Umrissen niederschreiben." Dabei müsse man nicht nur ein Hauptziel haben, sondern auch genaue Planungen für jeden einzelnen Monat.[15] Auch Warren Buffett hat immer wieder betont, wie wichtig es ist, seine Gedanken und Ziele unbedingt schriftlich zu fixieren: „Nichts bringt so viel Ordnung in Ihre Gedanken wie das Schreiben."[16]

Der sicherste und schnellste Weg, große Ziele zu erreichen, besteht darin, schriftlich einige wenige Hauptziele zu formulieren, diese Ziele in Jahresziele zu unterteilen und sich dann jeden Tag diese Ziele „einzuprogrammieren". Sie *müssen* dabei nicht die Methode des autogenen Trainings anwenden, aber ich bin sicher, dass Sie Ihre Ziele sehr viel schneller erreichen werden, wenn Sie diese Methode nutzen, um Ihre autosuggestiven Vorsätze wirksam in Ihr Unterbewusstes einzuprogrammieren.

Ich empfehle Ihnen, nachdem Sie die Lektüre dieses Buches beendet haben, wieder zu diesem Kapitel zurückzukehren und es erneut zu lesen. Denn es zeigt Ihnen eine verlässliche Methode auf, wie Sie das, was viele Autoren schon zuvor empfohlen haben, nämlich die Kraft Ihres Unterbewusstseins zur Erreichung Ihrer Ziele zu mobilisieren, praktisch umsetzen können. Gehören Sie zu den wenigen Menschen, die sich die Mühe machen, über viele Monate mit großer Konsequenz das autogene Training wirklich zu erlernen und es dann Tag für Tag anzuwenden, um Ihre persönlichen Ziele in Ihr Unterbewusstsein einzuprogrammieren? Oder aber gehören Sie zu jenen, die entweder skeptisch sind und es gar nicht erst versuchen oder aber denen die notwendige Selbstdisziplin zum tagtäglichen Üben fehlt? Von der Beantwortung dieser Frage kann es abhängen, wie groß die Ziele sind, die Sie in den nächsten zehn Jahren erreichen werden.

Haben Sie einmal Ihre Ziele einprogrammiert, dann sind Sie bereit, eine zweite Erfolgsformel hinzuzufügen, die Sie Ihren Zielen näher bringen wird. Diese Formel heißt: Ausdauer + Experimentierfreudigkeit. Alle großen Erfinder, Geschäftsleute, Sportler und Künstler haben diese Formel bewusst oder unbewusst angewandt.

Kapitel 10

Erfolgsformel: Ausdauer + Experimentierfreudigkeit

Garri Kasparow spielte 1984 zum ersten Mal um die Schachweltmeisterschaft. Sein Gegner war Anatoli Karpow, ein Schach-Genie, das bis heute den eindrucksvollsten Turnierrekord aller Zeiten hält. Und nun saß Kasparow, gerade einmal 21 Jahre alt, ihm gegenüber. Die Weltmeisterschaft begann am 10. September, gespielt wurde nach dem Modus, der seit der Weltmeisterschaft 1978 üblich war: Weltmeister wurde, wer zuerst sechs Partien gewann, Remis zählten nicht. Kasparow war siegessicher, verlor jedoch in rascher Folge vier Partien hintereinander. „Nur zwei Niederlagen trennten mich von einem erniedrigenden Debakel. Ich war völlig geschockt."[1] Kasparow analysierte den bisherigen Spielverlauf und kam zu dem Ergebnis, dass er seine Taktik sofort und radikal ändern musste. „Ich schaltete auf Guerillataktik um, fuhr das Risiko herunter und wartete Partie für Partie auf meine Chance."[2]

Es folgten dann 17 (!) Spiele ohne eine Entscheidung. Der Wettkampf zog sich Monat um Monat hin. In den vielen hundert Stunden, die er am Schachbrett saß und mit der Vorbereitung verbrachte, befasste Kasparow sich intensiv mit seiner eigenen Spiel- und Denkweise, analysierte Fehler, variierte seine Taktik. Zunächst ging dies auch auf. In der Partie 27 verlor er dann jedoch, und der Rückstand vergrößerte sich auf 0:5. Sein Gegner Karpow schien schon kurz vor seinem Ziel, nämlich den jungen Emporkömmling Kasparow mit einem lupenreinen 6:0 eine Lektion zu erteilen.

Die nervliche Anspannung für beide war immens. Karpow wurde physisch und psychisch immer erschöpfter, nahm elf Kilogramm ab und wurde mehrmals ins Krankenhaus eingeliefert. Kasparow erwies sich als stärker und kam in wenigen Partien bis auf 3:5 heran. Dann, am 15. Februar 1985, fünf Monate nach Beginn des Spiels und über 300 Spielstunden, wurde das Match abgebrochen.

Kasparow hatte die Erfolgsformel angewandt, die alle erfolgreichen Menschen befolgen: Ausdauer plus Experimentierfreudigkeit. Seine

Ausdauer war geradezu unglaublich. So lange hatte bisher noch niemals eine Schwachweltmeisterschaft gedauert – der Rekord hatte bei drei Monaten gelegen. Aber ebenso wichtig war, dass er während des Spiels sehr rasch lernte. „Der Weltmeister hatte mir fünf zermürbende Monate lang als persönlicher Trainer zur Verfügung gestanden. Mittlerweile wusste ich nicht nur, wie er spielte, sondern war mit meinen eigenen Denkvorgängen vertrauter. Immer häufiger erkannte ich meine Fehler und warum ich sie begangen hatte."[3]

Ausdauer ist wichtig, um Erfolg zu haben, doch es hilft nichts, wenn man ausdauernd immer wieder die gleichen Fehler macht. Zu der Ausdauer muss sich ein hohes Maß an Experimentierfreudigkeit gesellen: „Neue Arten der Problemlösung", so Kasparow, „finden wir nur, indem wir nach neuen Wegen suchen und den Mut haben, sie zu beschreiten. Natürlich führen sie nicht alle zum Ziel, doch je mehr wir experimentieren, desto erfolgreicher verlaufen die Experimente. Durchbrechen wir unsere Gewohnheiten, sogar diejenigen, mit denen wir uns eigentlich wohlfühlen, um nach neuen und besseren Methoden zu suchen."[4]

Ein Jahr nach dem Match gegen Karpow wurde Kasparow mit 22 Jahren der jüngste Weltmeister aller Zeiten. Er hielt diesen Titel 15 Jahre lang. Bei seinem Rückzug aus dem Profi-Schach im Jahre 2005 war er der Spieler mit der weltweit höchsten Wertungszahl.

Auch für erfolgreiche Unternehmer ist die Kombination von Ausdauer und Experimentierfreudigkeit von außerordentlicher Bedeutung, wie die Geschichte der Erfindung und Vermarktung der Barbie-Puppe zeigt – des wohl bekanntesten und erfolgreichsten Spielzeugs der Welt:

New York, 1959: Ruth Handler saß in ihrem Hotel und weinte. Sie war in freudiger Erwartung zu der Spielwarenmesse in New York gefahren, auf der sie das neueste Produkt ihrer Firma Mattel, die Barbie-Puppe, erstmals präsentierte. An der Puppe war alles anders als an den bisher verbreiteten Puppen: Sie sah nicht kindlich aus, sondern wie eine Frau. Die Leute lachten Ruth Handler aus: Welche Mutter würde schon für ihre Tochter eine Puppe mit einem großen Busen, einer extrem schlanken Taille und superlangen Beinen kaufen? Auch die Profis der großen Spielwarenketten sahen das so – kaum jemand wollte ihre Puppe bestellen. Doch Ruth Handler hatte in ihrem Optimismus bereits für das nächste halbe Jahr jede Woche 20.000 Barbies aus der Produktion in Japan bestellt. In Panik sandte sie nun ein Telegramm nach Japan und bat, die Produktion um 40 Prozent herunterzufahren.

Das erste Mal war Ruth Handler Anfang der 50er-Jahre die Idee mit der Puppe gekommen, die sie später nach ihrer Tochter Barbara benennen sollte. Sie hatte beobachtet, wie gerne ihre Tochter und deren Freundinnen mit ausgeschnittenen Papierpuppen spielten, die sie immer wieder an- und umzogen. Ihr war aufgefallen, dass ihre Tochter und die anderen Mädchen dabei besonders ein Modell bevorzugten, nämlich eine erwachsene Frau. Sie identifizierten sich mit diesem Modell. So wollten sie später auch einmal sein, wenn sie erwachsen wären: attraktiv, schön angezogen und geschminkt. Wie viel interessanter würde es für die Mädchen sein, so überlegte Handler, statt mit Papierpuppen mit einer richtigen, dreidimensionalen Puppe zu spielen? „Ich wusste, dass wir etwas ganz Besonderes schaffen würden, wenn es uns nur gelänge, dieses Spielmuster zu nehmen und es in die Dreidimensionalität zu übertragen."[5]

Die Idee ging ihr nicht aus dem Kopf, doch solche Puppen, wie sie sie sich vorstellte, gab es damals nicht. Doch dann passierte es: 1956 flog sie zu einer sechswöchigen Tour durch Europa. Und in Luzern, in der Schweiz, sah sie im Schaufenster eine Puppe mit dem Namen Lilli. Sie war 30 Zentimeter groß und hatte eine blonde Pferdeschwanz-Frisur. Ruth und ihre Tochter Barbarba, die damals 15 Jahre alt war, hatten noch nie im Leben eine solche Puppe gesehen. Sie war auch nicht für Kinder bestimmt. Die Puppe war einer Comic-Serie in der *Bild*-Zeitung nachgemacht und eher als Jux-Geschenk für Männer gedacht. Handler kaufte die Puppe. Sie wusste: Das war genau das, was sie sich seit Jahren vorgestellt hatte. Eine solche Puppe wollte sie für junge Mädchen produzieren lassen.

Doch das erwies sich als sehr viel schwieriger, als sie es sich vorgestellt hatte. Die Puppe sollte ja möglichst „echt" aussehen, mit anmodellierten Wimpern und vor allem mit Kleidern, die man aus- und anziehen konnte. Schnell stellte sich heraus, dass die Produktion einer solchen Puppe viel zu teuer würde. Handler war klar, dass eine solche Puppe nur in Japan produziert werden konnte, wo die Lohnkosten damals sehr niedrig waren. Sie reiste nach Japan, und mehrere Jahre experimentierten verschiedene Hersteller, bis es gelang, eine Puppe für 3 Dollar herzustellen. Zu den Kosten für die Puppe kamen noch die Ausgaben für die Kleider, die besonders teuer waren. Das Anfangsgehalt eines kaufmännischen Angestellten in den USA lag damals bei 200 bis 300 Dollar im Monat, und so konnten es sich zunächst nur Angehörige der oberen und mittleren Schichten leisten, die Barbie zu kaufen.

Ruth Handler hatte bereits 1945 zusammen mit ihrem Mann und einem anderen Partner eine Firma gegründet, die zunächst Bilderrahmen und später Puppenhausmöbel herstellte. Ihr Mann war ein genialer Tüftler, der immer neue Ideen für Spielzeuge hatte. Er war jedoch sehr introvertiert und gewiss kein guter Verkäufer. Diese Rolle übernahm seine Frau Ruth, die ein geniales Gespür für Marketing und Werbung bewies. So buchte sie, was bislang keine Spielwarenfirma getan hatte, das ganze Jahr Fernsehwerbung für ihre Spielsachen. Sie begann 1955 mit einer landesweiten Produktwerbung in der TV-Sendung *Mickey Mouse Club* der Disney Company, die damals die beliebteste Kindersendung war.

Das revolutionierte die Spielzeugindustrie, denn von nun an bestimmten nicht mehr die Eltern, was sie ihren Kindern schenkten, sondern die Kinder drängelten so lange, bis ihnen ihre Eltern das Spielzeug kauften, das sie in der Fernsehwerbung gesehen hatten.

Handler hatte sich bislang vor allem auf den Verkauf und das Marketing konzentriert, aber keine eigenen Spielsachen erfunden. Dies überließ sie ihrem Mann. Die Barbie war ihre erste Erfindung. Für viel Geld ließ sie ein Gutachten von dem damals berühmten Werbepsychologen Ernest Dichter erstellen. Er interviewte 191 Mädchen und 45 Mütter. Das Ergebnis: Die meisten jungen Mädchen liebten die Puppe, die Mütter hassten sie. Dichters Frau berichtete später: „Er befragte Mädchen, wie eine Puppe ihrer Meinung nach aussehen sollte. Es stellte sich heraus, dass sie eine Puppe wollten, die sexy aussah, eine Puppe, die so aussah, wie sie später selbst aussehen wollten. Lange Beine, große Brüste, glamourös."[6] Dichter schlug vor, die Brüste der Barbie-Puppe noch größer zu machen – und schließlich hatte sie Proportionen, die bei einer Frau den Maßen 99-46-84 cm entsprochen hätten. Doch war es wirklich das, was junge Mädchen wollten?

Die Fernsehwerbung brachte die Träume der Mädchen in einem Song zum Ausdruck: „Eines Tages werde ich genauso sein wie du, und bis dahin weiß ich, was ich tu … Barbie, wunderschöne Barbie, ich tue so, als wär ich du."[7] Als die Werbekampagne für Barbie begann, machten sich die Wettbewerber von Mattel darüber lustig: „Es ist nicht zu fassen, was diese Wahnsinnigen von Mattel getan haben. Sie haben Fernsehwerbung gemacht und erwartet, dass Mütter für ihre Töchter Puppen kaufen, die wie Nutten aussehen."[8] Nicht nur die Wettbewerber waren skeptisch. Auch die Mitarbeiter in der eigenen Firma glaubten nicht an den Erfolg der vermeintlich verrückten Idee.

Doch nachdem die Barbie-Puppe zunächst auf große Skepsis stieß, wurde sie ein riesiger Erfolg und machte die Firma Mattel zu einer der größten Spielzeugfirmen der Vereinigten Staaten. Nur ein Jahr nachdem das Unternehmen mit der Puppe auf den Markt gekommen war, ging es an die Börse. Fünf Jahre später erreichte es einen Jahresumsatz von 100 Millionen Dollar und belegte zum ersten Mal einen Platz unter den „Fortune 500"-Unternehmen.

Ruth Handler war vor allem deshalb erfolgreich, weil sie gegen alle Widerstände an ihrer Idee festgehalten hatte. Ihr Mann war dagegen, ebenso ihre Mitarbeiter und fast alle anderen Menschen, mit denen sie sprach. Selbst wenn die Käufer eine solche Puppe haben wollten, dann sei es aber dennoch unmöglich, sie zu einem vernünftigen Preis herzustellen, so erklärte man ihr immer wieder. Das Wort „unmöglich" spornte sie jedoch nur zusätzlich an. Sie wollte allen beweisen, dass es doch möglich sei. Handler bewies jene Kombination von Ausdauer und Experimentierfreudigkeit, welche die Basis für jeden Erfolg ist. Ausdauer bewies sie, weil es von der ersten Idee bis zu ihrer Realisierung fast ein Jahrzehnt brauchte. Drei Jahre lang verbrachte sie allein damit, die Puppe, die sie in der Schweiz gesehen hatte, immer mehr zu perfektionieren. Sie achtete auf jedes Detail, die Fingernägel, das Make-up und vor allem die Garderobe, die wesentlich zum überragenden wirtschaftlichen Erfolg des Produktes beitragen sollte. Denn die Mädchen, die eine Puppe besaßen, fragten nach immer neuen Kleidern, um sie nach der neuesten Mode anzuziehen. All diese Details hatte sie im Auge. Dass viele andere Wettbewerber, die versuchten, den Erfolg zu kopieren, scheiterten, führte sie darauf zurück, dass diese eben nicht die gleiche Ausdauer bewiesen, sich mit den scheinbar nebensächlichen, in Wahrheit jedoch so ungeheuer wichtigen Details zu befassen.

Auch die Geduld von Howard Schultz wurde auf eine harte Probe gestellt. Als er das Unternehmen Starbucks übernahm, warf es Jahr für Jahr Gewinne ab. Damals gab es jedoch nur fünf Geschäfte – und Schultz hatte die Idee, eine landesweite Kette aufzubauen. „Es dauerte nicht lange, bis mir klar wurde, dass wir nicht gleichzeitig das Niveau der Einnahmen beibehalten und das Fundament bauen konnten, das wir für schnelles Wachstum brauchten." Er prophezeite seinen Mitarbeitern und den Investoren, dass man von nun an drei Jahre lang Verluste machen würde.[9]

Und genauso kam es dann auch. Im Jahr 1987 verlor Starbucks 330.000 Dollar. Im nächsten Jahr stiegen die Verluste sogar auf 764.000 Dollar. Und im dritten Jahr steigerten sie sich dann auf 1,2 Millionen Dollar. Erst im vierten Jahr wurden wieder Gewinne erwirtschaftet. Schultz erinnerte sich später: „Das war für uns alle eine nervenaufreibende Zeit. Obwohl wir wussten, dass wir in die Zukunft investieren, und die Tatsache akzeptiert hatten, dass wir keinen Gewinn machen würden, war ich oft voller Zweifel."[10]

In einem Monat waren die Verluste viermal höher, als im Budget veranschlagt. Und für die nächste Woche war eine Aufsichtsratssitzung vorgesehen, bei der sich Schultz rechtfertigen musste. Er konnte nicht schlafen und hatte Angst vor der Reaktion der Boardmitglieder. Die Stimmung bei dem Meeting war so angespannt, wie er befürchtet hatte. „Da läuft etwas schief", sagte einer der Direktoren nach seinem Bericht. „Wir werden die Strategie ändern müssen." Schultz zitterte innerlich und musste seine ganze Überzeugungskraft aufbringen, um sie bei der Stange zu halten. „Hören Sie", sagte er und bemühte sich, seine Stimme fest klingen zu lassen, „wir werden so lange Verluste machen, bis wir drei Dinge tun können. Wir müssen ein Managementteam zusammenstellen, das für unsere derzeitigen Anforderungen viel zu gut ist. Wir müssen eine erstklassige Röstanlage einrichten." Und schließlich, so fügte er hinzu, brauche man auch noch ein Computerinformationssystem, das so hoch entwickelt sein müsse, dass man den Umsatz von Hunderten von Geschäften verfolgen könne.[11] „Hunderte von Geschäften?" Manche Investoren waren skeptisch. Damals hatte Starbucks erst 20 Filialen. Und da wollte ein gewisser Schultz Unsummen investieren, um ein Computersystem zu kaufen, das Hunderte von Geschäften verwalten könnte?

Und warum, so fragten seine Kritiker, wolle er hoch bezahlte Leute einstellen, die ganz offensichtlich für diesen Job überqualifiziert waren? Er entgegnete: „Leute zu engagieren, die für die aktuelle Situation eigentlich überqualifiziert sind, mag auf den ersten Blick wie ein Luxus wirken, doch es ist viel klüger, Experten ins Unternehmen zu holen, bevor man sie braucht, als mit unerfahrenen Leuten einen vermeidbaren Fehler nach dem anderen zu machen."[12]

Doch das Unternehmen verschlang immer mehr Kapital. Nachdem er mit großer Mühe 3,8 Millionen Dollar für den Kauf von Starbucks beschafft hatte, musste er weitere 3,9 Millionen Dollar besorgen, um seine ehrgeizigen Wachstumspläne zu finanzieren. Im Jahre 1990 brauchte das Unternehmen sogar noch mehr Geld und brachte 13,5 Millionen Dollar aus einem Risikokapitalfonds auf.

Im folgenden Jahr mussten noch einmal 15 Millionen Dollar beschafft werden. Insgesamt gab es vier Runden mit sogenannten Private Placements von Aktien, bevor das Unternehmen dann 1992 an die Börse ging.

Wie viel Ausdauer war für Schultz in diesen Jahren notwendig? Viel einfacher wäre es gewesen, „kleinere Brötchen" zu backen und weniger ehrgeizige Pläne zu verfolgen. Er hätte damit früher Gewinne gemacht und sich nicht ständig den kritischen Fragen der Investoren aussetzen müssen. War er wirklich auf dem richtigen Weg? Wurde nicht das Verlustrisiko mit jeder weiteren Million Dollar erhöht?

Schultz sah es anders. Für ihn war es das größere Risiko, *nicht* genügend zu investieren. „Wenn Unternehmen scheitern oder nicht wachsen, liegt es fast immer daran, dass sie nicht in die Leute, die Systeme und die Prozesse investieren, die sie brauchen. Die meisten Leute unterschätzen, wie viel Geld man dazu braucht. Sie unterschätzen auch das Gefühl, das sie haben werden, wenn sie über große Verluste Bericht erstatten müssen."[13] Große Investitionen am Anfang bedeuten nicht nur hohe Jahresverluste, sondern auch eine Verringerung des Aktienbestandes des Gründers. Doch Schultz war bereit, diesen Preis zu zahlen – und er wurde schließlich für seine Ausdauer belohnt.

Anderen Unternehmensgründern gab er folgenden Rat mit auf den Weg: „Wenn Sie ein Unternehmen gründen, egal, wie groß es ist, müssen Sie sich von Anfang an darüber im Klaren sein, dass es länger dauern wird und mehr kosten wird, als Sie erwarten. Wenn Ihr Plan ehrgeizig ist, müssen Sie damit rechnen, dass Sie vorübergehend mehr investieren, als Sie einnehmen, selbst wenn der Umsatz rasch steigt. Wenn Sie erfahrene Führungskräfte einstellen, Produktionsanlagen bauen, die weit über Ihren aktuellen Bedarf hinausgehen, und eine klare Strategie für die mageren Jahre formulieren, sind Sie für ein rasantes Wachstum gerüstet."[14]

Um so ausdauernd zu sein wie Schultz, braucht man vor allem zwei Dinge: eine hohe Frustrationstoleranz und ein wirklich großes Ziel. Nur ein großes Ziel ist motivierend genug, damit Sie trotz Niederlagen und schwieriger Phasen daran festhalten und nicht aufgeben. Der Schlüssel zum Erfolg liegt jedoch in der Frustrationstoleranz. Die wurde schon am Beginn von Schultz' Berufsleben gefordert, als er ein Vertreter für Xerox war.

Sechs Monate lang klapperte er jeden Tag 50 Büros in seinem „Revier" in Manhattan ab, das sich von der 42nd Street bis zur 48th Street und vom East River bis zur Fifth Avenue erstreckte. „Diese Tätigkeit war eine gute Vorbereitung auf die Geschäftswelt", erinnerte er sich später. „Es wurden mir so viele Türen vor der Nase zugeschlagen, dass ich mir eine dicke Haut und ein überzeugendes Verkaufsargument für eine damals neumodische Erfindung namens Textverarbeitung zulegen musste."[15]

Er wurde ein sehr erfolgreicher Verkäufer. „Ich verkaufte eine Menge Geräte, mehr als die meisten meiner Kollegen, und mein Selbstbewusstsein wuchs. Ich entdeckte, dass Verkaufen auch viel mit Selbstvertrauen zu tun hat."[16]

Dieses Selbstvertrauen ist einerseits die Voraussetzung, um ausdauernd zu sein und auch Niederlagen einzustecken. Andererseits wächst es gerade mit der Ausdauer. Wer ausdauernd ist, eine hohe Frustrationstoleranz besitzt und am Ende dann genau deshalb Erfolg hat, entwickelt ein hohes Selbstbewusstsein, das wiederum die Voraussetzung ist, um sich noch größere Ziele zu setzen und die noch höheren Hürden zu überwinden, die sich auf dem Weg zur Erreichung dieser Ziele auftun. Deshalb ist es kein Wunder, dass viele der in diesem Buch vorgestellten erfolgreichen Persönlichkeiten vor allem auch gute Verkäufer waren – ein Beruf, bei dem man neben Einfühlungs- und Durchsetzungsvermögen vor allem eine hohe Frustrationstoleranz benötigt.

Niemand wird in einem Unternehmen Karriere machen, der nicht ausdauernd ist. Michael Bloomberg war 15 Jahre bei Salomon Brothers, bevor ihm gekündigt wurde und er dann sein eigenes Unternehmen aufbaute. In seiner Autobiografie schreibt er: „Gott sei Dank sagte ich jedes Mal Nein, wenn mich eine andere Firma abwerben wollte. Ich fand immer wieder etwas, das mich bleiben ließ – eine neue Perspektive, die mir meine Laufbahn bei Salomon bot, und damit einen Grund, der Firma weiterhin treu zu bleiben."[17]

Dabei wurde Bloombergs Geduld oft über die Grenzen hinaus strapaziert. Nach sechs Jahren bei Salomon lief bei ihm alles bestens. Er war das Wunderkind im Wertpapierhandel und er wurde in den Medien als der Wall-Street-Powerbroker gefeiert. Er verdiente hervorragend, aber was ihm noch fehlte, war die Ernennung zum Partner in dem Unternehmen. Das Prestige einer Teilhaberschaft war ihm „wichtiger als sonst irgendetwas in der Welt", wie er in seiner Autobiografie schreibt. „Ich hatte die Teilhaberschaft verdient und jetzt wollte ich ein für alle Mal die öffentliche Anerkennung für meine Leistung, Bester unter den Besten zu sein."[18]

Schließlich kam der Tag im August 1972, als die Liste der neuen Teilhaber veröffentlicht wurde. Bloomberg, der ganz fest damit gerechnet und sich nichts mehr als dies gewünscht hatte, stand jedoch nicht auf der Liste! Es standen stattdessen Mitarbeiter auf der Liste, die es aus seiner Sicht überhaupt nicht verdient hatten. „Mich hatte man übergangen und, da so viele andere aufgenommen worden waren, auch erniedrigt." Bloomberg war am Boden zerstört. Er hatte Tränen in den Augen. Und er dachte sich wilde Rachefeldzüge aus. „Ich redete lange wirres Zeug mit mir selbst, sagte mit erstickter Stimme Sachen wie: ‚Dann gehe ich eben', ‚Die bringe ich um' oder ‚Ich erschieße mich'."[19]

Wahrscheinlich hätten die meisten Menschen so oder ähnlich reagiert und die Schuld bei den anderen gesucht, welche die eigenen

Leistungen nicht erkannten oder sich gegen einen verschworen hatten. Aber Bloomberg besann sich rasch eines Besseren. „Denen werde ich's zeigen!" war jetzt seine Devise. Er arbeitete noch härter als sonst, konzentrierte sich noch stärker, gab alles, was er geben konnte. Und immer wieder sagte er sich: „Denen werde ich's zeigen!" Drei Monate später wurde er zum Partner ernannt.[20]

Als er einige Jahre später seine eigene Firma gründete, wurde seine Ausdauer ebenfalls auf eine harte Probe gestellt. Er hatte bei seinem Ausscheiden eine Summe von 10 Millionen Dollar bekommen – damit war seine Ausdauer fürstlich belohnt worden. Zusammen mit einigen anderen Kollegen machte er sich selbstständig. Er mietete zunächst einen kleinen Büroraum in der Madison Avenue in Manhattan an. Der Raum war ungefähr zehn Quadratmeter groß. „Am ersten Tag feierten wir in der Besenkammer, die unser Büro war, den Neubeginn mit einer Flasche Sekt."[21]

Bloomberg, der immer schon sehr fleißig war, arbeitete in dieser Phase an sechs Tagen die Woche 14 Stunden. Und dann machte er die gleiche Erfahrung wie der Starbucks-Gründer Howard Schultz: „Ich hatte nicht annähernd genug Geld für die Finanzierung der Neuentwicklungen vorgesehen."[22] Die Kosten waren viel höher, als er zunächst erwartet hatte.

Hinzu kam noch, dass keineswegs klar war, dass die Kunden von dem, was er versuchte – nämlich ein ganz neuartiges Computer-Terminal für Finanzinformationen zu erfinden –, angetan sein würden. Er fing an, sich insgeheim Gedanken zu machen, ob es klug war, das Vermögen und seinen guten Ruf aufs Spiel zu setzen. Schließlich waren schon 4 von den 10 Millionen Dollar, die er beim Ausscheiden von Salomon erhalten hatte, weg. Und das Unternehmen machte immer noch Verluste. „Glücklicherweise gab es aber, selbst wenn ich gewollt hätte, keine Möglichkeit zum ehrenvollen Rückzug, also legten wir uns (meinem Selbstwertgefühl sei Dank!) weiter ins Zeug."[23]

Ausdauer und Frustrationstoleranz sind wichtig, aber sie müssen sich paaren mit Experimentierfreudigkeit und Offenheit. Wer verbissen einem vorgefertigten Plan folgt, wird auch mit aller Ausdauer nichts bewirken. Michael Bloomberg ist ein erklärter Gegner einer zu rigiden Planung: „Sie werden unweigerlich auf andere Schwierigkeiten stoßen, als Sie eigentlich eingeplant hatten. Und dann heißt es ‚Zick', obwohl das Reißbrett gerade ‚Zack' vorsieht. Lassen Sie sich nicht von einer detaillierten, rigiden Planung behindern, wenn Sie sofort reagieren müssen."[24]

Ich wiederhole es noch einmal: Ausdauer führt nur dann zum Erfolg, wenn sie sich mit Experimentierfreudigkeit paart. Thomas Edison, einer der größten Erfinder der Geschichte, brachte die Ausdauer auf, 10.000 verschiedene Experimente zu machen, bis er die Glühbirne erfunden hatte. Wie viele Menschen hätten nicht schon nach dem 100. oder dem 1000. Versuch abgebrochen?

Wer zupackend handelt und aus seinen Fehlern rasch lernt, ist meistens demjenigen überlegen, der immer perfektere Pläne erarbeitet, aber zögert, zu beginnen. „Natürlich machten wir Fehler", erinnert sich Bloomberg. „In den meisten Fällen hatten wir etwas übersehen, als wir anfingen, die Software zu schreiben. Wir behoben die Fehler, indem wir wieder von vorn anfingen, immer und immer wieder. Das machen wir heute noch so." Während sich seine Wettbewerber noch den Kopf über den endgültigen Entwurf zerbrachen, arbeitete er schon an der fünften Version des Prototyps. „Letzten Endes heißt die Frage wieder: Planen oder handeln? Wir handeln vom ersten Tag an; andere planen – monatelang."[25]

Wer ein neues Unternehmen gründet, sollte sich nicht sklavisch an einen vorgefertigten Plan halten, sondern offen sein, stets Neues dazuzulernen und zu experimentieren. Bloomberg betonte immer wieder, dass Prognosen, die man über neue Geschäftsvorhaben trifft und die von Banken und anderen Finanzierern so nachdrücklich gefordert werden, meist wertlos und bedeutungslos sind. „Hypothesen enthalten so viele Variablen, und das Wissen, das man über sein neues Geschäft besitzt, ist so begrenzt, dass alle detaillierten Analysen meistens irrelevant sind."[26]

In dieser Hinsicht dachten Larry Page und Sergej Brin, die Gründer von Google, ganz genauso wie Bloomberg. Die beiden 1973 geborenen Google-Gründer hatten eine zündende Idee – sie wollten die beste Suchmaschine der Welt erfinden. Mit den Ergebnissen der damals dominierenden Suchmaschinen wie Alta Vista waren sie nicht zufrieden. Sie bedienten sich zunächst selbst dieser Suchmaschine, machten jedoch die Entdeckung, dass neben einem Verzeichnis von Websites die Resultate von Alta Vista auch scheinbar nebensächliche Informationen über Links zeigten. Durch die Einbeziehung des Faktors der sogenannten Linkpopularität ließen sich die Suchergebnisse im Web erheblich verbessern, so ihre Entdeckung.

Die beiden Studenten waren von der Idee besessen, die beste und fortschrittlichste Suchmaschine der Welt zu schaffen. Zunächst hatten sie gar nicht vorgehabt, eine eigene Firma zu gründen, aber sie brauchten viel Geld, um Hunderte PCs zu kaufen, die sie miteinander verknüpften und für die Durchsuchung des World Wide Web benötigten.

Es gelang ihnen denn auch, Risikokapitalgeber zu finden. Aber eine klare Geschäftsidee hatten sie nicht. David A. Vise und Mark Malseed schreiben in ihrem Buch *Die Google Story*: „Keiner der beiden wusste, wie das Unternehmen Geld erwirtschaften würde, aber wenn sie die beste Suchmaschine besaßen, würden manche Organisationen dieses Instrument bestimmt einsetzen."[27]

Entgegen den Empfehlungen, die Studenten der Betriebswirtschaftslehre bekommen, verzichteten sie auch darauf, einen Businessplan zu entwerfen. Die Frage, wie Google eigentlich Geld verdienen würde, blieb zunächst unbeantwortet.

Ursprünglich hatten sie die Idee, anderen Internet-Firmen Lizenzen für die Suchmaschinen-Technologie zu verkaufen. Dies erwies sich jedoch als sehr schwierig. Michael Moritz von der Firma Sequoia, die zu den beiden ersten Risikokapitalgebern für Google gehörte, erinnert sich: „Im ersten Jahr fürchteten wir, dass der Markt schwieriger und widerspenstiger sei, als wir erwartet hatten. Die Gespräche und Verhandlungen mit potenziellen Kunden zogen sich in die Länge. Es gab etliche Konkurrenten und wir hatten kein Personal für den Direktverkauf."[28]

Page und Brin ließen sich dadurch aber nicht entmutigen. Anzeigenwerbung lehnten sie zunächst ab, weil sie befürchteten, damit werde die Objektivität der Suchergebnisse negativ beeinträchtigt. Andere Firmen, die sich über Anzeigenwerbung zu finanzieren suchten, waren ein negatives Beispiel. Zudem zeigte sich, dass die damals übliche Banner-Werbung nicht besonders effektiv war.

Schließlich entdeckten sie jedoch ein Unternehmen, das den Verkauf von Anzeigen in Verbindung mit Suchergebnissen recht erfolgreich bewerkstelligte. Mit Suchanfragen gekoppelte Werbung schien ein funktionierendes Konzept zu sein. Page und Brin entschlossen sich, das Konzept zu modifizieren und zur Grundlage ihres Geschäftsmodells zu machen. Die Strategie war einfach: Google sollte kostenlose Suchergebnisse erzielen und Geld durch den Anzeigenverkauf verdienen.

In den ersten Jahren machte die Firma Verluste. Im Jahr 2000 betrug das Minus 14,7 Millionen Dollar. Doch bereits im Jahr 2001 wurde ein erster Gewinn von 7 Millionen Dollar verbucht. Im folgenden Jahr erwirtschaftete Google schon fast 100 Millionen, 2004 waren es fast 400 Millionen und im Jahr darauf 1,5 Milliarden Dollar. Im Jahr 2010 machte Google einen Umsatz von 29,32 Milliarden Dollar und erzielte einen Gewinn von 8,5 Milliarden Dollar. Die Marke Google ist heute wertvoller als die von Coca-Cola oder McDonald's – im Jahr 2010 war sie mit 131 Milliarden Dollar die teuerste Marke der Welt.

Im Jahr 1998, als sie die technische Basis für das spätere Google-System geschaffen hatten und die Lizenz dafür an Firmen wie Yahoo! verkaufen wollten, waren Page und Brin überall abgeblitzt. Die eine Million Dollar, die sie für das System haben wollten, war allen, denen sie ihre Suchmaschine anboten, viel zu teuer. Dieser „Misserfolg" stellte sich später für die Google-Gründer als das größte Glück heraus, denn sie hätten dieses Unternehmen wohl nie gegründet, wenn sie damals einen Käufer gefunden hätten. Dies ist übrigens ein weiteres Beispiel dafür, dass in jedem Misserfolg auf der anderen Seite der Keim für einen unerwartet großen Erfolg steckt.

Google ist ein gutes Beispiel dafür, dass nicht perfekte Pläne, sondern die schnelle Lernfähigkeit entscheidend für den Erfolg einer Unternehmensgründung ist. Manch einer würde den Kopf über Firmengründer schütteln, die keinen Businessplan haben und nicht wissen, wie sie genau Geld mit ihrer Firma verdienen wollen. Keine Bank der Welt hätte Existenzgründern wie Page und Brin einen Kredit gegeben. Aber eine große Vision, verbunden mit einem hohen Maß an Experimentierfreudigkeit, Pragmatismus und Lernfähigkeit, ist mehr wert als das geduldige Papier, auf dem ausgefeilte Businesspläne verfasst werden, die allenfalls BWL-Professoren in Verzückung versetzen können.

Die pragmatische und experimentierfreudige Einstellung behielten die Google-Gründer bis heute bei. Eine neue Dienstleistung von Google wird oft mit dem Zusatz Beta versehen, um damit anzuzeigen, dass sie noch nicht ausgereift sei. Google ist durch die Experimentierfreudigkeit seiner Gründer entstanden – und zu einem der profitabelsten und am schnellsten wachsenden Unternehmen der Welt geworden.

Es ist nicht so entscheidend, was Sie wissen, wenn Sie ein neues Unternehmen gründen, sondern es kommt alles darauf an, wie schnell Sie lernen, nachdem Sie das Unternehmen gegründet haben. Das traf auch auf mich zu: Im Jahr 2000 gründete ich ein Beratungsunternehmen für die Immobilienwirtschaft. Ich hatte eine ganze Reihe von Leistungen auf ein Blatt Papier geschrieben, von denen ich dachte, dass sie nützlich für die Unternehmen sein könnten, die ich beraten wollte. Ein Freund sagte mir schon damals voraus, dass ich wahrscheinlich bald würde feststellen müssen, dass die Kunden in Wahrheit nur eine oder zwei dieser Leistungen abrufen.

Ich merkte bald, dass vielen Kunden das Thema Public Relations, also Presse- und Öffentlichkeitsarbeit, am wichtigsten war. Das Problem war nur, dass ich als ehemaliger Journalist allenfalls vage Vorstellungen davon hatte, wie dieses Geschäft funktioniert. Ich hatte eine Mitarbeiterin eingestellt, die allerdings auch nichts davon verstand.

Also suchte ich nach einem PR-Profi – und fand auch einen. Holger Friedrichs ist bis heute mein bester und engster Mitarbeiter. Ich habe viel und schnell von ihm gelernt. In der Firma führte es anfangs zu Spannungen, dass das Thema PR immer stärker in den Vordergrund trat. Die Mitarbeiter der ersten Stunde beharrten darauf, dass wir „eigentlich" keine PR-Firma seien. Sie wollten den Kunden Leistungen verkaufen, von denen ich rasch erkannte, dass diese zwar objektiv für die Unternehmen sicherlich sehr sinnvoll waren, diese jedoch subjektiv etwas ganz anderes benötigten, nämlich PR. Vor die Entscheidung gestellt, ob ich mit meinem ursprünglichen Konzept recht behalten oder den Kunden das geben wollte, was sie so dringend brauchten, entschied ich mich für Letzteres.

Heute ist unser Unternehmen seit elf Jahren unumstrittener Marktführer in der Positionierungs- und Kommunikationsberatung für Immobilien- und Fondsgesellschaften in Deutschland. Zwar unterscheiden wir uns in vielfacher Hinsicht von klassischen PR-Agenturen und bieten in der Tat viele darüber hinausgehende Dienstleistungen an, aber wir hätten nie diesen Erfolg gehabt, wenn wir nicht vor allem im Bereich der Presse- und Öffentlichkeitsarbeit die höchste Kompetenz gezeigt hätten.

Lernen heißt, zu experimentieren. Funktioniert eine bestimmte Strategie nicht, dann muss sie eben durch eine andere ersetzt werden. Ich wundere mich manchmal, wenn manche Menschen immer wieder das Gleiche tun, obwohl sie ganz offensichtlich keinen Erfolg damit haben. Was würden Sie von jemandem halten, der einen Kuchen nach einem bestimmten Rezept backt und es immer wieder nach dem gleichen Rezept versucht, obwohl das Ergebnis den Gästen nicht schmeckt? Dieser Mensch ist sicher ausdauernd, aber das alleine führt eben nicht zum Erfolg.

Vielen Menschen fällt es schwer, sich selbst einzugestehen, dass sie von falschen Voraussetzungen ausgegangen sind und sich geirrt haben. Sie halten lieber an bestimmten Glaubenssätzen fest, als diese infrage zu stellen – auch wenn sie ganz offensichtlich keinen Erfolg damit haben. Diese Menschen sind zweifelsohne ausdauernd. Aber Ausdauer in der Verfolgung von falschen Strategien ist ein schlechtes Rezept. Nur wenn sich die Ausdauer mit Experimentierfreudigkeit paart, führt sie zum Erfolg.

Erfolgreiche Sportler zeigen stets eine besonders große Ausdauer. Aber jeder erfolgreiche Sportler gerät häufiger in seiner Karriere an einen Punkt, wo seine Leistungen stagnieren. Wer dann so darauf reagiert, dass er nur von dem, was er bisher schon im Training getan hat, mehr tut, riskiert ein schädliches Übertraining, das ihn zurückwirft. Nur wer offen dafür ist, neue Trainingstechniken auszuprobieren, hat eine Chance, die unvermeidlichen Phasen der Stagnation zu überwinden, besser zu werden und weiter zu wachsen.

Der Fußball-Profi Oliver Kahn zitiert in seinem Buch Albert Einstein, der einmal gesagt hat: „Denselben Versuch immer und immer wieder zu machen, ohne etwas am Versuchsaufbau zu verändern, ist eine Form der Geisteskrankheit."[29] Kahn empfiehlt Spitzensportlern wie auch anderen erfolgreichen Menschen „zielgerichtetes Experimentieren in *dem* Bereich …, in dem Sie etwas schaffen wollen … Nie sinnlos oder unsinnig, aber wild, extrem, eben: experimentierfreudig."[30] Kahn warnt vor falschem Perfektionismus: „Die Kunst ist, nicht perfekt zu sein, das kann sogar zur reinen Zeitverschwendung führen. ‚Perfektion ist der Feind des Anfangens'."[31] Man kann hinzufügen: Oft ist „Perfektion" einfach eine bequeme Ausrede dafür, nicht anzufangen, weil die „perfekten" Bedingungen nicht gegeben seien.

Voraussetzung für diese Experimentierfreudigkeit ist, dass man keine Angst vor Fehlern hat. „Versuchen Sie, sich darauf zu konzentrieren, das *Richtige zu machen*; nicht darauf, das Falsche nicht zu tun", so Kahn.[32] Das ist ein wichtiger Ratschlag, den Sie zweimal lesen sollten: „Versuchen Sie sich darauf zu konzentrieren, das *Richtige zu machen*; nicht darauf, das Falsche nicht zu tun." Erfolgsmenschen unterscheiden sich von Misserfolgs-Vermeidungsmenschen dadurch, dass Erstere sich auf den Erfolg konzentrieren und die Dinge richtig machen wollen, während sich Letztere darauf konzentrieren, möglichst nichts falsch zu machen. Leider herrscht letztere Einstellung in nicht wenigen Großunternehmen und staatlichen Institutionen, in denen Erfolge nur wenig goutiert, Misserfolge dagegen bestraft werden. Im Extremfall führt dies zu der Einstellung: „Wenn ich viel arbeite und wage, mache ich viele Fehler, wenn ich weniger arbeite und wage, mache ich weniger Fehler, und wenn ich nichts arbeite, kann ich auch keine Fehler machen." Jedenfalls führt die übertriebene Angst vor Fehlern dazu, dass man eben nicht mehr experimentiert und lieber alles so macht, wie man es immer schon gemacht hat.

Selbst wenn Sie als Unternehmer mit dem einen oder anderen Geschäftsmodell scheitern, heißt dies noch lange nicht, dass Sie kein Sieger sind. Im Gegenteil. In den Vereinigten Staaten sagt man, dass ein Unternehmer, der nicht schon einmal eine Firma an die Wand gefahren hat, kein Sieger werden kann. Das ist natürlich übertrieben. Aber in Deutschland haben viele Menschen zu viel Angst davor, mit einer Geschäftsidee zu scheitern, und machen sich deshalb erst gar nicht selbstständig. Dabei sind viele sehr erfolgreiche Unternehmer mit der einen oder anderen Firmenidee gescheitert – aber sie haben daraus gelernt und oft war die vorübergehende Niederlage die Voraussetzung für einen großen späteren Erfolg, der alle Erwartungen übertraf.

Gleichgültig, ob Sie Unternehmer, Angestellter, Freiberufler, Wissenschaftler, Künstler oder Sportler sind: Ohne die Bereitschaft, immer wieder zu experimentieren und Fehler zu machen, werden Sie keinen Erfolg haben.

Es ist leicht dahergesagt, man habe „schon alles versucht". Wer sich selbstkritisch prüft, wird meist feststellen, dass das in Wahrheit gar nicht stimmt. Beim Sport wie auch im Geschäftsleben gibt es so unendlich viele Varianten, wie man an Dinge herangehen kann und wie man vorgeht, dass kaum jemand ernsthaft wird behaupten können, er habe schon „alles probiert". Oft ist das nur eine Ausrede, um vor sich und anderen zu begründen, warum man nicht mehr vorankommt.

McDonald's ist für sein perfektes, bis ins kleinste Detail ausgeklügeltes System bekannt. Aber dieses System entstand nicht etwa durch die kluge Eingebung seines Erfinders, sondern durch die Kombination von Experimentierfreudigkeit und Ausdauer. Dabei erwies es sich als Vorteil, dass die Führungspersönlichkeiten von McDonald's in den 50er-Jahren nicht aus der Restaurationsbranche kamen. „Da keiner von uns Branchenerfahrung vorweisen konnte, gab es für uns kein absolut sicheres Erfolgsrezept", so der McDonald's-Pionier Fred Turner, der Weggefährte und Nachfolger von Ray Kroc. „Wir mussten uns alles selbst erarbeiten … Wir suchten ständig nach Verbesserungsmöglichkeiten, die laufend revidiert wurden."[33]

Ray Kroc selbst ermunterte seine Manager, Differenzen offen auszusprechen und mit neuen Ideen zu experimentieren. „Ich hatte keine Erfahrung mit der Hamburger-Branche", erklärte er. „Niemand konnte hieb- und stichfeste Gründe, die für eine bestimmte Methode sprachen, anführen. Wenn sich unsere Vorstellungen unterschieden, habe ich ihnen sechs Monate Zeit zum Experimentieren gegeben und ihnen dabei auf die Finger geschaut." Er selbst, so räumt er ein, habe genauso viele Fehler gemacht wie seine Kollegen – „und das hat uns einander nähergebracht".[34] James Kuhn, ein anderer McDonald's-Veteran, beschrieb das Erfolgsrezept so: „Wir sind eine starke, motivierte Gruppe, die etliche Kugeln abfeuert, von denen nicht alle ihr Ziel treffen. Wir haben Fehler gemacht, aber sie haben uns zum Erfolg verholfen, weil wir daraus gelernt haben."[35]

John F. Love berichtet in seinem Werk *Die McDonald's Story*: „Jeder Schritt beruhte auf der Methode von Versuch und Irrtum. Es gab keine

Idee, über die nicht diskutiert wurde … Das McDonald's-System war das Ergebnis unzähliger, in der Praxis erprobter Experimente."[36]

Eine Voraussetzung für Experimentierfreude ist, dass Sie nicht allzu rechthaberisch sind und es Ihnen leichtfällt, Fehler einzugestehen, und Sie aus Kritik lernen können. Selbstbewusste Menschen können das in der Regel besser als andere, weil sie sich durch Kritik nicht gleich grundsätzlich infrage gestellt fühlen. Bill Gates beispielsweise scheute sich nie, seine Meinung zu ändern, wenn ihm bessere Argumente entgegengehalten wurden. „Bill ist kein Dogmatiker, sondern sehr pragmatisch", berichtet ein Mitarbeiter. „Er kann sich lautstark und auch einleuchtend für irgendetwas starkmachen und dann ein oder zwei Tage später sagen, dass er sich getäuscht hat. Es gibt nicht viele Leute, die diesen Ehrgeiz, diese Dynamik, diese Zähigkeit besitzen und dabei nicht eitel werden."[37]

Ein anderer Mitarbeiter von Bill Gates berichtet: „Wenn er wirklich an etwas glaubte, setzte er sich mit Feuereifer dafür ein und drückte es überall durch und erzählte jedem, den er traf, wie großartig es sei. Wenn sich aber zeigte, dass die betreffende Sache so großartig nicht war, kehrte er ihr den Rücken und vergaß sie … Ihn machte das unglaublich beweglich in dem Sinne, dass er sich nie in schlechte Geschäfte verrannte."[38]

Garri Kasparow schreibt, dass er während der 20 Jahre, die er in der Schachwelt an der Spitze stand, einem ständigen Sperrfeuer aus Kritik und Lob ausgesetzt war. „Es war immer verführerisch, die negativen Stimmen einfach zu ignorieren und nur auf die positiven zu hören. Allerdings überwand ich mein Ego und überwand die instinktive Abwehrhaltung."[39] Kasparow betont immer wieder, wie wichtig eine selbstkritische Prüfung sei. Nicht nur aus Niederlagen müsse man lernen, sondern es sei auch wichtig, „die eigenen Erfolge auf Fehler zu untersuchen". Schließlich sei auch der Erfolg kein untrügliches Zeichen, dass man alles richtig gemacht habe, sondern vielleicht habe man nur Glück gehabt.[40] „Einen Erfolg analysieren wir selten so genau wie einen Misserfolg, und wir schreiben Siege gern unserer Überlegenheit zu statt den günstigen Umständen. Läuft alles glatt, ist es umso wichtiger, nachzuhaken. Übersteigertes Selbstbewusstsein zieht Fehler nach sich und man gibt sich allzu schnell mit dem Status quo zufrieden."[41]

Wenn Sie Manager oder Unternehmer sind, müssen Sie auch lernen, Fehler Ihrer Mitarbeiter zuzulassen. Natürlich kann man es nicht akzeptieren, wenn jemand zum wiederholten Male den gleichen Fehler macht und sich damit als nicht lernwillig oder nicht lernfähig erweist.

Wird jedoch ein Fehler gemacht, weil jemand etwas Neues gewagt und ausprobiert hat, dann darf dies nicht sanktioniert werden.

Wird jeder Fehler bestraft, dann ersticken Sie damit die Experimentierfreudigkeit. Jack Welch hatte das Glück, am Beginn seiner Karriere bei General Electric einen Chef zu haben, der Fehler zuließ. Er stand erst am Beginn seiner Laufbahn und seine Abteilung experimentierte mit einem neuen chemischen Verfahren. Dabei kam es zu einem Unglück. „Ich saß gerade in meinem Büro ins Pittsfield, als es in der benachbarten Pilotanlage zu einer Explosion kam. Mit einem gewaltigen Knall wurde das Dach vom Gebäude gerissen und alle Fenster im obersten Stock gingen zu Bruch. Die Explosion ging uns allen, besonders mir, durch Mark und Bein."[42]

Da Welch das Projekt leitete, lag die Verantwortung bei ihm. Am nächsten Tag musste er 160 Kilometer nach Bridgeport in Connecticut fahren, um seinem Vorgesetzten zu berichten, wie es zu dem Unfall gekommen war. „Ich konnte erklären, wie es zu der Explosion gekommen war, und hatte auch einige Ideen, wie das Problem behoben werden konnte. Aber ich war mit den Nerven völlig am Ende. Mein Selbstvertrauen war fast in so schlechtem Zustand wie die Anlage", berichtet Welch.[43]

Welch kannte den Vorgesetzten, dem er berichten musste, nicht besonders gut und wusste nicht, wie dieser reagieren würde. Dieser war jedoch sehr verständnisvoll, wollte wissen, wie es zu dem Unfall gekommen war und was Welch daraus gelernt hatte. Sein Chef zeigte keinerlei Emotionen, sondern ging ganz sachlich an das Problem heran. „Es ist besser, dieses Problem jetzt zu entdecken als später in einem groß angelegten Betrieb", meinte er. „Gott sei Dank wurde niemand verletzt."[44] Welch war enorm beeindruckt von dieser Reaktion.

Welch meinte, man müsse ein Gespür haben, ob jemand ein aufmunterndes Wort nach einem Fehler brauche oder einen Tritt in den Hintern. „Arrogante Menschen, die sich weigern, aus ihren Fehlern zu lernen, müssen natürlich aus einem Unternehmen entfernt werden. Doch wenn sich gute Leute aufgrund eines Fehlers mit Selbstvorwürfen peinigen, ist es unsere Aufgabe, ihnen beizustehen."[45]

Vielleicht erinnern Sie sich an diese Geschichte, wenn das nächste Mal einer Ihrer Mitarbeiter einen schweren Fehler macht! Wenn Sie nicht lernen, Fehler zu akzeptieren – bei sich selbst und bei anderen Menschen –, werden Sie keinen Erfolg haben, weil Erfolg eben auf der Kombination von Ausdauer und Experimentierfreudigkeit beruht. Und Experimentierfreudigkeit heißt eben, Fehler zu machen. Der britische Milliardär Richard Branson hat viele Erfolge errungen, aber weil er ständig neue Dinge probierte, ist er natürlich auch immer wieder mit bestimmten Firmengründungen und Ideen gescheitert. „Aber was ist schlimmer", so fragt Branson, „ab und zu einen Fehler zu machen oder sich den Dingen zu verschließen und Chancen zu verpassen?"[46]

Prüfen Sie sich selbstkritisch, wo Ihre Schwäche liegt: Haben Sie zu wenig Ausdauer, bleiben Sie nicht lange genug bei einer Sache und neigen dazu, zu schnell aufzugeben? Oder mangelt es Ihnen vor allem an der Experimentierfreudigkeit? Oft sind *mäßige* Erfolge schädlicher für denjenigen, der große Ziele erreichen will, als eindeutige Misserfolge. Denn bei einem Misserfolg wird jeder vernünftige Mensch überlegen, was er anders machen kann, was er daraus lernen kann. *Mäßige* Erfolge dagegen lähmen oftmals die Experimentierfreudigkeit. Denn Menschen, die gewisse Erfolge mit einer Methode erzielt haben, neigen oft dazu, krampfhaft an dem scheinbar Bewährten festzuhalten und die Dinge künftig immer in genau der gleichen Art zu machen, mit der sie gewisse Erfolge erzielt haben. Die Frage, ob sie mit einer anderen Methode nicht noch sehr viel erfolgreicher sein könnten, stellen sich diese Menschen nicht.

Dieser „Falle des mäßigen Erfolges" entkommen Sie nur, wenn Sie sich bewusst sehr viel größere Ziele setzen, denn diese Ziele werden Sie mit der Anwendung der bislang bewährten Methoden wahrscheinlich nicht erreichen können. Sie zwingen sich dadurch selbst, zu experimentieren, neue Wege zu beschreiten und Dinge auszuprobieren, die Sie in der Vergangenheit noch nie versucht haben.

Neigen Sie bisher dazu, zu viel und zu lange zu planen – vielleicht als Ausrede dafür, dass Sie nicht handeln? Dann habe ich diese Nachricht für Sie: Die Planwirtschaft ist widerlegt, sie ist historisch gescheitert. Die Marktwirtschaft, die auf Wettbewerb, Spontanität und Experimentierfreudigkeit beruht, hat gesiegt. Auch wenn Sie in vielen „Erfolgsbüchern" lesen können, wie wichtig es angeblich sei, Ihren Erfolg detailliert zu planen – vergessen Sie es! Natürlich sind Pläne bis zu einem gewissen Grade unvermeidbar, aber planen Sie bitte nicht zu viel. Wichtiger ist, dass Sie es wagen, zu träumen, sich wirklich große Ziele zu setzen, nicht zu viel Angst vor Fehlern haben und dann einfach: beginnen und experimentieren!

Kapitel 11

Der Motor der Unzufriedenheit

Korrigiere deine Ziele nach oben. Gehe neue Wege. Messe dich mit Unsterblichen."[1] Dies war das Motto von David Ogilvy, dem legendären Werbemann, der eine der größten Agenturen der Welt gründete. Ogilvy, so berichtet ein ehemaliger Mitarbeiter von ihm, hasste das Mittelmaß „auf den Tod". „Ganz gleich, wie gut etwas war, es musste noch *besser* sein."[2] Als einen der wichtigsten Grundsätze, die er in seinem Leben gelernt habe, nannte Ogilvy die Maxime, „dass man exorbitante Standards haben muss, dass man immer versuchen sollte, die Dinge besser zu machen, als es andere vor einem schon getan haben oder auch tun werden."[3]

Erfolgreiche Menschen zeichnen sich durch eine spezifische Kombination von Zufriedenheit und Unzufriedenheit aus. Erfolge, die sie erzielt haben, geben ihnen ein Basisvertrauen, das man auch als Zufriedenheit bezeichnen könnte. Aber zugleich sind sie stets unzufrieden mit dem, was sie erreicht haben. Ihr Motto ist, dass nichts, was gut ist, nicht noch besser gemacht werden könnte. Viele Erfolgsmenschen sind Perfektionisten, aber sie sind es nicht in dem negativen Sinne des Wortes.

Manche „Perfektionisten" kommen nur schwer zu einem Ergebnis oder einem Abschluss. Ein solcher Perfektionist war Karl Marx. Sein Lebenswerk ist das Buch *Das Kapital*, an dem er mehrere Jahrzehnte arbeitete. 1851 kündigte Marx an, dass er das Buch wohl in fünf Wochen fertig habe. Er fand jedoch stets noch eine Quelle, noch ein neues Buch oder noch eine neue Statistik, die er berücksichtigen wollte. Seine Freunde, insbesondere sein engster Freund Friedrich Engels, trieb er manchmal zur Verzweiflung, weil er sein großes Werk nicht zum Abschluss zu bringen vermochte. Erst 1867 erschien der erste Band von *Das Kapital*, jedoch war das nur ein Bruchteil seines Werkes. Nach seinem Tod im Jahr 1883 hinterließ Marx einen Wust von Manuskripten des unvollendeten Werkes. Sein Freund Engels verbrachte die restlichen Jahre seines Lebens damit, aus den handschriftlichen Notizen den zweiten und den dritten Band fertigzustellen, die in den Jahren 1885 und 1894 erschienen. Aber auch Engels schaffte es nicht, das ganze Werk zu vollenden. Als Engels starb, übernahm es Karl Kautsky, die noch unbearbeiteten Fragmente des Marx'schen Hauptwerkes in den Jahren 1905 bis 1910 unter dem Titel *Theorien über den Mehrwert* zu bearbeiten und herauszugeben.

Es ist nicht ganz einfach, das richtige Maß für den Perfektionismus zu finden. Einer, der genau das richtige Maß gefunden hat, ist Ray Kroc, der Erfinder von McDonald's, von dem wir schon an anderer Stelle dieses Buches gehört haben. Sein Anspruch an sich selbst war so groß, dass er – so formulierte es einer seiner engsten Mitarbeiter – „durchdrehte, wenn er ein schlechtes McDonald's-Restaurant sah".[4] Kroc prägte den Begriff QSC (Quality, Service, Cleanliness) – und dieser Begriff sei für ihn zu einer Religion geworden.

Selbst über die richtige Zubereitung von Pommes frites, ein Thema, über das sich sonst bislang niemand so ernsthaft den Kopf zerbrochen hatte, machte sich Kroc so intensiv Gedanken, dass er schließlich eine Wissenschaft daraus machte. In den ersten drei Jahrzehnten von McDonald's gab das Unternehmen mehr als 3 Millionen Dollar für die Erforschung und Verbesserung der Zubereitung von Pommes frites aus.

Die McDonald's-Leute fanden beispielsweise heraus, dass die Qualität der Pommes entscheidend von dem Festgehalt der verwendeten Kartoffeln abhing, der mindestens 21 Prozent betragen musste. Ray Kroc schickte Spezialisten zu den Kartoffellieferanten, die mit einem merkwürdigen Gerät – einem Hydrometer – den Festgehalt der Kartoffeln maßen. Der Anblick der McDonald's-Spezialisten mit ihren Hydrometern verschlug so manchem Kartoffelanbauer die Sprache. Dass jemand bei ihnen auftauchte, um ihre Kartoffeln eingehenden Tests zu unterziehen, das hatten sie noch niemals erlebt.

Doch Kroc gab sich damit nicht zufrieden. Er ließ nachforschen, wie die Kartoffeln gelagert wurden, und bekam einen Schreck, als er hörte, dass die meisten Lieferanten die Kartoffeln in künstlichen, mit Torfsoden ausgelegten Höhlen lagerten. Also begann er, sich nach Verarbeitungsfirmen umzusehen, die bereit waren, in eine moderne Lagerhaltung mit automatischer Temperaturkontrolle zu investieren.

Damit jedoch nicht genug. Mit wissenschaftlicher Genauigkeit ließ er den Frittierprozess in den Restaurants analysieren und Verbesserungsmöglichkeiten ausarbeiten. Der Ehemann von Krocs Sekretärin, der früher als Elektroingenieur für Motorola gearbeitet und dann zusammen mit seiner Frau ein McDonald's-Restaurant eröffnet hatte, studierte das Frittierverfahren für die Pommes mehrere Monate lang im Keller seines Restaurants. Schließlich gelangte er zu der Überzeugung, dass McDonald's ein eigenes Forschungslabor bräuchte, denn trotz aller Verbesserungen blieb die Qualität der Pommes unterschiedlich – und dies wollte Kroc nicht dulden. Kroc stimmte schließlich dem Vorschlag zu, ein kleines Laboratorium einzurichten.

Manch einer schüttelte den Kopf über Krocs Perfektionismus, doch Kroc wollte, dass in allen Filialen die Pommes gleich gut schmeckten, um damit einen Vorteil gegenüber den Wettbewerbern zu haben, die sich eben nicht die gleiche Mühe mit der Auswahl der Kartoffeln und der Perfektionierung des Frittierprozesses machten.

Auch Krocs engster Weggefährte, Fred Turner, war ein Perfektionist. Um die einheitliche Qualität in allen Restaurants sicherzustellen, begann er, ein Handbuch zu schreiben. Kurz nachdem er bei McDonald's begonnen hatte, brachte er ein Handbuch mit 15 Seiten heraus, das schon bald von einem Leitfaden mit 38 Seiten abgelöst wurde. Nachdem er Hunderte Gespräche mit den Mitarbeitern und Franchise-Nehmern geführt hatte, folgte dann im Jahr 1958 ein gedrucktes und gebundenes Exemplar des Handbuches, das jetzt bereits 75 Seiten umfasste. Nur wenige Jahre später hatte das Werk bereits 200 Seiten – und später sollte es sich zu einem Werk mit über 600 Seiten entwickeln.

Turner hatte aus der Kunst, ein Hamburger-Restaurant zu führen, eine ganze Wissenschaft gemacht. In seinem Buch hieß es: „Sie müssen sich zum Perfektionisten entwickeln! Es gibt unzählige Details, die Ihre Aufmerksamkeit verdienen. Sie dürfen keine Kompromisse schließen. Achten Sie auf die Feinheiten – und Sie werden sehen, dass der Umsatz steigt."[5] Kroc und Turner waren der Meinung, dass es nur eine richtige Art gab, ein McDonald's-Restaurant zu führen. Lizenznehmer, die davon abwichen und nach eigenem Gutdünken wirtschafteten, waren ihnen ein Gräuel. „Wenn Sie die notwendige Sorgfalt vermissen lassen", warnte Turner in seinem Handbuch, „sind Sie zwangsläufig zur Mittelmäßigkeit verurteilt. Gehören Sie zu dieser Kategorie, sollten Sie sich schleunigst nach einem anderen Betätigungsfeld umsehen!"[6]

Das Handbuch enthielt minutiöse Vorgaben, wie man einen Milchshake mixt, Hamburger grillt oder Pommes zubereitet. Zu jedem einzelnen Produkt gab es detaillierte Zeit- und Temperaturangaben, damit eine einheitliche Qualität gewährleistet wurde. Jeder Handgriff wurde genau beschrieben und es gab exakte Angaben, wie viel Zwiebeln oder wie viel Gramm Käse auf einen Hamburger gehörten. Sogar die Maße der Pommes wurden exakt angegeben. Zudem enthielt das Handbuch genaue Anweisungen für alle Arbeitsabläufe.

Wer einen solchen Grad an Perfektion anstrebt, muss aufpassen, dass er sich nicht verzettelt und sich nicht am Ende selbst im Wege steht. Ein Über-Perfektionismus kann auch schädlich sein, wenn er nicht zum Handeln anspornt, sondern das Handeln verhindert. Im Falle von McDonald's ließ sich das Perfektionsstreben nur deshalb vernünftig umsetzen, weil man sich in der Zahl der angebotenen Speisen und auch bei den Lieferanten Selbstbeschränkungen auferlegt hatte. „Es lag mit Sicherheit nicht daran, dass wir cleverer waren", so Fred Turner, „sondern daran, dass wir eine begrenzte Speisenauswahl anboten und dadurch auch die Zahl unserer Lieferanten einschränken konnten. Das gab uns die Möglichkeit, unser Augenmerk auf die Details zu richten."[7]

In der Durchsetzung der von ihm als richtig erkannten Standards war Kroc unerbittlich. Was nützte es, wenn es einige wenige Musterrestaurants gab, in denen die Qualitätsgrundsätze gelebt wurden, in vielen anderen aber nicht? „Ich habe festgestellt, dass es immer wieder Leute gibt, die zu den Nonkonformisten zählen", heißt es in einem Bericht aus dem Jahre 1958. „Wir werden sie schleunigst zum Konformismus bekehren … Wenn wir expandieren und eine solide Grundlage behalten wollen, müssen wir sichergehen, dass jeder das tut, was man von ihm erwartet, und das erreichen wir nur, wenn wir ihm keine andere Möglichkeit lassen, als auf der ganzen Linie zu kooperieren … Wir können dem Einzelnen nicht trauen; aber der Einzelne muss uns vertrauen oder sich darüber klar werden, dass er bei uns am falschen Platz ist."[8]

Sein Erfolg war aber auch darin begründet, dass er trotz seiner sehr rigiden Vorstellungen die Kreativität und Experimentierfreudigkeit nicht erstickte. Er wusste, dass die Franchise-Nehmer näher am Markt waren, und daher waren ständige Verbesserungsvorschläge, die dann systematisch erprobt wurden, höchst willkommen. Aber er wollte nicht, dass der Einzelne unkontrolliert irgendetwas anders machte und ausprobierte, sondern dass dies systematisch und kontrolliert geschah.

In der Durchsetzung seiner Vorstellungen war Kroc unerbittlich. So war er beispielsweise der Meinung, dass es mit den Hygiene-Grundsätzen unvereinbar sei, wenn ein McDonald's-Mitarbeiter einen Bart trug. Einem der ersten Lizenznehmer, einem Freund aus dem Rolling Green Club namens Bob Dondanville, bereitete es jedoch Freude, Kroc genau damit zu ärgern. Er ignorierte einfach dessen ständige Ermahnungen, er solle endlich seinen Bart abrasieren. Die Vorstellung eines bärtigen Dondanville, der im Schaufenster eines McDonald's-Drive-in Roastbeef schnitt, brachte Kroc zur Verzweiflung. Dondanville hatte sich den Bart wachsen lassen, als er auf die Fertigstellung seines Restaurants wartete, und verkündet, er wolle sich den Bart am Tag der Eröffnung abrasieren lassen. Doch um Kroc zu ärgern, ließ er den Bart stehen.

Das waren noch die kleinsten Verfehlungen gegen die vom Perfektionismus getriebenen strikten Vorgaben Krocs. In der Anfangszeit hatte er einen ständigen täglichen Kampf mit den Franchise-Nehmern zu führen, die gegen seine QSC-Standards verstießen. Die Ausdauer, Beharrlichkeit und Konsequenz, mit denen er sie dann doch gegen den Widerstand der Franchise-Nehmer durchsetzte, war die Basis für seinen Erfolg.

Manche sahen Kroc als einen Diktator, aber wenn er einer war, dann war er jedenfalls einer, der zuhören und die Meinungen von anderen respektieren konnte. „Wir wussten", so Turner, „er war cholerisch und ging leicht in die Luft, aber er gab jedem die Chance, seinen Standpunkt darzulegen. Er hörte zu und sagte uns anschließend seine Meinung dazu. Und wenn ich meine Argumente überzeugend vorbrachte, hat er mir meistens meinen Willen gelassen."[9] Kroc ging es eben nicht darum, Macht zu demonstrieren oder um jeden Preis recht zu behalten. Ihm ging es um die Sache – und alles, was dieser Sache, also dem Streben nach dem in jeder Hinsicht perfekten Herstellungsprozess und Service diente, war willkommen.

Das Streben nach Perfektion ist allen außerordentlich erfolgreichen Menschen gemeinsam. So wie Kroc aus der Herstellung von Pommes eine Wissenschaft machte, so war die richtige Bespannung des Tennisschlägers für Boris Becker eine Sache, bei der er keinerlei Kompromisse duldete. Schläger, so erklärt er, seien für ihn so wichtig wie für Anne-Sophie Mutter die Geige. Jede Saite musste exakt 0,8 Millimeter dick sein, sein Schläger wog genau 367 Gramm. Acht von zehn Schlägern schickte er regelmäßig mit der Bemerkung in die Fabrik zurück, sie seien nicht geeignet für den Profi-Einsatz.

„Agassi, Sampras und ich, Profis, die es sich leisten können, arbeiten mit ihrem eigenen Schlägerexperten – meiner reiste samt seinen Maschinen bis nach Australien mit. Für mich hat sich die Investition wirklich gelohnt – ich bin auch durch das Material perfekter geworden."[10]

Becker reagierte sensibel auf die kleinsten Unterschiede im Schläger. Als er von Puma zum taiwanesischen Ausrüster Estusa wechselte, waren zahlreiche Veränderungen am neu entwickelten Modell nötig. „Meine Wünsche frustrierten meine Geschäftspartner dermaßen, dass sie schließlich einen der Top-Schlägerexperten aus den USA zu einem Test einflogen. Sie lackierten ihren Estusa und meinen alten Puma schwarz und ich sollte herausfinden, welcher der Puma war. Ich brauchte zur Klärung zwei Schläge – Diskussion beendet."[11]

Nach dem Vertragsende kaufte der Manager von Becker, der Rumäne Ion Tiriac, weltweit die Restbestände der Estusa-Schläger auf. „Die

Firma war bereit, einige hundert Schläger nach meinen Vorstellungen zu ‚backen‘. Ich kaufte dem Werk dann die Maschine ab – mein Nachschub war gesichert."[12]

Eine wichtige Voraussetzung, um erfolgreich Ziele umzusetzen, ist das ständige Streben nach Verbesserung, das ich den „Motor der Unzufriedenheit" nenne. Hiervon ließ sich auch Werner Otto leiten, der Gründer des Otto-Versandes, der im Jahr 1949 mit einem Startkapital von 6000 Mark begann und seine Firma zum größten Versandhandel der Welt machte. Die Otto-Familie steht mit einem geschätzten Vermögen von 18,7 Milliarden Dollar heute auf Platz 21 der *Forbes*-Liste der reichsten Menschen der Welt.

Aus dem Krieg zurückgekehrt, eröffnete Werner Otto 1948 zunächst eine Schuhfabrik, die jedoch gegen die überlegene Konkurrenz nicht standhalten konnte. Otto ließ sich von dieser Niederlage nicht beeindrucken. Im Alter von 40 Jahren gründete er die Firma *Werner Otto Versandhandel*. Anfangs beschäftigte er drei Mitarbeiter, Sitz des Unternehmens waren zwei kleine Baracken. Der erste Versandkatalog, der 1950 erschien, hatte nur 14 Seiten, auf denen 28 Paar Schuhe präsentiert wurden. Die Auflage betrug nur 300 Stück. Die Fotos von den Schuhen hatte Otto selbst eingeklebt.

Im folgenden Jahr betrug die Auflage bereits 1500 Stück und es wurde damit eine Million Mark umgesetzt. Otto hatte immer neue Ideen, wie er den Versandhandel ankurbeln könnte. Schon 1952 führte er sogenannte Sammelbestellungen ein. Kunden, die gemeinsam für Freunde, Nachbarn oder Verwandte bestellten, erhielten einen Rabatt. Bereits im Jahr 1958 setzte der Otto-Versand 100 Millionen Mark um, der Katalog wurde inzwischen mehr als 250.000 Mal gedruckt und umfasste 168 Seiten.

Otto drängte ständig auf Wachstum und Verbesserung. Im April 1954 schrieb er eine Anweisung an die Abteilungsleiter seiner Firma, in der er von allen Führungskräften eine „Aufstellung ihrer persönlichen produktiven Leistung" einforderte. Zum Inhalt dieser Aufstellung, die der Beurteilung der „geistigen Elastizität" seiner Mitarbeiter dienen sollte, hieß es: „Ich werde jeden Monatsbericht mit null bewerten, der sich mit der Aufzählung von Bagatellen – die in keiner Form eine Weiterentwicklung bedeuten – befasst." Die Abteilungsleiter, so forderte er, sollten „nichts weiter in den Bericht hineinbringen als ihre eigenen Gedankenblitze, die zu irgendeinem Fortschritt in der Abteilung geführt haben. Wenn nichts zu sagen ist, so ist eine Fehlanzeige abzugeben mit der Formulierung: ‚In der Abteilung hat keine Weiterentwicklung stattgefunden.'"[13]

Manche Abteilungsleiter dachten offenbar, es genüge, wenn sie bestimmte Gedanken, die Otto selbst geäußert hatte, noch einmal in ihren eigenen Worten wiederholten, um ihm damit zu gefallen. Deshalb warnte er ausdrücklich in seiner Anleitung: „Ein Weiterentwicklungsgedanke eines Abteilungsleiters gilt nicht, wenn der Gedanke von mir vorher oder gleichzeitig ausgesprochen ist. Ich erwarte von meinen Abteilungsleitern, dass sie immer eine Minute schneller denken als ich. Ich möchte also nicht meine eigene Arbeit vom Abteilungsleiter vorgelegt bekommen."[14]

Otto wiederholte immer wieder vor seinen Mitarbeitern, man dürfe sich auf keinen Fall „im Kreis drehen". Er verlangte einen besonderen Typ des leitenden Mitarbeiters, den er den „Firmenbauer" nannte, „den Mann, der die Zukunft erspürt, der weiterentwickelt, der in seinem Bereich ein Stück Neuheit vorantreibt".[15] Otto hatte Angst, dass sich die Firma beziehungsweise seine Mitarbeiter auf den errungenen Erfolgen ausruhen könnten, statt die Änderungen in der Gesellschaft aufzugreifen und daraus praktische Folgerungen für ihr Geschäft zu ziehen.

Was ich mit dem „Motor der Unzufriedenheit" meine, wird in folgenden Worten von Werner Otto besonders deutlich: „Das Nächste ist neuer, besser als die hinter uns gelassene Entwicklungsstufe davor. Das Nächste ist immer echter Fortschritt. Wer nur bei seiner Aufgabe stehen bleibt, wer nur in der gelernten Routine des einmal Erreichten verharrt, wer nicht von der Begeisterung für die Weiterentwicklung besessen ist, hat es schwer bei uns, denn wir bauen immer an der Zukunft."[16]

Nichts war Otto so sehr zuwider wie Mitarbeiter, die mit einer Beamtenmentalität vor allem versuchten, Fehler zu vermeiden, statt auch mal etwas zu riskieren und zu experimentieren. Auf der Weihnachtsfeier lobte er sogar Mitarbeiter dafür, die im zurückliegenden Geschäftsjahr Fehler gemacht hatten. Wer einen Fehler mache, weil er sich in Neuland vorwage, dem gebühre ausdrücklich Dank dafür, sagte er vor der versammelten Mannschaft.

In den von ihm aufgestellten „Unternehmerprinzipien" lautete denn auch der erste Grundsatz „Erkenne dich selbst". „Versuche, deinen Fehlern, also dir selbst, ins Gesicht zu sehen! Wir können uns nur in der Leistung steigern, wenn wir uns gründlich mit unseren Schwächen auseinandersetzen", betonte er.[17] Dies ist tatsächlich eine der wichtigsten Ursachen für den Erfolg – eines Menschen wie eines Unternehmens. Natürlich ist es zunächst unbequem, sich mit Schwachpunkten und Fehlern auseinanderzusetzen und ständig nach Dingen zu suchen, die noch nicht so gut funktionieren. Aber es ist die Voraussetzung für Fortschritt.

Tüchtige und aktive Menschen, so Otto, machten auch die meisten Fehler. Aber sie unterschieden sich von den Unfähigen dadurch, dass sie selbstkritisch seien und sich mit ihren Fehlern auseinandersetzten. Nur Menschen mit mangelndem Selbstbewusstsein verteidigten sich bei jedem Fehler, statt sich die Frage zu stellen, was die Ursache für einen Fehler gewesen sei und wie dieser künftig vermieden werden könne.

Otto förderte in seinem Unternehmen eine Kultur der „Mängelanalyse", wie er es nannte. Nur das ständige kritische Durchleuchten von Abläufen, die nicht den Erwartungen entsprachen, also nicht erfolgreich waren, habe dem Unternehmen zur permanenten Weiterentwicklung verholfen. Otto war erstaunt, wenn er bei anderen Firmen, beispielsweise beim Besuch von Lieferanten, feststellte, wie empfindlich dort reagiert wurde, wenn auf einen Mangel hingewiesen wurde. Er selbst war stets dankbar für Kritik, gerade auch von Außenstehenden. „Obwohl Betriebsfremde nicht über das Wissen des Insiders verfügen, sehen sie manchmal aus der Distanz Verbesserungsmöglichkeiten im Unternehmen, die der interne Spezialist aufgrund einer gewissen Betriebsblindheit nicht mehr wahrnimmt."[18]

Auch in der Personalauswahl war Otto extrem anspruchsvoll. Das war für seine Führungskräfte nicht immer bequem – im Gegenteil. In sieben Jahren entließ er insgesamt zwölf Werbechefs, weil keiner seinen Ansprüchen genügte. „Die meisten", so sagte er, „hätten schon beim dritten oder vierten Mal kapituliert. Ich war konsequent."[19] Mit dem 13. Werbechef war er dann so zufrieden, dass dieser mehr als 20 Jahre lang die Werbung des Otto-Versands gesteuert hat.

Der „Motor der Unzufriedenheit" sollte aber nicht mit einem schädlichen „Perfektionismus" verwechselt werden, obwohl bei oberflächlicher Betrachtung Menschen, die stets nach dem „noch Besseren" streben, vielleicht mit dem Typ des „Perfektionisten" verwechselt werden könnten. Werner Otto machte den Unterschied klar, indem er betonte, ein Unternehmer dürfe sich nicht zu sehr mit den Problemen der Gegenwart belasten. „Er darf nie versuchen, etwas hundertprozentig zu erfüllen. Das hieße: ständig an alten Dinge kleben." Das koste jedoch nur Nerven, Zeit und Geld. „Der Unternehmer muss genug Zeit haben, zu erkennen, welche Veränderungen in seinem Unternehmen vorgenommen werden müssen, um die Zukunft für sich zu gewinnen."[20]

Perfektionisten im negativen Sinne des Wortes zögern perfekt, statt erst einmal zu starten und dann zu lernen. Sie haben stets Ausreden dafür, warum sie gerade jetzt noch nicht für das bereit sind, von dem sie nur reden – statt es einfach zu tun. Otto war anders. Als er beispielsweise nach dem Krieg seine Schuhfabrik gründete, verstand er gar nichts von dem Geschäft. Er sah das sogar als Vorteil. „Ein Vorzug kam mir als neuem Schuhfabrikanten zugute: Ich verstand nichts von Schuhen und hatte noch nie eine Schuhfabrik gesehen." Sein Optimismus sei daher „nicht von Fachwissen angekränkelt" gewesen.[21]

So wie andere erfolgreiche Unternehmer war er nie zu stolz, von anderen zu lernen. Als er 1955 zusammen mit anderen Versandhändlern die USA besuchte, befragte er seine amerikanischen Geschäftspartner sehr viel intensiver, als alle seine Kollegen dies taten. „Die benahmen sich, als wüssten sie schon alles, das schien mir eine völlig falsche Einstellung." Nächtelang habe er die amerikanischen Versandhändler „gelöchert", um Folgerungen für Verbesserungsmöglichkeiten in seinem Unternehmen daraus abzuleiten.[22]

Ein Mann, der niemals mit dem Erreichten zufrieden ist, obwohl er in seinem Leben in vielen Bereichen schon sehr ungewöhnliche Leistungen vollbracht hat, ist Ted Turner. Er gründete unter anderem den Nachrichtensender CNN, der am 1. Juni 1980 an den Start ging. Damals wurde er nur von 1,7 Millionen amerikanischen Haushalten gesehen, heute kann CNN von einer Milliarde Menschen in 212 Ländern empfangen werden. Zudem ist Turner der größte private Grundbesitzer der USA, sein Landbesitz von 7500 Quadratkilometern ist dreimal so groß wie das Saarland. Turner ist auch der weltgrößte private Bisonzüchter (ihm gehören 10 Prozent des Weltbestandes an Bisons) und war einer der erfolgreichsten Regattasegler der Welt. Während er Fernsehsender wie CNN aufbaute, fand er Zeit für das Segeln und gewann beispielsweise 1974 den legendären America's Cup. Für seine Leistungen wurde er 1993 als Ehrenmitglied in die *America's Cup Hall of Fame* aufgenommen. Zudem profilierte er sich als einer der bekanntesten Playboys der Welt, bis er dann in dritter Ehe die Filmschauspielerin Jane Fonda heiratete, mit der er immerhin zehn Jahre – von 1991 bis 2001 – zusammenblieb.

Turner, so schreibt sein Biograf Porter Bibb, „hatte sich sein Leben so eingerichtet, dass er nie Gelegenheit finden würde, sich auf seinen Lorbeeren auszuruhen".[23] Er hatte sich schon in seiner Jugend sehr hohe Ziele gesteckt. Sein Mathematiklehrer berichtet: „Wenn er sich etwas in den Kopf gesetzt hatte, dann blieb er dabei, bis er sein Ziel erreicht hatte oder aber bei dem Versuch zu Boden gestreckt wurde."[24] Turners Vater war selbst sehr erfolgreich und mehrfacher Millionär. Aber nach den Maßstäben seines Sohnes war er ein Versager, weil er die Latte nicht hoch genug gelegt hatte. „Mein Vater", so Turner, „hat immer wieder gesagt: Setz dir nie Ziele, die du erreichen kannst. Wenn du sie nämlich erreichst, bleibt dir nichts mehr."[25] Ed Turner brachte seinem Sohn bei, sich Ziele zu setzen, diese aber immer wieder neu zu definieren, wenn er die Leiter des Erfolgs hinaufstieg.[26]

Schon als Kind und als Jugendlicher verschlang Ted Turner Bücher mit Heldengeschichten. „Mich hat nur eines interessiert, nämlich herauszufinden, was man erreichen kann, wenn man es wirklich versucht", so Turner – und fügt hinzu: „Mein Interesse galt immer der Frage, warum Menschen tun, was sie tun, und was Menschen veranlasst, Ruhmeshöhen zu erklimmen."[27]

Turner wurde am 19. November 1930 in Cincinnati geboren und wuchs in Savannah, Georgia, auf. Sein Vater, der – so wie er selbst – manisch-depressiv war, beging im Jahr 1963 Selbstmord und der Sohn übernahm die Geschäftsleitung der Werbefirma Turner Advertising Company. Sehr früh schon setzte er auf das Kabelfernsehen – zu einem Zeitpunkt, als dieses noch ein Nischenprodukt war. Turner dachte immer einen Schritt weiter als seine Wettbewerber. Das Geschäftsleben verglich er gerne mit einem Schachspiel. „Man muss mehrere Züge voraussehen. Die meisten Menschen tun das nicht. Aber jeder gute Schachspieler weiß, dass man einen Gegner, der in einzelnen Zügen denkt, jederzeit besiegt."[28]

1980 hatte Turner die Idee, einen reinen Nachrichtensender aufzubauen, was es damals noch nirgendwo gab. Als er die Idee den Kabelnetzbetreibern präsentierte, schüttelten sie den Kopf. Turner war jedoch von der Idee so überzeugt, dass er alles auf eine Karte setzte. Der Journalist Reese Schonfeld, den er als Chef des Nachrichtensenders einstellte, erinnert sich: „Es war eine Tatsache, dass er bereit war, alles zu verlieren – seine Fernsehstationen, seine Sportvereine, seine Plantage, seine Yachten, einfach alles –, wenn Cable News Network nicht funktionierte."[29] Turner war gezwungen, als Sicherheit für eine Kreditlinie der Bank seine Immobilien, sein Gold und anderen privaten Besitz zu verpfänden. „Bei allem, was man tut", so Turner, „geht man ein Risiko ein. Der Himmel kann herabfallen, das Dach einstürzen. Wer weiß schon, was als Nächstes passiert? Ich werde Nachrichten verbreiten, wie es die Welt noch nicht gesehen hat."[30]

Turner hatte mit dem massiven Widerstand der großen Fernsehstationen Amerikas zu kämpfen. Vor seinen Mitarbeitern fuchtelte er mit einem riesigen Breitschwert, das er in seinem Büro hatte, schwang es über seinem Kopf und schrie: „Wir lassen uns nicht aufhalten. Ganz gleich, was es kostet, wir machen weiter."

Die Wettbewerber versuchten, mit rechtlichen und anderen Mitteln den Start des Senders zu verhindern, aber Turner blieb hart: „Ich habe gesagt, wir gehen am 1. Juni auf Sendung … Wir werden erst dann abschalten, wenn das Ende der Welt gekommen ist – und wir werden live darüber berichten!"[31]

Der Sender machte am Anfang hohe Verluste und die Investitionen überstiegen die 20 Millionen Dollar, die Turner zunächst veranschlagt hatte, bei Weitem. Die Live-Berichterstattung über den Irak-Krieg brachte dann jedoch den Durchbruch für den Sender. Schon vor Ausbruch des Krieges hatte CNN Verhandlungen mit dem Irak geführt und die Genehmigung erwirkt, mit neuen, tragbaren Satelliten-Übertragungsgeräten aus Bagdad zu berichten. Ein für 10.000 Dollar pro Tag gecharterter Jet stand ständig in Amman bereit, um das CNN-Team zur Not aus Bagdad herauszuholen. Präsident George Bush appellierte persönlich an Turner, seine Leute abzuziehen und nicht deren Leben aufs Spiel zu setzen. Turner überließ die Entscheidung seinen Mitarbeitern. Die Reporter blieben jedoch – CNN berichtete als einziger Fernsehsender live über den Krieg. Bereits am ersten Tag des Krieges schalteten 10,8 Millionen Haushalte CNN ein, mehr als je zuvor. Bis vor Ausbruch des Krieges hatte CNN selten mehr als eine Million Zuschauer, jetzt stieg die Zahl auf 50 bis 60 Millionen.

1996 verkaufte Ted Turner den Nachrichtensender für 7,4 Milliarden Dollar an den Medienkonzern Time Warner und wurde Vizepräsident des Konzerns, verantwortlich für die Fernsehsparte. Time Warner sollte später mit AOL fusionieren, und im Juni 2003 trat Turner von seinem Posten zurück. Im August 2010 startete Turner zusammen mit Bill Gates, Warren Buffett, Larry Ellison, Michael Bloomberg und anderen Milliardären eine Initiative, wobei diese sich verpflichteten, mehr als die Hälfte ihres Vermögens für wohltätige Zwecke zu spenden.

Wenn Sie verstehen wollen, wie stark der Motor der Unzufriedenheit einen Menschen antreiben kann, dann sollten Sie sich mit dem erstaunlichen Lebensweg der amerikanischen Kosmetik-Unternehmerin Estée Lauder befassen. Aus einer Frau, die in der Küche ihrer Eltern Hautcremes mixte, wurde eine milliardenschwere Unternehmerin, die im Jahr 1998 vom amerikanischen *Time*-Magazin als einzige Frau unter den 20 einflussreichsten Geschäftsleuten des 20. Jahrhunderts aufgelistet wurde.

Estée Lauders Onkel Johann Schotz, ein Chemiker, der aus Ungarn in die USA emigriert war, richtete in einem Stall hinter seinem Haus ein Laboratorium ein, in dem er Hautcremes herstellte. Lauder half ihm dabei und fing vor allem an, die Cremes zu verkaufen. Dabei entdeckte Lauder, die damals noch Josephine Esther Mentzer hieß, ihr enormes Verkaufstalent. Später sagte sie: „Ich habe keinen Tag meines Lebens gearbeitet, ohne etwas zu verkaufen."[32] Ihr Onkel schlug ihr vor, nach

Miami zu gehen. In Palm Beach versprachen reiche Frauen ein lukratives Geschäft mit teuren Kosmetikartikeln. Lauder war nicht schüchtern. Sie sprach fremde Frauen auf der Straße an, schlug ihnen vor, ihr Make-up zu wechseln, drückte ihnen Proben in die Hand oder verkaufte ihnen direkt eine Creme. Im Schönheitssalon einer Freundin schminkte sie die Frauen, während diese unter der Frisierhaube saßen. „Berühre deine Kunden, dann hast du schon halb gewonnen", so ihre Erfahrung.[33]

Schließlich gelang es ihr, das Kaufhaus Bonwit Teller in der Fifth Avenue in New York zu überzeugen, ihre Produkte anzubieten. Aber ihr großer Traum war, einen Verkaufsplatz in dem berühmten New Yorker Kaufhaus Saks zu bekommen. Wem es gelang, seine Produkte dort zu präsentieren, der konnte sicher sein, auch landesweit Aufmerksamkeit zu erregen. Deshalb versuchte sie immer wieder, den Einkäufer von Saks zu überzeugen. Dieser lehnte jedoch ab. Erstens sei dies schon deshalb nicht möglich, weil Saks auf Exklusivität bestehe und Lauder ihre Produkte bereits bei Bonwit verkaufe. Und zweitens, so der Einkäufer, habe man bislang keinerlei Nachfrage der Kunden nach Lauders Produkten erkennen können.

Saks verfolgte eine sehr kundenorientierte Politik: Verlangte ein Kunde nach einem Produkt, das es dort nicht gab, dann besorgten die Verkäufer es in einem anderen Geschäft und verkauften es ohne Preisaufschlag weiter. Fragten jedoch Kunden häufiger nach Produkten, die nicht vorrätig waren, dann nahm man diese neu ins Sortiment auf.

Lauder sah hier ihre große Chance. Sie musste also Nachfrage erzeugen. Bei einem Vortrag, den sie anlässlich einer Benefiz-Veranstaltung hielt, verteilte sie elegante Lippenstifte, die drei Dollar das Stück kosteten. Die anwesenden Damen waren begeistert, und nach dem Ende der Veranstaltung bildete sich bei dem Kaufhaus Saks eine lange Schlange von Kundinnen, die diesen Lippenstift auch kaufen wollten. So gelang es ihr schließlich, den Einkäufer doch noch zu überzeugen. Kurz darauf gründete sie zusammen mit ihrem Mann als Finanzchef das Unternehmen Estée Lauder Companies.

Nachdem sie 50.000 bis 60.000 Dollar verdient hatte, entschloss sie sich, eine Werbeagentur zu engagieren, und sprach bei dem bekannten Unternehmen BBD&O vor, das unter anderem erfolgreiche Kampagnen für ihren Wettbewerber Revlon durchgeführt hatte. Doch der Chef des Unternehmens erklärte ihr, dass sie einfach nicht genügend Geld habe, um eine erfolgreiche Werbekampagne zu bezahlen.

Wie so oft im Leben erfolgreicher Menschen war dieses „Nein" nur der Ausgangspunkt für eine innovative Idee, die ihr schließlich einen entscheidenden Wettbewerbsvorteil bieten sollte. Was heute in jedem

Kosmetikgeschäft üblich ist, nämlich das kostenlose Verteilen von Warenproben, gab es damals noch nicht. Es war Lauders Idee, auf diese Weise für ihr Produkt zu werben. Sie fragte bei dem Kaufhaus Saks an, ob man ihr erlauben würde, auf dem Wege des Direktmarketings Kunden anzuschreiben. Die Kundinnen erhielten einen Gutschein, mit dem sie Gratisproben bei Saks abholen konnten.

Den Durchbruch erzielte sie einige Jahre später, als sie ein Badeöl aus Blumen- und Kräuterextrakten mit dem magischen Namen *Youth Dew* („Tau der Jugend") auf den Markt brachte. Lauder verkaufte jedoch im Grunde keine Produkte, sondern ein Versprechen – nämlich das Versprechen ewiger Schönheit und Jugend. Das Badeöl mit dem Versprechen ewiger Jugend wurde ein riesiger Verkaufserfolg, und Mitte der 50er-Jahre war allein dieses Badeöl für 80 Prozent des Umsatzes ihrer Produkte im Kaufhaus Saks verantwortlich. Schon im Einführungsjahr betrug der Umsatz 50.000 Dollar, 30 Jahre später betrug er 150 Millionen Dollar. Über viele Jahrzehnte war das Parfüm mit dem tiefblauen Flakon das Markenzeichen des Unternehmens.

Während bislang Kosmetikartikel überwiegend für nur 2 bis 5 Dollar angeboten wurden, hatte Lauder auch den Mut, extrem hochpreisige Cremes oder Parfüms anzubieten. Sie erkannte intuitiv, dass ihre Kundinnen den Wert eines Produktes umso höher einschätzten, je teurer es war. Ihre Hautcreme Re-Nutriv wurde mit der Anzeige „Wodurch wird eine Creme 115 Dollar wert?" beworben. Auch Lauders Konkurrentin Helena Rubinstein erkannte bald, wie wertvoll ein hoher Preis sein kann. Als man sie fragte, warum sich ihre aktuelle Hautcreme nicht so gut verkaufe, wie sie es erwartet hatte, antwortete sie: „Nicht teuer genug." Sie kostete nur 5,50 Dollar.[34]

Um ihre hochpreisigen Produkte erfolgreich zu verkaufen, wollte Lauder Gesellschaftsgrößen, Prominente und andere Multiplikatoren begeistern. Diese Chance sah sie in Palm Beach, schon damals Treffpunkt der Reichen und der Schönen. „Sehen Sie, die halbe Welt kommt nach Palm Beach. Und man hat sie hier alle zur selben Zeit auf engstem Raum beieinander. Und wenn man diese Leute hier unterhält, dann werden sie sich revanchieren, wenn sie wieder zu Hause sind: in Europa, in Südfrankreich."[35] Zudem erkannte sie, dass sie auf diesem Wege auch am schnellsten in die von Frauen gelesene Yellow Press kommen würde.

Gezielt suchte Lauder die Nähe von Prominenten wie etwa dem Herzog und der Herzogin von Windsor, die damals in Palm Beach die prominentesten Gäste waren. Mit viel Mühe fand sie heraus, mit welchem Zug die beiden fahren würden, nahm den gleichen Zug und passte die beiden ab. („Ach, Sie nehmen auch den Zug."[36]) Ein Fotograf einer Zeitung hatte vorher einen Tipp bekommen, um die Begegnung festzuhalten. Später schloss sie Freundschaft mit den beiden, wie auch mit vielen anderen Gesellschaftsgrößen. Das war die beste Reklame für ihre Produkte.

Viele Wettbewerber fingen an, Lauders Produkte zu kopieren. Insbesondere Charles Revson, der die erfolgreiche Marke Revlon entwickelt hatte, verfolgte diese Politik, wie ein Mitarbeiter der Firma einräumte: „Kopiere alles, dann kannst du nichts falsch machen. Auf die Art lässt du die Konkurrenten die Vorarbeiten und die Fehler machen. Und wenn sie was Gutes zustande bringen, dann mach es noch besser, verpacke es besser, vermarkte es besser und vergiss die anderen", so beschrieb er Revlons Devise.[37]

Lauder überlegte sich, wie sie auf den zunehmenden Wettbewerb reagieren sollte. Schließlich gründete sie einfach eine neue Firma mit einer anderen Positionierung, mit der sie ihrem eigenen Unternehmen Konkurrenz machte. Sie nannte das Unternehmen *Clinique*. „Wir haben Clinique gegründet, weil ich mir dachte, dass ich, wenn ich die Absicht hätte, Estée Lauder Konkurrenz zu machen, es genauso machen würde", so Lauder.[38]

Lauder versuchte jedoch auch, ihre eigenen Produkte ständig zu verbessern, und erwies sich darin als Perfektionistin. Eines Tages wunderten sich die Verkäufer des Kaufhauses Saks, als sie ein soeben ausgeliefertes neues Produkt wieder komplett zurücknahm. Der Grund: In dem Produkt fehlte ein einziges von vielen Ingredienzen. Die Mitarbeiter verstanden nicht, warum sie das Produkt nur deshalb zurückzog, denn niemand würde den Unterschied tatsächlich merken. „Aber ich merke den Unterschied!", entgegnete sie und blieb bei ihrer Entscheidung, das Produkt zurückzunehmen.

„Einen Duft zu kreieren", so Lauder, „ist so ähnlich wie eine Symphonie zu komponieren." Ihr wichtigster Grundsatz: Ein neuer Duft muss eine starke emotionale Reaktion auslösen. Die Menschen müssen ihn lieben oder hassen. „Dann weiß ich, dass ich auf dem richtigen Weg bin. Wenn der Duft nur eine halbherzige Reaktion hervorruft, werfe ich die Rezeptur weg."[39]

Für erfolgreiche Menschen hat der Begriff „Unzufriedenheit" eine völlig andere Bedeutung als für erfolglose Menschen. Erfolglose Menschen empfinden „Unzufriedenheit" als etwas Negatives, das sie lähmt. Erfolgsmenschen bewerten Unzufriedenheit dagegen als starke Triebkraft für ihr Handeln. Auch der „Perfektionismus" hat bei Erfolgsmenschen eine völlig andere Bedeutung als bei Verlierern. Verlierer warten passiv auf „perfekte Bedingungen" und suchen nach Ausreden, *nicht* mit Aktivitäten zu beginnen oder diese nicht zu Ende zu bringen. Gewinner handeln unter nicht perfekten Bedingungen und streben dann ständig nach Verbesserungen.

Arnold Schwarzenegger hat einmal in einem Interview mit der Zeitschrift *Newsweek* gesagt: „Ich glaube, was mich immer angetrieben hat, war, dass ich mich nicht gut genug fühlte, nicht smart genug, nicht stark genug, dass ich nicht genug erreicht hatte. Es gibt nichts, was ich je getan habe, das ich nicht noch hätte besser machen können."[40] Bei Madonna war der tiefere Grund für ihr an Besessenheit grenzendes Verlangen, berühmt zu werden, nach ihren eigenen Worten ein Gefühl der Unzulänglichkeit, gegen das sie ankämpfte. „Ich habe einen eisernen Willen und mein ganzer Wille muss dieses schreckliche Gefühl der Unzulänglichkeit bekämpfen. Gegen diese Furcht muss ich mich dauernd wehren. Ich überwinde eine solche Angstattacke, entdecke mich selbst als ganz besonderes menschliches Wesen, und dann kommt die nächste – und ich halte mich wieder für unbedeutend, mittelmäßig."[41]

Diese Selbstdeutungen legen nahe, dass der „Motor der Unzufriedenheit" angetrieben wird von einem ursprünglichen Gefühl der Unzulänglichkeit. Ob es sich indes wirklich so verhält, ist schwer zu entscheiden. Vielleicht haben Persönlichkeiten wie Madonna und Schwarzenegger auch nur in den Vereinigten Staaten beliebte und auf den ersten Blick plausible populärpsychologische Muster übernommen, um sich selbst zu erklären.

Gleichwohl ist es jedoch sicherlich wahr, dass mangelnder Ehrgeiz eines der am schwierigsten zu überwindenden Erfolgshindernisse ist. Allerdings ist es eher unwahrscheinlich, dass Sie, lieber Leser, darunter leiden, denn ansonsten hätten Sie vermutlich kein Buch mit dem Titel *Setze dir größere Ziele!* gekauft und bis zu dieser Seite gelesen.

Wie können Sie also den „Motor der Unzufriedenheit" in Gang bringen und für sich nutzen? Vor allem dadurch, dass Sie sich größere, anspruchsvollere Ziele „einprogrammieren" – so wie ich es in dem neunten Kapitel über Ihr „Ziel-Navigationssystem" empfohlen habe. Denn wenn Sie erst einmal ein sehr viel größeres Ziel in Ihrem Unterbewusstsein verankert haben, dann erzeugt dies eine ständige Spannung, die eben aus dem permanenten Soll-Ist-Abgleich mit Ihrer aktuellen Situation und den bislang durch Sie erreichten Erfolgen resultiert. Diese Spannung erzeugt genau jene Energie, die dann den Motor der Unzufriedenheit antreibt und Sie vorwärtsbringt.

Die Kluft zwischen dem, was Sie heute sind und was Sie heute haben auf der einen Seite, und Ihren großen Zielen auf der anderen Seite wird sich nur dann zu schließen beginnen, wenn Sie ganz neue Ideen entwickeln. Allein durch mehr Arbeit und „Bemühung" werden Sie weder Ihre finanziellen noch irgendwelche anderen Ziele erreichen, sondern der Schlüssel zu Ihren großen Zielen sind *Ideen*. Die Spannung, die sich aus dem Gefälle zwischen Ihrer aktuellen Situation und den Zielen ergibt, die Sie sich in Ihrem Unterbewusstsein „einprogrammiert" haben, löst sich nur durch neue Ideen auf, die Ihnen Ihr Unterbewusstsein zur Verfügung stellt, damit Sie Ihre Ziele erreichen können.

Kapitel 12

Ideen machen Sie reich

Mitte des 19. Jahrhunderts brach in Amerika der Goldrausch aus. Zehntausende kündigten ihre Arbeit und zogen nach Kalifornien, weil es sich herumgesprochen hatte, dass dort Gold gefunden wurde und jeder schnell reich werden könnte. Die meisten Menschen wurden natürlich nicht reich, sondern kehrten enttäuscht zurück. Zu den Gewinnern gehörte jedoch ein gewisser Levi Strauss, der 1847 im Alter von 18 Jahren mit seiner Mutter und seinen Schwestern von Deutschland nach Amerika ausgewandert war. Reich wurde er allerdings nicht durch Gold, sondern durch eine – Arbeitshose.

Auch Strauss, der zunächst nach New York ausgewandert war, wurde neugierig, als er von dem Boom in Kalifornien hörte. Doch Strauss wollte kein Goldgräber werden, sondern hoffte, dass man den vielen Menschen, die nach Kalifornien gegangen waren, nützliche Produkte würde verkaufen können. In Deutschland und zunächst auch in den Vereinigten Staaten hatte er als Hausierer für allerhand Kurzwaren sein Geld verdient.

Eines Tages hatte er Ärger mit unzufriedenen Kunden, die sich über die Qualität des Zeltstoffes beschwerten, den er ihnen verkauft hatte. Sie verlangten ihr Geld zurück, weil der Stoff – anders, als sie es erwartet hatten – nicht wasserundurchlässig war. Strauss hatte das Geld jedoch nicht, um den Kaufpreis zurückzuerstatten. Er bot seinen Kunden an, aus dem restlichen Zeltstoff Hosen zu machen, die strapazierfähiger wären als alles, was sie irgendwo kaufen konnten. Die Männer willigten ein und eine Idee war geboren.

Strauss entdeckte rasch, dass die Goldgräber bei ihrer Arbeit strapazierfähige Hosen brauchten. Nachdem er die ersten Hosen für 6 Dollar das Stück verkauft hatte, wurden ihm die Waren aus den Händen gerissen. Die ersten Hosen waren noch braun, weil sie aus Hanf gemacht wurden. Später stieg Strauss auf Denim um, einen blauen Baumwollstoff.

Die Familie von Strauss kam gar nicht schnell genug damit nach, die begehrten Hosen zu schneidern. Strauss brachte den Stoff zu verschiedenen Schneidern in San Francisco und ließ dort Hosen nach seinen

Vorgaben machen. Doch die Hosentaschen, in welche die Goldgräber ihr Material stopften, gingen rasch kaputt.

Ein aus Riga stammender Schneider namens Jacob Davis hatte eine zündende Idee: Nachdem sich eine Kundin bei ihm über die wiederholt abgerissenen Taschen an der Hose ihres Mannes beschwert hatte, nahm Strauss Kupfernieten, die er zuvor verwendet hatte, um Pferdegeschirr zu verstärken. Die vordere und die hintere Tasche sowie die oberen Seitennähte der Hose verstärkte er mit den kleinen Metallstücken. Was zunächst nur eine Notlösung war, wurde zu einer Geschäftsidee. Die Käufer waren von der Nietenhose begeistert, und innerhalb von 18 Monaten verkaufte Strauss 200 Stück davon, obwohl er das Dreifache von dem verlangte, was die Hosen ohne Nieten gekostet hatten.[1]

Davis kam auf die Idee, die Erfindung als Patent anzumelden. Er hatte jedoch weder das Geld, das er dafür benötigte, noch konnte er schreiben. Mithilfe eines Freundes verfasste er mühsam einen Brief an Levi Strauss, weil er hoffte, dieser würde die Bedeutung der Erfindung verstehen und könnte zusammen mit ihm das Patent anmelden. Als Strauss das Paket mit dem Brief und der Musterhose aufmachte, war er begeistert davon und meldete das Patent für die Nietenhosen für ihn und Davis zusammen an.

Zunächst erhielt er jedoch eine Absage vom Patentamt, da die stabilisierenden Nieten schon im Bürgerkrieg an den Stiefeln der Nordtruppen verwendet worden waren. Daher sei es nicht möglich, sie in dieser Form patentieren zu lassen. Strauss gab jedoch nicht auf und modifizierte den Patentantrag – nur um wieder eine Absage zu bekommen. „Zehn Monate feilte und veränderte er die Aussagen auf den Formularen, zahlte Gebühr um Gebühr, bis er schließlich am 20. Mai 1873 das Patent mit der Nummer 139.121 in den Händen hielt."[2] Die erste patentierte Nietenhose wurde zwei Wochen später am 2. Juni 1873 verkauft. Später kaufte Strauss dem Schneider Davis, der inzwischen in seinem Unternehmen arbeitete, die Patentanteile ab und versprach ihm, ein schönes Haus dafür zu bauen. Diese Investition sollte sich auszahlen!

Die Nietenhosen wurden ein riesiger Erfolg und Strauss plante, eine Fabrik zu bauen, in der nur diese Hosen hergestellt würden. Schon im ersten Jahr wurden 5800 Nietenhosen beziehungsweise andere genietete Kleidungsstücke verkauft, ein Jahr später waren es schon über 20.000 für fast 150.000 Dollar.

Die Konkurrenz wurde natürlich darauf aufmerksam und versuchte, das Produkt zu kopieren. Strauss führte eine Vielzahl von Prozessen gegen die Nachahmer, die er auch gewann. So blieb er Marktführer für das neue Produkt, das *Jeans* genannt wurde. Nur sehr wenige Firmen, die vor über 150 Jahren gegründet wurden, gibt es noch heute. Und nur sehr wenige Produkte, die damals erfunden wurden, sind heute noch modern und auf der ganzen Welt gefragt. Eines dieser Produkte sind die Jeans. Und das Unternehmen, das Levi Strauss gegründet hat, ist heute ein international ausgerichteter Konzern mit über 10.000 Beschäftigten, der seine Produkte in über 100 Länder liefert.

Alle von Menschen geschaffenen Dinge waren zunächst eine Idee, existierten nur als Vorstellung und als Bild im Kopf eines Menschen. Doch heute sind Ideen wertvoller denn je. Und von der Idee bis zur Schaffung eines gigantischen Vermögens braucht es nicht mehr unbedingt Jahrzehnte, sondern manchmal nur noch wenige Jahre. Insbesondere das Internet hat alle Prozesse beschleunigt, wie wir bereits am Erfolg der Google-Gründer gesehen haben. Ein anderes Beispiel ist Mark Zuckerberg, laut der Zeitschrift *Forbes* der jüngste Selfmade-Milliardär der Geschichte. *Forbes* schätzte im Jahr 2010 das Vermögen von Zuckerberg auf 4 Milliarden Dollar, wobei diese Schätzung nicht ganz einfach ist, da das Vermögen vor allem in einem Anteil von 24 Prozent an dem Unternehmen Facebook besteht, dessen Wert schwer zu beziffern ist und möglicherweise heute bereits ein Vielfaches des Betrages ist, von dem diese Schätzung ausgeht.

Die Geschichte von Facebook, heute das mit großem Abstand erfolgreichste soziale Netzwerk der Welt, begann in der amerikanischen Elite-Universität Harvard. Der Name Facebook kommt von den sogenannten Facebooks, welche die Studenten an manchen amerikanischen Universitäten zur Orientierung auf dem Campus erhalten. In diesen Facebooks sind andere Kommilitonen abgebildet. Harvard hatte allerdings kein einheitliches Facebook, wohl aber gab es Facebooks für die unterschiedlichen Häuser auf dem Campus.

Mark Zuckerberg studierte in Harvard Psychologie. Eher durch einen Zufall entdeckte er, wie attraktiv soziale Netzwerke sind und wie rasch sie sich ausbreiten können. Ende Oktober 2003 loggte er sich illegal in die Computer von Harvard ein, um die dort verzeichneten und abgebildeten Kommilitonen herunterzuladen. Laut dem Verfasser des Buches *Milliardär per Zufall* war es eigentlich nur ein Spaß, denn er habe die Idee gehabt, die Attraktivität der Harvard-Studentinnen von anderen Studenten vergleichen zu lassen.

Er nannte diese Seite *Facemash.com* und mailte den Link dazu einigen Freunden. Als er nach einem Seminar auf sein Zimmer zurückkam, stellte er fest, dass sich sein Laptop aufgehängt hatte und nun als Server für Facemash.com diente. Zu seiner Überraschung hatte sich Facemash in rasender Geschwindigkeit verbreitet. Jemand hatte seine Mail an das Institut für Politik weitergeleitet, zudem erhielten Frauenorganisationen wie die *Latina Women's Issues Organization* oder die *Association of Black Women* an Harvard die Mail mit dem Link, die das Ganze überhaupt nicht lustig und politisch absolut unkorrekt fanden. Mit ihrer Aufregung trugen sie allerdings ungewollt dazu bei, dass noch mehr Studenten neugierig auf die Seite wurden.

Facemash war auf einmal überall: „Eine Website, auf der man jeweils zwei Bilder von Studentinnen vergleichen und darüber abstimmen konnte, welche von ihnen schärfer war. Anschließend konnte man zusehen, wie komplexe Algorithmen die schärfsten Bräute der Uni errechneten. Facemash hatte den Campus viral erobert. Binnen weniger als zwei Stunden hatte die Website bereits zweiundzwanzigtausend Stimmen verzeichnet. Allein in der letzten halben Stunde hatten vierhundert Studenten die Seite besucht", heißt es in dem Buch *Milliardär per Zufall*.[3]

Für viele andere Studenten wäre es bei diesem Computer-Streich geblieben, aber Zuckerberg begann darüber nachzudenken, was die rasante Ausbreitung von Facemash bedeutete. Er hatte nicht einfach Bilder von einigen hübschen Mädchen auf eine Website gestellt – von diesen Websites gab es unzählige –, sondern Facemash hatte Bilder von Mädchen von Harvard auf die Seite gestellt, welche die Studenten oft vom Sehen her oder sogar persönlich gut kannten.

Zuckerberg entwickelte in den folgenden Monaten die Idee, mit einer Website bestehende soziale Netzwerke abzubilden; und zwar nicht nur mit Bildern, sondern auch mit Profilen und verschiedenen Applikationen. Jeder Benutzer sollte über eine Profilseite verfügen, auf der er sich vorstellen und Fotos oder Videos hochladen konnte. Auf der Pinnwand sollten Besucher öffentlich sichtbare Nachrichten hinterlassen oder Notizen beziehungsweise Blogs veröffentlichen. Durch eine Beobachtungsliste sollte man über Neuigkeiten, zum Beispiel neue Pinnwandeinträge auf den Profilseiten von Freunden, informiert werden.

Zuckerberg nannte sein Projekt *Facebook*. Er erzählte seinem Freund Eduardo Saverin von der Idee, der gleich begeistert war. Da Zuckerberg 1000 Dollar für das Projekt brauchte, die er selbst nicht hatte, beteiligte er Eduardo mit 30 Prozent an dem Projekt. Kurz darauf kamen noch zwei weitere Studenten hinzu, Dustin Moskovitz und Chris Hughes.

Die erste Seite von Facebook begrüßte die Nutzer mit den Worten: „TheFacebook ist ein Online-Verzeichnis, das ein soziales Netzwerk zwischen Studierenden schafft. Wir stellen TheFacebook allen Studierenden der Harvard University zur freien Verfügung. Mit TheFacebook kannst du: Leute an deiner Uni finden – Andere Kursteilnehmer finden – Die Freunde deiner Freunde kennenlernen – Ein visuelles Abbild deines sozialen Netzwerks ansehen."[4]

Die Domain von TheFacebook wurde am 12. Januar 2004 registriert. Doch kurz darauf bekam Zuckerberg Ärger, weil andere Studenten behaupteten, er habe ihnen die Idee gestohlen. Nach seinem Facemash-Streich waren sie auf ihn zugekommen und hatten ihn gebeten, ihnen bei der Programmierung einer eigenen Website zu helfen. Sie hatten ihm dafür einen Quellcode zur Verfügung gestellt und behaupteten später, dies sei der eigentliche Ursprung für Facebook gewesen und Zuckerberg habe einen – allerdings nur mündlich geschlossenen – Vertrag gebrochen. Die Studenten beschwerten sich bei dem Direktor der Harvard-Universität, der jedoch den Standpunkt vertrat, die Studenten müssten diesen Streit unter sich erledigen. 2004, im Jahr der Facebook-Gründung, verklagten die Studenten im Namen ihres Unternehmens ConnectU Zuckerberg wegen des vermeintlichen Diebstahls ihrer Ideen. Facebook teilte der Öffentlichkeit mit, man habe sich mit den Klägern geeinigt und dafür 65 Millionen Dollar gezahlt.

Trotz dieser Streitigkeiten breitete sich Facebook rasant aus. Während zunächst nur Harvard-Studenten zugelassen wurden, gab man die Website bald auch für andere Studenten in den Vereinigten Staaten frei. Schließlich wurden auch Highschools und Unternehmen zugelassen. Im September 2006 konnten sich dann auch Studenten an ausländischen Hochschulen anmelden, und schließlich wurde die Seite für beliebige Nutzer freigegeben. Im Frühjahr 2008 wurde die Website auch in den Sprachen Deutsch, Spanisch und Französisch angeboten, viele weitere Sprachen folgten kurz darauf.

Bereits im Sommer 2010 wurde die magische Marke von 500 Millionen Facebook-Nutzern überschritten, in Deutschland waren es knapp zehn Millionen. Zuckerberg betonte oft, dass er noch über kein fertiges Geschäftsmodell verfüge. Dies hatte er mit den Google-Gründern gemein. Zuckerberg war ebenso wie Larry Page und Sergej Brin der Meinung, genug Möglichkeiten zum Geldverdienen würden sich schon ergeben, wenn es erst einmal genügend Nutzer gäbe und man eine dominierende Marktstellung einnähme. Dieses Kalkül ging dann auch auf. Tatsächlich wurden in den ersten drei Quartalen des Jahres 2010 355 Millionen Dollar Gewinn erzielt – bei einem Umsatz von 1,2 Milliarden Dollar.

Dass mit Facebook irgendwann auch sehr viel Geld verdient werden könnte, davon konnte Zuckerberg schon frühzeitig zahlreiche Finanzierer überzeugen, obwohl erst 2009 die Einnahmen erstmals die

Ausgaben überstiegen. 2004 begann es mit der bescheidenen Summe von 18.000 Dollar, die sein Freund Eduardo Saverin beisteuerte. Im Juni des gleichen Jahres kam der Internet-Investor Peter Thiel hinzu, der 500.000 Dollar gab. Microsoft erwarb im Oktober 2007 einen Anteil von nur 1,6 Prozent für 240 Millionen Dollar, vier Jahre später erwarb die Investmentbank Goldman Sachs weniger als 1 Prozent der Anteile für 450 Millionen Dollar, was hochgerechnet einem Marktwert des Unternehmens von 50 Milliarden Dollar entsprechen würde.

Mehrfach versuchten andere große Unternehmen, Facebook komplett zu kaufen. Viacom bot im Jahr 2007 750 Millionen Dollar und Yahoo! machte ein Angebot von etwa einer Milliarde Dollar. Bedenkt man, dass im Jahr 2011 weniger als 1 Prozent des Unternehmens für etwa die Hälfte dessen verkauft wurde, was Yahoo! wenige Jahre zuvor für den Erwerb des kompletten Unternehmens geboten hatte, dann war es sicher eine richtige Entscheidung, dass Zuckerberg dieses wie auch alle anderen Angebote zur Übernahme des Unternehmens ablehnte.

Wie Larry Page und Sergej Brin gehört Zuckerberg zu einer neuen Gründer-Generation. Schon vom Outfit her will er sich bewusst vom etablierten Business absetzen. Am liebsten trägt er Badelatschen zu Jeans, grauem T-Shirt und Fleecepulli. Bei der Venture-Capital-Firma Sequoia ist er sogar mal im Pyjama aufgetreten. Zuckerberg dazu: „Ich bin keine Ausnahme. Steve Jobs von Apple ist bei denen sogar ganz ohne Schuhe reinmarschiert."[5] Als er allerdings 2008 beim Weltwirtschaftsgipfel in Davos dabei war, bei dem sich die mächtigsten Politiker, Manager und Unternehmer der Welt trafen, kam er nicht in Badelatschen und auch nicht im Schlafanzug.

Die Facebook-Geschichte zeigt die Macht der Ideen, die sich heute dank des Internets in rasender Geschwindigkeit ausbreiten. Es genügt jedoch nicht, eine richtige Idee zu haben, man muss auch groß genug denken, um damit wirtschaftlich erfolgreich zu sein. Bei der Gründung von Facebook gab es schon viele soziale Netzwerke, aber Zuckerberg hatte erstens einige besondere Ideen, welche die anderen nicht hatten, zweitens hatte er sich einen einprägsamen Namen für sein Projekt ausgedacht – und drittens gelang es ihm, in kurzer Zeit die Investoren zu finden, die bereit waren, ein Projekt ohne jeden Businessplan mit Hunderten Millionen Dollar zu unterstützen.

In dieser Beziehung ist Amerika Deutschland und anderen europäischen Ländern überlegen. Dort haben neue Ideen deshalb oft eine höhere Chance, verwirklicht zu werden, weil es zahlreiche reiche Privatpersonen sowie Venture-Capital-Unternehmen gibt, die bereit sind, in eine gute Idee zu investieren. In Deutschland dagegen erfolgen Finanzierungen meist noch über Banken. Und welche Bank hätte dem Apple-Gründer Steve Jobs, den Google-Gründern Larry Page und Sergej Brin oder dem Facebook-Gründer Mark Zuckerberg Geld geliehen? Keiner von ihnen hatte einen Businessplan, wie er von Banken verlangt wird, ja sie hatten nicht einmal eine klare Vorstellung davon, wie sie letztlich Geld verdienen würden.

Zudem gibt es in Amerika eine ausgeprägte Unternehmerkultur. Nur wenige Schüler und Studenten in Europa träumen davon, später mal Unternehmer zu werden. Und wer ist schon, so wie einst der Microsoft-Gründer Bill Gates, der Dell-Gründer Michael Dell oder Mark Zuckerberg, bereit, das Studium aufzugeben, um eine Firma zu gründen, von der anfangs keineswegs klar ist, dass sie Geld einbringen wird? Es genügt also nicht, eine gute Idee zu haben, sondern man muss über die notwendige Risikobereitschaft verfügen sowie über die Überzeugungskraft, die notwendig ist, Geldgeber dazu zu bringen, ein Projekt zu finanzieren.

Insbesondere durch den Siegeszug des Internets tun sich sehr viele neue Geschäftsmöglichkeiten auf, wie etwa das Beispiel des erstaunlichen Erfolgs eines Sohnes chinesischer Einwanderer in Amerika zeigt: Ende Juli 2009 gab der Internet-Händler Amazon.com die Akquisition des Online-Shops für Schuhe und Kleider, Zappos.com, bekannt. Das Volumen des Deals umfasste am Tag, an dem er abgeschlossen wurde, 1,2 Milliarden Dollar. Der damals 35-jährige Tony Hsieh, CEO des Unternehmens, verdiente allein mit diesem Deal mindestens 214 Millionen Dollar, wobei das Geld, das seine frühere Investmentfirma Venture Frogs damit verdiente, nicht einmal eingerechnet ist. Bereits zehn Jahre zuvor, im Alter von 25 Jahren, hatte er die von ihm und einem Freund gegründete Firma LinkExchange für 265 Millionen Dollar an Microsoft verkauft. Lassen Sie uns seine interessante Geschichte von Anfang an erzählen, denn sie ist ein besonders gutes Beispiel dafür, wie man mit Ideen und Mut zum Risiko Geld verdienen kann.

Tony Hsieh wurde im Dezember 1973 als Sohn von taiwanesischen Einwanderern geboren. Schon als Kind dachte er ständig darüber nach, wie er mit der Gründung eines eigenen Geschäfts Geld verdienen könnte. Seine Eltern hätten es am liebsten gesehen, wenn er Medizin studiert und einen Doktortitel erworben hätte. Für sie war akademische Bildung das Wichtigste im Leben. „Ich war viel mehr daran interessiert, eine eigene Firma zu führen und verschiedene Möglichkeiten herauszufinden, wie man Geld verdienen kann. Als ich aufwuchs, haben meine Eltern mir immer gesagt, ich solle mir keine Gedanken über das Geldverdienen machen, damit ich mich auf mein Studium konzentrieren konnte."[6]

Er versuchte es mit allem Möglichen: Sein erster Versuch, Geld zu verdienen, bestand darin, Würmer zu züchten, dann gab er eine Schülerzeitung heraus, die er an seine Mitschüler verkaufte, er stellte Buttons her, die andere Kinder über das Internet bestellen konnten. Als er später in Harvard studierte, kaufte er für 1 Dollar Hamburger bei McDonald's, um sie seinen Kommilitonen für 3 Dollar zu verkaufen, schließlich investierte er 2000 Dollar in einen Pizzaofen und verkaufte den Studenten Pizzas.

Nach dem Ende seines Studiums fing er 1995 bei dem von Larry Ellison gegründeten Software-Unternehmen Oracle an. Er wurde gut bezahlt, langweilte sich jedoch den ganzen Tag, weil er nichts wirklich Herausforderndes zu tun hatte. Zusammen mit seinem Freund Sanjay Madan gründete er eine Firma, die Websites herstellte. Seine Idee: Er würde den örtlichen Handelskammern anbieten, für sie kostenlos eine Website zu erstellen, damit er eine gute Referenz hatte. Nachdem er seine ersten Aufträge hatte, beschloss er, bei Oracle zu kündigen.

Schon nach kurzer Zeit merkte er jedoch, dass ihn auch das Webdesign nicht richtig ausfüllte. Hatte er sich vielleicht zu rasch entschlossen, bei Oracle zu kündigen? Tag und Nacht dachte er zusammen mit seinem Geschäftspartner darüber nach, was ihre neue Firma anderes tun könnte, als Websites zu designen.

An einem Wochenende hatten sie eine Idee, aus der kurz darauf ihre Firma LinkExchange werden sollte. „Wenn man eine eigene Website hatte, konnte man unseren Dienst unentgeltlich in Anspruch nehmen. Wenn man sich anmeldete, wurde ein spezieller Code in die eigene Website eingefügt, durch den automatisch Werbebanner auf der Seite gestartet werden konnten. Jedes Mal, wenn jemand diese Website aufrief und eines dieser Werbebanner sah, erhielt man einen halben credit."[7] Klickten also 1000 Personen die Website an, bekam man 500 credits. Mit diesen 500 credits wurde dann die eigene Website durch das LinkExchange-Netzwerk 500 Mal kostenlos beworben. „Die restlichen 500 Werbeklicks wollten wir für uns selbst behalten. Der Plan war, das LinkExchange-Netzwerk auf die Dauer so auszuweiten, dass wir schließlich über genug Werbeinventar verfügen würden, um es hoffentlich an große Firmen verkaufen zu können."[8]

Sie mailten diese Idee an 50 Websites und waren überrascht, dass die Hälfte davon innerhalb von 24 Stunden positiv reagierte. Rasch zeigte sich, dass sie mit der Idee eine Goldgrube entdeckt hatten. Schon wenige Monate nachdem sie LinkExchange gestartet hatten, rief ein Mann namens Lenny aus New York an und erklärte, dass er prüfen wolle, das Unternehmen vielleicht zu kaufen. Sie trafen sich mit Lenny, und zu ihrer Überraschung bot er für die erst wenige Monate alte Firma, die bis dahin noch gar keine Gewinne gemacht hatte, eine Million Dollar.

Das war für den 23-jährigen Hsieh und seinen Geschäftspartner eine Menge Geld. Sie konnten es kaum glauben. Sollten sie verkaufen oder nicht? Sie waren sich unsicher und dachten, wenn er 1 Million zu zahlen bereit sei, dann wären vielleicht auch 2 Millionen drin. Also boten sie ihm den Kauf der Firma für 2 Millionen Dollar an. Lenny lehnte jedoch ab und der Deal kam nicht zustande. Viele junge Leute hätten die schnell verdiente Million bestimmt sofort genommen, aber Hsieh dachte langfristiger. Das Angebot zeigte ihm, dass er auf dem richtigen Weg war. Die Firma wuchs rasch und am Ende des Jahres hatte sie schon 25 Mitarbeiter.

Im Dezember erhielten sie wieder einen Anruf, diesmal von dem berühmten Jerry Yang, Mitbegründer von Yahoo!. Er hatte in diesem Jahr eine Milliarde Dollar beim Börsengang von Yahoo! eingesammelt und bot Hsieh nun an, sein Unternehmen für 20 Millionen Dollar zu kaufen. „Mein erster Gedanke war: *Wow.* Der zweite Gedanke war: *Wie gut, dass wir die Firma nicht vor fünf Monaten an Lenny verkauft haben.*"[9] Die ganze Situation fühlte sich an wie ein Déjà vu, nur dass die gebotene Summe noch viel höher war – sehr viel höher.

Hsieh setzte sich hin und erstellte eine Liste mit den Dingen, die er mit dem Geld tun könnte. Er würde eine Eigentumswohnung in San Francisco kaufen, einen TV mit großem Bildschirm, Kurzurlaube in Las Vegas, New York, Miami und Los Angeles buchen, einen neuen Computer kaufen und eine neue Firma gründen. Er war selbst erstaunt, wie kurz seine Wunschliste war. Den Fernseher und den neuen Computer sowie die Kurzurlaube konnte er sich auch von seinen Ersparnissen leisten. Und was die Gründung einer neuen Firma anlangt, die ihn faszinierte, so dachte er, es sei doch absurd, eine Firma zu verkaufen, die ihm viel Freude machte und die eine echte Herausforderung war, um mit dem Geld dann eine andere Firma zu gründen. Mit Ausnahme der Eigentumswohnung hatte er also alles, was er sich wünschte – oder hätte es sich auch ohne den Verkauf von LinkExchange kaufen können.

Hsieh lehnte das Angebot von Yahoo!, seine Firma für 20 Millionen Dollar zu verkaufen, also ab und baute seine Firma weiter auf, die rapide wuchs. Er bereitete einen Börsengang vor, doch dann kamen die russische Rubelkrise und der Zusammenbruch des Long Term Capital Fund dazwischen – und aus den Börsenplänen wurde erst mal nichts. Da die Firma jedoch hohe Ausgaben und kaum Einnahmen hatte, brauchte sie dringend neues Geld. Sie fragten die Firmen Netscape und Microsoft, ob diese bereit seien zu investieren. Beide waren nicht nur bereit zu investieren, sondern zeigten Interesse, die Firma komplett zu kaufen. Microsoft bot 265 Millionen Dollar – und Hsieh verkaufte die Firma.

Er selbst und seine beiden Geschäftspartner Sanjay Madan und Ali Partovi sollten laut Kaufvertrag weitere zwölf Monate in der Firma bleiben. „Wenn ich den gesamten Zeitraum bleiben würde, könnte ich nachher mit fast 40 Millionen Dollar nach Hause gehen. Wenn nicht, müsste ich ungefähr 20 Prozent dieser Summe abgeben" – so die Regelung im Kaufvertrag.[10] Hsieh blieb nicht bis zum Ende der zwölf Monate, weil ihn die Firma inzwischen langweilte. Er verzichtete lieber auf das zusätzliche Geld, schließlich hatte er auch so mit dem Verkauf des Unternehmens genug verdient, dass er finanziell unabhängig war.

Hsieh und seine Freunde entschlossen sich, einen Investmentfonds zu gründen, der in andere vielversprechende Internet-Firmen investieren sollte. Er sammelte bei den ehemaligen Mitarbeitern von LinkExchange 27 Millionen Dollar für den Fonds ein. Einer derjenigen, die sich um die Finanzierung durch den Fonds bewarben, war ein junger Mann namens Nick Swinmurn, der eine Website zum Verkauf von Schuhen gestartet hatte – shoesite.com.

Zunächst erschien Hsieh die Idee absurd – so wie den meisten Menschen. Wer würde schon Schuhe kaufen, ohne sie vorher anzuprobieren? Er fand aber schnell heraus, dass am Schuhmarkt in den Vereinigten Staaten jährlich 40 Milliarden Dollar umgesetzt wurden, und davon immerhin 5 Prozent durch den Versandhandel. Der Versandhandel war zudem das am schnellsten wachsende Segment im Schuhgeschäft. Nicks Geschäftsidee schien also durchaus ebenso einfach wie plausibel: „Die Fußbekleidungsbranche in den USA macht einen Umsatz von 40 Milliarden Dollar, wovon 2 Milliarden Dollar auf den Versandhandel entfallen. Der E-Commerce-Anteil wird wahrscheinlich weiter steigen. Und die Leute werden wahrscheinlich in absehbarer Zukunft weiterhin Schuhe tragen."[11]

Nick räumte allerdings ein, dass er selbst vom Schuhgeschäft nichts verstand, und deshalb machte Hsieh es zur ersten Bedingung für eine Investition, dass Nick jemanden fände, der mehr davon verstünde. Nachdem Nick dies gelungen war, war die neue Geschäftsidee geboren. Das Internetportal, das nunmehr Zappos.com hieß, sollte Partnerschaften mit Hunderten Schuhmarken eingehen und die Bestellungen direkt an die Firmen weiterleiten, die dann die Schuhe selbst ausliefern würden. Die ersten Gespräche mit Schuhfabrikanten waren jedoch nicht sehr ermutigend, die meisten zeigten sich reserviert. Der Fonds von Hsieh hatte nur noch wenig Geld für Investments zur Verfügung, weil er schon rasch in 27 vielversprechende Internetfirmen investiert hatte. Der Versuch, einen Nachfolgefonds aufzulegen, scheiterte. Und die bekannte Venture-Capital-Firma von Michael Moritz, Sequoia, die seinerzeit auch LinkExchange finanziert hatte und später bekannte Firmen wie Google finanzierte, war zunächst auch nicht überzeugt von der Idee, Schuhe über das Internet zu verkaufen.

In den nächsten zwei Jahren kämpfte Zappos um das Überleben und stand immer wieder kurz vor dem Konkurs. Alle paar Monate schoss Hsieh Geld von seinem privaten Konto nach. Er war nach wie vor von der Idee überzeugt, aber er war nicht sicher, ob es angesichts der hohen monatlichen Verluste gelingen würde, das Unternehmen lange genug am Leben zu erhalten.

Es gab zusätzliche Entlassungen, und die verbliebenen Mitarbeiter mussten Gehaltskürzungen hinnehmen. Einige weitere kündigten daraufhin. Aber es war auch klar, dass man mit Einsparungen alleine die Firma nicht zum Erfolg werde führen können. Hsieh und seine Mitarbeiter grübelten darüber nach, was sie anders machen könnten als bisher. Denn deutlich war: Eine Fortsetzung dessen, was man bisher getan hatte, würde nicht zu einer grundlegenden Veränderung der Situation führen. Leider handeln viele Unternehmen in ähnlich schwierigen Situationen anders: Sie sind so sehr auf Kosteneinsparungen fixiert, dass sie nicht über grundlegende Probleme in ihrer Produktauswahl oder in ihrer Strategie nachdenken.

Das Problem bei Zappos bestand vor allem darin, dass das Unternehmen mit vielen begehrten Schuhmarken nicht zusammenarbeiten konnte, weil diese nicht in der Lage waren, Schuhe direkt an Endverbraucher auszuliefern. Hsieh entschloss sich daraufhin, ein eigenes Inventar an Schuhen aufzubauen, wofür jedoch weitere Investitionen in Höhe von 2 Millionen Dollar benötigt wurden. Er war bereit, alles auf eine Karte zu setzen. „Es war ein ‚Bet-the-company'-Plan ... Mit dem Direktversand weiterzumachen und langsam dahinzusiechen war keine besonders schöne Aussicht. Es würde nur bedeuten, das Unausweichliche hinauszuzögern."[12]

Da die meisten Schuhhersteller nicht an einen Online-Shop, sondern nur an „richtige", traditionelle Schuhläden auslieferten, improvisierte man ein solches Schuhgeschäft in den eigenen Büroräumen und kaufte zusätzlich einen kleinen Schuhladen in einer Kleinstadt. Tatsächlich erhöhte sich der Umsatz, und zwar von 1,6 Millionen Dollar im Jahr 2000 auf 8,6 Millionen im Jahr 2001. Und dennoch verlor die Firma Monat für Monat Geld und stand mehrfach kurz vor dem Aus. Hinzu kamen weitere Schwierigkeiten, weil sich ein Logistik-Unternehmen, an das Zappos die Auslieferung der Schuhe outgesourct hatte, als völlig unfähig erwies und nichts als unzufriedene Kunden produzierte. Also sah man sich gezwungen, eine eigene Auslieferung aufzubauen, was mit weiteren erheblichen Kosten verbunden war.

In dieser Situation entschloss sich Hsieh, seinen gesamten Besitz zu verkaufen, um die Firma am Leben zu erhalten – einschließlich eines Party Lofts, das ihm besonders ans Herz gewachsen war. Allerdings wollte niemand die Immobilie zum Einstandspreis kaufen, und schließlich sah er sich zu einem Notverkauf gezwungen, bei dem er nur 60 Prozent des Einstandspreises erzielen konnte. Ihm fielen diese finanziellen Opfer schwer, aber er wollte – selbst wenn Zappos doch scheitern sollte – wenigstens sicher sein, dass er alles in seiner Kraft Stehende getan hatte, um das Unternehmen zu retten.

Die Umsätze stiegen weiter, auf 32 Millionen im Jahr 2002. Man schien also auf dem richtigen Weg zu sein. In dieser Situation setzte sich Hsieh ein noch größeres, für die meisten Mitarbeiter schier unglaubliches Ziel: Bis spätestens 2010 sollte ein Umsatz von einer Milliarde Dollar erzielt werden. Zudem setzte er sich zum Ziel, eindeutiger Marktführer beim Thema Kundenservice zu werden – und richtete die gesamte Firma konsequent auf dieses Ziel aus. Dies war sicherlich eine richtige und wichtige Entscheidung, denn gerade in einer schwierigen Situation ist es umso wichtiger, sehr große Ziele vor Augen zu haben, die einen anspornen und die Kraft geben, durchzuhalten. Zu kleine Ziele geben dafür nicht genügend Kraft.

Der Durchbruch bei der Finanzierung kam schließlich, als die Bank Wells Fargo nach monatelangen Verhandlungen bereit war, eine Kreditlinie in Höhe von zunächst 6 Millionen Dollar einzuräumen. Später erhöhte Wells Fargo den Kreditrahmen auf 100 Millionen Dollar – und endlich gelang es auch, das Venture-Capital-Unternehmen Sequoia zu gewinnen.

2008 kam der nächste Rückschlag. Die Finanzkrise brachte alle amerikanischen Unternehmen in Schwierigkeiten, vorsichtshalber musste auch Zappos 8 Prozent der Mitarbeiter entlassen. Doch das Unternehmen war weiter erfolgreich mit seiner Strategie und im Juli 2009 wurde es von dem Internethändler Amazon, der besonders durch seinen Bücherdienst bekannt ist, übernommen. Die Eigentümer von Zappos erhielten Amazon-Aktien im Wert von 1,2 Milliarden Dollar und Zappos wurde eine Hundertprozent-Tochter von Amazon.

Es hatte sich also gelohnt, durchzuhalten und nicht zu früh aufzugeben. Aber man kann sich gut vorstellen, wie schwer es für Hsieh war, all sein durch den Verkauf von LinkExchange erarbeitetes Vermögen und seinen gesamten Privatbesitz einzusetzen, um das Unternehmen zum Erfolg zu führen. Sicherlich wäre das nicht gelungen, wenn er sich und dem Unternehmen nicht gerade in der Krise immer größere Ziele gesetzt hätte. Das damals scheinbar völlig unrealistische Ziel eines Umsatzes von einer Milliarde Dollar im Jahr wurde übrigens schon zwei Jahre früher erreicht als geplant.

Einer der ideenreichsten Menschen, die ich in meinem Leben kennengelernt habe, ist Hans Wall. Ich lernte ihn zufällig kennen, weil ich sein Einfamilienhaus in Berlin-Grunewald kaufte, aber seinen Namen kennt jeder in der deutschen Hauptstadt.

An jeder Bushaltestelle in Berlin sieht man den Namen Wall – das von ihm aufgebaute Unternehmen Wall AG ist europaweit in über 50 Metropolen und Großstädten vertreten. 2009 verkaufte er seine Firma dann an seinen Wettbewerber, die französische JCDecaux-Gruppe, die Nummer eins in der „Stadtmöblierung" ist und weltweit in 55 Ländern agiert.

Wall, der nach seinem Volksschulabschluss eine Schlosserlehre absolvierte, hatte Anfang der 70er-Jahre eine geniale Idee. Er bot deutschen Städten an, ihnen kostenlos Wartehäuschen an Bushaltestellen und andere Stadtmöbel anzubieten und diese auch regelmäßig zu warten und zu reinigen – alles kostenlos. Einzige Bedingung: Das Geld aus den Werbeeinnahmen sollte seine eigene Firma vereinnahmen.

Wall hatte Dinge gesehen, die andere Menschen zwar auch „gesehen" hatten, ohne sich jedoch Gedanken darüber zu machen: Die meisten Bushaltestellen waren in einem katastrophalen Zustand. Wer auf den Bus wartete, stand in einem Buswartehäuschen, in dem es zog und das zudem noch hässlich anzusehen war. Die Wartehallen waren bis dahin meist aus Blech, Holz und gewelltem Kunststoff zusammengeschustert – kein besonders attraktives Umfeld für Werbetreibende.

So war sein Gedanke, anstelle hässlicher Wartehäuschen mit Werbung aus Pappe ansehnliche Wartehallen zu installieren, in denen die Werbung in beleuchteten Vitrinen hinter Glas zu sehen war. Damit konnte er neue Werbekunden anlocken, die natürlich bereit waren, für eine so hochwertig präsentierte Werbung auch sehr viel mehr zu zahlen als für die bis dahin üblichen Plakate, die mit Kleister an billigen und oftmals vom Vandalismus zerstörten Bushäuschen angebracht worden waren.

Wall ging von einem Bürgermeister zum nächsten und erläuterte sein Konzept. In drei Jahre hatte er in über 40 deutschen Städten insgesamt 1300 Buswartehallen aufgestellt. Allerdings hatte er die logistischen Probleme unterschätzt, all diese über Deutschland verstreuten Wartehallen regelmäßig zu reinigen und zu warten, wie er es versprochen hatte. Ihm wurde rasch klar, dass das in dieser Art und Weise unwirtschaftlich war – und fand glücklicherweise einen Käufer für seine Wartehäuschen.

Die Idee war richtig, konnte jedoch nur umgesetzt werden, wenn er sie in Großstädten verwirklichte, wo die Wartehallen auf engem Raum beieinander lagen. Wall hatte sich in den Kopf gesetzt, die Hauptstadt Berlin mit seiner Idee zu erobern. Die Berliner Verkehrsbetriebe hatten das Projekt ausgeschrieben, forderten jedoch, dass zusätzlich auch Toilettenhäuschen errichtet werden mussten, und zwar behindertengerechte, die auch von Rollstuhlfahrern benutzt werden konnten.

Walls Wettbewerber erklärten rundheraus, dieses Problem ließe sich nicht lösen. So schien es in der Tat auf den ersten Blick, denn die bis dahin üblichen Behindertentoiletten waren viel zu groß, um sie mitten in der Stadt aufzustellen. „Mir war klar", so Wall, „dass ich gegen große, international renommierte Unternehmen im Wettbewerb nur dann eine Chance hatte, wenn ich der Stadt Berlin nicht auch erklärte, ihre Forderung nach behindertengerechten Toiletten sei ‚unmöglich' zu erfüllen, sondern einen Weg fand, dies doch möglich zu machen."

Wall akzeptierte das Wort „unmöglich" nicht. „In einer Zeit, wo es möglich ist, Menschen zum Mond zu schicken und Atomraketen zu konstruieren, muss es doch auch möglich sein, eine behindertengerechte Toilette zu konstruieren – wenn man nur will", so Wall. Der gelernte Maschinenbautechniker tüftelte selbst nächtelang, heuerte dann noch gute Ingenieure an und erfand schließlich einen heute weltweit patentierten Mechanismus für eine platzsparende, behindertengerechte Toilette. Die Idee: Eine Toilettenschüssel, die um 72 Grad nach links oder rechts geschwenkt werden konnte und dennoch nur zwei Meter Platz beanspruchte. Damit war die kleinste behindertengerechte Toilette der Welt erfunden, Wall erhielt dafür von der Europäischen Kommission im Jahr 2001 den *Breaking Barrier Award*. „Ohne diese Toilette hätte ich den Kampf um die Hauptstadt mit meinem damals schärfsten Wettbewerber, einem ungleich größeren Unternehmen, nicht gewinnen können", so Wall.

Wall hält heute Vorträge vor Studenten und macht ihnen Mut: „Sie haben auch als kleines Unternehmen eine Chance, auch im Wettbewerb mit sehr viel kapitalkräftigeren Konkurrenten. Wenn Sie kein Geld haben, dann ist das nicht so schlimm, Sie können das durch gute Ideen, Schnelligkeit und Engagement wettmachen." Sein Lieblingsbeispiel ist der Kampf um die amerikanische Metropole Boston, den er im Jahr 2001 gewann.

Boston hatte die „Stadtmöblierung" ebenfalls ausgeschrieben, und es hatten sich Unternehmen beworben, die mehr als 100-mal kapitalkräftiger und größer waren als Wall, so etwa das Unternehmen Viacom. Auch sein Mitbewerber aus Frankreich war wieder mit von der Partie. Um ein ansprechenderes Design zu bieten als seine Wettbewerber, engagierte Wall den weltberühmten Designer Josef Paul Kleihues, der für Boston etwas „ganz Besonderes" entwerfen sollte, das zur Geschichte und Tradition dieser Stadt passte.

Aber auch das allein wäre nicht genug, um im Kampf gegen die übermächtigen Wettbewerber zu siegen, erkannte Wall. „Ich setzte jetzt alles auf eine Karte. Statt, so wie meine Wettbewerber, nur Modelle zu präsentieren, bauten meine Mitarbeiter in nur drei Monaten 20 Produkte für die Stadt Boston – in Originalgröße. Wir stellten diese Stadtmöbel mitten in Boston auf und zeigten damit viel mehr Engagement als unsere Wettbewerber." Der Bürgermeister von Boston war begeistert: Hier hatte jemand nicht nur gute Ideen, sondern sein ganzes Herzblut für die Stadt gegeben.

Stolz hörte Wall die Rede des Bürgermeisters, der erklärte, man habe sich für Walls Produkte entschieden, weil diese an das alte Boston erinnerten.

„Ich habe es immer als Vorteil angesehen, dass mein Unternehmen kleiner war als manche Wettbewerber. Die großen Unternehmen erstarren oft in Bürokratie, sind deshalb zu langsam. Und wenn dann noch Überheblichkeit dazukommt, weil sie kleinere Wettbewerber wie unser Unternehmen unterschätzen, dann, so war mir klar, hatte ich eine echte Chance. Vor allem weil ich selbst sehr viel hungriger auf den Erfolg war als die großen, etablierten Unternehmen."

Wall selbst war nie überheblich, auch dann nicht, wenn er gegen große Wettbewerber siegte. „Anfangs musste ich oft neidlos anerkennen, dass meine Wettbewerber besser waren und professioneller agierten. Statt den Wettbewerb schlechtzumachen, lernte ich von denen und sah das als Herausforderung, noch besser zu werden." Starker Wettbewerb, so Wall, ist kein Nachteil. „Im Gegenteil. Wir wären nie so groß geworden, wenn wir nicht einen qualitativ so guten und starken Wettbewerber wie das Unternehmen Decaux gehabt hätten – an ihm mussten wir uns reiben und messen. Der starke Wettbewerb hat uns also überhaupt nicht geschadet, sondern er hat uns geholfen, weil er uns gezwungen hat, immer schneller und besser zu werden und vor allem immer neue Ideen zu entwickeln."

Viele Menschen haben Zweifel, ob sie selbst kreativ genug sind. Die vielen Beispiele in diesem Buch belegen jedoch, dass Sie selbst durchaus nichts Neues erfinden müssen. Es genügt, wenn Sie Ideen entwickeln, wie Erfindungen von anderen zu Geld gemacht werden können. Alle erfolgreichen Geschäftsleute, ob nun Sam Walton von Wal-Mart oder Bill Gates von Microsoft, haben die entscheidenden Ideen nicht selbst entwickelt, sondern von anderen übernommen. Die meisten Erfinder, ob nun von Coca-Cola oder von dem später MS-DOS genannten Betriebssystem, sind nicht reich damit geworden. Reich geworden sind diejenigen, die es verstanden, aus solchen Ideen ein richtiges Geschäftsmodell zu entwickeln.

Ideen sind nicht nur die Basis für jeden unternehmerischen Erfolg. Auch derjenige, der als Angestellter in einem Unternehmen Karriere machen will, hat die höchsten Erfolgschancen, wenn er Ideen mitbringt. Zwar braucht jedes Unternehmen auch Mitarbeiter, die einfach nur die Ideen umsetzen und „abarbeiten", aber so wichtig diese Mitarbeiter auch sind, so werden sie doch in einem guten Unternehmen nur selten in die oberste Führungsetage aufsteigen. Denn für jedes Unternehmen ist es wichtig, neue Marktchancen zu erkennen, neue Produkte zu kreieren oder bestehende Produkte an geänderte Kundenbedürfnisse anzupassen und neue Ideen zur Verbesserung seiner Dienstleistungen zu entwickeln. Wer hierzu einen entscheidenden Beitrag leistet und sich im Unternehmen als „Ideen"-Mensch positioniert, hat eine wichtige Basis für seine Karriere geschaffen.

Jack Welch, einer der erfolgreichsten Manager der letzten Jahrzehnte, hat seine zentrale Aufgabe darin gesehen, in dem Unternehmen General Electric (GE, das damals weltweit 300.000 Mitarbeiter beschäftigte) eine Kultur zu etablieren, in der ständig neue Ideen entwickelt werden. Jeweils Anfang Januar versammelten sich 500 führende Manager von GE. In der zweitägigen Versammlung beschrieben Redner von allen Ebenen in zehnminütigen Vorträgen ihre Fortschritte bei der Umsetzung von Ideen. „Keine langweiligen Reden, keine Diavorträge, sondern einfach nur gute Ideen."[13] Die besten Leute mit den besten Ideen wurden gefeiert.

Im März trafen sich dann die führenden 35 Manager des Weltkonzerns. Von jedem einzelnen wurde erwartet, „jeweils eine vollkommen neue Idee vorzustellen, die auch von anderen Einheiten übernommen werden kann".[14] Welch richtete sogar eine eigene Lenkungsgruppe ein, die mit 20 MBA-Absolventen besetzt war und deren einzige Aufgabe darin bestand, den unablässigen Austausch von Ideen zu fördern und eigene Ideen zu entwickeln. „Wann immer wir eine gute Idee hatten, wurde sie im gesamten Unternehmen an die große Glocke gehängt."[15] Das ganze Betriebssystem war so angelegt, dass es dazu diente, neue Ideen zu finden und zu verbreiten.

In einer meiner Firmen habe ich vor fünf Jahren eingeführt, dass einmal im Monat die „Idee des Monats" gewählt wird. Jeder Mitarbeiter ist verpflichtet, Ideen aufzuschreiben: Wie können wir einen noch besseren Job für unsere Kunden machen? Was können wir in unserer Firma verbessern? Die Ideen werden von jedem Mitarbeiter bei einer Sitzung vorgestellt. Am Ende der Sitzung wird die „Idee des Monats" gewählt. Das Bild des Mitarbeiters, der die beste Idee hatte, wird an eine Pinnwand gehängt und er bekommt eine Goldmünze als Belohnung. In jeder Firma steckt kreatives Potenzial. Die Aufgabe eines guten Managers ist es, dieses kreative Potenzial zu heben und eine „Ideenkultur" zu entwickeln.

Erst wenn Sie die Bedeutung und die Kraft von Ideen erkannt haben, werden Sie Erfolg haben. Das gilt für Unternehmer, Angestellte und alle, die sich größere Ziele setzen. Leider gibt es mit Blick auf die Kreativität ein Vorurteil: Manche Menschen denken, diese Eigenschaft sei angeboren. Tatsächlich können Sie Ihre Kreativität trainieren.

1. Die erste Voraussetzung, um Ihre Kreativität zu steigern, ist, dass Sie sofort damit aufhören, sich selbst als „wenig kreativen" Menschen zu sehen, und verstehen, dass Kreativität ebenso *trainiert* werden kann wie ein Muskel.

2. Umgeben Sie sich mit kreativen und erfolgreichen Menschen – möglichst mit solchen, die wesentlich erfolgreicher sind als Sie! Das wird Ihre Kreativität steigern.

3. Lesen Sie viel – vor allem über den Weg erfolgreicher und kreativer Menschen. Oft entstehen neue Ideen durch die Übertragung von Konzepten aus anderen Bereichen auf Ihren Bereich. Nachdem Sie die Lektüre dieses Buches beendet haben, lesen Sie es noch einmal von Anfang an und notieren Sie sich nach der Lektüre jedes Kapitels die Ideen, die Ihnen für Ihre Lebenswelt dabei gekommen sind.

4. Legen Sie sich ein „Ideen-Heft" zu, in dem Sie jede Idee sofort festhalten. Sie müssen es sich zur Angewohnheit machen, jede Idee nur wenige Sekunden nachdem sie Ihnen in den Kopf geschossen ist, aufzuschreiben. Und zwar auch und gerade dann, wenn Sie im Moment noch nicht so recht wissen, ob und wie Sie diese Idee umsetzen können.

5. Lernen Sie, dem „täglichen Hamsterrad" zu entkommen, delegieren Sie so viel wie möglich Routinearbeit an Mitarbeiter, damit Sie

mehr Zeit und Energie zur Entwicklung von Ideen haben. Mehr dazu lesen Sie im Kapitel 15 über „Effizienz".

6. Nutzen Sie Ihren Urlaub, um neue Ideen zu entwickeln. Das geht jedoch nur, wenn Sie sich im Urlaub auf gar keinen Fall mit dem Tagesgeschäft befassen. Ich halte im Urlaub bewusst keinen Kontakt zu meinem Büro, komme jedoch nach jedem Urlaub mit einem Heft voll neuer Ideen zurück.

7. Nehmen Sie ein leeres Blatt Papier, setzen Sie sich 45 Minuten in ein Zimmer, in dem Sie durch nichts abgelenkt werden, und schreiben Sie alle Ideen auf, die Ihnen zu einem bestimmen Thema in den Kopf schießen. Ähnlich wie beim „Brainstorming" zusammen mit anderen Menschen sollten Sie diese Ideen erst einmal nicht kritisch bewerten, sondern nur sammeln. Manchmal entsteht aus der Modifikation einer „schlechten" Idee eine geradezu geniale Idee! Und wenn Sie eine neue Idee intensiver prüfen, dann machen Sie es sich zur Gewohnheit, bevor Sie die Gründe sammeln, die *gegen* diese Idee sprechen, zunächst einmal mindestens fünf Argumente aufzuschreiben, die *für* diese Idee sprechen könnten.

Kapitel 13

Die Kunst der Selbstvermarktung

Erfinder und Entdecker haben geniale Ideen, aber sie werden dennoch oft nicht reich. Reich werden vielmehr jene, denen es gelingt, Erfindungen mit genialen Marketingideen zu verkaufen. Für Unternehmen wie auch für Freiberufler oder Angestellte gilt, dass sie die Kunst der Selbstvermarktung beherrschen müssen. Dies ist eine der wichtigsten Voraussetzungen, ohne die Sie niemals außergewöhnliche Ziele erreichen werden.

Weder der Erfinder von Coca-Cola noch der des später Red Bull genannten Getränkes, noch der Erfinder des Backpulvers sind reich geworden. Reich wurden Marketinggenies wie Dietrich Mateschitz, der Red Bull zum Siegeszug verhalf, die Investoren, die schon früh das Coca-Cola-Rezept erwarben, oder Dr. Oetker, der vor über 100 Jahren mit einem enormen Marketingaufwand Marktführer für Backpulver wurde und damit den Grundstein für eines der erfolgreichsten europäischen Familienunternehmen in den letzten 100 Jahren legte.

Doch beginnen wir mit der Geschichte von Dietrich Mateschitz, dem österreichischen Unternehmer, der mit der Marke Red Bull zu einem der reichsten Europäer geworden ist. Im Jahr 2010 wurden weltweit mehr als vier Milliarden Dosen des Getränks verkauft, Red Bull erzielte damit einen Umsatz von etwa 3,78 Milliarden Euro. Auf der Liste der wertvollsten Marken in Europa befindet sich Red Bull unter den Spitzenreitern.

Dietrich Mateschitz war Anfang der 80er-Jahre für den holländisch-britischen Konsumgüterkonzern Unilever tätig. Zufällig fiel ihm auf, dass sich auf Platz eins eines Rankings der Unternehmen, welche am meisten Steuern in Japan zahlten, ein Industriebetrieb namens Taisho Pharmaceuticals befand. Der Konzern stellte ein Getränk her, das den Inhaltsstoff Taurin enthielt. Mateschitz war neugierig geworden. Auf einer seiner vielen Geschäftsreisen nahm er Kontakt mit einem thailändischen Franchise-Partner des Unilever-Konzerns auf, welcher in Thailand das Getränk Krating Daeng herstellte – was auf Thailändisch „Roter Stier" heißt. Mateschitz, den das bis dahin in Europa und den USA unbekannte Energiegetränk faszinierte, erwarb

1984 die Lizenzrechte, um dieses Getränk außerhalb Asiens zu vertreiben. Ein Jahr später kündigte er im Alter von 41 Jahren seinen Job bei Unilever.

Von Anfang an erkannte der Marketing-Profi die Bedeutung eines guten Marketings. Doch für ihn war dieses Marketing nicht nur eine wichtige Komponente, die zum Erfolg seiner neu gegründeten Firma beitragen sollte, sondern er setzte so konsequent auf das Thema Marketing wie wohl nie zuvor ein Unternehmer. Seine gesamten Ersparnisse in Höhe von 5 Millionen Schilling (350.000 Euro) investierte er in die neue Firma. Fast alles floss in die Entwicklung eines Marketingkonzeptes, das schließlich der entscheidende Grund für den weltweiten Siegeszug von Red Bull werden sollte.

Ursprünglich wollte Mateschitz seine Firma in Deutschland gründen, doch er verzweifelte zunehmend an der deutschen Bürokratie, die zu langsam und zu schwierig war und ihm eine rasche Genehmigung verweigerte. Nach einem Jahr entschloss er sich, die Firma in Österreich zu gründen. Übrigens sollte es fast zehn Jahre dauern, bis das Getränk auch in Deutschland zugelassen wurde.

In Österreich dagegen begann der Vertrieb am 1. April 1987. Der Start war nicht einfach. „Die Geschichte von Red Bull", so heißt es in dem Buch *Die Red-Bull-Story*, „drohte übrigens anfangs eine ganz kurze zu werden. Der Verkauf wollte nämlich nicht so recht anspringen. In dieser Zeit ging es dem Unternehmen und seinem Gründer finanziell sehr schlecht."[1]

Mateschitz glaubte aber an seine Idee und sah sich darin bestätigt, dass im ersten Jahr bereits mehrere hunderttausend Dosen verkauft wurden. Im zweiten Jahr waren es schon 1,2 Millionen und 1989 kauften bereits 1,7 Millionen Menschen Red-Bull-Getränke. Erst im dritten Jahr überstiegen jedoch die Einnahmen die Ausgaben und das Unternehmen begann, profitabel zu wirtschaften.

Mateschitz war der Meinung, dass nicht allein der Geschmack und die Qualität des Getränkes über Erfolg oder Misserfolg entscheiden würden, sondern vor allem die richtige Marketing- und Werbestrategie. Er hatte einen Freund damit beauftragt, eine ganz besondere Strategie zu entwerfen, doch kein Vorschlag war Mateschitz gut genug. 18 Monate lang verwarf er jedes neue Konzept. Insgesamt waren es etwa 50 verschiedene Vorschläge, die in den Papierkorb wanderten. Sein ehemaliger Studienkollege Johann Kastner, den er mit dem Entwurf beauftragt hatte, stand mehr als nur einmal davor, angesichts des scheinbar nicht zufriedenzustellenden Perfektionismus von Mateschitz zu kapitulieren.

Manchmal kommen gute Ideen spontan, oft mitten in der Nacht. So war es auch bei Red Bull. Eines Nachts klingelte bei Mateschitz das Telefon, am Apparat war sein Freund Kastner. Endlich hatte er den richtigen Slogan gefunden: „Red Bull verleiht Flüüügel". Das war die zündende Idee, der Claim, der das Getränk mit der richtigen Emotion auflud.

Bei dem Erfolg von Red Bull halfen unfreiwillig auch die Behörden. Die Behörden in Deutschland und in anderen Ländern hatten massive Bedenken wegen möglicher gesundheitlicher Nebenwirkungen des Getränkes, obwohl inzwischen durch zahlreiche Studien erwiesen ist, dass diese Bedenken unbegründet sind. Wegen der Bedenken der Beamten war Red Bull lange in vielen Ländern wie in Deutschland verboten und wurde geschmuggelt. Das „Verbotene" machte das Getränk und die Marke für die jugendliche Zielgruppe allerdings erst recht attraktiv.

In Österreich, dem Heimatland des Getränkes, setzte sich die sozialdemokratische SPÖ für ein Verbot des Getränkes ein. In Frankreich wurde es als Medikament eingestuft. Auch in Skandinavien und Kanada hatte man mit ähnlichen Problemen zu kämpfen. Umfangreiche Warnhinweise auf den Dosen, wie sie in Kanada vorgeschrieben sind, schreckten die Konsumenten aber ebenso wenig davon ab, Red Bull zu kaufen, wie die Warnungen auf Zigarettenpackungen.

Das Besondere an der Firma Red Bull ist, dass sie selbst das Getränk weder produziert noch vertreibt. Normalerweise ist der Kern einer Getränkefirma ja genau die Produktion und der Vertrieb, Marketing und Werbung sind unterstützende Maßnahmen. Doch Mateschitz ließ sich, ebenso wie andere erfolgreiche Unternehmer, nicht von dem beeindrucken, wie etwas „üblicherweise" gemacht wird. Das Unternehmen hat weder eigene Produktionsstätten und Lagerhallen – all das sind Dinge, die seiner Meinung nach ausgelagert werden konnten. Der Kern von Red Bull ist Marketing. Es heißt, das Unternehmen investiere etwa ein Drittel des gesamten Umsatzes in die Pflege der Marke und in die Werbung.

Dies geschah von Anfang an auf sehr ungewöhnliche Weise. Gute Ideen sind oft sehr viel mehr wert als ein großes Kapital. Red Bull ist dafür ein ausgezeichnetes Beispiel. Ein Großteil des Marketingbudgets wurde für das Sponsoring ausgefallener Sportarten ausgegeben, die gut zum Image des Trendgetränkes passten – insbesondere handelt es sich hier um Extremsportarten. „Diese Veranstaltungen locken zwar nicht allzu viele Zuschauer an, schließlich finden sie ja nicht gerade um die Ecke statt, sie stoßen aber aufgrund ihrer Extravaganz bei zahlreichen Medien auf Interesse und erreichen so eine größere Öffentlichkeit. Bekanntere und publikumswirksame Events sind etwa die Air Races – eine Art Formel 1 für Flugzeuge – oder der Dolomitenmann, einer der weltweit härtesten Outdoor-Staffelwettbewerbe für Bergläufer, Paraglider, Kajak-Paddler und Mountainbiker."[2]

Mateschitz hatte die Idee, die Marke Red Bull gerade im Zusammenhang mit solchen ausgefallenen Sportarten zu positionieren. Er ließ die Wettbewerbe filmen und stellte den Medien das Filmmaterial zur Verfügung. Eine geniale Idee! „Die Sendezeiten, Zeitungs- und Magazinseiten, die Red Bull auf diese Art erhält, ließen sich auf ‚normalem' Weg, sprich: durch das Buchen von Werbespots und Anzeigen, nicht einmal mit dem Marketingbudget von einer Milliarde Euro kaufen."[3]

Dieses Beispiel zeigt: Man braucht nicht immer unbedingt viel Geld, sondern unkonventionelle Kreativität ist oft sehr viel wirksamer. Statt auf sehr teures Sportsponsoring zu setzen, gab Mateschitz zunächst das Geld lieber für Langzeitpartnerschaften mit Extremsportlern aus – mit Gleitschirmfliegern, Freeclimbing-Sportlern, Snowboardern und Klippenspringern, mit Stuntmännern und Abenteuersportlern. Das passte zum jungen und besonders dynamischen Image der Marke. Erst später investierte er auch in traditionellere Sportarten wie etwa Fußball und Formel 1, für die wesentlich höhere Investitionen notwendig sind. Und 2010 gelang es Red Bull dann sogar, mit Sebastian Vettel aus Deutschland Formel-1-Weltmeister zu werden.

Es gibt einige erstaunliche Parallelen in der Geschichte von Red Bull und von Coca-Cola. Erfunden wurde das Coca-Cola-Rezept von dem Apotheker John Stith Pemberton. In Atlanta besaß er ein Labor, in dem er Arzneien herstellte. Eine dieser Arzneien war ein „Tonicum", dem er Kokablätter und Kolanüsse beimischte. Das „Medikament" sollte gegen Kopfschmerzen, Müdigkeit, Impotenz, Schwächezustände und viele andere Leiden helfen. Das „Tonicum", das er 1886 erstmals anbot und das zunächst nur „Cola" hieß, war ein dickflüssiger Sirup, von dem man bald darauf erkannte, dass er mit Wasser gemischt auch gut schmeckte. Pemberton selbst erkannte jedoch nicht das ungeheure Potenzial, das seine Erfindung hatte, und verkaufte daher die Firmenanteile und die geheime Formel für Coca-Cola an mehrere Personen, unter anderem auch an Asa Griggs Candler, der 1892 zusammen mit seinem Bruder und zwei weiteren Investoren *The Coca-Cola Company* gründete. Candler hatte nur 500 Dollar dafür bezahlt.

Candler gab schon wenige Jahre nach Gründung der Firma die damals unglaublich hohe Summe von 100.000 Dollar jährlich für Werbung aus. Ähnlich wie später bei Red Bull musste sich auch Candler mit den Gesundheitsbehörden auseinandersetzen, die das Getränk verbieten wollten, obwohl bereits im Jahr 1903 Kokain aus der Rezeptur verbannt wurde. Abwechselnd wurde ihm entweder vorgeworfen, dass Coca-Cola Kokain enthalte – oder aber, dass es kein Kokain enthalte und daher der Name des Produktes den Konsumenten in die Irre führe.

Kurz vor dem Tod seiner Frau überschrieb Candler alle Aktien der Coca-Cola Company auf seine sieben Kinder, die das Unternehmen jedoch – ohne ihren Vater darüber zu informieren – im Jahr 1919 für 25 Millionen Dollar an eine Investorengruppe verkauften. Das war schon 50.000 Mal mehr, als Candler damals bezahlt hatte.

Ähnlich wie Candler konzentrierten sich auch die neuen Eigentümer vor allem auf das Marketing für das Produkt. Bis heute vergibt die Coca-Cola Company lediglich Konzessionen zur Herstellung von Softdrinks an selbstständige Unternehmer, die das Produkt herstellen. „Doch die Aufgabe der Coca-Cola Company war nie die Herstellung des letztlich einfachen Produktes, das im Wesentlichen aus Wasser, Zucker und einer aromatischen Essenz besteht. Seit seiner Gründung war die originäre Aufgabe des Unternehmens der Aufbau der Marke und die Erschließung von Märkten."[4]

Etwa um die gleiche Zeit, als ein Apotheker in den USA die Formel für Coca-Cola erfand, experimentierte ein deutscher Kollege von ihm mit Backpulver. Allerdings war dieser Berufskollege, ein gewisser Dr. August Oetker, weniger Erfinder und Entdecker als ein Marketingmann – und so legte er mit seinem Backpulver den Grundstein für die Oetker-Gruppe, die heute mit fast 25.000 Mitarbeitern und einem Umsatz von etwa 8 Milliarden Euro zu den größten europäischen Familienunternehmen zählt. Insgesamt 400 Firmen gehören zu dieser Gruppe, deren Produktpalette von der Fertigpizza und bekannten Biermarken wie Jever oder Radeberger sowie Sektmarken wie Henkell, Rüttgers oder Fürst Metternich bis hin zu Versicherungen oder Finanzunternehmen wie dem Bankhaus Lampe reichen. Zudem gehört zu dem Konzern die Reedereigruppe Hamburg Süd, die einen Umsatz von über 3 Milliarden Euro macht und in der fast 150 Schiffe fahren.

Begonnen hat alles im Jahr 1891, als Dr. August Oetker Apotheker in Bielefeld wurde. Schon als Praktikant hatte er verkündet: „Mein Hauptziel ist natürlich zunächst die Erwerbung einer Apotheke; habe ich dieses erreicht, so werde ich versuchen, noch etwas Besonderes zu leisten."[5] Später zitierte Oetker immer wieder den Satz: „Meist genügt eine gute Idee, und der Mann ist gemacht."[6] Die „besondere Idee" sollte bei Dr. Oetker das Backpulver sein, das heute in Deutschland jeder kennt.

In einem Hinterzimmer seiner Apotheke begann Oetker Experimente zur Herstellung eines qualitativ besonders hochwertigen Backpulvers. Schon einige Jahrzehnte zuvor hatte sich der berühmte Chemiker Justus von Liebig mit dem Backpulver befasst, und ein ehemaliger Student von Liebig entwickelte es weiter und brachte das neue Produkt nach Amerika.

Dr. Oetker war also nicht der Erfinder des Backpulvers. Seine eigentliche Genialität lag darin, dass er ein neuartiges Marketingkonzept für das Produkt entwickelte. In wenigen Sätzen formulierte er das Alleinstellungsmerkmal seines Produktes: „Die Zusammensetzung meines Backpulvers ist die denkbar beste, frei von allen schädlichen Beimitteln, von stets gleicher Beschaffenheit, und wird von allen Hausfrauen, welche Wert auf die Qualität legen, nur verwandt. Der niedrige Preis macht es einer jeden möglich."[7]

Oetker, schreibt Rüdiger Jungbluth in der Familiengeschichte des Unternehmens, „verkaufte von Anfang an kein profanes Hilfsmittel, sondern Gesundheit und Qualität. Darin lag eine überaus raffinierte Werbepsychologie, die nur deshalb heute nicht stärker ins Auge springt, weil sie seither so oft kopiert worden ist. In dieser Strategie lag die eigentliche Größe des jungen Unternehmers August Oetker, der kein genialer Forscher oder großer Lebensmittelchemiker war, sondern ein besonders begabter Marketingmann."[8]

Während das Backpulver zunächst in Dosen verkauft wurde und die Kunden es selbst dosieren mussten, hatte Oetker die Idee, es in kleine Papiertütchen à 20 Gramm zu verpacken, was die Portionierung erleichterte und auch einen höheren Preis ermöglichte. Für die Kundinnen erschien der Preis aufgrund der geringen Portion sehr niedrig, in Wahrheit war er besonders hoch.

Oetker setzte vor allem auf Marketing und Werbung. In den ersten Jahren steckte er sämtliche Erlöse aus dem Verkauf seiner Backpulverpäckchen in Zeitungsanzeigen. In allen Zeitungen in Orten mit mehr als 3000 Einwohnern schaltete er seine Werbung.

„Wie kann die Welt wissen, dass du etwas Gutes hast, wenn du es ihr nicht anzeigst?", fragte Oetker.[9] Seinen Mitarbeitern erklärte er am Beispiel des Gesangs der Nachtigall, dass die Werbung auch in der Natur allgegenwärtig sei. „So, wie die leuchtenden Farben der Blumen den Zweck hätten, Insekten anzulocken, so wolle er mit bunten Plakaten und Werbeschildern die Kundinnen zum Kauf seiner Erzeugnisse animieren."[10] Damals war es noch sehr unüblich, dass ein – damals mittelständischer – deutscher Unternehmer Zeitschriften über Werbung und Marketing aus den USA und Großbritannien verschlang, wie Oetker dies tat.

Oetker setzte in der Werbung am liebsten auf Tatsachen und Beweise, statt – wie seine Konkurrenten – in allgemeinen Wendungen sein eigenes Produkt anzupreisen. Damit nahm er das vorweg, was über 50 Jahre später zum Kern der Werbephilosophie von David Ogilvy, dem berühmten Pionier der Werbung, werden sollte. Ogilvy wäre bestimmt von den Zeitungsanzeigen begeistert gewesen, die Oetker textete. So ließ Oetker eine Zeitungsanzeige mit dem Schreiben einer Firma drucken, die ihm die kleinen Papiertütchen für das Backpulver lieferte und die ihm bestätigte, dass er zehn Millionen Beutel bestellt hatte. Oetker fügte der Anzeige hinzu: „An die Stelle unwürdiger Marktschreierei setze ich Tatsachen obiger Art, welche beweisen, wie außerordentlich beliebt mein Backpulver bei den Hausfrauen ist."[11] So wie dies heute moderne Firmen tun, warb er schon damals mit Testergebnissen. So verwies er darauf, dass sein Backpulver zum Sieger bei einem vergleichenden Warentest gekürt worden war. „Er träumte von Werbung", berichtete einer seiner frühen Mitarbeiter.[12]

Zudem brachte er ein Kochbuch heraus, das zum Bestseller wurde: In den Rezepten des Kochbuchs wurde natürlich stets empfohlen, Dr.-Oetker-Backpulver zu verwenden. Das Buch erreichte eine Millionenauflage und Oetker versuchte sogar – allerdings vergeblich – zu erreichen, dass die Schulen in Deutschland verpflichtet würden, dieses Kochbuch anzuschaffen. Oetker sprühte geradezu vor immer neuen Marketing- und Werbeideen. So ließ er den ersten deutschen Werbetrickfilm produzieren, in dem man sehen konnte, wie ein Napfkuchen dank des besonderen Backpulvers aufging.

Die Nachfrage nach dem Backpulver stieg immer stärker an, und schon bald gab Oetker die Leitung der Apotheke ab und baute eine Fabrik, die täglich 100.000 Backpulververpäckchen produzierte. Nach dem Ende des Zweiten Weltkrieges führte der Enkel von Dr. August Oetker, der 1916 geborene Rudolf-August Oetker, das Unternehmen fort. Das Geld, das er mit Nahrungsmitteln verdiente, investierte er in Schiffe, weil er damit seine Steuerlast massiv reduzieren konnte. Schon nach wenigen Jahren war er mit 40 Hochseeschiffen und einer Gesamttonnage von 370.000 Tonnen zum größten deutschen Privatreeder aufgestiegen. Zudem beteiligte er sich an der renommierten Lampe-Bank, die eine 100-jährige Tradition vorzuweisen hatte, kaufte und gründete Versicherungsgesellschaften, eine Marzipanfabrik und schließlich sogar eine Fluggesellschaft. Heute sind die Oetkers die bekannteste deutsche Industriellenfamilie, 98 Prozent der Deutschen kennen den Namen Dr. Oetker.

Ein anderer Unternehmer, der vor allem die Kraft des Marketings nutzt und dem inzwischen etwa 40 Firmen gehören, ist der Brite Richard Branson, dessen Privatvermögen auf 4 Milliarden Dollar geschätzt wird. Kaum jemand beherrscht die Kunst der Selbstvermarktung und der Selbstinszenierung so hervorragend wie er. Angefangen hat Branson als Schüler mit einer Schülerzeitung und einem Schallplattenversand, den er *Virgin* nannte. Heute umfasst sein Virgin-Imperium unter anderem mehrere Fluggesellschaften, Mobilfunkanbieter in Großbritannien, Australien, Kanada, Südafrika, den USA und Frankreich, einen Internet-Provider, eine Kette für den Verkauf von CDs und DVDs, einen Buchverlag, eine Reiseagentur, ein Finanzdienstleistungsunternehmen, einen Eisenbahn-Betreiber, einen Weinhersteller, eine Fitnesskette, eine Radiostation, einen Kosmetik- und Schmuckhandel, eine Event-Firma, eine Getränkefirma und mit Virgin Galactic auch ein Unternehmen, das kommerzielle Weltraumflüge organisieren und vermarkten will. Insgesamt arbeiten 35.000 Mitarbeiter in der Virgin Group, die etwa 20 Milliarden Dollar Umsatz macht.

Doch erzählen wir die Geschichte von Anfang an. Als Branson die Schülerzeitung *Student* gründete, bewies er schon, dass er sich größere Ziele setzte, als dies normalerweise Schüler tun, die eine Zeitung herausgeben. Es gelang ihm, Interviews mit so bekannten Persönlichkeiten wie dem Philosophen Jean-Paul Sartre oder den Musikern John Lennon und Mick Jagger zu führen. „Ich war so voller Zuversicht, dass ich nie innehielt, um mich zu fragen, warum diese Leute mich bereitwillig über ihre Türschwelle ließen und von Angesicht zu Angesicht mit mir sprachen, und meine Zuversicht muss ansteckend gewesen sein, denn nur wenige gaben mir einen Korb."[13]

Auch in der Anzeigenakquisition war er kreativ. Obwohl er zunächst kein eigenes Büro hatte und von einem öffentlichen Fernsprecher aus telefonierte, gelang es dem 15-Jährigen, große Firmen als Anzeigenkunden zu gewinnen. „Ich erzählte dem Werbeleiter der Lloyds Bank, dass die Barclays Bank auf der inneren Rückseite werben würde, und fragte ihn, ob er die repräsentative Rückseite buchen wollte, bevor ich sie NatWest anbot. Ich spielte Coca-Cola gegen Pepsi aus. Ich feilte an meiner Präsentationstechnik und meinen Verkaufsargumenten und ließ niemals durchblicken, dass ich ein fünfzehnjähriger Schuljunge war, der mit einer Tasche voller Pennys in einer kalten Telefonzelle stand."[14]

Als Branson eines Tages hörte, dass trotz der Abschaffung der Preisbindung im Einzelhandel kein Laden einen Rabatt auf Schallplatten gewährte, entschloss er sich, einen eigenen Plattenversand zu gründen und in seiner Schülerzeitung Anzeigen dafür zu schalten. Der Plattenversand, den er *Virgin Mail Order* nannte, fand Zuspruch bei jungen

Leuten. Doch dann kam es im Januar 1971 in London zu einem großen Poststreik, der das Geschäftsmodell infrage stellte. Die Kunden konnten keine Schecks mehr schicken und Virgin Mail Order konnte keine Schallplatten mehr versenden. Das war die erste kleine Krise, die Branson zu bewältigen hatte, und wie in späteren Krisen reagierte er schon damals mit innovativen Ideen und mit Expansion.

Konnte man die Platten nicht mehr mit der Post zustellen, so musste man eben einen Plattenladen gründen. „Unser Geld reichte nur noch für eine Woche. Damals wussten wir nichts vom Einzelhandel. Wir wussten nur, dass wir irgendwie Schallplatten verkaufen mussten, wenn unsere Firma nicht Bankrott machen sollte."[15]

Branson eröffnete aber nicht einen „normalen" Laden, sondern einen Ort, an dem sich junge Menschen treffen, Kaffee trinken und diskutieren konnten. Sein Geschäftsmodell war einfach: „Wir wollten Virgin Records zu einem angenehmen Platz für Plattenkäufer machen, denen bisher nur die kalte Schulter gezeigt worden war. Wir wollten eine Beziehung zu unseren Kunden aufbauen, sie nicht herablassend behandeln und zugleich unsere Platten billiger als die Konkurrenz anbieten."[16] In den Plattenläden bekamen die Kunden Kopfhörer, es gab Sofas und Sitzsäcke sowie Gratisexemplare von Musikzeitschriften und kostenlosen Kaffee. „Wir ließen sie so lange bleiben, wie sie wollten, damit sie sich bei uns wie zu Hause fühlten."[17]

Ende 1972 besaß Virgin schon 14 Schallplattenläden, mehrere in London und einen in jeder größeren Stadt des Landes. Branson war damals erst 22 Jahre alt – die Schule hatte er übrigens bereits im Alter von 16 Jahren verlassen. Virgin wurde schon bald eine der größten Schallplattenketten von Großbritannien.

Bald erkannte Branson jedoch, dass das große Geld in der Musikbranche nicht von Schallplattenläden, sondern von Plattenfirmen gemacht wurde. Er lieh sich Geld von Bekannten und Verwandten und kaufte ein imposantes Herrenhaus aus dem 17. Jahrhundert, das als Aufnahmestudio für seine neue Plattenfirma dienen sollte. Seine Idee: „Mit einer eigenen Plattenfirma konnten wir Künstlern ein Aufnahmestudio zur Verfügung stellen (und dafür ein Entgelt verlangen), ihre Platten veröffentlichen (womit wir Gewinne erzielen konnten) und über unsere große, immer weiter wachsende Ladenkette die Platten promoten und verkaufen (und an der Einzelhandelsmarge verdienen)."[18]

Branson bewies ein gutes Gespür für den Geschmack der jungen Menschen. Er nahm den damals unbekannten Bassisten der Kevin Ayers Group, Mike Oldfield, unter Vertrag. Dessen Platte *Tubular Bells* erschien 1973 und wurde über fünf Millionen Mal verkauft. Den gesamten Gewinn aus dieser Platte investierte Branson in neue Künstler und den Ausbau des Unternehmens.

Doch die finanzielle Situation des Unternehmens war extrem schwierig. Die Ausgaben überstiegen die Einnahmen bei Weitem. Branson sah sich gezwungen, Verträge mit mehreren Musikern zu kündigen, er und die Mitarbeiter der Firma verkauften ihre Autos, schlossen das Schwimmbad, das sie bei dem Studio eingerichtet hatten, und zahlten sich selbst keine Gehälter mehr aus. Es schien so, als stünde die Firma kurz vor dem Konkurs. Branson war klar, dass die Sparmaßnahmen die Probleme der Firma nicht dauerhaft lösen würden. „Ich war immer der Meinung, dass der einzige Weg aus einer Krise weitere Expansion und keine Schrumpfkur ist."[19] In der Krise steckte er sich noch höhere Ziele, welche die anderen für verrückt hielten. „Wie wäre es, wenn wir zehn neue Mike Oldfields fänden? Würde das helfen?"[20]

Kurz darauf gelang es ihm tatsächlich, mit den Sex Pistols eine provokante neue Band zu finden, welche die Menschen polarisierte. „Über die Sex Pistols wurden 1977 mehr Zeitungsartikel geschrieben als über alle anderen Ereignisse mit Ausnahme des Thronjubiläums. Ihr Ruf als Volksschreck stellte praktisch einen greifbaren Vermögenswert dar."[21] Dass fast alle Zeitungsartikel über die neue Band negativ waren, störte Branson überhaupt nicht – er sah darin eine kostenlose und wirksame Verkaufsförderung.

Branson suchte jedoch nach immer neuen Herausforderungen – er sprudelte geradezu von neuen Ideen. Als er im Urlaub war und sein Flug storniert wurde, ärgerte er sich nicht einfach wie alle anderen Passagiere. Kurzerhand charterte er für 2000 Dollar ein Flugzeug und teilte den Betrag durch die Anzahl der Passagiere. Er lieh sich eine Tafel und schrieb darauf: „Virgin Airways. Einfacher Flug nach Puerto Rico 39 Dollar."[22] Dass das so gut funktionierte, brachte ihn später auf die Idee, eine eigene Fluggesellschaft zu gründen. Als ihm 1984 ein junger amerikanischer Anwalt einen Brief schrieb und ihm die Gründung einer transatlantischen Fluggesellschaft vorschlug, war er begeistert. Nachdem er am Wochenende mit dem Anwalt gesprochen hatte, konnte er es gar nicht abwarten, Montag früh gleich bei dem Flugzeughersteller Boeing in den USA anzurufen und zu fragen, wie viel denn ein Jumbojet kostete. Als er sich am nächsten Tag mit seinen Partnern von Virgin Music traf, waren diese nicht gerade begeistert von seiner Idee, eine Fluggesellschaft zu gründen. Schließlich konnte er sie aber überreden und sie erklärten sich einverstanden – „aber glücklich waren sie nicht".[23]

Branson war schon anfangs davor gewarnt worden, dass die staatliche britische Gesellschaft British Airways mit allen fairen und vor allem auch mit allen unfairen Mitteln gegen einen neuen Wettbewerber zu Felde ziehen würde. Und so kam es dann auch. Dabei erwies er sich immer wieder als äußerst einfallsreich und kreativ. Im Juni 1986 startete British Airways eine Werbekampagne und bot 5200 Billigtickets von New York nach London an. Branson konterte und schaltete sofort eine Anzeige mit dem Wortlaut: „Es war schon immer Virgins Devise, Sie zu ermuntern, für so wenig Geld wie möglich nach London zu fliegen. Also ermuntern wir Sie, am 10. Juni mit British Airways zu fliegen."[24] British Airways hatte viel Geld für die Werbekampagne ausgegeben, aber die Medien berichteten vor allem über die freche Werbung von Virgin – „wir schnitten uns von der Publicity für sehr wenig Geld ein großes Stück ab".[25]

Doch Anfang der 90er-Jahre kam die Virgin-Gruppe durch die Fluggesellschaft in erhebliche finanzielle Bedrängnis. Die Medien berichteten über finanzielle Schwierigkeiten der Fluggesellschaft, und die unfairen Intrigen der British Airways machten dem Unternehmen schwer zu schaffen. Die Banken setzten Branson immer stärker unter Druck. Die Fluggesellschaft konnte er nicht verkaufen – also musste er seine Plattenfirma verkaufen, die gerade einen Plattenvertrag mit den Rolling Stones abgeschlossen hatte. Branson sah keinen anderen Ausweg, als ein Angebot der Plattenfirma EMI zum Kauf von Virgin für umgerechnet eine Milliarde Dollar anzunehmen. Der Verkauf fiel ihm und den Mitarbeitern sehr schwer, denn 20 Jahre ihres Lebens hatten sie in den Aufbau des Unternehmens gesteckt. Branson hatte Musiker wie Boy George, Bryan Ferry, Janet Jackson und schließlich sogar die Rolling Stones unter Vertrag genommen – und nun sollte alles zu Ende sein. Sein Geschäftspartner sagte ihm: „Es ist, als würde dein Vater oder deine Mutter sterben. Du meinst, du bist darauf vorbereitet, aber wenn es dann passiert, merkst du, dass du nicht damit umgehen kannst." Branson schreibt, ihm sei es eher wie der Tod eines seiner Kinder vorgekommen ...[26]

Es dauerte eine Weile, bis er verstand, was der Verkauf auf der positiven Seite für ihn bedeutete. „Zum ersten Mal im Leben hatte ich genug Geld, um mir meine kühnsten Träume zu verwirklichen."[27] In jeder Niederlage – und der Verkauf der Plattenfirma war natürlich eine Niederlage – steckt auf der anderen Seite eine große Chance. Und diese Chance nahm Branson wahr.

Erfolgreiche Menschen haben ebenso viele Niederlagen zu verkraften wie weniger erfolgreiche Menschen. Doch sie reagieren anders darauf. Vor allem befassen sie sich nicht zu lange mit vergangenen Dingen, die ohnehin nicht mehr zu ändern sind. Sie ziehen

Lehren aus ihren Niederlagen, aber statt monate- oder gar jahrelang darüber zu grübeln und unwiederbringlichen Dingen nachzutrauern, schauen sie in die Zukunft. „Manchmal", so Branson, „gewinnt man, manchmal verliert man. Wer gewinnt, sollte sich freuen. Wer verliert, nichts bereuen."[28] Es habe keinen Sinn zurückzublicken. „Ich weiß, dass man die Vergangenheit nicht ändern kann, aber ich versuche, daraus zu lernen."[29]

Branson verwirklichte in den folgenden Jahren viele neue Ideen und gründete eine Firma nach der anderen. Manche waren erfolgreich, andere nicht. Aber wenn ihm jemand eine neue Idee vortrug, reagierte er erst einmal positiv, was ihm den Beinamen „Dr. Yes" eintrug. „Der Beiname war offensichtlich entstanden, weil ich automatisch auf jede Frage, Bitte oder jedes Problem eher positiv als negativ reagiere. Ich habe immer versucht, Gründe dafür zu finden, etwas zu tun, wenn es wie eine gute Idee erscheint, als dagegen."[30]

Branson suchte immer neue Abenteuer – nicht nur im Geschäftlichen. 1986 schaffte er die schnellste Atlantiküberquerung per Schiff mit der *Virgin Atlantic Challenger II*, ein Jahr später schaffte er es als erster Mensch, den Atlantik mit einem Heißluftballon zu überqueren. 1995 bis 1998 versuchte er mehrfach, die Erde per Ballon zu umrunden. 1998 gelang ihm schließlich ein Rekordflug von Marokko ostwärts bis nach Hawaii, er musste den Flug dort jedoch wegen des schlechten Wetters abbrechen. „Bei genauerem Hinsehen würde ich sagen, dass ich in meinem Leben so viele Erfahrungen wie nur möglich machen möchte. Die körperlichen Abenteuer verleihen meinem Leben eine besondere Dimension, was dazu führt, dass meine geschäftlichen Aktivitäten mir noch mehr Spaß machen."[31]

Allen drei in diesem Kapitel vorgestellten Unternehmern – Dietrich Mateschitz, August Oetker und Richard Branson – ist gemeinsam, dass sie vor Ideen nur so sprudelten. Aber sie alle erfanden keine neuen Produkte, sondern stützten sich auf Ideen und Erfindungen anderer Menschen, denen sie jedoch durch eine geniale Marketingstrategie zum Erfolg verhalfen.

Manche Unternehmer sind auch heute noch der Meinung, es genüge, ein gutes Produkt zu haben, und dies werde sich dann sozusagen „von alleine" durchsetzen und herumsprechen. Ein gutes Produkt ist die Voraussetzung, denn ein schlechtes Produkt wird auch mit dem besten Marketing auf Dauer kein Erfolgsschlager werden. Aber es genügt keineswegs, lediglich ein gutes Produkt zu haben, denn die Konsumenten werden heute mit einer Unzahl von Produkten und Dienstleistungen überflutet. Diese Reizüberflutung lässt Marketing noch wichtiger werden.

Allerdings, auch dies gilt es zu bedenken, sind die Konsumenten heute sehr viel kritischer, als sie es früher waren. Viel Geld, das für klassische Werbung ausgegeben wird, ist tatsächlich verschwendetes Geld. Die Menschen glauben den einfachen Werbesprüchen nicht mehr. Vielleicht lachen sie über eine unterhaltsame Werbung, aber sie kaufen deshalb noch lange nicht das Produkt.

Renommierte Marketingexperten wie etwa Al Ries vertreten die These, dass die klassische Werbung heute wenig bewirkt, und empfehlen den Firmen, eher auf Public Relations, insbesondere auf Pressearbeit, zu setzen. „Eine neue Marke lässt sich nicht mittels Werbung auf dem Markt einführen", so Ries, „weil Werbung nicht glaubwürdig ist. Eine Anzeige ist die eigennützige Stimme eines Unternehmens, das unbedingt sein Produkt an den Kunden bringen will. Neue Marken können nur über Öffentlichkeitsarbeit oder Public Relations (PR) eingeführt werden."[32]

Die Marketingerfolge in der jüngeren Zeit, hierauf weist Ries hin, waren allesamt keine Werbeerfolge, sondern PR-Erfolge. Als Beispiele nennt er die – auch in diesem Buch ausführlich dargestellten – Firmen Starbucks, Google, Red Bull, Microsoft, Oracle und SAP. Starbucks beispielsweise gab in den ersten zehn Jahren weniger als 10 Millionen Dollar für Werbung in den USA aus – eine lächerliche Summe für ein Unternehmen mit diesen Umsätzen.[33]

Werbung, so die These des führenden amerikanischen Marketingexperten, ist heute eher eine Kunstform. Den Werbeleuten ist es weitaus wichtiger, Preise für ihre Werbung zu bekommen, als den Verkauf der Produkte zu fördern, für die sie werben. Der entscheidende Vorteil von PR gegenüber der Werbung sei dagegen die weitaus höhere Glaubwürdigkeit.

Ein redaktioneller Artikel in einem angesehenen Medium, selbst wenn er nicht uneingeschränkt positiv ist, bewirkt hundertmal mehr als teure Werbung mit flotten Sprüchen. Voraussetzung hierfür ist jedoch umso mehr, dass Ihr Produkt interessant und qualitativ gut ist. Denn zum Glück kann man gute Presseartikel in Qualitätsmedien nicht „kaufen". Und zum Glück ist es auf Dauer nicht möglich, für schlechte Produkte eine gute Presse zu bekommen. Eine Marke, in die die Konsumenten Vertrauen haben, wird nicht durch lustige Sprüche aufgebaut, sondern durch eine glaubwürdige, offene und transparente Kommunikation.

Was für Unternehmen gilt, gilt auch für einzelne Personen – ob Sie nun Unternehmer, Freiberufler oder Angestellter sind. Sie müssen sich selbst zu einer „Marke" machen und lernen, sich richtig zu „verkaufen". Grundsätzlich gibt es drei Gruppen von Menschen: Die erste Gruppe bringt schlechte Leistungen, aber es gelingt diesen Menschen dennoch, sich gut darzustellen, zu „verkaufen". Auf die Dauer geht das natürlich nicht gut. Die zweite Gruppe bringt sehr gute Leistung, aber es gelingt den Menschen nicht, auf sich aufmerksam zu machen und diese Leistungen im „richtigen" Licht erscheinen zu lassen. Bei der dritten Gruppe stimmt beides überein: gute Leistungen und die Fähigkeit, sich „zu verkaufen".

Damit Ihnen dies gelingt, müssen Sie sich selbst zur Marke machen. Auf die Frage, was sie gut können, nennen zu viele Menschen zu viele Dinge oder antworten viel zu allgemein und unspezifisch. Niemand glaubt jedoch an Universalgenies, eher schon vermutet man hinter jemandem, der angeblich „alles" kann, einen Universaldilettanten. Sie müssen sich also richtig positionieren, herausfinden, was Sie wirklich besser können als andere, und eine Strategie entwickeln, wie Sie diese Fähigkeiten wirksam kommunizieren können.

Die Zielgruppen für diese Kommunikation sind – wenn Sie Unternehmer oder Freiberufler sind – Ihre Kunden. Als Angestellter ist Ihr Chef vielleicht die wichtigste Zielperson für Ihre Selbstvermarktung. In jedem Unternehmen gibt es talentierte, fleißige Menschen, die einen wichtigen Beitrag zum Unternehmenserfolg leisten, die sich jedoch verstecken und denen es nicht gelingt, sich selbst zu vermarkten. Sie handeln so wie ein Unternehmen, das sich der Hoffnung hingibt, aufgrund der Qualität seiner Produkte würden die Kunden schon „von alleine" darauf aufmerksam werden. Das ist jedoch in beiden Fällen – bei Unternehmen wie bei einzelnen Personen – ein fataler Irrtum.

Sie müssen „für etwas stehen", ein spezifisches Profil entwickeln, Alleinstellungsmerkmale herausarbeiten und diese kommunizieren. Das nennt man „Positionierung". Eine richtige Positionierung ist der Kern eines jeden guten Marketings. Dies gilt für Firmen ebenso wie für Rechtsanwälte, Steuerberater, Ärzte und Angestellte. Die meisten Firmen, aber noch mehr die Freiberufler und die Angestellten, unterschätzen die Bedeutung einer solchen Positionierung beziehungsweise einer aktiven und professionellen Kommunikation.

Die in diesem Buch vorgestellten Menschen waren und sind alle Meister der Kommunikation und der Selbstvermarktung – ob dies nun Madonna ist oder Arnold Schwarzenegger, Estée Lauder oder Richard Branson, Jack Welch oder Warren Buffett. Jede dieser Persönlichkeiten hat außergewöhnliche Leistungen erbracht, aber jede hat es auch verstanden, andere Menschen darauf aufmerksam zu machen, professionell zu kommunizieren und sich wirksam zu positionieren.

Übrigens ist keine dieser Personen durch Werbung bekannt geworden, sondern sie alle sind durch redaktionelle Artikel in den Medien berühmt geworden. Richard Branson und Jack Welch haben Bücher geschrieben, Fernsehsendungen gemacht oder regelmäßige Kolumnen in renommierten Zeitungen geschrieben, um sich selbst zu vermarkten.

Schwarzenegger hat sich von Anfang an selbst als Marke aufgebaut. Schon in seiner frühen Bodybuilder-Karriere hatte er erkannt, dass „die eigene innere Einstellung eine tiefgreifende Wirkung auf die Kampfrichter ausübt". Wenn du dich als Sieger verkaufst, werden die Leute in dir einen Sieger sehen – so seine Überzeugung.[34] „Man muss die Welt wissen lassen, dass man da draußen ist", erklärte er gegenüber dem Magazin *Cigar Aficionado*.[35]

Während seines Gouverneurwahlkampfes 2003 sagte Schwarzenegger den Reportern schon früh seinen Sieg voraus. Und dies begründete er einfach damit, dass „ich weiß, wie man etwas verkauft". Er habe es als Bodybuilder und später als Schauspieler geschafft, „weil ich mich den Amerikanern und den Leuten rund um den Globus richtig verkauft habe".[36] Während Menschen, die sich nicht so gut selbst vermarkten können, es vornehm ablehnen „sich selbst zu verkaufen", hat dies für Menschen wie Schwarzenegger gar nichts Negatives, sondern ist etwas ganz Selbstverständliches. Die Zeitschrift *Newsweek* schrieb einmal: „Selbstvermarktung ist für Schwarzenegger so natürlich, wie seinen Trizeps anzuspannen."[37]

Wir haben in Kapitel 5 gesehen, dass „der Mut, anders zu sein" erfolgreiche Menschen auszeichnet. Und dieser Mut ist auch eine Voraussetzung für eine erfolgreiche Selbstvermarktung, wie Schwarzenegger erkannte: „Es gibt einen natürlichen Druck, sich anzupassen, Dinge so zu tun, wie sie schon immer gemacht wurden. Aber ich hatte stets das Gefühl, dass die einzige Möglichkeit, einen bleibenden Eindruck zu hinterlassen, die ist, etwas so zu tun, wie es bisher noch nie gemacht worden ist."[38]

So redeten beispielsweise alle auf ihn ein, er solle seinen für Amerikaner schwierig auszusprechenden Namen unbedingt ändern. Schwarzenegger sah diesen Namen jedoch nicht als Nachteil, sondern als Vorteil, weil er eben unverwechselbar ist. Er engagierte schon sehr früh Public-Relations-Experten, die ihm halfen, die „Marke Schwarzenegger" in den Medien zu kommunizieren. Sein Biograf Cookie Lommel schreibt: „Besonders auf den Respekt der Öffentlichkeit legt Schwarzenegger größten Wert und bediente sich auf seinem Weg nach oben eines der besten PR-Managements, die man in den USA haben kann."[39] Schon beim Bodybuilding, so erklärte Schwarzenegger selbst, sei ihm die „Macht der Presse" bewusst geworden. Die Medien seien „das stärkste Mittel … um Image und Vermarktbarkeit zu steigern. Ich habe das nie vergessen."[40]

Nur wenige Menschen sind sich so der Bedeutung einer professionellen Selbstvermarktung bewusst wie Arnold Schwarzenegger. „Für mich und meine Karriere war das Image alles", so Schwarzenegger. „Wichtiger als die Realität. Wie die Leute mich wahrnehmen und was sie über mich denken, hat den allergrößten Einfluss."[41] Auch Schwarzenegger ist ein Beispiel dafür, dass PR sehr viel wirksamer ist als klassische Werbung. Er ist als Person heute weltweit eine der bekanntesten Marken, hat jedoch keinen einzigen Cent dafür ausgegeben, Anzeigen zu schalten, um sich als Marke aufzubauen. Er hat 100 Prozent seines eigenen Marketingbudgets in PR investiert.

Auch Warren Buffett ist keineswegs nur der kühle Investor, als welcher er nach außen erscheinen mag. Jedes Jahr, am ersten Wochenende im Mai, zelebriert er die Hauptversammlung seines Unternehmens Berkshire Hathaway in einer Art, wie dies kein anderes Unternehmen der Welt tut. Zehntausende Menschen aus aller Welt pilgern nach Omaha im Bundesstaat Nebraska, um Buffett und seinen engen Freund, Partner und Vizevorsitzenden Charlie Munger „live" zu erleben. Zugleich ist die Hauptversammlung eine gigantische Verkaufsshow für die Firmen, an denen Berkshire beteiligt ist – von Schmuck über Möbel, Teppiche, Fernseher bis hin zu Süßigkeiten ist alles zu haben. Jeff Matthews, der ein ganzes Buch mit über 400 Seiten nur über diese Hauptversammlung geschrieben hat, resümiert: „Der Kontrast zu den meisten anderen Hauptversammlungen könnte größer nicht sein. Sogar die Hauptversammlungen der größten Unternehmen – und Berkshire gehört zu den 50 größten privatwirtschaftlichen Arbeitgebern der Erde – werden von den Aktionären sparsam besucht und von der landesweiten Presse weitgehend ignoriert, außer wenn das Unternehmen in einer Krise steckt. Aber die Hauptversammlung von Berkshire zieht Aktionäre, Reporter und Nachrichtenkameras buchstäblich aus aller Welt an."[42]

Auch Buffetts überaus ehrlicher, geradliniger und humorvoll geschriebener jährlicher Geschäftsbericht ist ein Marketinginstrument für sein Unternehmen und seine Person. Er kommuniziert mit diesem Instrument genau das, was der Kern seines Markenimages ist – Kompetenz und Vertrauen, wobei das Vertrauen vor allem durch absolute Offenheit, Ehrlichkeit und die Fähigkeit zur Selbstkritik aufgebaut wird.

Buffett erreichte schließlich, dass er schon zu Lebzeiten zur Legende geworden ist. Zunächst musste er um das Geld anderer Leute werben, doch schon nach wenigen Jahren hatte sich das Blatt gewendet. Die Menschen fragten an, ob sie bei ihm investieren dürften. „Anstatt um einen Gefallen zu bitten, gewährte er einen; die Leute standen ihrer eigenen Ansicht nach in seiner Schuld, weil er ihr Geld angenommen hatte. Dadurch, dass sie auf ihn zukamen, hatte er aus psychologischer Sicht das Sagen. Er machte von dieser Technik im weiteren Verlauf seines Lebens oft und in vielen Situationen Gebrauch."[43]

Nur derjenige, der es versteht, sich selbst richtig zu positionieren, der die Bedeutung von Public Relations und professioneller Öffentlichkeitsarbeit versteht und dabei auch keine Angst hat, zu polarisieren, hat eine Chance, in unserer modernen Mediengesellschaft, die letztlich einen großen Wettbewerb um die Erlangung von Aufmerksamkeit darstellt, wahrgenommen zu werden.

Was haben Sie bisher getan, um sich richtig zu positionieren? Sie sollten eine Marketingstrategie in eigener Sache entwickeln. Dabei geht es im Kern darum, dass Sie bestimmte herausragende Fähigkeiten, Eigenschaften und Alleinstellungsmerkmale Ihrer Person herausarbeiten und kommunizieren. Je „spitzer" diese Positionierung ist – desto besser. Suchen Sie sich eine Nische, die möglichst noch niemand in dieser Form besetzt hat. Fokussieren Sie sich ganz auf *ein* Thema – so wie es in Kapitel 4 dieses Buches beschrieben wurde.

Die meisten Menschen – und auch viele Unternehmen – machen den Fehler, dass sie in möglichst vielen Bereichen gut sein wollen. Die Voraussetzung für eine wirksame Selbstvermarktung ist jedoch, dass Sie in *einem* Bereich sehr gut und – wichtiger noch – unverwechselbar werden.

Eines der besten Mittel, um sich selbst zu vermarkten, ist übrigens, ein Buch zu schreiben. „Autorität kommt von Autor." Wer nicht ein Buch zu einem Thema geschrieben hat, dem wird es schwerer fallen, sich selbst als Experte in der Öffentlichkeit zu positionieren. Egal, was ich in meinem Leben getan habe, ich habe mich stets zunächst mit Büchern positioniert. Als Historiker, indem ich Fachaufsätze und Monografien geschrieben und Sammelbände herausgegeben habe, als Immobilienexperte, indem ich ein Buch über den Vermögensaufbau mit Immobilien geschrieben und einen wöchentlichen Immobilien-Newsletter herausgegeben habe, als Positionierungsexperte, indem ich ein Buch über die Macht der Positionierung verfasste. Mir selbst macht das Schreiben Spaß und ich habe schon mein Leben lang geschrieben. Bereits im Alter von acht Jahren habe ich ein Büchlein mit politischen Karikaturen angefertigt und es an mein damaliges Idol, den SPD-Politiker Willy Brandt, geschickt, der mir auch antwortete. Vielleicht liegt Ihnen das Schreiben nicht so sehr. Dann sollten Sie professionelle Hilfe in Anspruch nehmen, so wie dies fast alle Politiker, Sportler und Stars tun, die Bücher veröffentlichen. Und vielleicht kann Ihnen mein ambition verlag, in dem auch dieses Buch erscheint, dabei helfen (*info@ ambition-verlag.de*).

Kapitel 14

Begeisterungsfähigkeit und Selbstdisziplin

Heidi Klum ist eines der bestbezahlten Models der Welt. Die *Forbes*-Liste der bestverdienenden Frauen der Welt schätzt das Jahreseinkommen der 37-Jährigen auf 8 Millionen Dollar, so viel, wie nur wenige Vorstände der großen DAX-notierten Unternehmen verdienen. Sieht sie besser aus als alle anderen Models? Wenn sie selbst schreibt, dass sie keineswegs besser aussieht als „viele, viele, sehr viele andere Models draußen in der Welt", dass sie „kleiner als die meisten und schwerer" ist,[1] dann ist dies keine Koketterie, sondern entspricht den Tatsachen. Das Aussehen ist in der Modelbranche nur die Eintrittskarte – über den Erfolg entscheiden nachher andere Faktoren.

Durch Medienberichte gelten Models als schwierig, zickig und unpünktlich. Weil es ein oder zwei erfolgreiche Models gibt, denen dies nachgesagt wird, denken Hunderttausende andere Models, sie bräuchten eben nicht selbstdiszipliniert, zuverlässig, pünktlich, freundlich und kooperativ zu sein. Ein fataler Irrtum, der wohl die Ursache ist, warum eben auch Hunderttausende Models, die von ihrem äußeren Erscheinungsbild alle Voraussetzungen hätten aufzusteigen, nie den Sprung auf die große Bühne schaffen.

Wahrscheinlich braucht man in kaum einem anderen Beruf so viel Selbstdisziplin wie beim Modelberuf. Der Zeitplan eines gut bezahlten Models sieht nicht anders aus als der eines internationalen Topmanagers. Nur dass der Topmanager nicht gezwungen ist, im gleichen Maße auch noch auf Ernährung, Fitness usw. zu achten und bei all dem Stress jederzeit toll auszusehen.

Heidi Klum hat die Erfolgsfaktoren aufgeschrieben, die für ihre eigene Karriere und für die jedes anderen Topmodels ausschlaggebend sind. Nicht zufällig steht an erster Stelle dabei die Aufforderung: „Sei pünktlich!" Und sie fügt hinzu: „Sei organisiert", „Achte auf deine Launen", „Mache deine Hausaufgaben".[2] Sind diese Eigenschaften selbstverständlich für junge Mädchen, die oft schon mit 14 oder 15 Jahren ihre Modelkarriere beginnen? Natürlich nicht. Aber das Maß, in dem jemand in der Lage ist, Selbstdisziplin aufzubringen, entscheidet am Schluss über Erfolg oder Misserfolg.

Voraussetzung für Selbstdisziplin ist jedoch ein hohes Maß an Begeisterungsfähigkeit. Denn niemand wird Erfolg haben, wenn er sich ständig zu Dingen zwingen muss, die er gar nicht unbedingt machen will und die ihn nicht begeistern (obwohl auch das manchmal eben dazugehört). Selbstdisziplin fällt umso leichter, je begeisterter ich bin. „Zum Glück", so Heidi Klum, „hatte ich – außer einem Besser-als-durchschnittlich-Gesicht und -Körper – noch ein Ass im Ärmel: Ich wollte es mit jeder Faser." Ausschlaggebend für den Erfolg sei „das unbändige Verlangen. Es treibt dich an, wie verrückt zu arbeiten und nicht vorschnell oder leichtfertig aufzugeben."[3]

Begonnen hatte es für Heidi Klum im Jahr 1992, als sie sich bei einem von Thomas Gottschalk moderierten Modelwettbewerb gegen 30.000 Konkurrentinnen durchsetzte und einen Dreijahresvertrag über 300.000 Dollar gewann. Im gleichen Alter, als auch Arnold Schwarzenegger zu dem Ergebnis gekommen war, dass er nur in den USA seine ambitionierten Ziele würde erreichen können, nämlich mit 19 Jahren, ging auch Heidi Klum nach New York. Sie wurde zuerst zusammen mit zwei anderen deutschen Mädchen in eine Wohngemeinschaft einquartiert. Das Gebäude hatte kein Warmwasser, die Decken hatten undichte Stellen und überall wimmelte es von Kakerlaken. „Drei Monate lang trottete ich jeden Tag zu Castingterminen, manchmal bis zu zehn pro Tag. Ich war nur eines von Tausenden neuer Mädchen, die ihr Glück als Model in New York suchten, und jede von ihnen sah umwerfend aus. In der Regel wartete ich in der Schlange, dann sah sich der Kunde meine Mappe an, dankte mir und schickte mich wieder heim. Es war echt beschissen, so ein kleiner Fisch im großen Teich zu sein."[4]

Der erste große Job, den sie bekam, war die Titelseite für *Mirabella*, ein angesehenes Modejournal, danach bekam sie einen Job als Model für die Kosmetikserie Bonne Bell und im August 1995 landete sie dann auf der Titelseite der Zeitschrift *Self*. Der große Durchbruch kam drei Jahre später, als sie auf der Titelseite der Bademodenausgabe der amerikanischen Zeitschrift *Sport Illustrated* erschien, die 55 Millionen Leser erreicht. Davon träumt jedes Model. Ihr war klar, dass sich ihr Leben damit komplett verändern würde. Bald schon bekam sie den begehrten Job als Model der Unterwäschefirma Victoria's Secret und erschien auf den Titelseiten von Zeitschriften wie *Vogue* und *Elle*.

Klum erkannte jedoch, dass sie sich selbst positionieren und ein eigenes Image kreieren musste, wollte sie dauerhaft Erfolg haben und nicht nur eine von vielen Sternschnuppen am Modelhorizont sein. „Mir wurde bald klar: Wenn du nicht eine Persönlichkeit aus dir machst, mehr als nur ein Gesicht, wenn du nicht jemand wirst, den die Öffentlichkeit kennt (oder kennenlernen will), bist du ganz schnell wieder aus dem Geschäft raus. Es mag krass klingen, aber du musst dich zu jemandem machen, um dich länger im Regal halten zu können. Sonst bist du nur eine Eintagsfliege."[5]

Ähnlich wie Arnold Schwarzenegger, der einige Jahrzehnte vor ihr nach Amerika gegangen war und dort Karriere machte, zeichnete sich Klum neben einem hohen Maß an Ehrgeiz und Selbstdisziplin vor allem durch ihre Lernfähigkeit aus. So wichtig Einstellungen wie „Niemals aufgeben!" und „Alles einmal versuchen!" seien – allein damit, so Klum, schaffe man es nicht an die Spitze. Der wichtigste Schlüssel zum Erfolg liege darin, „sich einzugestehen, was man nicht weiß, und sich vertrauenswürdige Leute zu suchen, die es wissen".[6]

Das erinnert an die Sätze des griechischen Reeders Onassis, den man am Ende seines Lebens fragte, was er anders machen würde, wenn er noch mal von vorne beginnen könnte. Er sagte, er würde alles noch mal genauso machen – mit einer Ausnahme. Er würde von Anfang an bessere, die besten Berater suchen.

Klum hat mehr als fast alle anderen Models aus ihrer Karriere gemacht – und gehört deshalb auch heute zu den bestverdienenden Frauen. Bereits im Jahre 2004 startete ihre erste Fernsehshow in den Vereinigten Staaten. Bei *Project Runway* ist sie nicht nur eine von elf Produzenten, sondern auch Moderatorin und Jury-Vorsitzende der Show. Seit 2006 moderiert sie auch in Deutschland die Serie *Germany's Next Topmodel*. Die Erfolgsformel, die dies ermöglichte, lautete „Begeisterungsfähigkeit, Verlangen und Selbstdisziplin".

Anhaltende Begeisterung ist eine der wichtigsten Voraussetzungen, um große Ziele zu erreichen. Viele Menschen können sich für Dinge begeistern, aber nur vorübergehend.

Während die Begeisterung für ein Ziel Sie motiviert, ist jedoch für die Umsetzung Ihrer Ziele ein hohes Maß an Selbstdisziplin Voraussetzung.

Unterschätzt wird häufig die Bedeutung hoher, ja extremer Disziplin bei der Einhaltung von Terminen. Menschen, die Termine einhalten, gelten als verlässlich. Man vertraut ihren Worten. Wem würden Sie eher einen Auftrag geben? Einem Menschen, bei dem Sie schon aus Erfahrung wissen, dass es höchst zweifelhaft ist, ob er termingerecht liefern wird, oder einem Menschen, der Sie noch niemals enttäuscht hat, weil er immer pünktlich war?

Pünktlich zu sein ist das Minimum, das Sie einhalten müssen. Kunden oder Vorgesetzte *begeistern* können Sie nur, wenn Sie in erstklassiger Qualität früher liefern als vereinbart. Sie sollten es sich zur Regel machen, dass Sie stets versuchen, früher als vereinbart eine Leistung oder eine Ware zu liefern, *niemals* jedoch später.

Solange dies alleine von Ihnen abhängt, darf das für Sie kein Problem sein. Schwieriger wird es, wenn Sie eine Firma leiten, in der es immer mal wieder auch Menschen mit schlechten Gewohnheiten geben wird. Zwar sollten Sie bei der Auswahl der Mitarbeiter darauf achten, dass diese zuverlässig sind, und Verlässlichkeit sollte in der Firmenkultur stets einer der obersten Werte sein, dennoch werden Sie es – je größer Ihre Firma wird – auch mit weniger verlässlichen Menschen zu tun haben.

Ein Freund berichtete mir von seiner Firma, in der er einen Mitarbeiter beschäftigt, der intelligenter ist als die meisten anderen. Er sei auch fleißig und seine Arbeiten hätten eine weit überdurchschnittliche Qualität. Er scheitere jedoch immer wieder daran, dass er Termine nicht einhalte. Dies sei im Grunde seine *einzige* Schwäche, aber diese sei so gravierend, dass er damit seine Karriere massiv behindert habe.

Niemand würde jemandem die Leitung einer großen Abteilung oder gar einer Firma anvertrauen, der nicht in der Lage ist, sich richtig zu organisieren. Sie werden deshalb kaum zu größeren Führungsaufgaben berufen werden, wenn Ihnen der Ruf vorausgeht, dass Sie sich nicht richtig organisieren können und man sich nicht darauf verlassen kann, dass Sie Ihre Aufgaben termingerecht erledigen.

Die kreative Branche der Werbung gilt nicht gerade als Paradebeispiel für besondere terminliche Zuverlässigkeit. „Kreative" Menschen sind oftmals sehr sensibel, lassen sich eher von – schwankenden – Emotionen als von strikten Zeitplänen leiten. Und gerade deshalb hat in der Branche der „Kreativen" derjenige Erfolg, der anders ist und Kreativität mit einem hohen Grad an Selbstdisziplin kombiniert. David Ogilvy war mit seiner Agentur auch deshalb erfolgreich, weil er geradezu fanatisch auf Pünktlichkeit bestand. In seinem Bestseller *Geständnisse eines Werbemannes* schrieb er: „Heute sehe ich immer noch rot, wenn jemand bei Ogilvy, Benson & Mather sagt, dass wir ein Inserat oder einen Fernsehspot nicht zum versprochenen Termin fertigstellen können. In erstklassigen Firmen werden Versprechen immer eingehalten, egal, was es an Anstrengung und Überstunden kostet."[7] In seinen Firmengrundsätzen schrieb er: „Ich bewundere pünktliche Menschen, die ihre Arbeit zeitgerecht abliefern. Der Herzog von Wellington ging nie nach Hause, ehe sein Schreibtisch nicht vollständig leer war."[8]

Auch Künstler gelten nicht gerade als Musterbeispiele für Selbstdisziplin. Erfolgreiche Musiker und Schauspieler wie etwa Madonna haben jedoch stets ein überdurchschnittliches Maß an Selbstdisziplin gezeigt. Die Regisseurin Susan Seidelman, die mit Madonna arbeitete, berichtet, diese verfüge über ein außergewöhnliches Maß an Selbstkontrolle. „Die ersten Schauspieler wurden morgens um halb sieben abgerufen. Madonna war sogar noch früher an der Reihe. Sie stand schon gegen vier Uhr auf, und wenn sie am Set erschien, hatte sie bereits etliche Bahnen im YMCA-Sportclub genommen. Sie hatte eine erstaunliche Selbstdisziplin."[9]

Die Erotik-Unternehmerin Beate Uhse hat ihr Erfolgsgeheimnis selbst so beschrieben: „Erfolg hat sicher sehr viel mit Selbstkontrolle zu tun. Die Menschen, die mit mir umgehen, sagen, ich habe ungeheuer viel Selbstdisziplin – und die hat bestimmt zum Gelingen der Firma beigetragen. Zum Erfolg gibt es keinen Lift, man muss schon die Treppe nehmen."[10]

Der Investor Prinz Alwaleed ist geradezu ein Pünktlichkeitsfanatiker. Er lässt sogar ein (kleineres) Ersatzflugzeug hinter seiner eigenen Maschine herfliegen, damit er auch bei unvorhergesehenen Ereignissen auf jeden Fall pünktlich ist. „Er erklärte, das sei seine ‚Versicherung', falls es Probleme mit der Boeing geben sollte, die den Zeitplan mit all den wichtigen Terminen durcheinanderbringen könnten. In diesem Fall könne er einfach mit einem Minimalteam in das kleinere Flugzeug einsteigen. Mit 30.000 Dollar war diese Versicherung für einen Tag ziemlich teuer."[11]

Im Vergleich dazu kostete es ihn nur 300 Dollar, trotz Verkehrsstau auf der Autobahn pünktlich zu einer Verabredung zu gelangen. Als Alwaleed zu einem Termin mit seinem Freund, dem ehemaligen US-Präsidenten Jimmy Carter, zu spät zu kommen drohte, weil sein Wagen im zähflüssigen Verkehr des Highways in Atlanta feststeckte, versprach er dem Fahrer, er würde ihm 300 Dollar geben (das war dessen volles Wochengehalt), wenn er es pünktlich um 17.30 Uhr zum Carter Center schaffen würde. Der Fahrer wollte das gar nicht glauben: „Wollen Sie mich veräppeln oder was?" Alwaleed spornte ihn an: „Warum verschwenden Sie noch Zeit? Noch 13 Minuten!" Der Fahrer lenkte die Stretchlimousine aus der Schlange heraus auf den Verzögerungsstreifen und war tatsächlich pünktlich da.[12]

Alwaleed hat ein Reiseteam, das für die perfekte Organisation und vor allem für absolute Pünktlichkeit sorgen muss. Das Team muss „über jede Minute des Tages Rechenschaft ablegen … vor allem weil der Prinz in Sachen Pünktlichkeit pedantisch ist und weil er keine Zeit vergeuden will".[13] Ist Alwaleed mit dem logistischen Ablauf einer Reise zufrieden, dann zahlt er großzügige Boni. Manchmal zahlt er drei oder sechs Monatsgehälter oder sogar ein ganzes Jahresgehalt. Aber wenn es terminliche Probleme gibt, äußert er sein Missfallen dadurch, dass er die vierteljährlichen Sonderzahlungen kürzt.[14]

Warren Buffett setzte auch Geld als Mittel ein, um sich selbst zu disziplinieren. Hatte er das Gefühl, zu viel zu wiegen, überreichte er seinen Kindern Schecks über 10.000 Dollar, die allerdings noch nicht unterschrieben waren. Er kündigte an, sie dann zu unterschreiben, wenn er nicht bis zu einem bestimmten Datum ein bestimmtes Gewicht erreicht hatte. Seine Kinder versuchten dann, ihn mit Eis oder Schokokuchen und anderen Lieblingsgerichten zu verführen, aber Warren Buffett blieb hart und musste niemals einen der Schecks unterschreiben.[15]

Die Meinungsforscherin Elisabeth Noelle-Neumann berichtet bewundernd über ein System von Selbstdisziplin, das sie in dem Elite-Internat Salem lernte. In Salem gab es einen „Trainingsplan", der ähnlich wie ein normaler Unterrichtsplan gestaltet war. Unter den Wochentagen waren Aufgaben aufgelistet wie etwa „Morgens kalt duschen", „30 Seilsprünge", „10 Minuten Dauerlauf" usw. Die Aufgaben änderten sich immer wieder, aber jeder Schüler musste diesen Plan täglich ausfüllen. „Es waren gute Vorsätze, und ob man sich am Tag an sie gehalten hatte, stellte man abends allein, ganz für sich fest. Zu jedem Punkt zeichnete man in den betreffenden Tag ein Plus – den Vorsatz habe ich erfüllt – oder ein Minus: nicht geschafft."[16] Die Pläne wurden nicht von anderen kontrolliert, sondern sie waren ein Mittel der Selbstkontrolle: „Ich selbst prüfte mich", so Noelle-Neumann, „nicht nur in einer feierlichen Stunde, sondern täglich, sodass mir der Verstoß oder eine Schwäche vor Augen standen, wenn sie noch zu reparieren, noch nicht zur schlechten Gewohnheit geworden waren."[17]

Der Salem-Pädagoge Kurt Hahn, der diese Idee von Benjamin Franklin abgeschaut hatte, begründete den Trainingsplan damit, dass es das Ziel sei, die Willenskräfte zu schulen, „denn allein mit Willenskraft wäre man fähig zur Selbsterziehung, zur Selbstkontrolle".[18]

Noelle-Neumann erzählte ihren Studenten oft von diesem Plan und schlug ihnen vor, selbst ähnliche Pläne aufzustellen: „Mindestens eine Stunde Fachlektüre", „Mindestens zwei Zeitungen oder Zeitschriften mit einander widersprechender Grundhaltung lesen!", „Zu jeder Stunde Vorlesung, die gehört wird, eine Stunde lesen oder Notizen nacharbeiten" usw. „Ob ich meine Vorsätze einhielt oder nicht", so Noelle-Neumann, „diese Frage begleitete mich immer."[19]

228

Kein Spitzensportler kann erfolgreich sein ohne ein hohes Maß an Disziplin. Boris Becker berichtet: „In bestimmten Dingen bin ich preußischer als preußisch, habe immer meinen zeitlichen Rahmen, den ich diszipliniert einhalte." Auch im Privatleben seien Disziplin und Regelmäßigkeit wichtig, sonst könne „die ganze Lebensorganisation zusammenbrechen, das tägliche Leben wird zum Chaos".[20] Becker berichtet, er habe diese Disziplin schon als Kind gelernt: „Halb eins Mittagessen, halb sieben Abendessen. Fünf Minuten verspätet? Dann gab es kein Essen mehr."[21]

Garri Kasparow weist ebenfalls darauf hin, wie entscheidend wichtig eine strikte Disziplin für den Erfolg sei. Mit zehn Jahren kam er zum dreimaligen Schachweltmeister Michail Botwinnik in dessen Schachschule. Botwinnik wurde sein Vorbild, Trainer und Kritiker. „Botwinnik fasste die ideale Turniervorbereitung in einen strengen Zeitplan, der Mahlzeiten, Ruhepausen und flotte Spaziergänge regelte und den ich meine gesamte Karriere hindurch einhielt. Für jemanden, der über Zeitmangel klagte, brachte er keinerlei Verständnis auf. Genauso wenig wie für die Bemerkung, man sei gerade müde!" Denn auch die Schlaf- und Ruhezeiten waren, so wie alles andere, absolut präzise geregelt.[22] Schon zu Hause, bei seiner Mutter, hatte er strenge Disziplin gelernt, der Tagesablauf war genau geplant.

„Wenn in unserer schnelllebigen Zeit der Begriff Disziplin dröge klingt", so Kasparow, „so sollten wir uns einmal einen Moment lang überlegen, für welche Lebensbereiche unsere Leistungsfähigkeit wichtig und ihre Steigerung sinnvoll ist. Wer eine gute Arbeitsmoral hat, muss kein Fanatiker sein; er beobachtet sich einfach nur und wird aktiv."[23] Es sei vor allem wichtig, zu analysieren, was man wirklich erreicht habe, um seinem Ziel näher zu kommen. Sein Vorbild Botwinnik zitiert er mit den Worten: „Der Unterschied zwischen Mensch und Tier besteht darin, dass der Mensch Prioritäten setzen kann!"[24]

Selbstdisziplin ist vor allem dann notwendig, wenn Sie neue, positive Gewohnheiten entwickeln oder alte, negative Gewohnheiten ablegen wollen. Die Gewohnheit ist unser größter Feind und zugleich unser größter Freund. Wir können uns daran gewöhnen, unpünktlich zu sein, Termine nicht einzuhalten und unsere Ziele regelmäßig zu verfehlen. Wir können uns jedoch auch positive Dinge angewöhnen. Meistens dauert es nur wenige Wochen oder Monate, bis sich eine neue, für die Erreichung unserer Ziele positive Gewohnheit etabliert hat. Insbesondere in dieser Zeit benötigen wir Selbstdisziplin.

Pünktlichkeit und Disziplin gelten für manche Menschen heute als angeblich überholte Tugenden, auf die es in der modernen Zeit nicht mehr so sehr ankomme. Pünktlichkeit ist jedoch nur eine besondere Erscheinungsform der Verlässlichkeit, und dies ist für die Beziehung zu anderen Menschen und damit für den Erfolg ausschlaggebend. Wir alle arbeiten nicht gerne mit Schwätzern zusammen, die viel versprechen und wenig halten, bei denen Worte und Taten auseinanderklaffen. Wir vertrauen diesen Menschen nicht.

Und diese Menschen können sich auch selbst nicht vertrauen. Wie soll ich Selbstvertrauen gewinnen, große Ziele zu erreichen, wenn ich ständig selbst an der Erreichung kleiner Ziele scheitere? Selbstvertrauen entsteht dadurch, dass ich Dinge, die ich mir vornehme, auch tatsächlich umsetze. Wir fühlen uns stets dann gut, wenn wir Dinge umsetzen, die wir uns vorgenommen haben, und wir fühlen uns schlecht, wenn uns dies nicht gelingt.

Pünktlichkeit ist zudem ein Zeichen dafür, dass Sie anderen Menschen Respekt entgegenbringen. Ich erinnere mich an ein kontroverses Gespräch mit dem Vorstandsvorsitzenden einer Aktiengesellschaft, der es mit der Pünktlichkeit nicht so genau nahm und der mir gegenüber erklärte, pünktliche Menschen seien für sich selbst und ihre Mitmenschen eine Qual. Da wir befreundet waren, nahm ich das nicht persönlich, stellte ihm aber folgende Frage: „Wenn Sie die Wahl hätten, sich heute Abend mit irgendeinem Menschen auf der Welt treffen zu können – wer wäre das dann?" Er antwortete, am liebsten würde er den – damaligen – Bundespräsidenten Roman Herzog treffen. Mir wären zwar eine Reihe interessanterer Menschen eingefallen, aber dies spielte keine Rolle für das, was ich wissen wollte: „Wie viel zu spät würden Sie denn dann kommen, wenn Sie sich mit Roman Herzog treffen? 10 Minuten, 20 Minuten oder eher 30 Minuten?" Die Antwort: „Nein, nein, ich wäre bestimmt schon einige Minuten eher da." Das war eine ehrliche Antwort, und ich gab ihm zu bedenken: „Nun gut, ich finde mich selbst so wichtig wie Roman Herzog und nehme auch andere Menschen, mit denen ich mich treffe, ebenso wichtig wie Roman Herzog."

Disziplin ist also wichtig, wenn Sie Ihre Ziele erreichen wollen, denn Disziplin ist die Voraussetzung dafür, dass andere Menschen Ihnen vertrauen und Sie als verlässlich einschätzen. Disziplin ist vor allem für Menschen wichtig, die eine rebellische Natur haben, was – wie wir in Kapitel 7 gesehen haben – auf sehr viele erfolgreiche Unternehmer zutrifft. „Wer sich nicht selbst gehorchen kann, muss anderen gehorchen" – und da es mir stets nicht so leichtgefallen ist, anderen Menschen zu gehorchen, empfinde ich Selbstdisziplin als eine elementare Voraussetzung für den Erfolg.

Allerdings handelt es sich bei der Disziplin nur um ein Hilfsmittel, das die Begeisterung, den eigentlichen Motor für den Erfolg, nicht ersetzen kann. Wenn wir uns ständig disziplinieren müssen, Dinge zu tun, die uns keine oder nur wenig Freude machen, dann wird dies auf Dauer nicht funktionieren. Deshalb ist es so wichtig, dass wir uns für eine Aufgabe entscheiden, die uns wirklich langfristig begeistert.

Prüfen Sie sich also zunächst selbst, ob Sie das, was Sie tun, wirklich *begeistert*. Das wichtigste „große Ziel", das sich ein Mensch in seinem Leben setzen kann, besteht darin, die Tätigkeit zu seinem Beruf zu machen, die ihn mit der größten Begeisterung erfüllt. Die meisten Menschen haben diesen Traum, den sie vielleicht in ihrer Kindheit träumten, jedoch schon längst begraben, weil ihnen jeder sagte, sie sollten „realistisch" sein.

Wie können Sie feststellen, welche Tätigkeit Sie am meisten begeistern würde? Hierzu empfehle ich Ihnen zwei Gedankenexperimente:

1. Was würden Sie tun, wenn Sie wüssten, dass Sie nur noch ein halbes Jahr zu leben hätten, aber genug Geld hätten, um nicht einem „Broterwerb" nachgehen zu müssen?
2. Welcher Arbeit würden Sie nachgehen, wenn Sie morgen 10 Millionen Euro erben würden, sodass Sie nicht mehr gezwungen wären zu arbeiten, sondern dies aus freien Stücken tun würden?

Haben Sie ein Hobby, das Sie so sehr begeistert, dass Sie gar nicht merken, wie die Zeit vergeht, wenn Sie diesem Hobby nachgehen? Haben Sie schon wirklich ernsthaft darüber nachgedacht, ob sich mit diesem Hobby nicht auch Geld verdienen ließe? Arnold Schwarzenegger, Oliver Kahn, Boris Becker, Heidi Klum, Madonna, Coco Chanel, Steve Jobs, Bill Gates, Michael Dell und viele andere Menschen, die Sie in diesem Buch kennengelernt haben, haben nichts anderes getan, als ihr Hobby zum Beruf zu machen – und sind damit reich geworden.

Wenn Sie einer Arbeit nachgehen, mit der Sie nicht nur „zufrieden" sind, sondern die Sie *begeistert*, dann wird Ihnen die erforderliche Selbstdisziplin auch nicht mehr so schwerfallen. Sie müssen jedoch lernen, Ihr Leben und Ihre Arbeit *effizient* zu organisieren. Wenn Sie die Regeln befolgen, die ich in dem nächsten Kapitel zum Thema „Effizienz" darstelle, wird Ihr Leben ganz automatisch sehr viel disziplinierter verlaufen als bislang.

Kapitel 15

Effizienz

Wie können Sie als Selbstständiger oder als Arbeitnehmer erreichen, in Zukunft deutlich mehr zu verdienen als heute? Zwei Variablen, die Ihr Einkommen – zum Glück nicht maßgeblich – bestimmen, scheiden weitgehend aus: Wenn Sie doppelt so viel verdienen wollen wie heute, können Sie weder doppelt so intelligent werden, wie Sie es heute sind, noch können Sie doppelt so viel arbeiten. Was die Intelligenz anlangt, so ist diese sicherlich nützlich für Ihre Karriere, aber zum Glück nicht entscheidend. Sie müssen in jedem Fall mit dem Quantum Intelligenz zurechtkommen, das Ihnen der liebe Gott gegeben hat. Was die Quantität der Arbeit anlangt, so sind einer Steigerung hier natürliche Grenzen gesetzt. Arbeiten Sie heute zehn Stunden, dann können Sie vielleicht drei oder vier Stunden pro Tag mehr arbeiten. Und dies kann manchmal sehr nützlich sein. Aber die Methode, Ihr Einkommen zu steigern, indem Sie mehr arbeiten, ist sicher nicht die cleverste.

Sie haben prinzipiell nur zwei Möglichkeiten, mehr zu verdienen:

1. Sie können sich mehr Wissen aneignen.
2. Sie können effizienter arbeiten.

Beide Strategien sind erfolgversprechend, aber der wichtigste und am häufigsten unterschätzte Hebel zur Steigerung Ihres Einkommens ist die Effizienz. Die meisten Menschen glauben, dass sie ziemlich effizient arbeiten, aber bei den wenigsten trifft das zu. Wenn Sie erkennen, dass Sie bislang nicht sonderlich effizient arbeiten, dann ist das eine gute und keine schlechte Nachricht. Denn es zeigt, dass Sie über enorme zusätzliche, bislang nicht genutzte Ressourcen verfügen.

Effizienz heißt, mit dem geringstmöglichen Aufwand die besten Ergebnisse zu erzielen. Wir alle tun den ganzen Tag über Dinge, die einen sehr unterschiedlichen Beitrag zum „Ergebnis" liefern. Vielleicht kennen Sie das sogenannte 80/20-Prinzip, das bereits vor über 100 Jahren von dem italienischen Ökonomen Vilfredo Pareto formuliert wurde. Daran angelehnt formulierte 1949 der Harvard-Professor George K.

Zipf das „Prinzip der geringsten Anstrengung", wonach Menschen eine Anordnung anstreben, die eine Minimierung der Arbeit erlaubt, sodass rund 20 bis 30 Prozent für 70 bis 80 Prozent der Ergebnisse zuständig sind. „Das 80/20-Prinzip besagt, dass das Verhältnis zwischen Ursachen und Wirkungen, Aufwand und Ertrag, Anstrengungen und Ergebnis von einer inhärenten Unausgewogenheit bestimmt ist … Im Normalfall gehen Wirkungen, Ertrag oder Ergebnisse auf einen kleinen Teil der Ursachen, des Aufwands oder der Anstrengungen zurück, die auf die erhofften Effekte gezielt hatten."[1]

Wenn Sie herausfinden, welche 20 Prozent Ihrer Aktivitäten für 80 Prozent der Ergebnisse verantwortlich sind, dann müssen Sie sich genau darauf konzentrieren. Es ist nicht entscheidend, wie angestrengt Sie arbeiten, wie viel Sie herumwirbeln und wie beschäftigt Sie sind. Entscheidend ist, dass Sie die *richtigen* Dinge tun, also das, was Ergebnisse bringt. Kein Kunde bezahlt Sie dafür, dass Sie lange im Büro sitzen und hektische Aktivitäten entfalten. Ihre Kunden bezahlen Sie für die *Ergebnisse*, die Sie liefern. Die erste Voraussetzung für effizientes Arbeiten ist, dass Sie eine klare Vorstellung davon haben, welches die entscheidenden Ergebnisse sind, die Sie erzielen wollen. Verwenden Sie also immer wieder Zeit darauf, darüber nachzudenken, welche 20 Prozent Ihrer Aktivitäten für 80 Prozent Ihrer Ergebnisse verantwortlich sind.

Vielen Menschen fällt es schwer, wichtige von unwichtigen Dingen zu unterscheiden. Sie verzetteln sich in sehr vielen Nebentätigkeiten und Kleinigkeiten, die *auch* getan werden müssen, die aber nur unwesentlich zum Erfolg beitragen. Manche Menschen entfalten hektische Aktivitäten, weil sie glauben, ihr Chef oder ihre Kollegen sähen darin einen Beleg für hohes Engagement. Andere verzetteln sich im Kleinkram, weil sie sich vor den eigentlich großen, wichtigen – aber auch schwierigen – Aktivitäten drücken wollen.

Vergleichen Sie einmal die Einstellung, die Sie selbst zu Ihrer Arbeit haben, mit der von George Soros, einem der erfolgreichsten Investoren der Welt. Zu seinem Freund Byron Wien sagte Soros einmal: „Byron, dein Problem ist, dass du jeden Tag zur Arbeit gehst und denkst, nur weil du tagein, tagaus ins Büro gehst, solltest du auch etwas tun. Ich gehe nicht jeden Tag zur Arbeit. Ich komme nur an den Tagen ins Büro, an denen das auch wirklich Sinn ergibt." Aber, so fügte Soros hinzu: An jenen Tagen bringe er dann „auch etwas zustande".[2]

Legen Sie sich also Rechenschaft darüber ab, was Sie den ganzen Tag tun, und dann konzentrieren Sie sich auf die wirklich wichtigen Dinge, die Ergebnisse bringen, also auf die 20 Prozent, die für 80 Prozent des

Erfolges verantwortlich sind. Und was tun Sie mit den restlichen 80 Prozent? In manchen Fällen werden Sie merken, dass es keinen großen Unterschied macht, ob diese Dinge überhaupt getan werden – oder eben nicht. In anderen Fällen müssen diese Dinge getan werden, aber eben nicht unbedingt von Ihnen selbst.

Sie sollten sich auf das konzentrieren, was Ihre Stärke ist. Andere Dinge sollten Sie an andere delegieren. Bevor Sie etwas tun, fragen Sie sich bitte stets, ob wirklich nur *Sie* dies tun können oder ob es nicht auch eine andere Person genauso gut (oder fast genauso gut) erledigen könnte. Wenn ein Mitarbeiter, der 5000 Euro im Monat verdient, Dinge tut, die ebenso gut seine Sekretärin erledigen könnte, die vielleicht nur 2500 Euro im Monat verdient, dann verschwendet er wertvolle Ressourcen. Haben Sie schon einmal darüber nachgedacht, wie oft Sie Dinge tun, die andere Menschen ebenso gut tun könnten? Wenn Sie 5000, 10.000 Euro oder mehr im Monat verdienen und Ihre Flüge selbst buchen, Ihre Termine selbst vereinbaren, Fotokopien machen oder auch selbst die Lebensmittel einkaufen, dann machen Sie etwas falsch. Denn in dieser Zeit könnten Sie andere Dinge tun, die Ihnen wahrscheinlich nicht nur mehr Freude machen, sondern die auch einen viel höheren Beitrag zum Ergebnis liefern.

Der Schlüssel liegt also darin, Dinge an andere zu delegieren. Warum fällt das vielen Menschen so schwer? Viele Menschen sagen: „Es dauert zu lange, bis ich das jemandem erklärt habe, in dieser Zeit kann ich es auch gleich selbst tun." Das stimmt in vielen Fällen, aber es ist sehr kurzsichtig, so zu denken. Am Anfang dauert es natürlich eine Weile, andere in Dinge einzuweisen, die man bislang selbst getan hat. Aber diese zeitliche Investition zahlt sich später mit Sicherheit aus. Manchmal ist es auch ein wenig frustrierend, anderen Dinge beizubringen, die sie nicht auf Anhieb so gut können wie man selbst. Aber viel frustrierender ist es, wenn Sie selbst bis zum Ende Ihres Lebens all diese Dinge erledigen müssen und sich folglich nicht oder nicht schnell genug weiterentwickeln können.

Manche Menschen sind Perfektionisten und wollen deshalb alles selbst machen. Insbesondere Freiberufler, wie etwa Rechtsanwälte oder Steuerberater, neigen nicht selten dazu. Der Perfektionismus hat eine gute Seite, wie wir im Kapitel „Der Motor der Unzufriedenheit" gesehen haben. Er hat jedoch auch eine sehr schädliche Seite. Wenn Sie 50 Prozent der Zeit damit verbringen, die restlichen 5 Prozent zu optimieren, dann verschwenden Sie damit Zeit und Energie. Und das heißt auch: Sie müssen akzeptieren lernen, dass bestimmte Dinge nicht zu 100 Prozent perfekt erledigt werden, sondern vielleicht nur zu 95

Prozent. Oftmals ist ein 95-Prozent-Perfektionismus besser als ein 100-Prozent-Perfektionismus.

Bedenken Sie auch, dass fast jede komplexe Arbeit in mehrere einfache Arbeiten zerlegt werden kann. Oft ist es so, dass nur für 10 Prozent einer Sache, die Sie heute noch selbst machen, wirklich Ihr Wissen oder Ihre Kreativität notwendig sind. Die restlichen 90 Prozent bestehen aus recht einfachen Arbeiten, die Sie dann delegieren könnten, wenn es Ihnen gelingt, die komplexe Aufgabe in ihre unterschiedlichen Teile zu „zerlegen". Sie müssen stets bedenken: In der Zeit, in der Sie etwas Bestimmtes tun, können Sie andere Dinge eben nicht tun. Deshalb ist es so entscheidend, dass Sie lernen, zu delegieren.

Allerdings muss Delegieren gelernt sein. Manch einer versteht darunter, dass er einem Mitarbeiter die Arbeit überträgt, ohne genau zu erklären, was bis wann gemacht werden muss – und vielleicht sogar, ohne das Resultat kritisch zu kontrollieren. „Delegieren ohne Kontrolle ist laissez faire", hat der Begründer des Otto-Versands, Werner Otto, gesagt.[3] Das Ergebnis wird sein, dass die Sache nicht gut ausgeführt wird und Sie sich dann in der Meinung bestärkt sehen, es sei eben doch besser, wenn Sie alles selbst machen. Sie müssen zwei Extreme vermeiden: Das eine Extrem besteht darin, alles selbst machen zu wollen. Und das andere besteht darin, anderen Menschen Dinge zu übertragen, ohne sie richtig anzuleiten und die Ergebnisse zu kontrollieren.

Werner Otto wurde ärgerlich, wenn er den Eindruck hatte, dass sich seine Mitarbeiter in „Kleinkram" verzetteln. Er erwartete vielmehr von ihnen, dass sie die „großen Linien" sehen. „Die anderen Aufgaben sollten an untergeordnete Mitarbeiter übertragen werden, denn gerade diese Fähigkeit zum Delegieren war es aus Sicht Ottos, die einen Mitarbeiter zum Leitenden machte … Die zu intensive Beschäftigung mit untergeordneten Aufgaben, so wusste er, blockiert die Kreativität, die wiederum wichtigster Motor jedes Unternehmens ist."[4]

Von dem gleichen Grundsatz ließ sich auch John D. Rockefeller leiten: „Das Gesetz dieses Büros lautet wie folgt: Niemand tut irgendetwas, das er auch jemand anderen tun lassen könnte. Besorgen Sie sich so bald wie möglich einen vertrauenswürdigen Menschen und bilden Sie ihn aus. Dann setzen Sie sich hin, lehnen sich zurück und überlegen, wie Standard Oil Geld verdienen kann."[5]

Erfolglose Menschen, denen es an Selbstbewusstsein mangelt, empfinden andere leicht als Konkurrenten. Und im Extremfall achten sie genau darauf, dass sich keiner ihrer Mitarbeiter weiterentwickelt und dass sie ein „Geheimwissen" bewahren, um selbst unersetzlich zu bleiben. David Ogilvy bestand darauf, dass es ganz im Gegenteil die Aufgabe einer Führungskraft sei, die besten Mitarbeiter anzuheuern: „Wenn du Leute engagierst, die größer sind als du selbst, dann wird Ogilvy & Mather ein Unternehmen von Riesen werden; wenn du Leute engagierst, die *kleiner* sind als du selbst, werden wir ein Unternehmen von Zwergen sein."[6] Er bestand darauf, die Besten der Besten einzustellen, auch wenn dies bedeutete, dass sie besser waren als man selbst. „Im schlimmsten Fall müssen wir ihnen mehr bezahlen, als wir selbst verdienen."[7]

Selbst Personen, die nach außen hin den Eindruck erwecken, sie wollten alleine im Mittelpunkt stehen und alles entscheiden, handeln in der Praxis tatsächlich oft ganz anders. Ein Beispiel dafür ist CNN-Gründer Ted Turner. Sein Biograf betont: „Teds Talent, den passenden Menschen für einen Job auszuwählen, ist stets deutlich unterschätzt worden. Er wusste instinktiv von Anfang an, dass er nicht alles alleine erledigen konnte, auch wenn er oft diesen Eindruck vermittelte."[8]

Warren Buffett ist ein Meister im Delegieren. Nach der verheerenden Vertrauenskrise bei dem Unternehmen Salomon Brothers hatte er sich für Deryck Maughan als neuen Direktor und Geschäftsführer entschieden. Kurz danach fragte dieser Buffett: „Was denken Sie, wer sollte im neuen Management sitzen? Haben Sie irgendwelche Tipps für mich, was die weitere Strategie angeht? In welche Richtung soll es nun gehen?" Solche Fragen mochte Buffett überhaupt nicht. „Wenn Sie mir diese Fragen stellen müssen, dann habe ich mich wohl für den Falschen entschieden", sagte er und wandte sich ab, ohne ein weiteres Wort zu sagen.[9]

Mary Buffett schreibt in ihrem Buch über ihren ehemaligen Schwiegervater, eine besondere Managementfähigkeit sei absolut typisch für Warren Buffett: seine Bereitschaft, Kompetenzen zu delegieren – und das in einem Maße, das weit über dasjenige hinausgehe, mit dem die meisten Vorstandsvorsitzenden leben könnten.

„Buffett besitzt über 88 Unternehmen und hat die Führung dieser Firmen 88 kompetenten Vorstandschefs übertragen."[10] Als Buffett das Unternehmen Forest River kaufte, sagte er seinem CEO Peter Liegl, er solle nicht erwarten, mehr als einmal im Jahr von ihm zu hören. Die CEOs seiner Berkshire-Unternehmen bittet er ausdrücklich, sie sollten nichts schreiben, was extra nur für ihn bestimmt sei. Als einer seiner CEOs ihn fragte, ob er einige neue Firmenjets kaufen solle, antwortete Buffett: „Das ist Ihre Entscheidung. Sie leiten das Unternehmen."[11]

Warum delegiert Buffett in einem viel höheren Maß, als es die meisten Unternehmensführer tun? Erstens weiß er, dass ihm das spezialisierte Wissen oftmals fehlt, das für die Entscheidungen notwendig ist. Dabei wäre gerade Buffett jemand, der dies auch anders sehen könnte, weil er über ein erstaunliches Detailwissen zu vielen Branchen verfügt. Seine Stärke liegt darin, dass er dennoch die Grenzen seiner Expertise erkennt. Er sieht seine Aufgabe deshalb eher darin, die Manager zu motivieren, als ihnen Entscheidungen abzunehmen.

Zudem ist er auch der Meinung, dass die Manager es selbst in der Regel nicht schätzen, wenn man ihnen in ihr Geschäft hineinredet. In der Tat gibt es Untersuchungen, dass einer der wichtigsten Faktoren für die Mitarbeiterzufriedenheit die Eigenständigkeit ist, mit der sie verantwortlich Entscheidungen fällen und ihre Arbeit gestalten können. Mitarbeiter, denen man ständig in ihre Tagesarbeit hineinredet, spüren, dass man ihnen im Grunde nicht vertraut. Natürlich ist dies ein Lernprozess: Waren Sie bislang eher ein „Mikromanager", dann wird es Ihnen kaum gelingen, von heute auf morgen Verantwortung abzugeben und Ihren Mitarbeitern Entscheidungen zu überlassen, die Sie bisher selbst gefällt haben. Aber Sie müssen sich genau dies zum Ziel setzen.

Es ist also ganz entscheidend, dass Sie lernen, die Dinge zu delegieren, damit Sie sich auf Ihre Kernaufgaben konzentrieren können. Wenn Sie die Dinge identifiziert haben, die den bestmöglichen Beitrag zu dem Ergebnis liefern, dann müssen Sie Ihre ganze Aufmerksamkeit auf diese Dinge konzentrieren und dürfen sich vor allem um keinen Preis ablenken lassen. Wenn Sie mitten in eine Arbeit vertieft sind, dann kostet es viel Zeit und Energie, zwischendurch mit anderen Menschen – Kollegen, die in Ihr Zimmer kommen, oder Personen, die Sie anrufen – Gespräche zu führen. Sie selbst sind dafür verantwortlich, dass Sie konzentriert an einer Sache arbeiten und sich nicht ablenken lassen. Schuld an Ablenkungen haben niemals die Menschen, die Sie ablenken, sondern ausschließlich Sie selbst.

Kunden, die unsere Firma besuchen, wundern sich, warum an jeder Tür ein Schild mit einem roten oder einem grünen Männchen hängt. Ich habe das vor vielen Jahren eingeführt, damit die Mitarbeiter ihren Kollegen signalisieren können, ob sie in Ruhe arbeiten wollen oder bereit für Unterbrechungen sind. Später erfuhr ich, dass auch der Werbemann David Ogilvy an seinem Büro ein rotes oder grünes Licht hatte, mit dem er signalisierte, wann er Besuch empfangen würde und wann er in Ruhe gelassen werden wollte.[12]

Sie müssen Ihre Arbeit und Ihr Arbeitsumfeld so gestalten, dass Sie Dinge, die Sie begonnen haben, zu Ende bringen können. Hohe Effizienzverluste entstehen, wenn Sie mit Dingen anfangen und diese nicht zügig abschließen, sondern sie „liegen lassen" oder immer wieder verschieben. Ich habe mich schon während meiner Zeit als Dozent an der Universität über Studenten gewundert, die ein Seminar nicht bis zum Ende besucht haben oder am Schluss ihre Hausarbeit nicht geschrieben und deshalb keinen „Schein" bekommen haben. Natürlich kann es Ausnahmen geben, wenn sich herausstellt, dass es eigentlich ein Fehler war, eine bestimmte Sache überhaupt zu beginnen. Dann müssen Sie sich Rechenschaft darüber ablegen und die Sache zu einem schnellen Ende bringen, damit Sie nicht weiter Ihre Energie verschwenden, die Sie besser für andere Dinge verwenden könnten.

Dinge, die man begonnen hat und nicht zügig zu Ende führt, mindern auch die Arbeits- und Lebensfreude. Ein Tischler, der am Ende des Monats mehrere Tische und Schränke hergestellt hat, ist zufriedener als einer, der auf viele halbfertige Produkte schaut, von denen er kein einziges verkaufen kann. Sie fühlen sich stets dann gut, wenn Sie etwas Begonnenes erfolgreich zu Ende gebracht haben, und Sie fühlen sich schlecht, wenn Sie viele Dinge anfangen und keines davon beenden. Und Sie verschwenden damit viel Zeit und wertvolle Ressourcen.

Eine der schlimmsten Krankheiten, an denen viele Menschen leiden, ist die Aufschieberitis. Wenn Sie eine Sache, die zu erledigen ist, nicht gleich tun, sondern sie immer wieder verschieben, dann hat das mehrere sehr schädliche Konsequenzen. Erstens sagt Ihnen Ihr Unterbewusstsein laufend, dass es da eine noch nicht erledigte und aufgeschobene Sache gibt, und Sie müssen viel Energie aufwenden, um diese Gedanken immer wieder zu verdrängen. Zweitens werden Sie früher oder später mit Ihrem Chef, Ihren Kollegen oder Ihren Kunden unangenehme Diskussionen darüber führen müssen, warum die Sache immer noch nicht erledigt ist. Drittens wird die Aufgabe oftmals sehr viel schwieriger, als Sie sie gleich erledigt hätten. So ist es zum Beispiel sehr viel einfacher, ein Protokoll direkt im Anschluss an eine Sitzung zu schreiben, als dies erst eine Woche später zu tun. Viertens fühlen Sie sich zunehmend unwohler, je länger Sie etwas verschieben.

Woher sollen Sie aber die Zeit nehmen, um Dinge sofort zu erledigen? Warum kommen Sie statt um 9 Uhr nicht öfter mal schon um 7 Uhr ins Büro? Sie werden sich gut fühlen, wenn Sie – ganz in Ruhe und ungestört von Kollegen, E-Mails und Telefonanrufen – Dinge erledigt haben, die Sie früher aufgeschoben haben. Und Sie werden Ihren Chef oder Ihre Kunden überraschen, wenn etwas sofort erledigt wurde, möglichst früher als zum vereinbarten Termin.

Ich habe es mir zur Angewohnheit gemacht, die meisten Dinge früher abzugeben, als ich es verspreche. Voraussetzung dafür ist natürlich eine realistische Terminplanung. Eine Planung, die davon ausgeht, dass alles genauso kommt, wie es im Plan steht, ist unrealistisch. Die Amerikaner sagen: „Expect the unexpected." Und Goethe hat bereits formuliert, das einzig Vorhersehbare sei das Unvorhersehbare. Eine Planung, die dies nicht berücksichtigt, ist von vornherein zum Scheitern verurteilt.

Manche Menschen haben einen vollen Terminkalender und tragen selbstverständlich jeden Gesprächstermin ein, aber sie vergessen, Termine mit sich selbst zu vereinbaren und zu notieren. Wenn ich weiß, dass ich eine bestimmte Ausarbeitung zu erstellen habe, dann trage ich dies ebenso in meinen Terminkalender ein wie ein Gespräch mit einem Kunden oder einem Mitarbeiter.

Dass Zeit das wertvollste Gut und daher ein bedachter Umgang mit dieser Ressource von hoher Bedeutung ist, weiß auch Warren Buffett. „Er tat nur, was er tun wollte und was er für sinnvoll hielt. Er ließ es nicht zu, dass andere seine Zeit verschwendeten. Wenn er etwas in seinen Zeitplan aufnahm, strich er dafür etwas anderes", schreibt seine Biografin Alice Schroeder. Seine Telefongespräche, so berichtet sie, waren „warmherzig, aber kurz ... Wenn er nichts mehr sagen wollte, hörte das Gespräch einfach auf."[13]

Zur Effizienz gehört auch, Dinge in der richtigen Reihenfolge zu tun. Oftmals hängt die Erledigung einer Sache von einer anderen ab, und wenn Sie nicht vorausschauend planen, dann kommt es zu Engpässen, weil Sie bestimmte Dinge nicht rechtzeitig eingeleitet haben. Ein Prozess kann sich um mehrere Tage oder Wochen verzögern, weil Sie nicht vorausschauend die Prozesskette antizipiert und es versäumt haben, bestimmte Dinge, die Voraussetzung für die Erledigung der nächsten Dinge sind, frühzeitig einzuplanen und zu erledigen.

Viele Zeitverluste und Ineffizienzen kommen dadurch zustande, dass Dinge „vergessen" werden. Wenn mir ein Mitarbeiter sagt, er habe etwas „vergessen", dann habe ich dafür nicht das geringste Verständnis. Ich erwarte natürlich nicht, dass sich jemand alles merken kann (das kann selbst ein Mensch mit einem phänomenalen Gedächtnis nicht). Aber ich erwarte, dass sich jemand alles aufschreibt. Das klingt einfach, doch offenbar ist es für viele Menschen eben nicht so einfach. Sie verlassen sich lieber auf ihr Gedächtnis als auf ein Blatt Papier, auf dem alle zu erledigenden Dinge stehen. Oder sie schreiben die Dinge auf, aber sie tun dies nicht *sofort*. Wenn Sie telefonieren oder mit einem Kunden sprechen und sich nicht *sofort* aufschreiben, was zu erledigen ist, besteht die Gefahr, dass Sie es gar nicht tun. Jeder kennt die Situation: Sie telefonieren, wollen etwas „fünf Minuten später" aufschreiben. Da aber in diesen fünf Minuten wieder das Telefon klingelt oder ein Mitarbeiter in Ihr Zimmer kommt, werden Ihre Gedanken in eine andere Richtung gelenkt. Und weil Sie die Sache nicht gleich aufgeschrieben haben, gerät sie in Vergessenheit und fällt Ihnen vielleicht erst einige Tage später ein. Ich halte auch nichts davon, die Dinge auf Dutzende der bei vielen Menschen so beliebten kleinen gelben Zettel zu schreiben, die dann durcheinander auf dem PC oder unter den Unterlagen am Schreibtisch kleben. Besser ist es, alle Dinge sofort auf ein Blatt Papier zu schreiben. Jeder kennt das Erfolgserlebnis, das darin besteht, dann Punkt für Punkt durchzustreichen, wenn er erledigt ist.

Erfahrung ist – anders als oft behauptet – keineswegs ein Wert an sich. Viele Menschen haben reichhaltige Erfahrungen gesammelt, aber sie sind unfähig, die richtigen Schlüsse daraus zu ziehen, und müssen deshalb gleiche oder ähnliche Fehler immer wieder machen, was zu erheblichen Friktionen führt. Entscheidend ist in diesem Zusammenhang, dass Sie die Fähigkeit haben, zu abstrahieren, zu verallgemeinern, um nicht einen ähnlichen Fehler immer wieder machen zu müssen.

Ein Kind, das auf eine heiße Herdplatte fasst, kann daraus die Lehre ziehen, dass es nicht gut ist, eine heiße Herdplatte anzufassen – und wird dies künftig auch nicht mehr tun. Am nächsten Tag fasst es ein heißes Bügeleisen an – und lernt daraus, dass es ebenfalls keine gute Idee ist, heiße Bügeleisen anzufassen. Und zwei Wochen später fasst es einen heißen Toaster an, um daraus zu lernen, dass man sich auch dabei die Finger verbrennen kann. Es gibt andere Kinder, die verallgemeinern die Erfahrung bereits, nachdem sie eine heiße Herdplatte angefasst haben, und wissen ab diesem Moment, dass es besser ist, heiße Gegenstände nicht anzufassen.

Das heißt: Sie sollten nach jedem Fehler nicht nur darüber nachdenken, wie Sie vermeiden können, genau den gleichen Fehler wieder zu machen, sondern Sie sollten vor allem darüber nachdenken, welche allgemeineren Folgerungen Sie daraus ziehen können, damit Sie nicht nur genau diesen, sondern auch ähnliche Fehler künftig vermeiden können. Effizient ist derjenige, der in der Lage ist, nach einem Fehler möglichst umfassend zu abstrahieren, damit nicht Zeit und Energie damit verschwendet werden, ähnliche Fehler zu machen. Stellen Sie sich also nicht nur die Frage: „Was kann ich tun, um sicherzustellen, dass der gleiche Fehler nicht wieder gemacht wird?", sondern fragen Sie auch: „Was kann ich tun, um sicherzustellen, dass auch *ähnliche* Fehler nicht gemacht werden?"

George Soros führt seinen Erfolg sogar hauptsächlich darauf zurück, dass er besser als andere Menschen in der Lage ist, seine Fehler zu erkennen und daraus zu lernen. Er mache ebenso Fehler wie jeder andere Mensch, so Soros. „Worin ich aber durchaus besser bin als die breite Masse, ist das Erkennen meiner Fehler, wenn Sie verstehen. Das ist der Schlüssel zu meinem Erfolg."[14]

Übrigens sollten Sie nicht nur über Fehler nachdenken, sondern auch über Erfolge. Ein guter Trainer einer Fußballmannschaft zieht nicht nur Lehren aus einer Niederlage, sondern auch aus einem Sieg. Viele Menschen freuen sich einfach nur über einen Erfolg, aber sie denken zu wenig darüber nach, wie denn dieser Erfolg zustande kam. Wenn Sie dies jedoch nicht erkennen, dann können Sie Ihre Erfolgserlebnisse nicht reproduzieren.

Die Zeit, die Sie damit verbringen, über Ihre Erfolge, Ihre Fehler und über die Ineffizienzen nachzudenken, die Sie davon abhalten, schneller Ihre Ziele zu erreichen, ist die am besten investierte Zeit.

Der Schlüssel zur Steigerung Ihrer Effizienz ist, dass Sie erkennen, welche Tätigkeiten und Aktivitäten wirklich „kriegsentscheidend" für Ihr Vorankommen sind. Konzentrieren Sie sich auf diese Tätigkeiten und delegieren Sie möglichst alle Routinearbeiten, die weniger Wissen und Kreativität erfordern. Vor allem müssen Sie lernen, die Arbeitsprozesse so zu „zerlegen", dass Sie die Elemente, die viel Wissen, Erfahrung oder Kreativität erfordern, von jenen trennen, bei denen dies nicht der Fall ist und die deshalb auch von anderen, weniger erfahrenen und weniger kompetenten Menschen erledigt werden können. Fragen Sie sich konsequent bei jeder Tätigkeit: „Kann das wirklich nur ich tun oder könnte das auch ein anderer ebenso gut oder fast so gut tun?"

Wenn Sie nicht lernen, zu delegieren, sondern weiterhin mit Einstellungen wie „Dann kann ich das auch gleich selber machen" an die Dinge herangehen, werden Sie niemals größere Ziele erreichen können. Machen Sie es sich zur Gewohnheit, sich tagtäglich die Frage zu stellen, welche Aktivitäten Sie wirklich vorwärtsbringen – und erledigen Sie diese dann *zuerst*. Die Voraussetzung dafür ist natürlich, dass Ihr Arbeitstag nicht von einer hektischen Aufeinanderfolge „dringender" Dinge diktiert wird, die oftmals aber nur deshalb dringend geworden sind, weil Sie sie nicht sofort erledigt, sondern zu lange haben liegen lassen.

Kapitel 16

Schneller sein

W enn Sie effizienter geworden sind, führt das vor allem dazu, dass Sie sehr viel schneller werden als bisher. Und dies wiederum ist eine wesentliche Voraussetzung dafür, dass Sie größere Ziele erreichen als bisher. Computer, Internet und die moderne Telekommunikation haben alle Prozesse extrem beschleunigt. Heute ist es wichtiger denn je, schnell zu sein. Im Wettbewerb schlagen nicht unbedingt die großen Firmen die kleinen, sondern häufig haben gerade kleine Firmen einen Wettbewerbsvorteil, weil die Schnellen die Langsamen ausstechen.

Große Unternehmen werden, je mehr sie wachsen, häufig langsam. Sie werden umständlich und bürokratisch. Im schlimmsten Fall nähern sie sich dem Verhalten von Behörden oder staatlichen Unternehmen an. Die Mitarbeiter verbringen nicht mehr die ganze Zeit damit, sich um ihre Kunden zu kümmern, sondern es entsteht ein riesiger Wasserkopf von Angestellten, die sich nur noch mit der Verwaltung der Firma befassen. Viele Führungskräfte verbringen die Hälfte ihrer Zeit mit „Firmenpolitik" – also mit der Absicherung der eigenen Position und damit, wie sie anderen Kollegen ein Bein stellen können –, statt sich um neue Produkte und um ihre Kunden zu kümmern.

Großen Unternehmen fällt es genauso schwer, ihren Kurs zu korrigieren, wie einem Flugzeugträger. Wer die faszinierende Geschichte von Jack Welch liest, der mit General Electric einen Weltkonzern mit 300.000 Mitarbeitern führte, wird finden, dass sein ganzes Wirken ein einziger Kampf gegen die Bürokratie in diesem Unternehmen war. Dem widmete er 20 Jahre seines Lebens.

Als er das Unternehmen als CEO übernahm, so Welch, war es „eine riesige, streng geregelte Bürokratie". Der Betrieb wurde von mehr als 25.000 Managern geleitet. „Zwischen den Werkshallen und meinem Büro lagen nicht weniger als zwölf Hierarchieebenen. Mehr als 130 Führungskräfte hatten den Rang eines Vice President oder bekleideten ein noch höheres Amt. Mit diesen Ämtern waren alle möglichen Titel und Unterstützungsstäbe verbunden."[1] Allein der Betrieb eines Heizkessels, so berichtet Welch, wurde von vier Managementebenen überwacht. Welch musste persönlich fast jeden bedeutsamen Antrag auf Genehmigung finanzieller Mittel unterschreiben. „In manchen Fällen waren derartige Anträge bereits von 16 anderen Personen unterschrieben worden und es fehlte nur noch meine Unterschrift. Welchen Nutzen hatte sie?"² In der Zentrale des Unternehmens regierten Bürokraten, die Welch so beschreibt: „… nach außen gaben sie sich liebenswürdig, während sie im Inneren misstrauisch und bösartig waren. Diese Aussage fasst das typische Verhalten von Bürokraten zusammen, die stets ein freundliches Gesicht zeigen, während sie hinter dem Rücken des anderen nach einer Möglichkeit suchen, ihm zu schaden."³

Welch, manchmal als „bester Manager der Welt" bezeichnet, hatte als Unternehmenslenker nur deshalb so großen Erfolg, weil er „eine Revolution" anzettelte, wie er schreibt. „In jenen Tagen warf ich laufend Handgranaten, um die Traditionen und Rituale zu sprengen, die uns meiner Meinung nach bremsten."⁴ Welch entwickelte ein System, nach dem Manager in A-, B- oder C-Kategorien eingeteilt wurden. Jährlich trennte er sich von 10 Prozent der schlechtesten Manager, die der C-Kategorie zugeordnet wurden. Schon nach einem oder zwei Jahren sabotierten die Führungskräfte dieses System. Manchmal klassifizierten sie Mitarbeiter zur C-Kategorie, die in Wahrheit schon vor Monaten das Unternehmen verlassen hatten. Welch jedoch blieb hart, weil er der Meinung war, dass ein großes und in vieler Hinsicht verkrustetes Unternehmen nur auf diese Weise wieder an Dynamik gewinnen konnte.

Welchs Hauptaugenmerk lag darauf, das Unternehmen durch die Entbürokratisierung sehr viel schneller und wendiger zu machen. Und obwohl er dafür bekannt war, sehr schnell Entscheidungen zu treffen, schrieb er in seiner Autobiografie: „Dennoch bedauerte ich 40 Jahre später, als ich in den Ruhestand ging, dass ich in vielen Fällen nicht schnell genug gehandelt hatte." Er könne sich an kaum eine Situation erinnern, in der er sich gesagt habe: „Ich wünschte, ich hätte mir noch ein halbes Jahr Zeit gelassen, bevor ich diese Entscheidung fällte." Er habe selten bereut, *dass* er gehandelt habe, aber oftmals bereut, dass er nicht *schnell genug* gehandelt habe.⁵

Kleine Unternehmen haben es in mancher Hinsicht leichter. Sie können, wenn sie gut sind, wie Schnellboote agieren, die den Kurs sehr viel rascher ändern und sich daher besser an neue Marktgegebenheiten anpassen können. Wenn sie Fehler machen, rächt sich dies sofort und sie erkennen entweder, dass sie auf dem falschen Weg sind, und korrigieren sich, oder sie verschwinden vom Markt. Große Unternehmen können sich leichter auch große Fehler erlauben, ohne dass sie gleich untergehen. Unsichere Kunden vertrauen dem großen Namen, sie glauben, sie könnten keinen Fehler machen, wenn sie sich einer seit langer Zeit etablierten Marke anvertrauen. Daher zeigen große Unternehmen ein oft erstaunliches Beharrungsvermögen, bevor sie schließlich scheitern und untergehen.

Um bei dem Beispiel zu bleiben: Ein großes Loch in einem Flugzeugträger führt nicht gleich dazu, dass er untergeht, bei einem kleinen Schnellboot jedoch schon. Kleine Unternehmen, die falsch am Markt agieren, verschwinden daher sehr viel schneller als große Unternehmen, die sich mehr und gravierendere Fehler erlauben können.

Die Geschichte von Larry Ellison ist ein gutes Beispiel dafür, wie wichtig es heute ist, schnell zu sein. Bis zu seinem 32. Lebensjahr war Ellison eher unauffällig und hatte keine besonderen Erfolge vorzuweisen. Seit über zehn Jahren gehört er jedoch Jahr für Jahr zu dem Dutzend der reichsten Menschen der Welt. Im Jahr 2010 belegte er Rang 6 der *Forbes*-Liste der reichsten Milliardäre, sein Vermögen betrug mehr als 20 Milliarden Dollar. Doch lassen Sie uns seine Geschichte von Anfang an erzählen. Sie werden an seinem Beispiel sehen, wie ein kleines, neu gegründetes Unternehmen einen Giganten wie den 1924 gegründeten Computerriesen IBM ausstechen kann.

Ellison wurde im August 1944 in Manhattan geboren. Seine Mutter war erst 19, der Vater war verschwunden. Sie gab ihr Kind zur Adoption frei. Auf der Schule war er deshalb nicht besonders gut, weil er es ablehnte, Dinge zu lernen, die ihm selbst nicht sinnvoll erschienen. Sein Studium finanzierte er sich mit der Arbeit als Programmierer. Tagsüber studierte er, nachts arbeitete er als System-Programmierer an IBM-Computern für verschiedene Firmen.

Mit seiner Frau lebte er in einem Einzimmerapartment. Das einzige neue Möbelstück, das beide besaßen, war ein Bett. Die Ehe funktionierte nicht und beide entschlossen sich, eine Ehetherapie zu machen. Seine Frau sah ihn als Verlierer, der bis dahin nicht viel im Leben erreicht hatte. Larry sagte ihr: „Wenn du bei mir bleibst, werde ich Millionär und du wirst alles bekommen, was du dir wünschst."[6] Aus Sicht seiner Frau machte er „sich selbst gegenüber die bindende Zusage, kein Versager zu werden. Das war der Wendepunkt in seinem Leben."[7] Seine Frau verließ ihn nach sieben Jahren Ehe trotzdem. Es schien nicht die geringsten Anzeichen dafür zu geben, dass er, der bis dahin Erfolglose, plötzlich Erfolg haben würde.

1974 begann Ellison bei der Computerfirma Ampex und begegnete hier seinen späteren Firmenmitgründern Bob Miner und Ed Oates. Ellison verließ jedoch auch diese Firma und heuerte bei dem Unternehmen Precision Instrument Company an. Die Firma war auf Computer-Hardware spezialisiert, von Software verstand sie wenig. Da das Unternehmen dringend Software für seine Computer benötigte, man jedoch selbst nicht in der Lage war, sie zu programmieren, schrieb man dies aus. Larry Ellison hatte nun eine Idee, die sein Leben verändern sollte.

Aufgeregt rief er seine beiden ehemaligen Kollegen Miner und Oates an und schlug ihnen vor, eine neue Firma zu gründen, die sich um diesen Auftrag bemühen sollte. Er würde zunächst als Bindeglied weiter bei der Precision Instrument Company beschäftigt bleiben, Miner und Oates sollten zusammen mit einem weiteren Angestellten das Programm schreiben.

Ellisons wichtigstes Motiv für diesen Schritt war, dass er erkannt hatte, dass er nicht dafür geschaffen war, sich in einer bestehenden Firma die Hierarchiestufen nach oben zu arbeiten. Hierfür hätte er auch Dinge tun müssen, die ihm nicht lagen, und genau dies hatte er schon zu seiner Schulzeit gehasst. „Ich konnte nicht einfach meine eigene Schule gründen, wenn Leute von mir verlangten, Dinge zu tun, die ich für sinnlos hielt, aber ich konnte meine eigene Firma gründen."[8]

Ellison gründete zusammen mit seinen Ex-Kollegen am 1. August 1977 die Firma, die später Oracle heißen sollte. Er selbst hatte 60 Prozent der Firmenanteile, weil die Firma seine Idee war, die beiden anderen hielten je 20 Prozent. Die Arbeitsteilung war in gewisser Hinsicht ähnlich wie bei den Microsoft- und Apple-Gründern. Alle drei Unternehmen wurden von einem technisch versierten Visionär gegründet, im Bunde mit einem genialen Programmierer. Bill Gates, Steve Jobs und Larry Ellison waren die unternehmerischen Visionäre bei Microsoft, Apple und Oracle; Paul Allen, Steve Wozniak und Bob Miner waren die genialen Programmierer.

Um den unglaublichen Erfolg der Firma Oracle zu verstehen, die im Jahre 2010 70.000 Mitarbeiter in 145 Ländern haben sollte, muss man die Probleme verstehen, vor denen damals Unternehmen standen. Der Computer hatte in vielen Unternehmen Einzug gehalten, aber die bis dahin vorherrschenden hierarchischen oder vernetzten Datenbanksysteme wurden den Anforderungen der Firmen kaum gerecht. Forscher arbeiteten schon länger an einem ganz neuen Datenbankprogramm, das sie „relational" nannten. Bereits im Jahr 1970 hatte ein Mitglied der Research-Abteilung des Computergiganten IBM einen bahnbrechenden Aufsatz mit dem Titel „A Relational Model of Data for Large Share Data Banks" veröffentlicht. Mitte der 70er-Jahre begannen die Forscher im IBM-Research-Labor in San Jose, an der praktischen Umsetzung der in diesem Aufsatz entwickelten Ideen zu arbeiten.

Oates, einer der Mitgründer von Oracle, hatte den 1970 veröffentlichten Aufsatz ebenfalls gelesen und war fasziniert von der Idee. „Wir wussten alle, dass den relationalen Datenbanksystemen die Zukunft gehörte. Wir wussten vor allem, dass Netzwerk- und hierarchische Datenbanksysteme keine Zukunft hatten. Das waren veraltete Technologien."[9] Ellison, Oates und Miner sahen hier ihre große Chance: Sie wollten das, was die IBM-Forscher theoretisch erdacht hatten und woran diese inzwischen auch praktisch arbeiteten, schneller umsetzen.

Obwohl die Oracle-Gründer sehr viel später mit den Arbeiten an dem Projekt starteten, brachten sie ihre Software fünf Jahre vor IBM heraus. IBM war einfach zu langsam. Bei dem 1924 gegründeten Computer-Giganten hatte sich eine extreme Bürokratie herausgebildet. Das Unternehmen selbst hatte, so berichtete ein früherer IBM-Programmierer, in einer Studie untersuchen lassen, welches die Gründe dafür waren. „Sie fanden heraus, dass es mindestens neun Monate dauern würde, einen leeren Karton zu verschicken."[10]

Zudem gab es noch ein anderes Problem: IBM hatte recht erfolgreich ein hierarchisch strukturiertes Datenbanksystem namens IMS auf den Markt gebracht, mit dem man nicht schlecht verdiente. Warum sich selbst Konkurrenz machen und ein neues System auf den Markt bringen, mit dem das alte überflüssig werden würde? Die Anhänger von IMS bei IBM kämpften denn auch wie besessen gegen die Entwicklung eines neuen Systems.

IBM war also der eigentliche Vater der Idee, aber umgesetzt wurde sie von Larry Ellison. Wenige Jahre später wurde IBM übrigens auch Geburtshelfer bei einer anderen Firma, die später – vor Oracle – das größte Computerunternehmen der Welt werden sollte. Die Rede ist hier von Microsoft. 1980 entschied sich IBM, bis dahin für große „Mainframe"-Computer bekannt, auch in das Geschäft mit PCs einzusteigen. IBM hatte schon Ende der 70er-Jahre versucht, selbst einen „Mikrocomputer" auf den Markt zu bringen (Serie 5100), war damit jedoch kläglich gescheitert und musste das Produkt bald wieder vom Markt nehmen.

Da IBM keine Zeit verlieren wollte, selbst eine Software dafür zu entwickeln (man wusste wohl, wie langsam man war), entschloss man sich, diese am Markt einzukaufen. Insbesondere ging es dabei darum, ein Betriebssystem einzukaufen, das einen Computer überhaupt erst arbeitsfähig macht. Zunächst verhandelte IBM mit dem Unternehmen Digital Research, jedoch ohne Ergebnis.

IBM sprach auch mit Bill Gates von Microsoft darüber, doch auch seine Firma war nicht in der Lage, in dem kurzen Zeitraum von zwölf Monaten ein von Grund auf neues Betriebssystem zu programmieren. Doch Bill Gates suchte nach einer Lösung und verhandelte gleichzeitig

mit einem anderen Unternehmen – Seattle Computer – über den Zu-
kauf eines Betriebssystems und wagte es, im November 1980 mit IBM
eine Vereinbarung zu unterschreiben, die Software für den geplanten
PC von IBM und das für deren Verwendung erforderliche „disk opera-
ting system" (DOS) zu entwickeln. Tatsächlich gelang es Bill Gates, für
nur 50.000 Dollar die bei Seattle Computer Products liegenden Rechte
an dem Betriebssystem 86-DOS zu kaufen. Wahrscheinlich war dies
das größte Geschäft des Jahrhunderts.

Zu Beginn der Verhandlungen hatte IBM vorgeschlagen, alle Lizenzen zu einem Pauschalpreis von Microsoft zu erwerben, so wie Microsoft dies mit Seattle Computer vereinbart hatte. Doch Bill Gates war
schlauer als die Leute von Seattle Computer und auch als seine Verhandlungspartner von IBM und vereinbarte mit IBM, dass Microsoft
von jedem verkauften Betriebssystem einen bestimmten Prozentsatz
bekäme. 1981 stellte IBM den ersten PC vor – und dieser wurde ein
großer Erfolg. Dies war der Grundstein für den Erfolg von Bill Gates
und Microsoft. Ende 1982 verkaufte Microsoft bereits für 32 Millionen
Dollar Software, die Zahl der Mitarbeiter war auf 200 gestiegen.

Aus Sicht von Oracle-Gründer Larry Ellison war die Entscheidung
von IBM, MS-DOS für ihre PCs als Betriebssystem zu nehmen, „der
schlimmste Einzelfehler in der gesamten Wirtschaftsgeschichte", „ein
Hundertmilliarden-Dollar-Fehler".[11] Der Fehler von IBM, den Aufsatz
über relationale Datenbanksysteme zu veröffentlichen und sich nicht
mehr zu beeilen, ein entsprechendes Produkt herauszubringen, war der
zweite Fehler – und ermöglichte den Riesenerfolg von Larry Ellison.

Ein Fehler, den große Unternehmen machen, besteht häufig darin,
dass sie die Potenziale und Ideen von Mitarbeitern nicht erkennen, die
sich dann lieber selbstständig machen. Auch hier ist IBM wieder ein gutes Beispiel. 1972 gründeten fünf ehemalige Mitarbeiter der deutschen
Niederlassung von IBM ein eigenes Unternehmen, die Gesellschaft
SAP. Die SAP AG ist heute eine der größten Softwarefirmen der Welt
mit über 47.000 Mitarbeitern und einem Umsatz von fast 12,5 Milliarden Euro und einem Gewinn von 3,9 Milliarden Euro (2010).

Begonnen hatte es damit, dass IBM einige seiner besten Mitarbeiter
frustrierte, die Marktentwicklungen besser erkannten als der Konzern.
Einer davon war Dr. Claus Wellenreuther, der 1966 nach dem Studium
an der Universität Mannheim als Systemberater bei IBM angefangen
hatte. Wellenreuther, der als gelernter Diplomkaufmann neben all den
Physikern, Mathematikern und Ingenieuren bei SAP eher ein Außenseiter war, wurde zum Spezialisten für die Entwicklung von Compu-
terprogrammen für die Finanzbuchhaltung. „Buchhaltung und Wel-

lenreuther", so fasst der SAP-Mitgründer Dietmar Hopp zusammen, „war bei IBM ein Begriff."[12]

IBM hatte sich zu dieser Zeit fast ausschließlich auf den Verkauf von Hardware fokussiert; die Bedeutung der Software erkannte man lange nicht. Mitte 1971 beschloss IBM, die Buchhaltungssoftware, das Steckenpferd von Wellenreuther, zentralisiert zu entwickeln. „Ich hatte mir vorgestellt", so Wellenreuther, „dass ich bei der Projektführung berücksichtigt würde. Ich hatte mich ja die ganze Zeit fast ausschließlich um Finanzbuchhaltung gekümmert."[13] Ihm wurde jedoch bedeutet, dass er für diese Aufgabe nicht infrage käme, da so etwas nur Managern vorbehalten sei. Wellenreuther sah, dass er sich in einer Sackgasse befand und sich bei IBM nicht mehr weiterentwickeln konnte. Er nahm erst mal seinen aufgelaufenen Urlaub von zwei Monaten und nutzte die Zeit, um nachzudenken. Das Ergebnis seines Nachdenkens: Er kündigte und machte sich Anfang Oktober 1971 selbstständig. An seinem Klingelschild war nun „Systemanalyse Programmentwicklung" zu lesen.

Auch ein anderer IBM-Mitarbeiter begann nachzudenken, Dietmar Hopp. Er galt bei IBM als Spezialist für die sogenannte Dialogprogrammierung. Bei diesem Verfahren wurden – so wie es heute längst bei jedem PC üblich ist – die Programmbefehle direkt nach der Eingabe ausgeführt, während sie früher erst zeitversetzt von Computern abgearbeitet worden waren.

IBM hatte bis dahin die Entwicklung von Anwendungsprogrammen weitgehend seinen Kunden beziehungsweise Beratern überlassen und diese dabei jeweils individuell unterstützt. Jedes Mal wurde das Rad wieder neu erfunden, mit erheblichen Kosten für die Kunden. „Was wir bei IBM machen", erkannte Hopp, „ist bei jedem Kunden immer dasselbe. Das können wir doch standardisieren."[14] Hopp nahm sich vor, eine Standardsoftware zu entwickeln, die in möglichst vielen Unternehmen angewendet werden könnte. Mit dieser Idee machten sich er, Wellenreuther, Hasso Plattner und zwei andere ehemalige IBM-Mitarbeiter selbstständig.

Den Firmengründern war jedoch klar, dass sie sehr schnell sein mussten. Denn wenn sie Erfolg hätten, dann würden andere Firmen – vielleicht auch IBM – ihre Idee kopieren. Es genügte nicht, eine geniale Idee zur Entwicklung einer Standardsoftware zu haben und gut programmieren zu können, sondern entscheidend war darüber hinaus ein richtiger Vertriebsansatz.

Bald schon merkten die Gründer von SAP, dass es wenig Sinn hatte, die Idee bei den Computerfachleuten von Großunternehmen vorzustellen, die auf den ersten Blick ja die richtigen Ansprechpartner waren.

Doch dieser Ansatz erwies sich schnell als falsch. Denn die Computerspezialisten in den Firmen befürchteten erstens, sich selbst und ihre Mitarbeiter überflüssig zu machen, und zweitens hatten sie auch Angst, dass Fehler und Unzulänglichkeiten, die bislang in ihrer Firma deshalb niemand bemerkt hatte, weil niemand außer ihnen etwas von Computern verstand, auf einmal entdeckt würden.

Statt also ihre neue Standardsoftware bei den EDV-Leitern in den Unternehmen anzubieten, setzte SAP ganz oben an: bei den Vorständen und Finanzvorständen der Unternehmen. Das war die erste gute vertriebliche Idee. Noch wichtiger war jedoch, dass man beim Vertrieb von Anfang an auf die Kooperation mit den großen Wirtschaftsprüfungsgesellschaften sowie mit den Hardwareherstellern setzte. Schließlich war es viel leichter, einem Unternehmen die Software zu verkaufen, wenn man sie nicht selbst anpreisen musste, sondern wenn diese von unabhängigen Beratern empfohlen wurde, die das Vertrauen der Vorstände und Finanzvorstände genossen.

SAP konnte sich damit vor allem auf die ständige Weiterentwicklung und Optimierung seiner Software konzentrieren. „Innovationsfähigkeit", so Hopp, „ist für uns gleichbedeutend mit Wirtschaftlichkeit." Dabei gehöre der ständige Selbstzweifel, „ob nicht andere besser sind und uns überholen könnten", zur SAP-Kultur. „Diese Unsicherheit hat uns immer wieder angetrieben."[15] Als warnendes Beispiel hatte er die Firma Nixdorf vor Augen, die sich ganz auf den Vertrieb fokussiert und dabei die Produktentwicklung sträflich vernachlässigt habe – und eben daran gescheitert sei.

SAP war konsequenter und schneller als der Wettbewerb, weil man sich ausschließlich auf die Entwicklung von Standardsoftware konzentrierte. „Die Konkurrenz schwankte noch jahrelang zwischen dem Vorfertigen von Standard- und dem Maßschneidern von Individualsoftware oder verausgabte sich auf Spezialgebieten."[16] SAP gelang es rasch, fast alle führenden deutschen Unternehmen als Kunden zu gewinnen, und hatte binnen weniger Jahre auf dem deutschen Markt praktisch ein Monopol. Selbst im Jahr 2006, mehr als drei Jahrzehnte nach Gründung des Unternehmens, betrug der Marktanteil in Deutschland noch über 50 Prozent und lag weltweit bei fast 30 Prozent. Begonnen hatte alles damit, dass IBM einerseits neue Entwicklungen nicht rechtzeitig verstanden hatte und andererseits fähigen Mitarbeitern, die besser in der Lage waren, diese zu erkennen, als das Management, keine Chance und keinen Freiraum zur Weiterentwicklung im Unternehmen gegeben hatte.

Nicht nur der Computer-Riese IBM machte solche Fehler. Ähnlich verhielt sich auch Xerox, damals vor allem für Kopiermaschinen bekannt. Xerox betrieb ein streng geheimes Forschungszentrum, das Palo Alto Research Center, das mit ehrfurchtsvoller Stimme als „Xerox PARC" bezeichnet wurde. Apple-Gründer Steve Jobs war allzu neugierig, zu sehen, was hier erforscht wurde. Und mit der ihm eigenen Überredungskunst gelang es ihm schließlich, zusammen mit einigen Computerexperten von Apple einen Blick in das Heiligtum zu werfen.

Was Jobs hier sah, versetzte ihn in schiere Begeisterung. Er lief in dem Raum hin und her, hüpfte auf und ab und war so aufgeregt wie selten in seinem Leben. „Was die Apple-Leute an diesem Tag zu sehen bekommen hatten", so heißt es in der Steve-Jobs-Biografie, „war ein Bildschirm, auf dem der User seine Auswahl nicht durch kryptische Kommandos traf, sondern schlicht, indem er einen Pointer auf das gewünschte Objekt auf dem Schirm bewegte. Dazu einzelne Fenster für jedes Dokument. Und Menüs auf dem Bildschirm." Und dann gab es noch etwas ganz Besonderes – ein Gerät, das wir heute als „Maus" kennen. Heute können wir uns einen PC gar nicht mehr anders vorstellen, aber damals war das absolut neu und sensationell.

Der Xerox-Mitarbeiter, der Steve Jobs und den Apple-Leuten seine Entdeckungen vorführte, freute sich über die Begeisterung und die intelligenten Fragen, mit denen ihn die Besucher löcherten. Man kann sich vorstellen, was in einem Angestellten vorging, der zwar selbst wusste, was sein Team Bedeutendes erfunden hatte, aber im eigenen Unternehmen nicht die angemessene Beachtung und Anerkennung dafür fand. Am Ende der Vorführung, so der Xerox-Mann, war er sich sicher, dass er bei seinem Unternehmen kündigen und bei Apple anfangen sollte.

Die Geschichten von IBM und Oracle, von IBM und SAP sowie von Xerox und Apple haben eines gemeinsam: Die großen Unternehmen hatten zwar sehr kluge Mitarbeiter mit tollen Ideen, aber sie waren nicht fähig, deren Ideen zu erkennen und schnell in marktgängige Produkte umzusetzen. Zur Verteidigung der beiden großen Unternehmen sei jedoch hinzugefügt, dass man auch Angst hatte, unausgereifte Produkte auf den Markt zu bringen, die zu viele Fehler hatten und damit das Image der Unternehmen negativ beeinflussen würden.

Diese Angst hatten weder Larry Ellison noch Bill Gates oder Steve Jobs. Alle drei handelten nach dem Motto: Lieber schnell sein als perfekt. Oder um es genauer zu sagen: Auch sie wollten perfekt sein, aber sie wollten nicht damit warten, ein Produkt auf den Markt zu bringen, bis es perfekt war. Wenn es nicht so gut war, dann verbesserte man es eben nach den zahlreichen Hinweisen der Nutzer. Und brachte irgendwann die nächste Version der Software heraus, mit der man wieder neue Lizenzgebühren vereinnahmen konnte. Da alle Softwarehersteller so handelten, blieb den oft verärgerten Kunden nichts anderes übrig, als dies in Kauf zu nehmen.

Ellison, Jobs und Gates erkannten jedoch, dass manchmal Schnelligkeit wichtiger als Perfektionsdrang ist, und zwar besonders in einer Phase, wo es darum ging, sehr schnell Marktanteile zu gewinnen. Wenn die Mitarbeiter oder Wettbewerber ihn dafür kritisierten, dass er zu schnell mit nicht ausgereiften Produkten auf den Markt komme, dann entgegnete Ellison: „Wie viel kostet es Pepsi, die Hälfte von einem Prozent an Coca-Colas Marktanteil zu bekommen, sobald der Markt etabliert ist? Verdammt viel … Wenn wir nicht so hart und so schnell arbeiten, wie wir können, und unsere Anstrengungen dann nicht noch mal verdoppeln, wird es uns aus Kostengründen nicht möglich sein, unseren Marktanteil zu erhöhen."[17]

Ähnlich wie Ellison dachte auch Bill Gates. Seine Strategie basierte darauf, „immer der Nachfrage zuvorzukommen und als Erster mit einem neuen Produkt auf dem Markt zu sein".[18] Allerdings brachte das Microsoft oft in erhebliche Schwierigkeiten. „Nur zu oft setzte sich Gates unrealistische Ziele. Lieferfristen wurden nicht eingehalten, die Produkte waren nicht immer ausgefeilt, und aufgrund unvorhersehbarer Schwierigkeiten oder Verzögerungen mussten Verträge revidiert werden."[19]

Dies war der Preis für Schnelligkeit. Dennoch entschied sich Gates, bei dieser Strategie zu bleiben. Ein Mitarbeiter von Gates berichtete: „Bills Bestreben, und das sieht man noch jetzt bei Sachen wie ‚Windows', war immer, einen Standard zu setzen und sich Marktanteile zu sichern. Er konnte es nie vertragen, ein Geschäft zu verpassen. Wenn wir mit dem Preis heruntergehen mussten, um einen Auftrag zu kriegen, ging das immer auf seine Initiative zurück."[20]

Bill Gates hatte ein enormes Selbstvertrauen und nahm auch Aufträge an, bei denen er zunächst keine Ahnung hatte, wie man das Problem lösen sollte. Ein Mitarbeiter beschreibt die Einstellung von Gates und seinen Mitstreitern bei Microsoft so: „Okay, das hat also noch nie jemand für einen PC gemacht? Na und? Wir können es." Nie habe jemand die Frage gestellt, ob das überhaupt machbar sei. „Wir haben uns dauernd übernommen."[21]

Das hatte zur Folge, dass die Produkte zunächst oft nicht richtig funktionierten, aber Gates nahm das in Kauf. Der ehemalige Präsident der Verbraucherproduktabteilung von Microsoft erklärte: „Mit wenigen Ausnahmen haben die ersten Versionen der Produkte nie viel getaugt. Aber bei Microsoft gab man nie auf und deshalb haben sie die

Sachen schließlich doch hingekriegt. Bill machte am Anfang immer zu viele Kompromisse, nur um überhaupt ins Geschäft zu kommen."[22]

Gates befürchtete, die Konkurrenz aus Asien könne ihn überholen. „Ich ging schon zwei Jahre nach der Gründung von Microsoft nach Japan, denn ich wusste, dass für einen, der Geschäfte mit Hardwarefirmen macht, dort eine Menge zu holen war. Dort wird großartige Forschung betrieben, und außerdem war von da – abgesehen von den USA – noch am ehesten gefährliche Konkurrenz zu befürchten."[23]

Wer erfolgreich sein will, steht also vor einem Zielkonflikt: Einerseits muss er perfektionistisch sein, andererseits muss er schnell sein. Wer „perfekt zögert", dem geht es wie IBM oder Xerox. Wer allerdings nur schnell ist und nicht nach Perfektion strebt, der zerstört sein Image und wird ebenfalls Schiffbruch erleiden.

Ein Beispiel dafür, wie wichtig es ist, schneller als der Wettbewerb zu sein, ist die Firma Wal-Mart. Mit über zwei Millionen Mitarbeitern ist sie heute der größte private Arbeitgeber der Welt. Der Gewinn betrug im Geschäftsjahr 2009/2010 14,3 Milliarden Dollar, und laut *Forbes* ist Wal-Mart das umsatzstärkste Unternehmen der Welt. In der Liste der zehn reichsten Menschen der USA tauchen gleich vier Waltons auf – Jim Walton, Alice Walton, S. Robson Walton und Christy Walton. Zusammen hatten sie 2010 ein geschätztes Vermögen von 83 Milliarden Dollar. Die vier sind Kinder von Sam Walton, der am 2. Juli 1962 den ersten Wal-Mart in Rogers, Arkansas, eröffnete. Hören Sie seine Geschichte, die Ihnen vor allem auch zeigt, wie wichtig es ist, schnell zu sein.

Walton hatte schon im Jahr 1945 sein erstes Einzelhandelsgeschäft eröffnet. Er hatte für 25.000 Dollar die Franchise-Rechte an einem Laden in einer Kleinstadt erworben. 5000 Dollar davon brachte er mit, die anderen 20.000 lieh er sich von seinem Schwiegervater. Schon im ersten Jahr betrug der Umsatz 105.000 Dollar, verglichen mit 72.000 Dollar, die der Voreigentümer erwirtschaftet hatte. Im zweiten Jahr stieg der Umsatz auf 140.000 Dollar und im dritten auf 172.000 Dollar. Der Eigentümer des Ladens war so beeindruckt von dem Erfolg, dass er sich weigerte, den Mietvertrag nach dem Auslaufen zu verlängern – er wollte, dass sein Sohn Franchise-Nehmer werden und den erfolgreichen Laden weiterführen sollte.

Walton erinnert sich: „Es war der Tiefpunkt meines Lebens als Geschäftsmann. Mir war hundeelend zumute. Ich konnte nicht glauben, dass mir das passierte."[24] Für ihn war das Ganze wie ein Alptraum. Er hatte den Laden aufgebaut und nun war er gezwungen, ihn aufzugeben. Doch damit begann genau seine Erfolgsgeschichte. Er zog nach Bentonville um, einer kleinen Stadt mit 3000 Einwohnern, und eröffnete einen neuen Laden. Es sollte einer der ersten Selbstbedienungsläden in den Vereinigten Staaten werden.

Walton, der immer neugierig war, neue Dinge auszuprobieren, hatte in einem Magazin einen Artikel über die ersten beiden Selbstbedienungsläden gelesen und war so fasziniert von der Idee, dass er beschloss, sie selbst auszuprobieren. Walton wollte nicht besonders originell, sondern einfach erfolgreich sein. „Fast alles, was ich getan habe, habe ich von jemand anderem kopiert",[25] bekennt er in seiner Autobiografie. Viele Menschen sind zu stolz, von anderen etwas abzuschauen. Sie denken, eine Leistung sei nur dann etwas wert, wenn sie selbst auf die Idee gekommen sind. Walton dachte und handelte anders.

Er hatte keine Skrupel, direkt bei seinen Wettbewerbern nach deren Erfahrungen zu fragen. Er ging in deren Geschäfte und sogar in deren Zentralen und fragte sie aus, bis er alles wusste, was er wissen musste. Seinen Mitarbeitern predigte er stets, sie sollten den Wettbewerb sehr genau beobachten und sich dabei nur auf das konzentrieren, was die Konkurrenz besser machte – und deren Fehler lieber ignorieren. „Prüfen Sie *jeden*, der uns Konkurrenz machen könnte", predigte er seinen Mitarbeitern. „Und suchen Sie nicht nach Schlechtem. Suchen Sie nach Gutem."[26]

Bald eröffneten die ersten Discountmärkte in Amerika, welche die Waren wesentlich billiger anboten als der Wettbewerb. Auch diese Idee nahm Walton rasch auf. Er erkannte früher als viele andere, dass den Discountern die Zukunft gehören würde. „Es blieben uns tatsächlich nur zwei Möglichkeiten: beim Einzelhandel zu bleiben, der, wie ich wusste, in Zukunft von der Welle der Discounter überschwemmt werden würde, oder selbst einen Discountladen zu eröffnen. Und ich hatte natürlich nicht vor, untätig herumzusitzen und zur Zielscheibe zu werden."[27]

Seine Mitarbeiter und auch sein Bruder Bud waren zunächst sehr skeptisch. „Sie dachten, Wal-Mart sei nur eine weitere von Sam Waltons verrückten Ideen. Es gab damals keinerlei Gewähr dafür, aber eigentlich war es das, was wir die ganze Zeit über schon gemacht hatten: herumzuexperimentieren, zu versuchen, Dinge anders anzupacken, in Erfahrung zu bringen, welche Trends es im Einzelhandel gerade gab, und zu versuchen, den Entwicklungen immer einen Schritt voraus zu sein."[28] Waltons erster Wal-Mart war ein Erfolg, aber auch der Wettbewerb schlief nicht. Seine Wettbewerber erkannten ebenfalls das Potenzial des neuen Einzelhandelsformats. „Uns war klar, dass wir gut daran taten, so schnell wie möglich neue Läden zu eröffnen."[29]

Und Walton war wirklich schneller als jeder andere. Er kaufte ein kleines Flugzeug und verbrachte oft die ganze Woche damit, durch die Vereinigten Staaten zu fliegen und zu schauen, wo es interessante Standorte für einen neuen Wal-Mart geben könnte. Hatte er aus der Luft ein Grundstück identifiziert, landete er, machte den Besitzer ausfindig und erwarb es, um einen Wal-Mart dort zu errichten. Dabei konzentrierte er sich zunächst auf Kleinstädte, die von vielen Mitbewerbern ignoriert wurden.

1970 besaß er 32 Läden, 1972 waren es schon 51, 1974 gab es dann bereits 78 Wal-Marts, 1976 stieg die Zahl auf 125, 1978 eröffnete der 195. Laden und 1980 der 276. Heute besitzt Wal-Mart über 3700 Filialen alleine in den USA, hinzu kommen viele weitere in Mexiko, Großbritannien, Japan, Kanada und China.

Doch dieser Erfolg wäre nicht möglich gewesen, wäre er nicht viel schneller gewesen als seine Wettbewerber. Anfang der 70er-Jahre hatte er zusammen mit einigen anderen Discountern eine Arbeitsgruppe gebildet. Die anderen Mitglieder konnten gar nicht glauben, wie schnell er immer neue Geschäfte eröffnete. „Wir eröffneten 50 Läden pro Jahr, während die meisten aus der Gruppe versuchten, wenigstens drei, vier, fünf oder sechs pro Jahr zu eröffnen. Das brachte sie immer in Verlegenheit. Sie fragten immer: ‚Wie kriegst du das hin? Eigentlich geht das doch gar nicht.'"[30]

Natürlich hatte das rasche Wachstum seinen Preis. Es war extrem schwierig, genug qualifizierte Mitarbeiter zu finden. Walton musste vor allem Leute ohne Einzelhandelserfahrung einstellen. Ein führender Manager von Wal-Mart, Ferold Arend, erinnert sich: „Meiner Meinung nach waren die meisten nicht entfernt in der Lage dazu, einen Laden zu führen, aber Sam belehrte mich eines Besseren. Letztendlich überzeugte er mich. Wenn jemand nicht über ausreichende Erfahrung und genügend Know-how verfügt, auf der anderen Seite aber den echten Wunsch und die Bereitschaft hat, Knochenarbeit zu leisten, um seinen Job zu bewältigen, dann kann er seine mangelnden Kenntnisse damit kompensieren."[31]

Walton wunderte sich, warum seine Wettbewerber nichts taten, um seiner Expansion etwas entgegenzusetzen. „Es ist erstaunlich, dass die Konkurrenz nicht schneller schaltete und sich nicht mehr Mühe gab, uns aufzuhalten. Sobald wir in einer Stadt einen Wal-Mart eröffneten, strömten die Leute aus den Einzelhandelsgeschäften zu uns."[32] Die meisten Wettbewerber, so Walton, waren einfach nicht bereit, ihre gewohnten sehr hohen Margen zu reduzieren, und wenn sie in das Discountgeschäft wechselten, dann waren sie nicht konsequent genug.

„Sie ließen sich nicht richtig auf das Discountgeschäft ein. Sie hielten zu lange an den alten Konzepten des Einzelhandels fest. Sie waren so sehr an ihre Handelsspanne von 45 Prozent gewöhnt, dass sie sich nicht umstellen konnten."[33]

Eine wichtige Triebfeder für den Erfolg von Walton war die Kraft der Unzufriedenheit, von der wir schon in Kapitel 11 als wichtigem Erfolgsmotor gesprochen haben. „Egal, wie gut es lief: Gut war mir nie gut genug. Und meiner Meinung war der spätere Erfolg von Wal-Mart vor allem dem Umstand zu verdanken, dass ich mich nie mit dem Status quo zufriedengab."[34] Und Walton betont auch, wie wichtig es für seinen Erfolg war, dass er sich stets größere Ziele setzte als andere. „Ich habe mir meine Messlatten immer ziemlich hoch gelegt: Ich habe mir persönlich extrem hohe Ziele gesetzt."[35]

So wie Sam Walton in den USA, so revolutionierten die Brüder Karl und Theodor Albrecht den Einzelhandelsmarkt in Deutschland. Als Theo Albrecht im März 2010 starb, war er der drittreichste Mann in Deutschland und stand auf der *Forbes*-Liste der Milliardäre weltweit auf Platz 31 mit einem geschätzten Vermögen von 16,7 Milliarden Dollar. Im Oktober 2009 führte das *manager magazin* Karl Albrecht als reichsten Mann Deutschlands auf, direkt gefolgt von seinem Bruder Theo.

Im Jahr 1913 hatten die Eltern von Karl und Theo Albrecht ein kleines Lebensmittelgeschäft mit 35 Quadratmetern eröffnet. Nachdem die Brüder 1946 aus der Kriegsgefangenschaft zurückgekehrt waren, eröffneten sie ein Lebensmittelgeschäft nach dem anderen in Deutschland.

Ihr erfolgreiches Konzept entstand zunächst aus der Not heraus. Nach dem Krieg hatten sie einfach nicht genug Geld, um genügend Waren für das übliche reichhaltige Sortiment zu kaufen. Sie begnügten sich also zunächst einmal mit einem kleinen Warensortiment, hatten jedoch vor, dieses später zu erweitern. Karl Albrecht erinnerte sich später: „Wir wollten unsere Filialen dann wie ein normales Einzelhandelsgeschäft mit einem breiten Lebensmittelsortiment eindecken. Das taten wir dann allerdings nicht, denn wir erkannten, dass wir auch mit unserem kleinen Warensortiment ein gutes Geschäft machen konnten und dass unsere Unkosten verglichen mit den anderen Betrieben sehr niedrig blieben und zum größten Teil auf unser kleines Warensortiment zurückzuführen waren."[36] Die Albrecht-Brüder verzichteten bewusst darauf, mehrere Artikel von einem Produkt zu führen. „Von Schuhputz führen wir nur Erdal, von Zahnpasta nur Blendax und von Bohnerwachs in Dosen nur Sigella, immer nur den Artikel, der von den Markenartikeln am besten geht" – so beschrieb Karl Albrecht Anfang der 50er-Jahre seine Geschäftspolitik.

Die beiden Brüder erkannten, dass sie, wenn sie schon lediglich ein so kleines Warenangebot vorhielten, ihren Kunden einen anderen Vorteil bieten mussten, damit diese bei ihnen einkauften. Seit 1950 verfolgten sie konsequent ihre Strategie, ein beschränktes Warenangebot zu einem besonders günstigen Preis anzubieten. „Unsere ganze Werbung liegt im billigen Preis und sie ist so wirksam, dass der Kunde es auf sich nimmt, Schlange zu stehen", schrieb Karl Albrecht.[37] Das Warensortiment umfasste damals nur 250 bis 280 Artikel. Es war auf den Theken und in den Regalen für den Kunden gut sichtbar angeordnet, auf Dekorationen im Laden wurde bewusst verzichtet.

Anders als andere Einzelhändler gaben die Albrecht-Brüder Preissenkungen beim Einkauf in vollem Umfang an ihre Kunden weiter. „Man ist nur allzu leicht geneigt, einen Preis, auch wenn er im Einkauf gefallen ist, weiter laufen zu lassen. Das würde sich allerdings unangenehm rächen, denn das, was man erreichen muss, ist, dass der Kunde den Glauben gewinnt, nirgendwo billiger einkaufen zu können. Hat man das erst einmal erreicht – und ich glaube, dass das bei uns der Fall ist –, so nimmt der Kunde alles in Kauf."

1960 besaßen die beiden Brüder bereits 300 Läden und erwirtschafteten einen Umsatz von 90 Millionen Mark. Sie benannten das Unternehmen in *Albrechts Discount*, kurz Aldi, um und teilten es untereinander auf. Theo Albrecht übernahm Aldi Nord, was das Gebiet nördlich des Ruhrgebietes umfasste, Karl Albrecht übernahm Aldi Süd.

Natürlich entdeckten bald auch die Wettbewerber die Möglichkeiten, die das Discountprinzip bot. Es entstanden viele, zum Teil auch sehr erfolgreiche, Ketten, die Aldi kopierten. Doch Aldi blieb Marktführer im Discountsegment, weil die beiden Brüder schnell genug agierten, um einen deutlichen Vorsprung zu erringen. Dies zeigt, dass es wichtig ist, gerade am Anfang sehr viel schneller zu sein als der Wettbewerb. Denn sobald ein neues Prinzip offensichtlich funktioniert und es sich herumspricht, dass man damit viel Geld verdienen kann, wird es selbstverständlich von anderen Marktteilnehmern kopiert. Es ist hilfreich, Erster in einem neuen Markt zu sein, aber nur dann, wenn man diesen Vorsprung konsequent nutzt, um – so wie Sam Walton und die Aldi-Brüder – eine dominierende Marktstellung zu gewinnen. Wettbewerber haben es dann schwer, diese Marktstellung anzugreifen.

Selbst Wal-Mart gelang es in Deutschland nicht, Discounter wie Aldi oder Lidl vom Markt zu verdrängen, trotz eines enormen finanziellen Aufwands. 1997 übernahm Wal-Mart in Deutschland 21 Wertkauf-SB-Warenhäuser für 1,5 Milliarden Mark, 1998 folgte die Übernahme von 74 Interspar-Häusern für 1,3 Milliarden Mark. Der Weltkonzern machte jedoch in Deutschland riesige Verluste, insgesamt 3 Milliarden Euro. Die anderen Discounter hatten den Markt schon unter sich aufgeteilt und Wal-Mart musste sich 2006 aus Deutschland zurückziehen.

Wenn Sie ein eigenes Unternehmen gründen, dann brauchen Sie keine übertriebene Angst vor mächtigen, großen und alteingesessenen Firmen zu haben. Vorausgesetzt, Ihnen gelingt die richtige Positionierung im Markt und Sie haben eine richtige Idee, dann werden Sie mit einem kleinen, neu gegründeten und „hungrigen" Unternehmen meist schneller sein als Ihre Wettbewerber, die vielleicht schon in bürokratischen Routinen erstarrt sind. Das heißt nicht, dass Sie Ihre Wettbewerber und die Erfahrungen traditionsreicher Unternehmen unterschätzen sollten, aber Sie sollten eben auch Ihre Vorteile kennen – und ausspielen. Im Bereich der Seminarveranstalter für die Immobilien- und Fondsbranche konnte ich in den letzten 13 Jahren viele alteingesessene und wesentlich größere Wettbewerber überholen: Während diese oft mehrere Monate brauchten, um Veranstaltungen zu planen, konnte ich sehr viel schneller auf aktuelle Gesetzesänderungen reagieren und in wenigen Tagen eine Veranstaltung konzipieren. Während die großen Firmen viele Mitarbeiter beschäftigen, habe ich die Ideen alleine entwickelt und alle Routinearbeiten an eine professionelle Veranstaltungsorganisation ausgelagert.

Auch wenn Sie Angestellter in einem Unternehmen sind, entscheidet Schnelligkeit über Ihre Karriere. Überraschen Sie Ihre Kunden und Ihren Chef, indem Sie Ihre Aufgaben wesentlich schneller erledigen, als dies vorgegeben war. Wenn Sie Ihre Prozesse so effizient gestalten, wie es im letzten Kapitel beschrieben wurde, werden Sie kein Problem haben, schneller zu sein als erwartet. Was glauben Sie, welchem Mitarbeiter Ihr Chef wichtige Aufgaben anvertrauen wird? Demjenigen, der zunächst immer erzählt, wie beschäftigt er sei und was er sonst noch alles zu tun habe, und bei dem er sich nicht einmal ganz sicher sein kann, ob die Aufgaben zum vorgegebenen Termin erledigt sein werden? Oder demjenigen Mitarbeiter, der seine Arbeit so effizient organisiert, dass er es sich zur Regel gemacht hat, Dinge sogar noch schneller und früher zu Ende zu bringen, als das von ihm gefordert wurde? Die Frage, welcher der beiden Mitarbeiter zuerst befördert wird, beantwortet sich von selbst.

Kapitel 17

Geld

Größere Ziele", die Sie sich setzen, müssen keineswegs finanzieller Art sein. Die größten, bedeutendsten Menschen der Weltgeschichte, Religionsgründer wie Jesus Christus, Philosophen wie Immanuel Kant, Wissenschaftler wie Albert Einstein, Charles Darwin oder Adam Smith, waren nicht vom Geld getrieben. Sie hatten weit größere Ziele als die Anhäufung und Mehrung großer Vermögenswerte.

In diesem Buch wird der Erfolgsweg vieler Menschen analysiert, deren Erfolg sich auch darin zeigte, dass sie ein großes Vermögen aufgebaut haben – mehrere Dutzend oder mehrere hundert Millionen, mehrere Milliarden oder gar mehrere Dutzend Milliarden Euro. Da sicherlich viele Leser dieses Buch auch deshalb lesen, weil sie finanziell erfolgreich werden und von den Erfahrungen der hier dargestellten Unternehmer und Investoren lernen wollen, widme ich dieses Kapitel dem Thema Geld. Wie wichtig ist Geld als Motiv für erfolgreiche Menschen? Hierzu gibt es zwei konträre Thesen: Die erste besagt, Geld sei als Antriebsmotor nicht optimal. Wirklich erfolgreichen Menschen gehe es um die Sache. Sie lieben das, was sie tun, und das Geld ist kein wesentliches Motiv, sondern es kommt sozusagen als automatische Folge, wenn man das tut, was man liebt, und darin sehr gut ist. Die zweite These sagt, es sei wichtig, sich auch und gerade im finanziellen Bereich quantitative Ziele zu setzen, und das Streben danach, Millionär, mehrfacher Millionär oder gar Milliardär zu werden, sei oftmals ein wichtiger Antrieb für erfolgreiche Menschen.

Wie wichtig also ist Geld? Es gilt – in Europa eher als in den USA – nicht als besonders schicklich, Geld als wichtiges Motiv seines eigenen Handelns zu benennen. Sozial erwünscht ist es, Geld als eher unwichtig oder doch als zumindest zweitrangig abzutun. Menschen, für die die Vermehrung des Geldes ein zentrales Motiv ist, gelten anderen oft als verdächtig. Man hält sie für oberflächlich, weil sie nur dem „schnöden Mammon" hinterherlaufen, statt sich für bestimmte Ideale einzusetzen.

Wenn Milliardäre sagen, Geld sei für sie nicht so wichtig, so sollten Sie ihnen nicht unbedingt glauben. Selbst der reichste Mann der Geschichte, der Ölbaron John D. Rockefeller, der wegen seines Erfolges und seines Reichtums unter einem immensen politischen und sozialen Druck stand, wurde nicht müde, zu behaupten, Geld sei eigentlich nicht die wichtigste Antriebsfeder für ihn gewesen, sondern nur eine zufällige Begleiterscheinung des „bescheidenen Wunsch(es), Gott und der Menschheit zu dienen".[1] Rockefeller, so berichtet sein Biograf, „bevorzugte es, seinen Reichtum als angenehmen Zufall darzustellen, das unbeabsichtigte Nebenprodukt harter Arbeit".[2]

Sein Biograf hält diese Darstellung jedoch für wenig glaubhaft. Schon Rockefellers Vater war versessen auf Geld. „Der alte Mann hegte eine Leidenschaft für Geld, die fast schon an Verrücktheit grenzte", so wird ein Bekannter seines Vaters zitiert. „Ich habe nie einen anderen Mann getroffen, der Geld so sehr geliebt hat."[3] Rockefeller bewunderte seinen Vater in dieser Hinsicht und berichtet: „Er hatte es sich zur Gewohnheit gemacht, niemals weniger als 1000 Dollar bei sich zu tragen, und zwar in seiner Tasche. Er konnte auf sich selbst aufpassen und hatte keine Bedenken, sein Geld mit sich herumzutragen."[4] Schon als Kind, so wird glaubhaft berichtet, träumte Rockefeller vom großen Geld. Dass er einmal fast Milliardär sein würde, hätte er sich als Kind allerdings noch nicht träumen lassen. Aber auch 100.000 Dollar – nach heutigen Maßstäben viele Millionen Dollar – sind ja eine Menge Geld. „Eines Tages, wenn ich groß bin, will ich 100.000 Dollar haben. Und das werde ich eines Tages auch", sagte er als Kind zu einem Freund. Ähnliche Berichte gibt es auch aus vielen anderen Quellen.[5]

Einerseits ist es richtig, dass nicht für alle Milliardäre das Ziel, sehr viel Geld zu verdienen, im Vordergrund stand. Andererseits haben viele von ihnen öffentlich lieber „edlere" Motive in den Vordergrund gestellt, weil diese eine höhere gesellschaftliche Akzeptanz haben. Abgelehnt hat aber kein Millionär und kein Milliardär das viele Geld, denn sonst wäre er niemals reich geworden.

Allerdings ist es für viele erfolglose Menschen charakteristisch, dass sie innerlich Geld ablehnen, manchmal sogar äußerst brüsk. Neulich traf ich bei einem Klassentreffen einen ehemaligen Mitschüler, der damals überzeugter Anarchist war. Auf meine Frage, wie er heute so denke und was er so mache, antwortete er: „Es geht mir immer noch um die Sache." Um welche Sache, fragte ich. „Um die Abschaffung des Geldes", so seine Antwort. Ich erlaubte mir die Bemerkung, vermutlich habe er kein Geld, was er dann auch bestätigte. Kurz darauf traf ich einen Bekannten – einen sehr intelligenten und mutigen Journalisten, den ich sehr schätze. Er sagte mir, Geld „ekle" ihn an. Ich fragte ihn, wie viel Geld er denn habe. Obwohl er nicht schlecht verdient, hat er kein Geld. Ich sagte ihm, es sei wohl kein Wunder, wenn ihn Geld wirklich „anekle", dass das Geld ihn genauso meide, wie er das Geld meide.

Menschen, die finanziell erfolglos sind, suchen dafür nach Rechtfertigungen. Die einfachste Rechtfertigung lautet: „Die, die viel Geld haben, sind durch Ellenbogen und oftmals moralisch sehr fragwürdige Methoden dazu gekommen." Bei einer Befragung, die sich mit den Gründen befasste, warum manche Menschen reicher sind als andere, äußerten 52 Prozent der Deutschen die Vermutung, Reiche hätten es durch „Unehrlichkeit" zu ihrem Reichtum gebracht.[6] In dieser Aussage steckt implizit: „Ich habe kein Geld, weil ich ein moralisch guter Mensch bin." Mit dieser Lebenslüge leben viele finanziell erfolglose Menschen. Natürlich ist diese These unsinnig. In jeder Gesellschaftsschicht gibt es Menschen, die nach hohen moralischen Standards handeln, und andere, die dies nicht tun. Ich glaube jedoch auf gar keinen Fall, dass die Zahl der Menschen aus der Unterschicht, die moralisch integer sind, höher ist als in der Oberschicht.

Trotz dieser Rechtfertigungen für die eigene finanzielle Beschränkung haben die meisten Menschen natürlich dennoch lieber mehr Geld als weniger Geld. Aber sie haben keine Einstellung, die dazu passt, dass das Geld vermehrt wird. Und selbst die Menschen, die viel Geld verdienen, fühlen sich oftmals genötigt, zu betonen, dass ihnen das Geld gar nicht so wichtig sei.

Jeder kennt Sprüche wie „Lieber arm und gesund als reich und krank". Dem wird wohl kein vernünftiger Mensch widersprechen. Ich finde jedoch, „Lieber gesund und reich als arm und krank" ist die bessere Alternative. Oft wird darauf verwiesen, dass man viele wichtige Dinge – zum Beispiel wahre Liebe – nicht mit Geld kaufen könne. Auch dem wird niemand widersprechen. Wird Geld damit unwichtig?

Was treibt Menschen an, viel Geld zu verdienen? Warum nehmen sich manche Menschen vor, Millionär zu werden? Was bedeutet ihnen Geld?

Wir können mehrere Motivgruppen unterscheiden:

1. Geld als Mittel, um Anerkennung zu bekommen
2. Geld als Mittel, um den eigenen Erfolg oder die eigene Intelligenz zu beweisen
3. Geld als Symbol für Freiheit und als Möglichkeit der Selbstverwirklichung

Befasst man sich mit dem Leben sehr erfolgreicher Menschen, dann wird man finden, dass bei den meisten eines dieser Motive überwiegt, obwohl es natürlich auch Bündelungen mehrerer Motive gibt.

Gehen wir die Motive nacheinander durch: Für Menschen wie den Oracle-Gründer Larry Ellison ist Geld als Mittel, um Anerkennung zu bekommen, sicherlich ein wichtiges Motiv. Ellison ist beispielsweise Besitzer der sechstgrößten Yacht der Welt, der *Rising Star*, die etwa 200 Millionen Dollar kostete. Er gilt als internationaler Playboy, und die Anerkennung, die er durch seinen finanziellen Erfolg genießt, ist ihm wichtig.

Dies gilt auch für Warren Buffett und George Soros, aber in ganz anderer Hinsicht. Auch für sie ist die Anerkennung wichtig, aber Luxusgüter sind ihnen ganz unwichtig. Buffett lebt immer noch im gleichen Haus, das er vor vielen Jahrzehnten günstig gekauft hat, und hat nie teure Autos gefahren. Er würde niemals auf die Idee kommen, sich eine teure Yacht zu kaufen, und als Playboy kann man ihn sich überhaupt nicht vorstellen. Seine Frau meinte einmal, alles was er brauche, um glücklich zu sein, seien eine Glühbirne und ein Buch in der Hand. Buffett ging es schon als Junge darum, viel, sehr viel Geld zu verdienen. Am Ende dreht sich bei ihm alles darum, wie hoch die Ergebnisse sind, die er mit seinen Investments erzielt. Für ihn ist der finanzielle Erfolg nichts anderes als ein objektivierter Maßstab, mit dem er seine überlegene Intelligenz beweisen kann. Schon aus diesem Grunde würde er niemals „schummeln" oder auf unlautere Weise Geld verdienen wollen, denn – wie gesagt – ihm geht es ja darum, zu belegen, dass sein Investmentansatz richtig und erfolgreich ist.

Buffetts Biograf Roger Lowenstein schreibt: „Während sich viele Investoren mit dem verdienten Geld zufriedengaben, war Buffet sehr auf die Anerkennung dafür aus, dass er *recht* hatte."[7] Die größte Herausforderung in seinem Leben war daher, sich immer wieder mit der Theorie der effizienten Kapitalmärkte auseinanderzusetzen, die er strikt ablehnt. Denn nach dieser Theorie ist es durch Können und Intelligenz nicht möglich, besser als der Markt zu sein. Menschen wie Buffett sind für Vertreter dieser Theorie nichts anderes als Personen, denen es durch Zufall immer wieder gelingt, im Lotto zu gewinnen. Buffett muss dies als höchste Kränkung empfunden haben, und er hat deshalb immer viel Zeit und Kraft darauf verwendet, diese Theorie zu widerlegen.

Für Buffett war die Geldvermehrung ein Selbstzweck, dem alles andere untergeordnet war, mit Ausnahme seiner ethischen und moralischen Prinzipien. Er ist auch der Meinung, dass das Einhalten dieser moralischen Prinzipien ein wesentlicher Erfolgsfaktor ist, weil er dazu führt, dass andere Menschen ihm vertrauen.

Konsum und Luxus sind auf gar keinen Fall ein Motiv für Buffett. Die Geschichten über seine Sparsamkeit und Enthaltsamkeit sind Legende. Nachdem er in ein neues Haus eingezogen war, kaufte seine Frau Möbel aus Chrom und Leder und große Gemälde. „Die 15.000 Dollar für die Einrichtung des Hauses waren fast die Hälfte dessen, was das Haus gekostet hatte, und das ‚brachte Warren fast um‘, so Bob Billig, einer seiner Golfpartner. Er bemerkte weder die Farben noch die optische Ästhetik, das Ergebnis war ihm daher egal, er sah nur die unverschämt hohe Rechnung.“[8] Erschienen ihm die Friseurrechnung seiner Frau oder ein Paar Schuhe, die sie kaufen wollte, zu teuer, dann erklärte er, es leuchte ihm nicht ein, mehrere hunderttausend Dollar dafür zu bezahlen. Natürlich kosteten weder die Schuhe noch der Friseur Hunderttausende Dollar, aber Buffett hatte hochgerechnet, was das Geld mit Zinseszins bringen würde, wenn er es für einige Jahrzehnte in seinem Fonds anlegte, statt es auf eine solche Weise zu „verschwenden“. Als seine Tochter ihn einmal fragte, ob er ihr Geld für eine neue Küche leihen könne (sie wusste schon, dass er nichts schenken würde), entgegnete er, warum sie es nicht so wie jeder andere auch mache und zur Bank gehe, um sich das Geld zu leihen.

Nachdem er einer der reichsten Männer der Welt geworden war, entschloss Buffett sich, fast sein gesamtes Vermögen zu spenden. Er wollte – anders als andere Milliardäre – keine „Buffett-Stiftung“, „keine Buffett-Universität“, keine „Buffett-Bibliothek“ oder Ähnliches gründen, um sich selbst damit ein Denkmal zu setzen. Er war zu der Meinung gelangt, dass sein Freund Bill Gates, der abwechselnd mit ihm den Titel des reichsten Mannes der Welt beanspruchen konnte, mehr vom Thema „Spenden für einen guten Zweck“ verstand als er selbst. Und er tat beim Geldausgeben das, was er auch beim Geldverdienen getan hatte – er delegierte es an denjenigen, den er für den in dieser Hinsicht Kompetentesten hielt.

Über den Investor George Soros schreibt sein Biograf: „Da er kein Hedonist war, brachte ihm sein Geld nur bis zu einem gewissen Punkt Freude und Genugtuung.“[9] Eigentlich wollte er gar kein Investor werden, sondern eher ein Philosoph, zumal er sich in der Welt der Intellektuellen wohler fühlte als in der Finanzwelt. Sein Jugendtraum war, der Welt wichtige Erkenntnisse zu vermitteln, so „wie Freud oder Einstein“.[10]

Doch Soros merkte irgendwann, dass er ein enormes Talent hatte, sehr viel Geld zu verdienen. Zunächst versuchte er, Bücher über Wirtschaftstheorien und philosophische Werke zu schreiben. Er fand damit jedoch keine große Anerkennung, und seine Theorien waren auch viel weniger exzellent, als er selbst glaubte. Er bezeichnet sich heute als „gescheiterter Philosoph". Ähnlich wie für Buffett war und ist Geld ihm deshalb wichtig, weil er damit der Welt beweisen kann, dass er besonders klug ist und politische und wirtschaftliche Zusammenhänge besser versteht als andere.

Soros' Biograf schreibt, weil Soros frustriert war, dass er mit seinen Buchmanuskripten nicht die Anerkennung fand, die er sich wünschte, habe er sich aufs Geldverdienen verlegt. „Die Entscheidung war eigentlich recht einfach. Er musste ja sowieso irgendwie Geld verdienen. Warum sollte er also nicht versuchen, all diesen Ökonomen zu beweisen, dass er die Vorgänge auf der Welt besser verstand als sie, und zwar indem er so viel Geld wie möglich verdiente? Soros glaubte, dass Geld ihm eine Plattform bieten und es ihm ermöglichen würde, seine Ansichten und Theorien zu verbreiten."[11]

Auch andere bekannte Ökonomen in der Geschichte dachten, sie könnten aus ihren wissenschaftlichen Erkenntnissen persönlich profitieren. Karl Marx, der immer wieder Geld an der Börse verlor und der auf die Unterstützung seines Freundes, des Fabrikantensohnes Friedrich Engels, angewiesen war, war darin erfolglos. Andere, wie John Maynard Keynes, waren in dieser Hinsicht erfolgreicher.

Soros selbst sieht sich als der „höchstbezahlte Kritiker der Welt". „In der Finanzwelt spiele ich die Rolle des Kritikers und mein kritisches Urteil drückt sich in meinen Entscheidungen zu kaufen oder zu verkaufen aus."[12]

Dass sowohl Soros als auch Buffett eher linksgerichtete politische Einstellungen haben (bei Soros ist dies noch sehr viel ausgeprägter als bei Buffett), hängt vor allem auch damit zusammen, dass ihnen die intellektuelle Anerkennung besonders wichtig ist. In der Welt der Intellektuellen gilt Geld eher als suspekt. Aber derjenige, der politisch weit links steht und – so wie Soros – den Kapitalismus kritisiert, kann auch trotz seines Reichtums eine gewisse Anerkennung bei den überwiegend antikapitalistisch gesinnten Intellektuellen erringen. Dennoch ist es keineswegs so, dass Soros selbst das Geld unwichtig oder auch nur gleichgültig wäre. An einer Wand in seinem Zimmer hängt ein Spruch: „Ich wurde arm geboren, doch ich werde nicht arm sterben."[13] Dies war sein Credo.

Das dritte Motiv für Geldverdienen ist das Freiheitsmotiv. Geld, so sehen es viele reiche Menschen, ist nichts anderes als geprägte Freiheit. Die berühmte Modeschöpferin Coco Chanel hat in ihrer Autobiografie beschrieben, wie wichtig Geld für sie war. Ihre beiden Tanten, bei denen sie aufgewachsen war, hatten ihr immer wieder erklärt: „Geld wirst du nie haben", „Du wirst von Glück sagen können, wenn ein Bauer dich will". In Chanel erzeugte gerade dies den Ehrgeiz, Erfolg zu haben und zu Geld zu kommen. „Schon in jungen Jahren hatte ich begriffen, dass man ohne Geld nichts ist, mit Geld aber alles schaffen kann. Die andere Möglichkeit war, zu heiraten und sich in Abhängigkeit zu begeben. Ohne Geld müsste ich wohl oder übel brav sitzen bleiben und warten, bis ein Mann mich holte."[14]

Chanel berichtet, dass sie schon mit zwölf Jahren für sich ständig wiederholte: „Geld ist der Schlüssel zur Freiheit."[15] Das Geld war für sie das „Symbol für Unabhängigkeit".[16] „Aber meine Freiheit, die wollte ich mir erkaufen, um jeden Preis."[17]

Dass sie viel Geld verdiente, war für sie der Maßstab des Erfolges, zeigte ihr, dass sie mit ihren ausgefallenen und unkonventionellen Modeideen richtig lag: „Verdientes Geld ist nur der materielle Beweis dafür, dass wir uns nicht geirrt haben: Wenn ein Geschäft oder ein Kleid nichts bringt, so beweist das, dass es ein Missgriff war. Reichtum ... macht uns frei."[18] Erfolglose Modemacher und Künstler sehen das anders: Für sie ist umgekehrt gerade der kommerzielle Erfolg ein Indiz dafür, dass eine Kreation künstlerisch nicht besonders wertvoll ist. Auch hier handelt es sich natürlich lediglich wieder um eine Rationalisierung und Rechtfertigung der eigenen Erfolglosigkeit.

Für mich selbst ist das Motiv „Geld ist geprägte Freiheit" sehr wichtig. Ich wuchs in einem evangelischen Pfarrhaus auf, in dem mein Vater sagte: „Geld ist wie Klopapier." Man brauche es, aber im Grunde war Geld etwas Suspektes. Wichtig waren für meinen Vater soziales Engagement, Intelligenz und vor allem eine hohe Bildung. Menschen mit sehr viel Geld verkauften ihre Freiheit. Zu Weihnachten bekamen wir Kinder jedes Jahr die Weihnachtsgeschichte von Charles Dickens vorgelesen. Sie handelt von einem reichen, enorm geizigen und habgierigen Kaufhausbesitzer namens Scrooge. In dem Märchen sieht er den Geist seines verstorbenen Geschäftspartners Jacob Marley, der an einer Kette hängt, die mit den Utensilien des Geschäftslebens bestückt ist – Geldkassetten, Portemonnaies u. Ä. Der Geist erklärt, er habe sich im Laufe seines Geschäftslebens diese Kette selbst geschmiedet. Der Geist weist Scrooge darauf hin, dass dieser wegen seines Geizes und seiner Geldgier nun selbst an einer solchen Kette hänge, die aber bereits um einiges länger geworden sei. Die Weihnachtsgeschichte, die mein Vater am Heiligabend schon von seinem Vater, ebenfalls ein evangelischer Pfarrer, vorgelesen bekommen hatte, zeigte uns Kindern, wie gefährlich es ist, nach Geld zu streben.

Solange ich diese Einstellung hatte, kam das Geld natürlich nicht zu mir. Ich verdiente mit 30 mein erstes Geld und mit Ende 30 hatte ich keinen einzigen Euro gespart, weil ich jeden Monat alles ausgab. Das störte mich allerdings nicht besonders, denn mir war die intellektuelle Anerkennung wichtiger, die ich als Historiker genoss. Ich erinnere mich, wie stolz ich war, als ich mit 24 Jahren meinen ersten Aufsatz in einer Fachzeitschrift publizierte und dann wenige Jahre später die ersten Rezensionen über meine historischen Bücher in Fachzeitschriften und Tageszeitungen erschienen.[19] Deshalb verstehe ich jeden, dem beispielsweise die Anerkennung als Wissenschaftler, Künstler, Journalist, Buchautor oder Musiker wichtiger ist als das Geld.

Den Wendepunkt in meiner Einstellung zum Geld brachte dann ein Gespräch mit dem CSU-Politiker Dr. Peter Gauweiler. Auf einem Spaziergang in Berlin-Mitte sagte er mir: „Querköpfe so wie Sie und ich müssen ordentlich Geld verdienen, um frei unsere Meinungen vertreten zu können." Das leuchtete mir ein. Als Dozent an der Universität und später als Cheflektor des Ullstein-Propyläen-Verlages hatte ich immer wieder beobachtet, dass Geld gerade für Professoren und Schriftsteller, die stets betonten, es sei ihnen gänzlich unwichtig, doch ein wichtiger Faktor war. Es war allerdings ein begrenzender, negativer Faktor, etwas, das unfrei machte, weil man es nicht hatte. Ich verstand nach dem Gespräch mit Peter Gauweiler, dass Geld geprägte Freiheit ist. Und ich beschloss, selbst ein Vermögen aufzubauen.

Für viele erfolgreiche Menschen ist Geld – aus welchen Gründen auch immer – ein großer Motivator. Aber dies trifft nicht auf alle Menschen zu, die finanziellen Erfolg haben. So wird über den McDonald's-Gründer Ray Kroc berichtet: „Obwohl er später als einer der reichsten Männer des Landes galt – sein Vermögen wurde 1984, nach seinem Tod, auf rund 600 Millionen Dollar geschätzt –, sprach er nie über Geld. Geld konnte ihn nicht motivieren. Er hatte ein Geschäft nie nach Gewinn oder Verlust beurteilt und sich nicht einmal für die Bilanz seines eigenen Unternehmens interessiert."[20] Diese Einstellung hätte allerdings McDonald's fast an den Rand des Bankrotts gebracht. „Der spektakuläre Wandel vom unrentablen zum gewinnträchtigen Unternehmen ist weder Ray Kroc noch den Gebrüdern McDonald, ja nicht einmal der Popularität der Hamburger, Pommes frites oder Milchshakes zu verdanken, sondern allein der Geschäftstätigkeit von McDonald's auf dem Grundstücksmarkt", das von einem genialen Immobilien- und Finanzexperten namens Harry Sonneborn entwickelt wurde.[21] Kroc selbst berichtete später über Sonneborn: „Er war von der Vorstellung besessen, McDonald's reich zu machen."[22]

Selbst wenn also bei einem erfolgreichen Unternehmen der Gründer oder der Unternehmensführer nicht so stark von dem Motiv getrieben ist, Geld zu verdienen, dann muss es in dem Unternehmen eine andere wichtige Person geben – die häufig nach außen nicht so stark im Vordergrund steht –, für die dieses Motiv einen hohen Stellenwert besitzt. Dies war auch bei dem Unternehmen Bertelsmann so. Der Inhaber und Firmenchef Heinrich Mohn, der den Verlag ab 1921 leitete, hatte ein immenses Interesse an dem theologischen Programm. Er betreute das Programm sogar selbst, ohne einen Lektor zu beschäftigen. Auch ließ er es sich von niemandem nehmen, die Autoren persönlich zu betreuen. Er las sogar jedes einzelne Manuskript, das er veröffentlichte. Um den Vertrieb, das Marketing und das Geldverdienen kümmerte sich indes Fritz Wixforth, ein Verkaufsgenie, das immer neue Ideen hatte, um den Verlag zu wirtschaftlichem Erfolg zu führen.

Das abstrakte Streben nach Geld ist vor allem typisch für Finanzinvestoren. Bei den meisten Unternehmern stehen die Begeisterung für eine bestimmte Geschäftsidee im Vordergrund, die Freude an der Arbeit und vor allem ein stetiger Drang, zu wachsen, zu lernen, zu expandieren, Neues auszuprobieren, sich selbst und andere zu übertrumpfen. Wer so im Geschäftsleben handelt, kann es kaum vermeiden, reich zu werden.

David Ogilvy wurde als Werbemann berühmt – und auch so reich, dass er es sich leisten konnte, ein prunkvolles Schloss in Frankreich zu kaufen. Was ihn antrieb, war ein Sendungsbewusstsein für eine bestimmte Form der Werbung, die eher auf Tatsachen basierte, als dass sie unterhalten sollte. Dennoch: Auch ihm, dem Missionar in Sachen Werbung, war Geld keineswegs unwichtig – im Gegenteil. Er war sogar „besessen vom Geld", wie sein Biograf schreibt.[23] „Sein Beweggrund, in der Werbung tätig zu sein, war zwar in erster Linie der, dass sich dort viel Geld verdienen ließ, aber Ogilvy hatte auf der anderen Seite auch ein starkes – leidenschaftliches – Interesse für die schillernde Welt der Werbung entwickelt."[24]

Ogilvy verschlang geradezu Bücher über erfolgreiche Menschen in der Wirtschaft, und dabei interessierte ihn insbesondere auch, wie sie zu ihrem Geld gekommen waren und was sie damit taten. Sein Biograf berichtet: „Möglicherweise lag es an der Armut, die David in seiner Kindheit erleben musste, möglicherweise an anderen Gründen, doch Fakt ist, dass er keinen Hehl daraus machte, dass ihm Geld wichtig war."[25] Seine erste Frage an den Chef einer großen Werbeagentur war: „Und wie viel Geld verdienen Sie so? Wie hoch ist Ihr Marktwert?" Den Seniorpartner einer großen Anwaltskanzlei stieß er mit der Frage vor den Kopf: „Haben Sie gut daran verdient?"[26]

Das Streben nach Geld und die Leidenschaft für ein Thema sind kein Widerspruch. „Die größten Entdeckungen der Menschheit entsprangen dem Bedürfnis, viel Geld zu verdienen", so Ogilvy. „Wenn Oxford seinen Studenten Geld zahlen würde, hätte ich es dort zu wahren Wundern gebracht. Erst in der Madison Avenue habe ich ernsthaft begonnen zu arbeiten."[27]

Wenn Sie mit Ihrer eigenen finanziellen Situation unzufrieden sind, dann sollten Sie unbedingt Ihre Einstellung zum Thema „Geld" überprüfen. Allzu häufig sind unbewusste negative Grundhaltungen dem Geld gegenüber ein Grund dafür, dass es sich konsequent von einem Menschen fernhält. Wenn Sie neidisch auf Menschen sind, die mehr Geld haben als Sie, dann ist das bereits ein Zeichen dafür, dass Sie Ihre Einstellung überprüfen sollten. Wenn ich jemanden treffe, der wesentlich mehr Geld hat als ich, dann bewundere ich ihn, vorausgesetzt natürlich, er ist durch eigene Anstrengung und auf ehrliche Weise zu diesem Geld gekommen. Ich versuche, von ihm zu lernen, und Neidgefühle sind mir völlig fremd.

Wenn Sie ein Vermögen aufbauen wollen, dann sollten Sie die Erfolge jener reichen Menschen, von denen Sie in diesem Buch lesen, als Lehrbeispiele und Ansporn verwenden. Was Sie niemals tun sollten, ist allerdings, einen Beruf oder einen Geschäftszweig nur deshalb zu wählen, weil Sie hoffen, man könne hier gut verdienen, oder weil Sie denken, es mache sich in Ihrem Lebenslauf gut. Warren Buffett empfiehlt immer wieder, den Job zu wählen, den man liebt. „Es ist doch blöd, einen Job, den man nicht mag, nur zu machen, weil er sich im persönlichen Lebenslauf gut macht. Ist das nicht ein bisschen so, als würde man mit Sex bis zum hohen Alter warten?"[28] Ich habe in meinem ganzen Leben stets das gearbeitet, was mir Freude gemacht hat – ob nun als Historiker, als Cheflektor im Buchverlag, als Journalist, als Immobilienexperte oder PR-Unternehmer. Erfolgreich werden Sie nur dann sein, wenn Sie genau das tun, was Sie lieben und was Ihrem Talent entspricht.

Kapitel 18

Spannung und Entspannung

Schnelligkeit, Intensität und zeitlicher Einsatz, mit denen erfolgreiche Menschen arbeiten, sind oft schier unglaublich. Über Bill Gates heißt es in der Biografie von Jeanne M. Lesinski: „Niemand bei Microsoft arbeitete härter als Bill Gates. Er war so in seine Arbeit vertieft, dass er oft vergaß, auf sein Äußeres zu achten oder zu essen. Manchmal fand ihn seine Sekretärin schlafend auf dem Fußboden seines Büros vor, wenn sie morgens zur Arbeit kam."[1]

Prinz Alwaleed absolviert täglich ein schier unglaubliches Programm. Sein Arzt beschreibt den Rhythmus so: „Bei ihm ist immer Action, es gibt keinen Stillstand, man ist allzeit bereit. Da kann man sich nicht einfach hinsetzen und entspannen, wie wenn ich Urlaub habe, wo ich zwei oder drei Stunden dasitzen und nichts tun kann. Bei ihm machen wir dies, machen jenes, fahren dorthin … bei ihm ist immer Action."[2]

Alwaleed, so sein Arzt, schläft regelmäßig nicht mehr als vier oder fünf Stunden. Häufig reist Alwaleed – einmal hatte der Milliardär in fünf Tagen Termine in zehn afrikanischen Ländern, und jeder Tag war von morgens bis abends mit Aktivitäten vollgepackt. „Dann ist er von sechs Uhr früh bis elf Uhr abends oder bis Mitternacht aktiv, dann kommt er ins Hotel und hält sich bis vier Uhr früh in der Lobby auf. Er will Zeitungen lesen, Zeitschriften durchblättern, etwas essen, und er will, dass Menschen um ihn sind."[3] Jede Nacht bekommt Alwaleed die neuesten Ausgaben von *New York Times*, *Wall Street Journal*, *Washington Post* und *International Herald Tribune* sowie von Zeitschriften wie *Newsweek*, *Times*, *Business Week* und *Economist* vorgelegt, die er nach Mitternacht ebenso verschlingt wie Finanzpublikationen und Bücher.

Mit geradezu ungeheurer Intensität arbeitete auch John D. Rockefeller. „Er verzehrte sich in endloser Sorge um sein Unternehmen und war innerlich ständig angespannt", berichtet sein Biograf. Rockefeller selbst, der normalerweise nicht von seinen Schwachpunkten sprach, berichtete einmal: „Ich habe jahrelang keine Nacht richtig geschlafen und mir ständig Sorgen gemacht, was wohl werden würde. Nacht um Nacht habe ich mich im Bett herumgewälzt und mir Sorgen um die

Zukunft gemacht. All das Geld, das ich verdient habe, konnte meine Angst in jener Zeit nicht aufwiegen."[4]

Irgendwann sollte sich dies rächen. Im Alter von 50 Jahren klagte Rockefeller ständig über Müdigkeit und Depressionen. „Über Jahrzehnte", so berichtet sein Biograf, „hatte er mit übermenschlicher Energie Standard Oil aus dem Boden gestampft und sich um unzählige Details gekümmert. Die ganze Zeit über baute sich unter der oberflächlich zur Schau gestellten Ruhe Druck auf. Jetzt war in seinem Gesicht die müde Melancholie eines Mannes zu lesen, der der Arbeit zu viele Opfer gebracht hatte."[5]

Schließlich konnte er wegen einer nicht näher benannten Krankheit – vielleicht würde man heute von „Burnout" sprechen – mehrere Monate lang nicht mehr in das Büro kommen. Er entschloss sich daraufhin, künftig an Samstagen nicht mehr zu arbeiten und mehr Urlaub zu machen, doch das alleine half nichts. Schließlich nahm er auf Anraten seines Arztes acht volle Monate Urlaub. Die Mitarbeiter hatten die strikte Anweisung, nur extrem wichtige Geschäftsangelegenheiten an Rockefeller weiterzuleiten. Er fuhr jetzt viel Fahrrad und arbeitete mit seinen Landarbeitern auf den Feldern. Im Juli 1891 berichtete er dann in einem Brief: „Ich freue mich, sagen zu können, dass sich mein Gesundheitszustand ständig verbessert. Ich kann Ihnen kaum vermitteln, wie anders die Welt jetzt für mich aussieht. Gestern war der schönste Tag seit drei Monaten."[6]

In den folgenden Jahren kam er immer seltener in das Büro und zog sich im Alter von 56 Jahren schließlich vollständig aus dem Alltagsgeschäft zurück, weil er sich auf seine wohltätige Arbeit konzentrierte. Er widmete dem gesunden Leben jetzt zunehmende Aufmerksamkeit und entwarf ein Programm mit dem Ziel, 100 Jahre alt zu werden. „Er war peinlich genau, was Essen, Schlaf und körperliche Ertüchtigung anging, entwarf für alles einen Plan und folgte diesem Plan dann Tag für Tag. Andere Leute mussten sich nach seinem Zeitplan richten. In einem Brief an seinen Sohn hielt Rockefeller sein langes Leben seiner Entschlossenheit zugute, sich nicht gesellschaftlichen Zwängen zu beugen."[7] Sein Ziel, 100 Jahre alt zu werden, verfehlte er nur um etwas mehr als zwei Jahre, er starb sieben Wochen vor seinem 98. Geburtstag.

Die Intensität, mit der viele Spitzenkräfte arbeiten, gleicht der von Spitzensportlern. Der Fußball-Profi Oliver Kahn beschreibt dieses Leben so: „Ich war eine Maschine gewesen, ein Motor, der ununterbrochen im roten Drehzahlbereich jubelte."[8] Der Erfolg war zur Droge geworden. „Wie bei einer ‚echten' Sucht isoliert man sich immer mehr von seiner Umwelt. Und alles dreht sich immer schneller, man ist gefangen im Hamsterrad."[9]

Und das hat seinen Preis. Kahn berichtet von der Zeit, nachdem er – im Jahre 1999 – erstmals den Titel „Welttorhüter des Jahres" erreicht hatte. Damit hatte er sein großes, bereits in jungen Jahren formuliertes Ziel erreicht. Aber dann begann im August 1999 eine schreckliche Zeit für ihn: „Ich fühlte mich leer, ausgelaugt, komplett ausgebrannt, innerlich elendsmüde. Mit einem Mal konnte ich nichts mehr empfinden. Schon wenn ich die Treppe zum Schlafzimmer hochging, war ich völlig fertig." Er konnte sich morgens nicht einmal mehr richtig anziehen, hatte den Spaß an allen Dingen verloren.[10]

Kahn konnte überhaupt nicht mehr abschalten. Er beschreibt, wie er Stunden vor einem Spiel im Bett lag, schweißgebadet und unfähig, seine Gedanken irgendwie zu kontrollieren. „Die Gedanken rasen unaufhörlich im Kopf. Wie Gewitter. Es ist wie Blitz und Donner in meinem Kopf."[11] Er fühlte überhaupt nichts mehr – außer Anspannung und quälender Angst. Doch er versuchte immer noch durchzuhalten: „Wenn die Erfolgshatz diesen Preis, das Opfer verlangt, muss ich durch. Hoffentlich merkt es niemand, wie es in mir aussieht, wenn ich zur Mannschaft gehe."[12]

Kahn litt am Burnout-Syndrom: „Erschöpfung und Müdigkeit werden zum Dauerzustand, Kopfschmerzen, Angst, Spannung, Reizbarkeit, Schuldgefühle werden zu ständigen Begleitern. Frustrationen, wenn der Erfolg ausbleibt. In der ‚letzten Phase' beginnen einen Gefühle der Verzweiflung und Sinnlosigkeit heimzusuchen, und die Erschöpfung tritt schon bei kleinsten Anstrengungen ein."[13]

Kahn überwand den Burnout und errang danach weitere phänomenale Erfolge. Noch dreimal wurde er Deutschlands bester Torhüter des Jahres, noch dreimal Europas bester Torhüter des Jahres und noch zweimal Welttorhüter des Jahres. Diese Erfolge waren jedoch nur möglich, weil er inzwischen gelernt hatte, ein Gleichgewicht zwischen Spannung und Entspannung herzustellen. Und er hatte gelernt, den Begriff „Disziplin" neu für sich zu definieren: „Es ist unverzichtbar, die Erfahrung zu gewinnen, ab welchem Punkt die Disziplin einen zwanghaften Charakter bekommt und jetzt sogar einen kontraproduktiven, ja zerstörerischen Aspekt bekommen kann." Ohne Disziplin geht es nicht. Aber Kahn verstand nun genauer, was wirklich mit Disziplin gemeint ist. „Es ist die Disziplin des ‚nicht zu viel'."[14]

Spitzensportler, Manager, Unternehmer und andere erfolgreiche Menschen müssen oft erst durch leidvolle Erfahrungen lernen, wie wichtig es ist, diese „Disziplin des ‚nicht zu viel'" zu erlernen. Der ehemalige Tennisstar Boris Becker beschreibt in seiner Autobiografie das Leben eines Spitzensportlers: „Das ewige Training, die wochenlange Vorbereitung auf einen Grand Slam – fürchterlich, wie im Gefängnis. Zeit abschinden, die Monotonie verkraften. Tausend Vorhände, tausend Rückhände, bis man nicht mehr überlegen muss, zur Maschine wird."[15] Einmal, in der Zeit zwischen dem 19. Oktober und dem 2. November 1986, er war damals erst 19 Jahre alt, gewann er innerhalb von 14 Tagen drei Turniere auf drei Kontinenten.

Sein Körper, so die Diagnose der Ärzte, war zeitweise in einem Zustand völliger Erschöpfung. „Die Abwehrstoffe im Immunsystem sind dramatisch reduziert, die Ursache für meine Bronchitis, große Mattigkeit und leichtes Fieber … Bereits beim kleinsten Luftzug erkältete ich mich."[16]

Das harte Training, die Wettkämpfe, die vielen Stunden und Tage, die man die vertraglichen Verpflichtungen gegenüber den Sponsoren erfüllen muss – all dies wäre vielleicht noch erträglich, wenn nicht der extrem hohe Druck hinzukäme. „Der Druck, der auf mir lastete, war oft unerträglich", so Becker. Ein Spitzensportler müsse „Angst haben vor den Grenzen, die er immer wieder überschreitet, den psychischen wie den physischen. Gerade deshalb wird mit den sogenannten legalen Hilfsmitteln nicht geknausert – so auch bei mir."[17]

Becker beschreibt, wie er mehrere Jahre von Schlafmitteln abhängig war, weil er anders nicht mehr zur Ruhe kam. „Über Jahre habe ich mit diesem Zeug gelebt. Zum Schluss bin ich mitten in der Nacht aufgewacht, weil die Wirkung nur noch drei, vier Stunden anhielt. Ich musste dann noch mal zwei Tabletten nachwerfen – die doppelte Dosis."[18] Ohne Schlafmittel konnte er überhaupt nicht mehr die Augen zumachen. „Vor den Spielen musste ich natürlich die Dosis runtersetzen, es zumindest versuchen. Die Folge: Ich konnte überhaupt nicht mehr schlafen."[19] Manchmal wachte er morgens auf und wusste nicht mehr, wo er war.

Auch viele Musiker und andere Stars gehen bis an die Grenze der Leistungsfähigkeit und oft weit darüber hinaus. Dieter Bohlen beschreibt, dass er auf dem Höhepunkt seiner *Modern Talking*-Karriere, als er massive Konflikte mit seinem Partner Thomas Anders auszufechten hatte, an Magengeschwüren litt und jeden Morgen Blut spuckte. „Ich war körperlich im Eimer, konnte nachts nicht mehr schlafen und fraß Magensäurehemmer-Dragees wie andere Leute Tic-Tac … Ich hatte das Gefühl, es zerriss mich. Ich dachte: Wenn du noch einen Monat so weitermachst, wirst du irre und landest in der Klapse."[20]

Nicht nur Spitzensportler und Showstars, auch Manager stehen in der Gefahr, dass sie wegen des hohen Drucks zu Medikamenten, Alkohol, Aufputschmitteln oder Drogen greifen. Oder dass sie dem Druck nicht standhalten und schließlich daran zerbrechen. Das Burnout-Syndrom trifft besonders ehrgeizige und sehr stark erfolgsorientierte Menschen. Schlafstörungen, häufige Erkältungskrankheiten, extreme Gereiztheit oder auch depressive Verstimmungen und psychosomatische Erkrankungen sind die Symptome dafür, dass die Balance von Spannung und Entspannung nicht mehr stimmt. Wenn all das der Preis des Erfolges wäre, dann wäre es nicht erstrebenswert, erfolgreich zu sein. Nichts ist weiter entfernt vom wirklichen Erfolg als ein Leben, das nur noch mit Aufputschmitteln oder ähnlichen Drogen „gemeistert" werden kann.

Doch Sie müssen diesen Preis für den Erfolg nicht zahlen. Ja, Sie werden gar keinen dauerhaften Erfolg haben, wenn es Ihnen nicht gelingt, mit Stress umzugehen. Ihr Körper mag dies eine Zeit lang mitmachen, wenn Sie über eine besonders gute Konstitution verfügen, jedoch nicht dauerhaft. Wer über Jahrzehnte hinweg erfolgreich sein will, muss Wege finden, sich zu entspannen.

Ich war schon immer sehr ehrgeizig und habe viel und intensiv gearbeitet. Während meines Studiums und in der Zeit meiner Promotion habe ich so hart gearbeitet, dass mein Doktorvater – ein Mann mit dem beeindruckenden Namen Prof. Dr. Dr. h.c. K.O. Freiherr von Aretin – mich bremsen musste. Ich wollte mich ständig selbst übertreffen, das Studium absolvierte ich mit Auszeichnung, die Promotion und das zweite Staatsexamen ebenso. Dreimal „mit Auszeichnung bestanden" in Folge – doch damals bekam ich Probleme mit Alkohol. Zum Glück konnte ich sie lösen, weil ich bei den „Anonymen Alkoholikern" viel über Suchtverhalten gelernt habe. Ich habe dort gelernt, „die erste Flasche stehen zu lassen", und nunmehr seit 25 Jahren keinen Tropfen mehr getrunken und natürlich auch keine anderen Drogen oder „Hilfsmittel" genommen.

Viele erfolgreiche Menschen, die Suchtprobleme haben, erkennen dies leider nicht oder erst sehr viel später. Das Gefährlichste an Suchtproblemen ist, dass derjenige, der davon betroffen ist, sie selbst nicht wahrnehmen kann oder will – oder erst nach einem langen Leidensweg. Mir blieb dies glücklicherweise erspart. Aber sehr viele erfolgreiche Menschen leiden unter Suchtproblemen, weil sie mit dem ungeheuren Druck, der auf ihnen lastet, nicht zurechtkommen – die Beispiele von Künstlern wie Elvis Presley, Britney Spears, Whitney Houston oder vielen anderen sind Legende.

Für mich ist heute eines der wichtigsten Erfolgsgeheimnisse die richtige Balance von Spannung und Entspannung. Damit meine ich nicht die modischen Konzepte von „Work-Life Balance". Schon der Begriff selbst ist problematisch, weil er ja impliziert, dass das „Leben" außerhalb der Arbeit stattfinde. Erfolgreiche Menschen lieben ihre Arbeit. Für sie ist die Arbeit ihr Hobby und ihr Hobby ist ihre Arbeit. Deshalb ist es für sie auch kein Problem, intensiv und sehr lange zu arbeiten. Der Stress kommt meist auch nicht von langer Arbeit, sondern er kommt von unbefriedigender Arbeit.

Kennen Sie das auch? Ein Tag läuft wunderbar ab: Ihre Arbeit macht Ihnen Freude, Sie produzieren tolle Ergebnisse, ein Erfolgserlebnis reiht sich an das andere. Sie befinden sich im Einklang mit sich selbst und Ihren Mitmenschen. An solchen Tagen sind Sie auch nach 14 oder 16 Stunden Arbeit nicht müde. An einem anderen Tag funktioniert nichts so, wie Sie es sich vorgestellt haben. Sie ärgern sich über Mitarbeiter und über sich selbst, alles läuft schief, was schieflaufen kann. Schon nach drei oder vier Stunden sind Sie müde und erschöpft. Offenbar ist nicht die Quantität der Arbeit entscheidend dafür, wie schnell Sie erschöpft sind, sondern die Qualität.

Der Werbemann David Ogilvy, der als unermüdlicher Arbeiter bekannt war und dies auch von seinen Mitarbeitern forderte, schrieb: „An harter Arbeit ist noch niemand gestorben. Menschen sterben an Langeweile, psychischen Konflikten und Krankheiten. Sie sterben nicht an harter Arbeit. Je härter Menschen arbeiten, desto glücklicher sind sie."[21]

Doch es läuft nicht immer alles so glatt und harmonisch ab, wie Sie es wollen. Spitzenkräfte sind nun einmal vor allem Problemlöser. Bei ihnen kommen alle großen Probleme zusammen, die von anderen nicht gelöst werden können. Dafür werden sie hoch bezahlt. Und natürlich stimmt die Aussage, dass die Quantität der Arbeit nicht entscheidend sei, nur mit Einschränkungen. Denn die Intensität und die Länge der Arbeit stehen in einem umgekehrt proportionalen Verhältnis. Es ist wie beim Laufen: Entweder sind Sie Marathonläufer oder Sprinter. Der Sprinter läuft sehr viel intensiver, dafür kann er diese Leistung eben nur wenige Sekunden erbringen und nicht über Stunden. Je intensiver Sie arbeiten, desto häufiger benötigen Sie Entspannungsphasen, in denen Sie sich mit einer ebenso hohen Konzentration entspannen, wie Sie Spannung aufgebaut haben. Gelingt es Ihnen nicht, „Entspannungsoasen" einzubauen, und zwar am Tag, in der Woche und im Jahr, dann werden Sie dauerhaft keinen Erfolg haben können, weil Sie die notwendige Intensität der Arbeit nicht zu bewältigen vermögen.

Jeder findet hier einen anderen Weg. Vielleicht hilft Ihnen autogenes Training, so wie mir. Oder Sie finden die Möglichkeit, in einem ruhigen, abgeschlossenen Raum in Ihrem Unternehmen für eine halbe Stunde Yoga oder andere Entspannungsübungen zu machen. Sie haben „keine Zeit" dafür? Dann sollten Sie sich vielleicht schon mal auf die Zeit einrichten, die Sie später bei Ärzten oder im Krankenhaus verbringen müssen.

Der Virgin-Gründer Richard Branson berichtet: „Mein Hirn arbeitet die ganze Zeit, wenn ich wach bin, und produziert am laufenden Band Ideen. Da Virgin ein weltweit tätiges Unternehmen ist, habe ich das Gefühl, einen Großteil der Zeit wach sein zu müssen, daher ist es von Vorteil, dass ich eine Sache sehr gut kann, nämlich ein kurzes Nickerchen von ein bis zwei Stunden machen." Branson betont sogar, von all den Fähigkeiten, die er erworben habe, sei diese Fähigkeit „lebenswichtig" für ihn. „Churchill und Maggie Thatcher waren Meister des Nickerchens und ich nehme mir ihr Beispiel für mich zum Vorbild."[22]

Winston Churchill erklärte: „Irgendwann zwischen Mittag- und Abendessen müssen Sie schlafen, und zwar richtig. Legen Sie Ihre Kleider ab und legen Sie sich ins Bett. So mache ich es immer. Denken Sie nicht, dass Sie weniger Arbeit erledigen, weil Sie während des Tages schlafen." Das sei eine „idiotische Idee fantasieloser Menschen", so Churchill. Wenn man Mittagsschlaf mache, werde man produktiver und bewältige die Arbeit von zwei Tagen an einem. „Als der Krieg ausbrach, musste ich tagsüber schlafen, weil ich nur so meiner Verantwortung gerecht werden konnte."[23] Auch der Schachweltmeister Garri Kasparow sagt, sein Mittagsschlaf sei ihm heilig.

Bill Gates ist dafür bekannt, dass er jederzeit überall schlafen kann. „Richtig ins Bett ging er strenggenommen nie, denn er legte sich einfach auf das ungemachte Bett, zog sich eine Heizdecke über den Kopf und schlief sofort ein, ganz ohne Rücksicht auf die Tageszeit oder den etwa im Zimmer herrschenden Trubel." Er habe die Fähigkeit, „sofort einzuschlafen, gleich wo er sich befindet. Im Flugzeug zieht er sich oft eine Decke über den Kopf und schläft während des ganzen Fluges", so heißt es in Gates' Biografie.[24] Gates arbeitete oft tagelang am Stück, ohne mehr als ab und zu eine oder zwei Stunden zu schlafen. „Wenn er so erschöpft war, dass er einfach nicht mehr konnte, legte sich Gates zu einem kurzen Nickerchen hinter den PDP-10."[25]

Die amerikanische Weltraumbehörde NASA hat in umfassenden Forschungsprojekten bestätigt, dass ein kurzer Schlaf von 40 Minuten die Leistungsfähigkeit um durchschnittlich 34 Prozent und die Aufmerksamkeit um 100 Prozent verbessert. Harvard-Forscher fanden heraus, dass Testpersonen, deren Leistung im Lauf des Tages um 50 Prozent abnahm, nach einem Mittagsschlaf von einer Stunde in der Lage waren, ihre Leistungsfähigkeit wieder voll herzustellen.[26]

Auch in der Woche müssen Sie Pausen finden, wo Sie mit gutem Gewissen entspannen und nicht an die Arbeit denken. Das gelingt vielen Menschen nicht. Sie nehmen die Probleme ihrer Arbeit mit nach Hause. In einem gewissen Maß lässt sich dies sicher nicht vermeiden – aber es geht eben um dieses Maß. Wenn Sie bis spät in die Nacht arbeiten, ist die Wahrscheinlichkeit sehr hoch, dass Sie vor dem Einschlafen wach liegen und über Probleme grübeln. Deshalb finde ich es wichtig, dass man „Puffer" zwischen der Arbeit und der Nachtruhe schafft – bei mir ist das beispielsweise der Sport.

Vielen erfolgreichen Menschen gelingt es nicht, mit gutem Gewissen „abzuschalten" und „nichts" zu tun. Sie nehmen die Probleme ihrer Arbeit selbst in den Urlaub mit. Ein Freund von mir, Vorstandsvorsitzender eines Unternehmens, erzählte mir, wie seine Frau nach dem dritten Urlaubstag den Koffer packte, weil sie meinte, sie sei ja überflüssig, wenn sie nur zuschauen müsse, wie er mehrere Stunden am Tag mit der Firma telefoniert. Er einigte sich dann mit ihr auf einen Kompromiss, dass er nur noch eine Stunde E-Mails beantwortete und Telefonate führte.

Ich finde auch das viel zu viel. Im Urlaub müssen Sie von der täglichen Arbeit loslassen. Wenn Sie eine Firma besitzen, die nicht funktioniert, wenn Sie zwei Wochen im Urlaub sind und nicht ständig im Büro anrufen, dann haben Sie die falschen Mitarbeiter ausgewählt. Es ist auch kein Kompliment für Ihre Mitarbeiter, wenn Sie denen nicht zutrauen, zwei Wochen lang alleine mit den anstehenden Problemen fertigzuwerden. Sie erziehen Ihre Mitarbeiter damit zur Unselbstständigkeit. Und wenn Sie selbst das ganze Jahr intensiv und viel gearbeitet haben, dann brauchen Sie diese Wochen, um auf andere Gedanken zu kommen, Bücher zu lesen, Sport zu treiben und Dingen nachzugehen, die nichts mit Ihrer Arbeit zu tun haben.

Bei jedem Handy muss der Akku aufgeladen werden, sonst funktioniert es irgendwann nicht mehr. Auch Sie müssen aufladen – jeden Tag, jede Woche und jedes Jahr. Ein führender Sportpsychologe erklärte mir einmal, dass die erfolgreichen Spitzensportler ihren Weg finden müssen, um abzuschalten – und dass sie dies oft durch andere Sportarten – Angeln, Bogenschießen, Golf usw. – tun. Er sprach von Parallelwelten, in die man eintauchen müsse, um neue Energie aufzutanken.

Spitzenkräfte in der Wirtschaft leben so, wie Leistungssportler leben sollten, denn die körperliche und psychische Belastung ist ähnlich hoch. Dies heißt übrigens auch, dass Sie sich so ernähren sollten, wie dies Sportler tun sollten. Wer Raubbau an seiner Gesundheit treibt, weil er sich ungesund ernährt, raucht und zu wenig Entspannung findet, wird nur schwerlich über mehrere Jahrzehnte kontinuierlich Spitzenleistungen erbringen können.

Übrigens gehört dazu auch, dass Sie es sich erlauben, einmal krank zu sein. Viele Spitzenkräfte halten sich für so wichtig, dass sie meinen, sie könnten es sich einfach nicht leisten, mal eine Woche mit einer Erkältung im Bett zu bleiben. Ich kannte einen Manager, der trotz Fieber gearbeitet hat, sich eine Herzmuskelentzündung zuzog und daran starb.

Für mich ist es ein Zeichen von Schwäche und mangelnder Disziplin, wenn man nicht fähig ist, dem Körper die Zeit zu geben, eine Krankheit auszukurieren. Meinen Sie, Sie seien im Leben weniger erfolgreich, wenn Sie jedes Jahr mal einige Tage – oder vielleicht auch mal zwei Wochen – zu Hause bleiben, um eine Erkältung auszukurieren? Wenn Sie eine Krankheit wirklich auskurieren, dann werden Sie es auch nicht erleben, dass Sie einen Infekt verschleppen und sich die Sache dann über mehrere Woche oder Monate hinzieht, weil Sie dem Körper nicht ausreichend Ruhe gegönnt haben.

Besonders wichtig ist es, eine innere Einstellung zu gewinnen, mit der Sie Abstand von den Problemen der Arbeit finden. Ich habe Mitarbeiter erlebt, die eine Firma verlassen haben, weil sie mit dem Stress nicht mehr fertiggeworden sind. Ich habe ihnen gesagt: „Wenn Sie in einer anderen Firma Verantwortung tragen, wird sich für Sie vermutlich nichts ändern. Denn Sie nehmen sich selbst und Ihre innere Einstellung mit. Die Änderung der äußeren Umstände bringt meist weniger als eine Änderung der inneren Einstellung."

Es geht darum, wie nahe Sie die Probleme an sich herankommen lassen. Über Probleme nachzudenken ist gut, sich Sorgen zu machen und zu grübeln, nicht. Ich weiß, dass dies leichter gesagt ist als getan. Kaum einem ehrgeizigen Menschen wird es gelingen, stets vollständig abzuschalten und „loszulassen". Sie müssen sich jedoch bewusst darüber werden, dass dies die Voraussetzung ist, um Spitzenleistungen zu erbringen. In diesem Buch geht es darum, dass Sie sich größere Ziele setzen sollen. Dafür müssen Sie jedoch lernen, Spannung und Entspannung in das für Sie richtige Gleichgewicht zu bringen. Sonst werden Sie an den größeren Zielen, die Sie sich setzen, zerbrechen.

Norman Rentrop, ein Unternehmer, der einen der größten deutschen Fachverlagsgruppen aufgebaut hat und der heute als Investor mehrere hundert Millionen Euro erfolgreich anlegt, hat erfahren, wie wichtig es ist, „loszulassen". 22 Jahre lange hatte er jede Woche 80 bis 100 Stunden gearbeitet, bis er dann Ende der 90er-Jahre sein Unternehmen in eine Aktiengesellschaft umwandelte, seinen bisherigen Stellvertreter zum Vorstand machte und selbst in den Aufsichtsrat wechselte. Diese Entscheidung fällte er, nachdem er in der Lebensmitte in eine persönliche Krise geraten war.

Doch hören Sie seine Geschichte von Anfang an: Als Schüler war er Austauschschüler am Eton College. An einem Nachmittag stöberte er in einer Buchhandlung und entdeckte das Buch von Napoleon Hill, *Think and grow rich*. Am Ende des Buches fand sich eine Postkarte, mit der er die Zeitschrift *Success Unlimited* des Chicagoer Versicherungsmagnaten W. Clement Stone bestellte, in der er dann auf eine weitere Zeitschrift stieß namens *Insider's Report* (später: *Entrepreneur*). In dieser Zeitschrift wurden Ideen für Existenzgründer beschrieben, und das faszinierte den jungen Schüler, denn er wollte die Erfolgsgeheimnisse, über die er in dem Buch von Napoleon Hill gelesen hatte, auch praktisch umsetzen.

So betrieb Rentrop in Bad Godesberg und in Bonn Crêpe-Suzette-Stände mit einem Schulkameraden, wollte ein Anzeigenblatt herausbringen, und als das Anzeigenblatt nicht zustande kam, baute er aus der Austrägertruppe eine Prospektverteilagentur auf. Als der amerikanische Verlag ihm eines Tages das Know-how für die Herausgabe dieser Gründerzeitschrift in Deutschland anbot, griff Rentrop zu und startete vom zwölf Quadratmeter großen Schlafzimmer im Elternhaus aus seinen eigenen Verlag. Damals, im Oktober 1975, war er gerade 18 Jahre alt geworden. 1976 kam dann seine Zeitschrift unter dem Namen *Die Geschäftsidee* auf den Markt. Sie erscheint heute im 36. Jahrgang.

Bald darauf hatten seine Mitarbeiter und er eine zündende Idee mit dem *Handbuch für Selbständige und Unternehmer*. Es war nämlich kein Handbuch im klassischen Sinne, sondern eine Loseblattsammlung, die man abonnieren konnte und die ständig aktualisiert wurde. „Wir sind dann unseren Kunden einfach gefolgt. Zunächst hatte sich jemand selbstständig gemacht, dann brauchte er weitere Ratgeber. Also legten wir weitere Handbücher auf wie etwa den ‚Werbeberater', den ‚Redenberater', den ‚Stil- und Etikette-Berater', den ‚PC Pannenhelfer' usw."

Hinzu kam eine Vielzahl von Newslettern, so etwa zu Themen wie *Arbeitsrecht für Vorgesetzte*, *Simplify your Life* und *Trendletter*. Heute gibt der Verlag etwa 240 Loseblatt-Werke, Newsletter und elektronische Dienste heraus, die von 450 festangestellten Mitarbeitern in Bonn-Bad Godesberg und 1000 freien Autoren erstellt werden. Hinzu kommen weitere 450 Mitarbeiter in Verlagen in Polen, Rumänien, Großbritannien und Frankreich.

Rentrop hatte eine Lücke entdeckt: Die klassische Managementliteratur in den 70er- und 80er-Jahren war sehr theoretisch geworden. Sie entsprach dem, was an Universitäten im Fach Betriebswirtschaft gelehrt wurde, hatte jedoch meist wenig Praxisbezug. „Unternehmer und Selbstständige konnten damit wenig anfangen. Sie brauchten praktische, aktuelle und einfach verständliche Lösungen für ihre täglichen Probleme."

Rentrop setzte konsequenter, als es damals alle anderen Verlage taten, auf Direktmarketing – so wie Michael Dell dies im Bereich der PCs getan hatte. Auch heute spielen Direktmailings, Telefonmarketing und natürlich das Internet eine entscheidende Rolle in der Vermarktung der Werke des Verlages.

Schon als Rentrop 18 Jahre alt war und das Unternehmen gründete, setzte er sich jährlich Ziele – und hat dies bis heute beibehalten. „Einmal im Jahr, und zwar im Herbst, reflektiere ich über die vergangenen zwölf Monate und setze mir schriftliche Ziele für die kommenden zwölf Monate." Die Art der Ziele, die er sich setzt, hat sich freilich geändert.

Vor seinem 40. Lebensjahr kam er in eine schwere persönliche Krise. „Es war der Beginn von zwölf langen, depressiven Monaten." Wirtschaftlichen Erfolg hatte er, aber die Frage nach dem Sinn des ganzen Tuns stellte sich deutlich: „Warum morgens überhaupt aufstehen? Wofür das Bett überhaupt verlassen? Soll ich kürzertreten? Was ist der Sinn des Lebens? Was muss ich verändern?"

Mit wem sollte er all diese persönlichen, existenziellen Fragen besprechen? „Bei wem kann und darf ich meine sonst so mühsam errichteten Schutzwälle um meine Gefühle und um meine Seele einmal herunterfahren? Wem gegenüber darf ich mich verletzlich geben, mich verwundbar machen? Meinen Mitarbeitern? Mit denen, die mich bisher 22 Jahre in der Rolle des Starken, des Ideenreichen, des nie Verzagenden kennengelernt hatten? Meinen Unternehmerkollegen, vor denen ich mich viele Jahre bemüht hatte, mir keine vermeintliche Blöße zu geben?"

Rentrop fand Antworten in der Bibel und im Gebet. Er hatte jahrelang nicht mehr in der Bibel gelesen, als er sie durch Zufall für sich entdeckte. Er war in Baden-Baden, wo er als Gast in einer Fernseh-Talkshow eingeladen war. Abends im Hotel öffnete er die Schublade seines Nachttisches und sah die Bibel. „Ich tat etwas, das ich lange, lange nicht mehr getan hatte: Ich nahm die Bibel in die Hand, blätterte, las, las mich fest und merkte: Da bin ja ich gemeint!" Der Glaube half ihm, aus dem Tal der Depression zu kommen, und auch, seine Rolle neu zu definieren. Die Lebenskrise sah er nun als Geschenk Gottes. Persönliche Krisen enthalten oft ein Geschenk. Denn solange alles „normal" und gut läuft, denkt kaum jemand daran, etwas Grundlegendes in seinem Leben infrage zu stellen oder zu ändern. Krisen rütteln uns kräftig durch, zwingen uns zum Nachdenken und dazu, neue Fragen zu stellen, neue Antworten zu geben und unsere Rolle neu zu definieren.

Als Rentrop sich aus der aktiven Managementtätigkeit in den Aufsichtsrat zurückzog, hätte keiner seiner Mitarbeiter geglaubt, dass es ihm wirklich gelingen würde loszulassen. Sie kannten Rentrop nur als jemanden, dessen Motto lautete: „Wenn ich wach bin, arbeite ich." Und sie vermuteten, dass er es auch als Aufsichtsrat nicht werde lassen können, sich in das Tagesgeschäft einzumischen. Ohne die räumliche Distanz wäre dies wohl auch nicht gelungen. Er zog in die ehemalige Bürgermeistervilla in Bonn-Bad Godesberg und hatte damit auch räumliche Distanz zu seiner Firma. Nun fand er Zeit für andere Dinge, unter anderem für den Fernsehsender *Bibel-TV*, den er mitbegründet hat. Aktiv ist er auch in der Evangelischen Kirche, so als Mitglied der EKD-Synode.

Zudem ist er als Investor tätig. Schon im Alter von zehn Jahren kaufte er seine erste Aktie. 1998 gründete er ein Familiy Office, die Rentropsche Vermögensverwaltung. Zehn Jahre später kam eine Kapitalanlagegesellschaft hinzu, die zwei Fonds, genau Teilgesellschaftsvermögen genannt, auflegt. Beide investieren nach Value-Kriterien, überwiegend im deutschen Mittelstand. Gefragt nach seiner Performance sagt Rentrop: „Im Durchschnitt der letzten zehn Jahre jedes Jahr 5 Prozent besser als der DAX." Eine seiner erfolgreichsten Investitionen war Berkshire Hathaway, die Aktie von Warren Buffett, die er 1992/93 für 12.000 Dollar kaufte und deren Wert sich seitdem verzehnfacht hat.

Bei Rentrop gelang das „Loslassen und Abgeben", weil sein ehemaliger Stellvertreter seit zwölf Jahren als Allein-Vorstand die Verlagsgruppe führt. Das ist nicht selbstverständlich: Manch ein Unternehmensgründer, der abgegeben hatte, musste dann wieder zurück ins Tagesgeschäft, wenn das Geschäft bergab ging oder gar in eine schwere Krise geriet.

Erfolgreiche Menschen können loslassen und verfügen über das Talent, sich selbst überflüssig zu machen. Ob Sie in einem Unternehmen in Führungsfunktionen aufsteigen und als Manager erfolgreich sein wollen oder ob Sie selbstständig sind: In beiden Fällen werden Sie nicht vorankommen, wenn Sie im täglichen „Hamsterrad" immer schneller laufen und glauben, Sie müssten alles selbst machen.

Werner Otto betonte immer wieder, dass es die wichtigste Aufgabe eines Managers sei, sich selbst eine gute Mannschaft für seinen Bereich aufzubauen. Man könne nur mit einem „erstklassigen Unterbau" wachsen. „Bauen Sie sich gute Mitarbeiter auf. Nur auf den Schultern tüchtiger Leute steigen Sie bei uns nach oben", so erklärte der Gründer des größten Versandhandels der Welt.[27] Der Unternehmensleiter, so Otto, solle sich ständig bemühen, sich „freizuarbeiten". „Nur wer sich freigearbeitet hat, verfügt über Zeit, sich kreativ neuen Aufgaben zu widmen, die für das Wachstum des Unternehmens wichtig sind."[28] Als Otto Anfang der 60er-Jahre eine „einigermaßen funktionierende" Geschäftsleitung aufgebaut hatte, verlegte er sein Büro aus dem Otto-Versand heraus, um die Fäden zu den Leitern der verschiedenen Ressorts abzuschneiden, zu denen er vorher engen Kontakt hatte. Denn diese versuchten immer wieder, unter Umgehung der neuen Geschäftsführung Entscheidungen von ihm zu bekommen. „Die räumliche Distanz vom Otto-Versand hatte mich vom Tagesgeschäft frei gemacht, so dass ich mich den großen Problemen widmen konnte, deren Lösung das Unternehmen nach vorne brachte."[29]

Wenn Sie sich selbstständig gemacht und eine eigene Firma gegründet haben, können Sie sich Unternehmer nennen. Agieren Sie jedoch auch tatsächlich wie ein Unternehmer? Unternehmer befassen sich vor allem mit der Entwicklung der Strategie für das Unternehmen, sie bauen einen Firmenwert auf. Ihr Ziel ist, sich irgendwann selbst überflüssig zu machen.

Bei vielen kleinen und mittleren Unternehmen sieht es jedoch anders aus: Der Unternehmer macht die Arbeit seiner Manager und seiner Angestellten. Er arbeitet nicht *am* Unternehmen (was seine Aufgabe wäre), sondern vor allem *im* Unternehmen. Im Grunde arbeiten viele „Unternehmer" so wie Freiberufler – also Ärzte, Rechtsanwälte usw., die den Großteil der Arbeit selbst tun.

Wer eine Firma neu gründet, wird es gar nicht vermeiden können, zunächst viele oder sogar die meisten Dinge selbst zu tun. Die Gefahr ist jedoch, dass Sie sich daran gewöhnen und das eigentliche Ziel aus den Augen verlieren, nämlich sich selbst Stück für Stück überflüssig zu machen.

Wenn Sie alles selbst machen, weil Sie nicht in der Lage sind, zu delegieren und ein fähiges Management und funktionierende Systeme aufzubauen, dann schaffen Sie keinen Firmenwert. Wie viel ist eine Firma wert, die ohne Sie selbst nichts wert ist? Nicht sehr viel. Denn wenn Sie die Firma verkaufen wollen, wird der Käufer fragen, ob Sie ein funktionierendes System geschaffen und ein überzeugendes

Management aufgebaut haben oder ob der Erfolg des Unternehmens im Grunde nur von Ihnen selbst abhängt. Warren Buffett hat einmal gesagt, ein Unternehmen müsse so strukturiert sein, dass es auch von einem Idioten geleitet werden könne, denn irgendwann werde genau dies passieren.

Als ich vor elf Jahren die Dr. ZitelmannPB gründete, hatte ich nur eine Assistentin – heute habe ich etwa 45 Mitarbeiter. Natürlich bestand die Firma Dr. ZitelmannPB zunächst praktisch zu 100 Prozent aus Zitelmann. Ich habe jedoch nie meine Aufgabe vergessen, die Firma Stück für Stück ein wenig unabhängiger von mir zu machen.

Aus 100 Prozent Zitelmann wurden in den folgenden Jahren 90 Prozent, dann 80 Prozent, dann 70 Prozent usw. Am Anfang verlangte jeder Kunde, dass ich mich persönlich um ihn kümmern sollte. Heute haben wir eine ganze Reihe von Kunden, bei denen ich weiß, dass meine Mitarbeiter viel mehr von deren Geschäft verstehen als ich und dass sie einen höheren Nutzen für diese Kunden bringen können. Früher klingelte das Telefon den ganzen Tag, weil jeder Kunde mich sprechen wollte. Heute gibt es oft Tage, an denen kein einziger Kunde bei mir anruft, an anderen Tagen sind es einer oder zwei. Natürlich klingelt das Telefon mehr denn je. Aber nicht bei mir, sondern bei meinen Mitarbeitern. Und ich kann in Urlaub fahren, ohne ein einziges Mal mit dem Büro zu telefonieren – weil ich weiß, dass ich mich auf meine Mitarbeiter verlassen kann. Und ich kann auch dieses Buch schreiben, was vor einigen Jahren noch nicht möglich gewesen wäre, weil ich sechs Tage in der Woche für die Firma arbeitete.

Wenn Sie so weit sind, haben Sie auch mehr Zeit, nachzudenken, neue Ideen zu entwickeln, sich neue, noch größere Ziele zu setzen. Solange Sie im „täglichen Hamsterrad" immer schneller laufen, wird Ihnen dies nicht gelingen.

Manfred Köhnlechner, einer der Männer, die entscheidend mithalfen, den Bertelsmann-Konzern zu einem der weltgrößten Medienunternehmen zu machen, sagte einmal: „Meine eigentlichen schöpferischen Phasen liegen in der sogenannten Freizeit. Die besten Einfälle sind Sauna- oder Reitprodukte oder kommen gelegentlich früh um fünf Uhr im Bett zustande."[30] Allerdings muss man hinzufügen, dass Köhnlechner in der Sauna die Akten unter einer Klarsichthülle studierte – vielleicht nicht unbedingt das, was jeder unter „Entspannung" und „Freizeit" versteht. Immerhin ist es bemerkenswert für die Führungskraft in einem Weltkonzern, dass Köhnlechner nur rund fünf Stunden an seinem Schreibtisch in der Hauptverwaltung des Bertelsmann-Konzerns saß.

Aber auch sein Chef, Reinhard Mohn, teilte die Überzeugung, wie wichtig es sei, den Kopf frei zu bekommen und jenseits der täglichen Routinearbeiten Ideen zu entwickeln. Obwohl er an den Wochenenden meist nicht arbeitete, sondern sich seiner Familie widmete, verließ er samstags oft das Haus zu ausgedehnten Spaziergängen. Dann lief er die ganze Nacht hindurch, 30 Kilometer weit und mehr. Das Laufen, so sagte er, brauche er, um über die Firma nachzudenken. „Auf dem Weg durch die Nacht entstanden in seinem Kopf Ideen für neue Projekte und Lösungen für alte Probleme. Deshalb ging er immer alleine."[31] Unter Reinhard Mohns Leitung entwickelte sich nach dem Krieg Bertelsmann zu einem der erfolgreichsten europäischen Unternehmen.

Das Büro ist nicht unbedingt der beste Ort, um kreative Ideen zu entwickeln. Eines der größten Werbegenies des 20. Jahrhunderts, David Ogilvy, verfasste keinen einzigen seiner Werbetexte im Büro – hier gab es für ihn „viel zu viele Unterbrechungen".[32] Und Oracle-Chef Larry Ellison arbeitet meist zu Hause und kommt nur ganz selten einmal ins Büro.[33]

Was sollten Sie tun, nachdem Sie dieses Buch gelesen haben? Ich empfehle Ihnen, sich zwei Wochen Urlaub zu nehmen, in diesem Urlaub kein einziges Telefonat mit Ihrem Büro zu führen und keine E-Mail zu beantworten. Stattdessen sollten Sie das Buch ein zweites Mal lesen und gleichzeitig *schriftlich* über Ihre Ziele nachdenken.

Mit diesem Buch haben Sie nun das Rüstzeug, Ideen zu verwirklichen, die Sie bisher als „zu groß" oder „unrealistisch" nicht einmal zu träumen gewagt haben. Haben Sie den Mut, Ihren eigenen Weg zu gehen, anders zu sein als andere! Haben Sie den Mut, unabhängig zu denken und gegen den Strom zu schwimmen! Lernen Sie, Ausdauer mit Experimentierfreudigkeit zu verbinden. Und handeln Sie bei alledem ehrlich und zuverlässig, sodass Sie das Vertrauen Ihrer Mitmenschen gewinnen, ohne das Sie Ihre Ziele niemals erreichen werden. Und vor allem: Warten Sie nicht auf den „richtigen" Zeitpunkt, um zu beginnen – denn dieser Zeitpunkt ist genau jetzt.

Anmerkungen

... zur Einleitung

1 Schultz/Yang, S. 9.
2 Vise, S. 25.
3 Walton, S. 15.
4 Branson, Geht nicht, gibt's nicht, S. 227.
5 Walton, S. 47.
6 Kasparow, S. 39.
7 Matthews, S. 118.
8 Ebd.
9 Zitiert nach: Ebd.
10 Ebd.
11 Schroeder, S. 135.
12 Ebd., S. 301.

... zu Kapitel 1

1 Zitiert nach: Leamer, S. 39.
2 Zitiert nach: Andrews, S. 25.
3 Zitiert nach: Ebd.
4 Zitiert nach: Hujer, S. 46.
5 Hujer, S. 201.
6 Zitiert nach: Leamer, S. 174.
7 Zitiert nach: Ebd., S. 175.
8 Zitiert nach: Andrews, S. 20.
9 Zitiert nach: Hujer, S. 52.
10 Zitiert nach: Andrews, S. 20.
11 Zitiert nach: Hujer, S. 89.
12 Zitiert nach: Leamer, S. 153.
13 Andrews, S. 64.
14 Zitiert nach: Leamer, S. 128.
15 Zitiert nach: Ebd.
16 Hujer, S. 158.
17 Zitiert nach: Ebd., S. 174.
18 Zitiert nach: Ebd., S. 286.
19 Zitiert nach: Andrews, S. 63 f.
20 Zitiert nach: Love, S. 44 f.

21 Ebd., S. 45.
22 Ebd., S. 68.
23 Ebd.
24 Zitiert nach: Love, S. 76.
25 Ebd., S. 76–79.
26 Peters, S. 104.
27 Ebd., S. 119.
28 Zitiert nach: Ebd., S. 150.
29 *Welt am Sonntag*, 9.1.2011, S. 32.
30 Zitiert nach: Peters, S. 17.
31 Zitiert nach: Friedmann, S. 79.
32 Zitiert nach: Peters, S. 29.
33 Zitiert nach: Friedmann, S. 64 f.
34 Zitiert nach: Ebd., S. 90.

... zu Kapitel 2

1 Zitiert nach: Chernow, S. 58.
2 Zitiert nach: Ebd., S. 58.
3 Zitiert nach: Ebd., S. 161.
4 Ebd., S. 30.
5 Covey, S. 74.
6 Sturm, S. 119.
7 Ebd., S. 119.
8 Ogilvy, Geständnisse eines Werbemannes, S. 74.
9 Bettger, S. 109.
10 Ebd., S. 110.
11 Zitiert nach: Covey, S. 77.
12 Ebd., S. 46.
13 Glatzer u. a., S. 65.

... zu Kapitel 3

1 Chernow, S. 110.
2 Zitiert nach: Ebd., S. 111.
3 Chernow, S. 113.

4 Ebd., S. 238.
5 Ebd., S. 238.
6 Jungbluth, Die 11 Geheimnisse des Ikea-Erfolgs, S. 26.
7 Zitiert nach: Ebd., Die 11 Geheimnisse des Ikea-Erfolgs, S. 75.
8 Ebd.
9 Ebd., S. 92.
10 Bloomberg, S. 9.
11 Schroeder, S. 786.
12 Ebd., S. 787.
13 Zitiert nach: Ebd., S. 808.
14 Zitiert nach: Ebd., S. 818.
15 Zitiert nach: Ebd., S. 620.
16 Zitiert nach: Ebd., S. 627.
17 Platthaus, S. 31.
18 Ebd., S. 38.
19 Ebd., S. 193.
20 Schultz/Yang, S. 23.
21 Ebd., S. 33.
22 Ebd., S. 33.
23 Ebd., S. 46.
24 Zitiert nach: Ebd., S. 49.
25 Ebd., S. 49 f.
26 Ebd., S. 58.
27 Ebd., S. 58.
28 Zitiert nach: Ebd., S. 78.
29 Ebd., S. 79.
30 Zitiert nach: Ebd., S. 97.
31 Ebd., S. 98.

... zu Kapitel 4

1 Zitiert nach: Schroeder, S. 848.
2 Zitiert nach: Wallace/Erickson, S. 35.
3 Zitiert nach: Ebd., S. 39.
4 Zitiert nach: Ebd., S. 66.
5 Zitiert nach: Ebd., S. 262 f.
6 Zitiert nach: Schroeder, S. 86.
7 Hill, S. 26 f.
8 Messner, S. 97.

9 Ebd., S. 97.
10 Becker, S. 42.
11 Ebd., S. 144.
12 Ebd., S. 21.
13 Ebd., S. 21.
14 Ebd., S. 23.
15 Ebd., S. 24 f.
16 Ebd., S. 29.
17 Ebd., S. 257.
18 Kahn, S. 55.
19 Ebd., S. 43.
20 Ebd., S. 101.
21 Ebd., S. 160.
22 Ebd., S. 166 f.
23 Ebd., S. 169.
24 Ebd., S. 319.
25 Ebd., S. 256.
26 Hujer, S. 125.
27 Schroeder, S. 865.
28 Ebd., S. 866.
29 Zitiert nach: Jungbluth, Die 11 Geheimnisse des Ikea-Erfolgs, S. 91.

... zu Kapitel 5

1 Uhse, S. 73.
2 Ebd., S. 74.
3 Ebd., S. 96.
4 Ebd., S. 97.
5 Ebd.. S. 102.
6 Ebd., S. 112.
7 Ebd., S. 118.
8 Ebd., S. 122.
9 Ebd., S. 128.
10 Ebd., S. 136.
11 Ebd., S. 140.
12 Ebd., S. 160.
13 Ebd., S. 161.
14 Charles-Roux, S. 186.
15 Chanel, S. 193.
16 Ebd., S. 197.

17 Charles-Roux, S. 17.
18 Chanel, S. 194.
19 Zitiert nach: O'Brien, S. 85.
20 Zitiert nach: Ebd., S. 111.
21 O'Brien, S. 289.
22 Ebd., S. 66 f.
23 Zitiert nach: Ebd., S. 82.
24 Zitiert nach: Ebd., S. 104.
25 Zitiert nach: Ebd., S. 117.
26 Zitiert nach: Ebd., S. 134.
27 Zitiert nach: Ebd., S. 118 f.
28 Zitiert nach: Ebd., S. 125.
29 Ebd., S. 294.
30 Zitiert nach: Ebd., S. 131.
31 Zitiert nach: Ebd., S. 152.
32 Bohlen, Der Bohlenweg, S. 201.
33 Ebd., S. 36.
34 Ebd., S. 52 f.
35 Ebd., S. 54.
36 Ebd., S.164.
37 Ebd., S.219.
38 Ebd., S. 228.
39 Ebd.
40 Ebd., S. 227.
41 Ebd., S. 169.
42 Hujer, S. 301.
43 Zitiert nach: Khan, S. 202.
44 Zitiert nach: Schroeder, S. 981.
45 Schultz/Yang, S. 38.

... zu Kapitel 6

1 Zitiert nach: Buffett/Clark, Das Tao des Warren Buffett, S. 129.
2 Zitiert nach: Schroeder, S. 937.
3 Zitiert nach: Ebd., S. 48.
4 Noelle-Neumann, Die Erinnerungen, S. 83.
5 Ebd., S. 160.
6 Noelle-Neumann, Öffentliche Meinung, S. 339.

7 Noelle-Neumann, Die Erinnerungen, S. 273.
8 Zitiert nach: Jacobi, S. 51.
9 Zitiert nach: Ebd., S. 205.
10 Ebd., S. 110.
11 Ebd., S. 198.
12 Zitiert nach: Jacobi, S. 4.
13 Ogilvy, Geständnisse eines Werbemannes, S. 35.
14 Ebd., S. 35.
15 Ebd., S. 44.
16 Zitiert nach: Roman, S. 284.
17 Zitiert nach: Ebd., S. 291.
18 Ogilvy, Geständnisse eines Werbemannes, S. 157.
19 Ebd., S. 122.
20 Zitiert nach: Roman, S. 143.
21 Zitiert nach: Ogilvy, Geständnisse eines Werbemannes, S. 151.
22 Ebd., S. 125.
23 Ogilvy, An Autobiography, S. viii.

... zu Kapitel 7

1 Welch, Was zählt, S. 112.
2 Ebd., S. 125.
3 Ebd., S. 134.
4 Ebd., S. 135.
5 Ebd., S. 137.
6 Ebd., S. 145.
7 Ebd., S. 146.
8 Ebd., S. 153.
9 Welch, Winning, S. 61.
10 Ebd., S. 62.
11 Ebd., S. 87.
12 Ebd.
13 Ebd., S. 99.
14 Ebd.
15 Ebd., S. 125.
16 Hujer, S. 23.

17 Carnegie, Wie man Freunde gewinnt, S. 158.
18 Ebd., S. 256.
19 Wallace/Erickson, S. 55.
20 Ebd., S. 266.
21 Ebd., S. 102.
22 Ebd., S. 144.
23 Ebd., S. 256.
24 Ebd., S. 269.
25 Ebd., S. 256.
26 Ebd., S. 272.
27 Zitiert nach: Ebd., S. 280.
28 Ebd., S. 155.
29 Ebd., S. 256.
30 Zitiert nach: Ebd., S. 285.
31 Wolff, S. 54.
32 Ebd., S. 31.
33 Young/Simon, S. 105.
34 Ebd., S. 240.
35 Ebd., S. 241.
36 Ebd., S. 306.
37 Zitiert nach: Roman, S. 125 f.
38 Ebd., S. 240.
39 Ebd., S. 80.
40 Slater, S. 116.
41 Ebd., S. 139.
42 Love, S. 135 f.
43 Ebd., S. 165.
44 Ebd., S. 135 f.
45 Ebd., S. 137.
46 Ebd., S. 138.
47 Ebd., S. 154.
48 Jungbluth, Die Oetkers, S. 69.
49 Becker, S. 44.
50 Ebd.
51 Ebd., S. 45.
52 Khan, S. 51.
53 Ebd., S. 55.
54 Ebd., S. 61.
55 Ebd., S. 64.
56 Zitiert nach: Young/Simon, S. 19.
57 Ebd., S. 21.

58 Zitiert nach: Ebd., S. 34.
59 Ebd., S. 34 f.
60 Wilson, S. 23.
61 Zitiert nach: Ebd., S. 23.
62 Zitiert nach: Ebd., S. 24.
63 Wallace/Erickson, S. 43.
64 Ebd.
65 Ebd., S. 91 f.
66 Zitiert nach: Bibb, S. 34.
67 Zitiert nach: Ebd., S. 47.
68 Zitiert nach: Ebd., S. 49.
69 Zitiert nach: Schroeder, S. 117.
70 Ebd., S. 119.
71 Zitiert nach: Ebd.
72 Zitiert nach: Ebd.
73 Chanel, S. 17.
74 Ebd.
75 Ebd., S. 31.
76 Ebd., S. 92.
77 Ebd., S. 173.
78 Zitiert nach: Roman, S. 42.
79 Zitiert nach: Ebd., S. 49.
80 Kasparow, S. 91 f.
81 Branson, Geht nicht, gibt's nicht, S. 90.
82 Ebd.
83 Ebd.

... zu Kapitel 8

1 Young/Simon, S. 36.
2 Zitiert nach: Ebd., S. 36.
3 Ebd., S. 51.
4 Zitiert nach: Ebd., S. 60.
5 Ebd., S. 61.
6 Zitiert nach: Ebd., S. 104 f.
7 Ebd., S. 105.
8 Bettger, S. 76 f.
9 Ebd., S. 49.

... zu Kapitel 9

1   Wilson, S. 89 f.
2   Zitiert nach: Buffett/Clark, Das Tao des Warren Buffett, S. 138.
3   Schroeder, S. 276.
4   Leamer, S. 22.
5   Zitiert nach: Lommel, S. 119.
6   Zitiert nach: Ebd., S. 91.
7   Kahn, S. 57.
8   Ebd., S. 23.
9   Lindemann, S.16.
10 Ebd., S. 18.
11 Zitiert nach: Mensen, S. 45.
12 Murphy, Die Macht Ihres Unterbewusstseins, S. 123 f.
13 Mensen, S. 20.
14 Tracy, Goals, S. 12.
15 Jungbluth, Die Oetkers, S. 76.
16 Zitiert nach: Buffett/Clark, Das Tao des Warren Buffett, S. 109.

... zu Kapitel 10

1   Kasparow, S. 19.
2   Ebd.
3   Ebd., S. 21.
4   Ebd., S. 103.
5   Zitiert nach: Gerber, S. 6.
6   Zitiert nach: Ebd., S. 107.
7   Zitiert nach: Ebd., S. 108.
8   Zitiert nach: Ebd., S. 109.
9   Schultz/Yang, S. 142.
10 Ebd., S. 143.
11 Ebd.
12 Ebd., S. 144.
13 Ebd., S. 147.
14 Ebd., S. 144.
15 Ebd., S. 29.
16 Ebd.
17 Bloomberg, S. 39.
18 Ebd., S. 40.

19 Ebd.
20 Ebd., S. 41.
21 Ebd., S. 54.
22 Ebd., S. 60.
23 Ebd.
24 Ebd., S. 53.
25 Ebd., S. 59.
26 Ebd., S. 85.
27 Vise, S. 67.
28 Zitiert nach: Ebd., S. 90.
29 Zitiert nach: Kahn, S. 275.
30 Kahn, S. 134.
31 Ebd., S. 213.
32 Ebd., S. 263.
33 Zitiert nach: Love, S. 177 f.
34 Zitiert nach: Ebd., S. 159.
35 Zitiert nach: Ebd., S. 21 f.
36 Ebd., S. 178.
37 Zitiert nach: Wallace/Erickson, S. 126 f.
38 Zitiert nach: Ebd., S. 285.
39 Kasparow, S. 253.
40 Ebd., S. 251 f.
41 Ebd., S. 52.
42 Welch, Was zählt, S. 42.
43 Ebd., S. 43.
44 Ebd., S. 43.
45 Ebd., S. 44.
46 Branson, Geht nicht, gibt's nicht, S. 16.

... zu Kapitel 11

1   Zitiert nach: Roman, S. 322.
2   Ebd., S. 24.
3   Zitiert nach: Roman, S. 307.
4   Zitiert nach: Love, S. 170
5   Zitiert nach: Ebd., S. 203.
6   Zitiert nach: Ebd.
7   Zitiert nach: Ebd., S. 177.
8   Zitiert nach: Ebd., S. 208.
9   Zitiert nach: Ebd., S. 154.

10 Becker, S. 146 f.
11 Ebd., S. 147.
12 Ebd.
13 Zitiert nach: Schmoock, S. 73.
14 Zitiert nach: Ebd.
15 Zitiert nach: Ebd., S. 76.
16 Zitiert nach: Ebd.
17 Zitiert nach: Ebd., S. 219.
18 Zitiert nach: Ebd., S. 226.
19 Zitiert nach: Ebd., S. 227.
20 Zitiert nach: Ebd., S. 229.
21 Zitiert nach: Ebd., S. 46.
22 Zitiert nach: Ebd., S. 78.
23 Bibb, S. 396.
24 Zitiert nach: Ebd., S. 34.
25 Zitiert nach: Ebd., S. 60.
26 Ebd. S. 169.
27 Zitiert nach: Ebd., S. 39.
28 Zitiert nach: Ebd., S. 168.
29 Zitiert nach: Ebd., S. 181.
30 Zitiert nach: Ebd., S. 186.
31 Zitiert nach: Ebd., S. 188.
32 Zitiert nach: Lafranconi/Meiners, S. 141.
33 Zitiert nach: Israel, S. 29.
34 Ebd., S. 50.
35 Zitiert nach: Ebd., S. 53.
36 Zitiert nach: Ebd., S. 67.
37 Zitiert nach: Ebd., S. 62.
38 Zitiert nach: Ebd., S. 70.
39 Zitiert nach: Ebd., S. 97.
40 Zitiert nach: Lommel, S. 16.
41 Zitiert nach: O'Brien, S. 269 f.

... zu Kapitel 12

1 Doubek, S. 269.
2 Ebd., S. 278.
3 Mezrich, S. 65.
4 Zitiert nach: Ebd., S. 105.
5 Interview mit Zuckerberg in: *Vanity Fair*, 29.10.2008.

6 Hsieh, S. 9 f.
7 Ebd., S. 38.
8 Ebd.
9 Ebd., S. 42.
10 Ebd., S. 49.
11 Zitiert nach: Ebd., S. 57.
12 Ebd., S. 102 f.
13 Welch, Was zählt, S. 208.
14 Ebd.
15 Ebd., S. 211.

... zu Kapitel 13

1 Fürweger, S. 16.
2 Ebd., S. 57.
3 Ebd., S. 58.
4 Exler, S. 10.
5 Zitiert nach: Jungbluth, Die Oetkers, S. 50.
6 Zitiert nach: Ebd., S. 62.
7 Zitiert nach: Ebd., S. 55.
8 Zitiert nach: Ebd., S. 56.
9 Zitiert nach: Ebd., S. 67.
10 Ebd.
11 Zitiert nach: Ebd., S. 62.
12 Zitiert nach: Ebd., S. 61.
13 Branson, Geht nicht, gibt's nicht, S. 29.
14 Ebd., S. 26.
15 Branson, Business ist wie Rock 'n' Roll, S. 83.
16 Ebd., S. 84.
17 Ebd., S. 86.
18 Ebd., S. 111.
19 Ebd., S. 146.
20 Ebd.
21 Ebd., S. 155.
22 Branson, Geht nicht, gibt's nicht, S. 54.
23 Ebd., S. 71.
24 Ebd., S. 192.
25 Ebd.

26 Branson, Business ist wie
Rock 'n' Roll, S. 423.

27 Ebd., S. 425.

28 Branson, Geht nicht, gibt's nicht,
S. 75.

29 Ebd., S. 75.

30 Ebd., S. 15.

31 Branson, Business ist wie Rock
'n' Roll, S. 219.

32 Ries, S. 11.

33 Ebd., S. 17.

34 Lommel, S. 50.

35 Zitiert nach: Ebd., S. 120.

36 Zitiert nach: Ebd., S. 120 f.

37 Zitiert nach: Ebd., S. 120.

38 Zitiert nach: Ebd., S. 126.

39 Ebd., S. 13.

40 Zitiert nach: Ebd., S. 108.

41 Zitiert nach: Leamer, S. 242.

42 Matthews, S. 104.

43 Schroeder, S. 316 f.

... zu Kapitel 14

1 Klum, S. 8.

2 Ebd., S. 46 f.

3 Ebd., S. 14.

4 Ebd., S. 22 f.

5 Ebd., S. 28.

6 Ebd., S. 189.

7 Ogilvy, Geständnisse eines
Werbemannes, S. 17.

8 Ebd., S. 23.

9 O'Brien, S. 148.

10 Uhse, S. 288.

11 Khan, S. 308 f.

12 Ebd., S. 311 f.

13 Ebd., S. 282.

14 Ebd., S. 283.

15 Schroeder, S. 382 f.

16 Noelle-Neumann,
Die Erinnerungen, S. 35.

17 Ebd., S. 36.

18 Ebd.

19 Ebd., S. 36 f.

20 Becker, S. 183.

21 Ebd., S. 44.

22 Kasparow, S. 114.

23 Ebd., S. 116.

24 Zitiert nach: Ebd., S. 36.

... zu Kapitel 15

1 Koch, S. 31.

2 Slater, S. 83.

3 Schmoock, S. 143.

4 Ebd.

5 Zitiert nach: Chernow, S. 147.

6 Ogilvy, An Autobiography,
S. 130.

7 Zitiert nach: Roman, S. 152.

8 Bibb, S. 89.

9 Schroeder, S. 806.

10 Buffett/Clark, Die Macht der
Ehrlichkeit, S. 19–21.

11 Ebd., S. 22.

12 Roman, S. 122.

13 Schroeder, S. 995.

14 Zitiert nach: Slater, S. 86.

... zu Kapitel 16

1 Welch, Was zählt, S. 106.

2 Ebd., S. 110 f.

3 Ebd., S. 110.

4 Ebd., S. 111.

5 Ebd., S. 406.

6 Zitiert nach: Wilson, S. 38.

7 Zitiert nach: Ebd.

8 Zitiert nach: Ebd., S. 58.

9 Zitiert nach: Ebd., S. 64.

10 Zitiert nach: Ebd., S. 68.

11 Zitiert nach: Ebd., S. 69 f.

12 Zitiert nach: Meissner, S. 23.

13 Zitiert nach: Ebd., S. 24.
14 Zitiert nach: Ebd., S. 31.
15 Zitiert nach: Ebd., S. 91.
16 Ebd., S. 49.
17 Zitiert nach: Wilson, S. 90.
18 Wallace/Erickson, S. 107 f.
19 Ebd., S. 119 f.
20 Zitiert nach: Ebd., S. 120.
21 Zitiert nach: Ebd., S. 132.
22 Zitiert nach: Ebd., S. 237.
23 Zitiert nach: Ebd., S. 121.
24 Walton, S. 38 f.
25 Ebd., S. 47.
26 Ebd., S. 81.
27 Ebd., S. 55.
28 Ebd., S. 60.
29 Ebd., S. 59.
30 Ebd., S. 153.
31 Ebd., S. 154.
32 Ebd., S. 151.
33 Ebd., S. 160.
34 Ebd., S. 34.
35 Ebd., S. 15.
36 Zitiert nach: Brandes, S. 19.
37 Zitiert nach: Ebd., S. 20.

... zu Kapitel 17

1 Chernow, S. 31.
2 Ebd.
3 Zitiert nach: Ebd., S. 28.
4 Zitiert nach: Ebd., S. 29.
5 Ebd., S. 32.
6 Glatzer u. a., S. 65.
7 Lowenstein, S. 525.
8 Schroeder, S. 288.
9 Slater, S. 28.
10 Ebd., S. 53.
11 Ebd., S. 24.
12 Zitiert nach: Ebd., S. 25.
13 Zitiert nach: Ebd., S. 16.
14 Chanel, S. 46.

15 Ebd., S. 46.
16 Ebd.
17 Ebd., S. 47.
18 Ebd., S. 157.
19 Die Rezensionen zu meinen
   historischen Büchern finden Sie
   unter:
   www.historiker-zitelmann.de.
20 Love, S. 218.
21 Ebd., S. 219.
22 Ebd.
23 Roman, S. 34.
24 Ebd., S. 86.
25 Ebd., S. 85.
26 Ebd.
27 Zitiert nach: Ebd., S. 159.
28 Zitiert nach: Buffett/Clark, Das
   Tao des Warren Buffett, S. 88.

... zu Kapitel 18

1 Lesinski, S. 34.
2 Kahn, S. 268.
3 Ebd., S. 269.
4 Zitiert nach: Chernow, S. 103.
5 Ebd., S. 197.
6 Ebd., S. 199.
7 Ebd., S. 218.
8 Kahn, S. 322.
9 Ebd., S. 326.
10 Ebd., S. 321.
11 Ebd., S. 328.
12 Ebd., S. 329.
13 Ebd., S. 327.
14 Ebd., S. 219.
15 Becker, S. 84.
16 Ebd., S. 249.
17 Ebd., S. 92.
18 Ebd., S. 93.
19 Ebd., S. 94.
20 Bohlen, Nichts als die Wahrheit,
   S. 101.

21 Ogilvy, An Autobiography, S. 130.
22 Branson, Geht nicht, gibt's nicht, S. 109 f.
23 Churchill, zitiert nach: Schwartz/Loehr, S. 87.
24 Wallace/Erickson, S. 60.
25 Ebd., S. 80.
26 Schwartz/Loehr, S. 86.
27 Zitiert nach: Schmoock, S. 227.
28 Zitiert nach: Ebd., S. 220.
29 Zitiert nach: Ebd., S. 221.
30 Zitiert nach: Schuler, S. 181.
31 Ebd., S. 198.
32 Roman, S. 140.
33 Wilson, S. 13.

Literaturverzeichnis

Aldenrath, Peter, Die Coca-Cola-Story, Nürnberg 1999.

Andrews, Nigel, Arnold Schwarzenegger. Mythos und Wahrheit eines amerikanischen Traums, St. Andrä-Wördern 1997.

Avantario, Vito, Die Agnellis. Die heimlichen Herrscher Italiens, Frankfurt/New York 2002.

Becker, Boris, Augenblick, verweile doch … Autobiographie in Zusammenarbeit mit Robert Lübenoff und Helmut Sorge, München 2003.

Behar, Howard/Goldstein, Janet, It's Not About the Coffee. Lessons on Putting People First from a Life at Starbucks, New York 2007.

Bettger, Frank, Lebe begeistert und gewinne. Das Erfolgsbuch für Verkäufer, Zürich 2009.

Bibb, Porter, Ted Turner. Der Mann, der CNN erfand, Frankfurt/Berlin 1994.

Bloomberg, Michael, Bloomberg über Bloomberg. Mit unschätzbarer Hilfe von Matthew Winkler, o.O. 1998.

Bohlen, Dieter, mit Kessler, Katja, Nichts als die Wahrheit, München 2002.

Bohlen, Dieter, Der Bohlenweg. Planieren statt Sanieren, München 2008.

Brandes, Dieter, Konsequent einfach. Die Aldi-Erfolgsstory, München 1999.

Branson, Richard, Geht nicht, gibt's nicht. So wurde Richard Branson zum Überflieger. Seine Erfolgstipps für Ihr (Berufs-)Leben, Kulmbach 2009.

Branson, Richard, Business ist wie Rock 'n' Roll. Die Autobiographie des Virgin-Gründers, Frankfurt/New York 1999.

Branson, Richard, Business Stripped Bare. Adventures of a Global Entrepreneur, London 2008.

Buffett, Mary/Clark, David, Das Tao des Warren Buffett, Kulmbach 2008.

Buffett, Mary/Clark, David, Die Macht der Ehrlichkeit. Warren Buffett's Management-Kompass, Berlin 2011.

Carnegie, Dale, Sorge Dich nicht – lebe!, Bern u. a. 1999.

Carnegie, Dale, Wie man Freunde gewinnt, Bern u. a. 1992.

Chanel, Coco, Die Kunst, Chanel zu sein. Coco Chanel erzählt ihr Leben. Aufgezeichnet von Paul Morand, München 2010.

Charles-Roux, Edmonde, Coco Chanel. Ein Leben, Frankfurt 2009.

Chernow, Ron, John D. Rockefeller. Die Karriere des Wirtschaftstitanen, Rosenheim 2000.

Collins, Jim, Good to Great, Why some Companies Make the Leap and Others don't, New York 2001.

Covey, Stephen M.R., zusammen mit Rebecca Merrill, Schnelligkeit durch Vertrauen. Die unterschätzte ökonomische Macht, Offenbach 2009.

Csikszentmihalyi, Mihaly, Flow. Das Geheimnis des Glücks, Stuttgart 2008.

Doubek, Katja, Blue Jeans. Levi Strauss und die Geschichte einer Legende, München/Zürich 2003.

Druyen, Thomas u.a. (Hrsg.), Reichtum und Vermögen. Zur gesellschaftlichen Bedeutung der Reichtums- und Vermögensforschung, Wiesbaden 2009.

Eker, T. Harv, So denken Millionäre. Die Beziehung zwischen Ihrem Kopf und Ihrem Kontostand, Kulmbach 2006.

Exler, Andrea, Coca-Cola. Vom selbstgebrauten Aufputschmittel zur amerikanischen Ikone, Hamburg 2006.

Frank, Robert, Richistan. Eine Reise durch die Welt der Megareichen, Frankfurt 2009.

Fridson, Martin S., Milliardäre und ihre Erfolgsgeschichten. Die Strategien der 14 Superreichen, Rosenheim 2001.

Friedmann, Lauri S., Business Leaders. Michael Dell, Greensboro 2009.

Fürweger, Wolfgang, Die Red-Bull-Story. Der unglaubliche Erfolg des Dietrich Mateschitz, Wien 2008.

Gaulke, Jürgen, Goldfinger. Die Investmentstrategien der erfolgreichsten Geldanleger, Hamburg 1997.

Gerber, Robin, Barbie and Ruth. The Story of the World's Most Famous Doll and the Woman Who Created Her, New York 2009.

Glatzer, Wolfgang u. a., Reichtum im Urteil der Bevölkerung. Legitimationsprobleme und Spannungspotentiale in Deutschland, Opladen & Farmington 2009.

Gloger, Axel, Millionäre. Vom Traum zur Wirklichkeit. Geschichten von denen, die es geschafft haben, Wien 1997.

Goldsmith, Marshall, mit Mark Reiter, Was Sie hierher gebracht hat, wird Sie nicht weiterbringen. Wie Erfolgreiche noch erfolgreicher werden, München 2010.

Hill, Napoleon, Denke nach und werde reich. Die 13 Gesetze des Erfolges, Kreuzlingen/München 2000.

Hsieh, Tony, Delivering Happiness. A Path to Profits, Passion, and Purpose, New York/Boston 2010.

Hujer, Marc, Arnold Schwarzenegger. Die Biographie, München 2009.

Israel, Lee, Estée Lauder. Beyond the Magic. An unauthorized Biography, New York 1985.

Jacobi, Claus, Der Verleger Axel Springer. Eine Biographie aus der Nähe, München 2005.

Jungbluth, Rüdiger, Die 11 Geheimnisse des Ikea-Erfolgs, Frankfurt 2008.

Jungbluth, Rüdiger, Die Oetkers. Geschäfte und Geheimnisse der bekanntesten Wirtschaftsdynastie Deutschlands, Frankfurt/New York 2004.

Kahn, Oliver, Ich. Erfolg kommt von innen, München 2008.

Kasparow, Garri, Strategie und die Kunst zu leben. Von einem Schachgenie lernen, München/Zürich 2007.

Khan, Riz, Alwaleed. Prinz, Geschäftsmann, Milliardär, Kulmbach 2006.

Kealing, Bob, Tupperware Unsealed. Brownie Wise, Earl Tupper and the Home Party Pioneers, Gainesville, Florida 2008.

Kloepfer, Inge, Friede Springer. Die Biographie, Hamburg 2005.

Klum, Heidi (zusammen mit Postmann, Alexandra), Natürlich erfolgreich, Frankfurt 2005.

Koch, Richard, Das 80/20-Prinzip. Mehr Erfolg mit weniger Aufwand, Frankfurt 2004.

Lanfranconi, Claudia/Meiners, Antonia, Kluge Geschäftsfrauen. Maria Bogner, Aenne Burda, Coco Chanel, u. v. a., München 2010.

Leamer, Laurence, Fantastic. The Life of Arnold Schwarzenegger, New York 2005.

Lesinski, Jeanne M., Bill Gates, Minneapolis 2007.

Lindemann, Dr. Hannes, Autogenes Training. Der bewährte Weg zur Entspannung, München 2004.

Löhr, Jörg (mit Ulrich Pramann), Lebe Deine Stärken! Wie Du schaffst, was Du willst, Berlin 2006.

Lommel, Cookie, Schwarzenegger. A Man with a Plan, München/Zürich 2004.

Love, John F., Die McDonald's Story. Anatomie eines Welterfolges, München 2001.

Lowenstein, Roger, Buffett. Die Geschichte eines amerikanischen Kapitalisten, Kulmbach 2009.

Matthews, Jeff, Warren Buffett. Auf Pilgerfahrt zum Orakel von Omaha, Kulmbach 2009.

Meissner, Gerd, SAP – die heimliche Software-Macht. Wie ein mittelständisches Unternehmen den Weltmarkt erobert, Hamburg 1997.

Mensen, Herbert, Das Autogene Training. Entspannung, Gesundheit, Stressbewältigung, München 1999.

Messner, Reinhold, Der nackte Berg. Nanga Parbat – Bruder, Tod und Einsamkeit, München 2002.

Mezrich, Ben, Milliardär per Zufall. Die Gründung von Facebook. Eine Geschichte über Sex, Geld, Freundschaft und Betrug, München 2010.

Murphy, Joseph, Die Macht Ihres Unterbewusstseins. Das Buch der inneren und äußeren Entfaltung, Kreuzlingen/München 1999.
Murphy, Joseph, Die Macht der Suggestion. Wie Sie Ihre Vorstellungskraft entwickeln, Berlin 2006.

Naeher, Gerhard, Axel Springer. Mensch, Macht, Mythos, Erlangen u. a. 1991.
Noelle-Neumann, Elisabeth, Öffentliche Meinung. Die Entdeckung der Schweigespirale, Frankfurt/Berlin 1991.
Noelle-Neumann, Elisabeth, Die Erinnerungen, München 2007.
Nolmanns, Erik, Josef Ackermann und die Deutsche Bank. Anatomie eines Aufstiegs, Zürich 2006.

O'Brien, Lucy, Madonna. Like an Icon. Die Biographie, München 2008.
Ogilvy, David, Geständnisse eines Werbemannes, München 1991.
Ogilvy, David, An Autobiography, New York u. a. 1997.
Otto, Werner, Die Otto Gruppe. Der Weg zum Großunternehmen, Düsseldorf und Wien 1983.

Peters, Rolf-Herbert, Die Puma-Story, München 2007.
Platthaus, Andreas, Von Mann & Maus. Die Welt des Walt Disney, Berlin 2001.

Riedel, Wolf/Esser, Stefan, Wie Hypnose heilt. Die wunderbare Kraft des Geistes, München 2007.
Ries, Al/Ries, Laura, PR ist die bessere Werbung, Frankfurt 2003.
Roddick, Anita, Business as unusual, Chichester 2007.
Roman, Kenneth, David Ogilvy. Ein Leben für die Werbung, Frankfurt/New York 2010.

Schäfer, Bodo, Der Weg zur finanziellen Freiheit. In sieben Jahren die erste Million, Frankfurt/New York 1998.
Schmoock, Matthias, Werner Otto. Der Jahrhundert-Mann, Frankfurt 2009.
Schroeder, Alice, Warren Buffett. Das Leben ist wie ein Schneeball, München 2009.
Schuler, Thomas, Die Mohns. Vom Provinzbuchhändler zum Weltkonzern. Die Familie hinter Bertelsmann, Frankfurt/New York 2004.
Schultz, Howard/Yang, Dori Jones, Die Erfolgsstory von Starbucks. Eine trendige Kaffeebar erobert die Welt, Wien 2003.
Schwartz, Tony/Loehr, Jim, Die Disziplin des Erfolgs. Von Spitzensportlern lernen – Energie richtig managen, München 2003.
Sellin, Frank, „Ich bin ein Spieler". Das Leben des Boris Becker, Reinbek bei Hamburg 2002.
Slater, Robert, George Soros. Sein Leben, seine Ideen, sein Einfluss auf die globale Wirtschaft, München 2009.

Sturm, Karin, Michael Schumacher. Ein Leben für die Formel 1, München 2010.

Timmdorf, Jonas (Hrsg.), Die Aldi-Brüder. Warum Karl und Theo Albrecht mit ihrem Discounter die reichsten Deutschen sind, Mauritius 2009.

Tracy, Brian, Goals! How to Get Everything You Want – Faster Than You Ever Thought Possible, San Francisco 2003.

Tracy, Brian, Time Power. A Proven System for Getting More Done in Less Time Than You Ever Thought Possible, New York u.a. 2007.

Tuccille, Jerome, Dillerland. The Story of Media Mogul Barry Diller, New York 2009.

Uhse, Beate, „Ich will Freiheit für die Liebe". Die Autobiographie, München 2001.

Vise, David A./Malseed, Mark, Die Google Story, Hamburg 2006.

Wall, Hans, „Aus dem Jungen wird nie was …" Vom Mechaniker zum Millionär: Warum in Deutschland jeder eine Chance braucht, München 2009.

Wallace, James/Erickson, Jim, Mr. Microsoft. Die Bill-Gates-Story, Frankfurt/ Berlin 1992.

Walton, Sam, Made in America. My Story, New York 1993.

Wel, Alek, Nomadenkind. Meine Flucht aus dem Sudan und mein Weg zum Topmodel, Frankfurt 2008.

Welch, Jack, zusammen mit John A. Byrne, Was zählt. Die Autobiografie des besten Managers der Welt, München 2001.

Welch, Jack/Welch, Suzy, Winning. Die Antworten auf die 74 brisantesten Managementfragen, Frankfurt/New York 2006.

Wilson, Mike, The Difference between God and Larry Ellison. Inside Oracle Corporation, New York 2002.

Wolff, Michael, Der Medienmogul. Die Welt des Rupert Murdoch, München 2008.

Young, Jeffrey S./Simon, William L., Steve Jobs und die Geschichte eines außergewöhnlichen Unternehmens, Frankfurt 2006.

Zitelmann, Rainer, Die Macht der Positionierung. Kommunikation für Kapitalanlagen, Köln 2005.

Zuckermann, Gregory, The Greatest Trade ever. How John Paulson Bet Against the Markets and Made $20 Billion, London/New York 2009.

Danksagung

Bedanken möchte ich mich ganz herzlich bei all jenen, die bei diesem Buch in der einen oder anderen Weise geholfen haben. Wichtig waren für mich die Gespräche mit erfolgreichen Persönlichkeiten, die in diesem Buch porträtiert werden, so mit dem Investor Harald Christ (Conomus Treuhand AG), mit dem Gründer und geschäftsführenden Gesellschafter des deutsch-amerikanischen Unternehmens Jamestown, Christoph Kahl, mit dem Gründer und Geschäftsführer des Unternehmens alt+kelber, Jürgen F. Kelber, mit dem Gründer des Verlags für die Deutsche Wirtschaft, Norman Rentrop, und mit dem Gründer und Aufsichtsratsvorsitzenden der Wall AG, Hans Wall.

Für kritische Hinweise danke ich vielen Freunden und Mitarbeitern, die das Manuskript gelesen haben, an erster Stelle dem ehemaligen Herausgeber und Chefredakteur der Tageszeitung *Die Welt*, Dr. Thomas Löffelholz. Wertvolle Hinweise gaben mir zudem Professor Dr. Gerd Habermann, Vorsitzender der Hayek-Stiftung, Dr. Thorsten Voß, Rechtsanwalt bei der Kanzlei Schulte Riesenkampf, Jürgen Michael Schick, Geschäftsführer des Unternehmens Michael Schick Immobilien und Vizepräsident des Immobilienverbandes Deutschland IVD, Susanne Guidera, die mich von Anfang an bei dem Projekt des ambition verlages unterstützt, Hans-Joachim Beck, Vorsitzender Richter am Finanzgericht Berlin-Brandenburg a.D., sowie die Mitarbeiter der Dr. ZitelmannPB. GmbH Peter Dietze-Felberg, Holger Friedrichs, Dr. Alexander Knuppertz und Sonja Schmitt. Dank sagen möchte ich schließlich auch Frau Evelyn Boos, die das Lektorat übernommen hat und die auch Zitate aus englischsprachigen Büchern ins Deutsche übersetzte, sowie Herrn Hans-Ulrich Seebohm, der Korrektur gelesen hat, und meinen Mitarbeiterinnen Mandy Bastian, Cathrin Hoffmann und Katharina Loke, die mich in vielfältiger Weise unterstützt haben.

Personenregister

Firmenregister

Erleben Sie Dr. Zitelmann als Redner

… in Ihrem Unternehmen

Laden Sie Dr. Zitelmann als Redner zu Führungskräfte-Veranstaltungen in Ihr Unternehmen ein. Er spricht über die Themen, um die es auch in diesem Buch geht:

- So gewinnen Sie das Vertrauen von Kunden, Geschäftspartnern und Medien.
- So können Sie 150 Prozent geben, ohne einen „Burn out" zu riskieren.
- So überwinden Sie lähmenden Perfektionismus und verbessern sich ständig.
- So lernen Sie, sich und Ihr Unternehmen richtig zu „verkaufen".
- So arbeiten Sie effizienter und entkommen dem „Hamsterrad".
- So fördern Sie eine Ideenkultur in Ihrem Unternehmen.
- So lernen Sie, besser zu delegieren.
- So setzen Sie sich größere Ziele – und erreichen diese auch!

… bei Kongressen

Dr. Rainer Zitelmann spricht auch im Rahmen von Kongressen und Tagungen. Wir informieren Sie über Kongresse und Seminare, bei denen Dr. Rainer Zitelmann spricht.

Richten Sie Ihre Anfragen an:
Büro Dr. Rainer Zitelmann | loke@zitelmann.com | 030 – 72 62 76 152